令和５年版

情報通信白書

総務省編

令和５年版 情報通信白書の公表に当たって

総務大臣 松本剛明

人類は、言葉を通した情報交換により知を拡大して蓄積し、進歩してきましたが、情報通信・デジタル技術が発達して情報通信インフラが発展し、時空を超えて、言葉を超える量の情報を交換し、膨大なデータを処理できるようになってきています。まさに新たなステージに立っていて、可能性が大きく広がるとともに、未知のリスクもあります。情報通信・デジタルの在り様が、どのような未来を創るのかを決める時代にあって、デジタル空間には国境がなく、各国の協調と国際的なルールの形成が重要になります。

本年4月に**G7群馬高崎デジタル・技術大臣会合**が開催され、議長国の一員として私は共同議長を務め、DFFT（信頼性のある自由なデータ流通）、安全で強靱なデジタルインフラ、自由でオープンなインターネット、AIのガバナンス等の重要なテーマについて、G7の行動指針を記した閣僚宣言が採択されました。5月のG7広島サミットでは、閣僚会合を受けて、首脳宣言に**「広島AIプロセス」**の立ち上げが盛り込まれました。AIガバナンスのグローバルな運用性の確保や生成AIの責任ある活用等に関して、G7間から世界への議論を日本が主導していきたいと考えております。

今回の情報通信白書では、斯かる状況をお伝えするべく、第1部で**「新時代に求められる強靱・健全なデータ流通社会の実現に向けて」**を特集として取り上げ、データの流通・利活用の現状と課題を分析するとともに、生成AIに関するG7閣僚会合での議論・成果や「広島AIプロセス」などの新たな潮流を整理しています。その上で、今後、データを活用した多様なサービスの恩恵を誰もが享受できる社会の実現に向けて必要とされる取組を展望しています。

また、第2部では、最新の情報通信分野の市場の動向をデータに基づき分析するとともに、情報通信政策の現状や今後の方向性等を整理しています。

総務省は、本白書での分析結果を踏まえ、強靱かつ健全なデータ流通社会を実現すべく、**「デジタル田園都市国家インフラ整備計画」**に基づく光ファイバや5Gなどの整備、Beyond 5Gの研究開発の推進、生成AI等に関する国際的なルール形成への貢献、偽・誤情報への対策などに、さらに総力を挙げて取り組んでまいります。

今回の情報通信白書は、昭和48年の刊行からちょうど半世紀、51回目の刊行を迎えました。国民の皆様の情報通信行政へのご協力に心から感謝申し上げるとともに、本白書が皆様に広く活用され、情報通信・デジタルに関するご理解を一層深めていただく上での一助となることを願っております。

令和５年７月

令和５年　情報通信に関する現状報告の概要

第１部：特集 ―新時代に求められる強靱・健全なデータ流通社会の実現に向けて―

我が国の通信インフラの高度化に伴うデータ流通の進展の過程を整理し、データの流通・利活用の現状と課題、新たな潮流を概観するとともに、データを活用した多様なサービスの恩恵を誰もが享受できるデータ流通社会の実現に向けた取組等を展望

第１章　通信インフラの高度化とデータ流通の進展

- 我が国の通信インフラの高度化の過程を概観するとともに、**一方向の情報発信が中心であったWeb1.0**からSNS等での**双方向の情報共有が実現したWeb2.0**への進展等を整理

第２章　データ流通・活用の現状と課題

- **主要国の企業によるデータの利活用の現状と消費者の意識、政府によるデータ利活用推進施策**（例：包括的データ戦略、欧州データ戦略）**やパーソナルデータ保護に係る施策**（例：改正個人情報保護法、GDPR）**等を整理**
- **教育・医療等の分野でのデータを活用したサービスの先進事例を紹介**
- **巨大プラットフォーマへのデータ集中の現状と課題**（例：データの取扱いに関する透明性・公正性への懸念）**を整理し、国内外の対応策**（例：改正電気通信事業法、Digital Market Act）**を概観**
- **SNS等プラットフォーム上での違法・有害情報や偽・誤情報の拡散等の現状を整理し、国内外における官民の対応策**（例：改正プロバイダ責任制限法等制度的対応、ファクトチェックの推進、リテラシー教育の充実、G7等国際会議での議論）**を概観**

第３章　強靱・健全なデータ流通社会の実現に向けて

- メタバース、デジタルツイン、生成AI等**データを活用した新たなサービスの動向**を整理
- **データを活用したサービスの恩恵を誰もが享受できる社会の実現に向けた課題・取組**（例：通信障害等の非常時でもデータ流通を支える**強靱なICT基盤の整備**、 超高速・大容量のデータ流通を実現する**Beyond 5G**の実現、データ関連技術の**国際標準化の推進**、メディアリテラシーの向上等**健全な情報空間の確保**）を整理・分析

第２部：情報通信分野の現状と課題

情報通信分野における市場の動向やデジタル活用の現状を概観し、情報通信政策の現状と課題、今後の方向性等を整理

第４章　ICT市場の動向

- **国内外のICT産業の概況**（例：情報通信産業のGDP、ICT財・サービスの輸出入額）や**各市場（例：電気通信、放送コンテンツ・アプリケーション）の現状**を整理・分析
- 国民生活・企業活動・公的分野における**国内外のデジタル活用の現状**を整理・分析

第５章　総務省におけるICT政策の取組状況

- **ICT分野における省内横断的な取組**（例：デジタル田園都市国家構想の推進）、**各政策領域（電気通信、電波政策、放送政策等）において総務省が実施する政策・今後の方向性等**を整理

通信インフラの高度化とデータ流通の進展

- **通信インフラの高度化やデジタルサービスの多様化等に伴い、データ流通も進展**
- インターネット普及初期の頃はホームページ閲覧など**片方向のデータの流通が中心**（Web1.0）。2000年代に入り、SNS等の普及により、**不特定多数のユーザ間での双方向のデータのやり取りが進展**（Web2.0）。

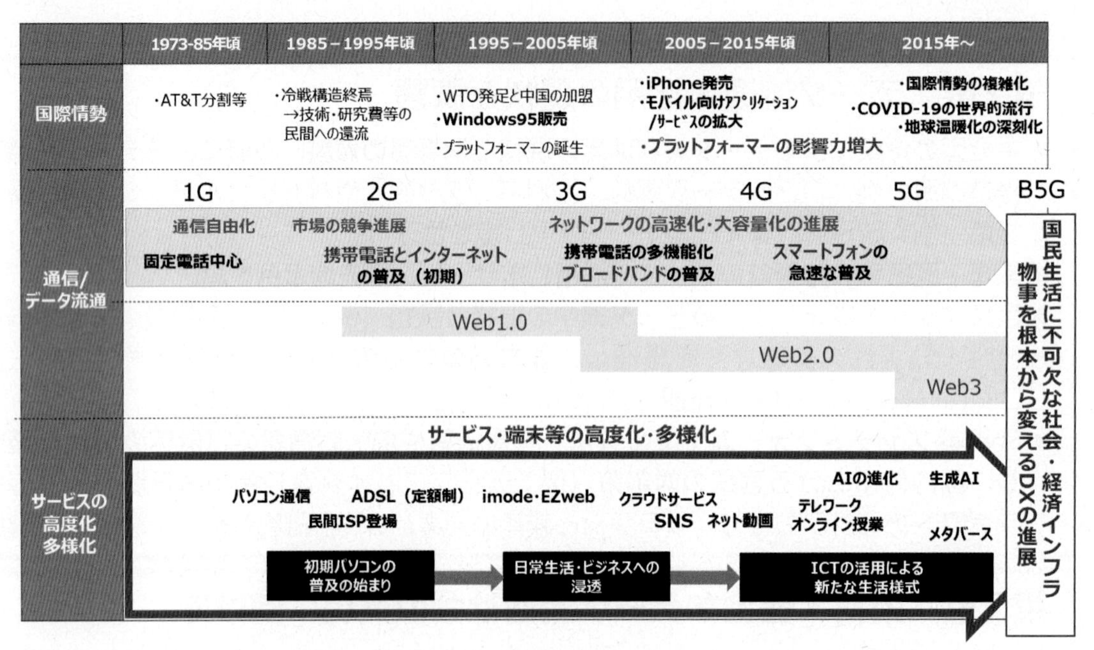

（出典）総務省作成

第1節：データ流通を支える通信インフラの高度化

- 固定通信ネットワークは、2001年に**FTTH（Fiber To The Home）**サービスが開始され、2000年代後半に従来の**ADSL**からの乗り換えが進展。2008年にはFTTHが総契約数においてDSLを抜き、現在までFTTHサービスが主流
- 移動通信ネットワークは、1979年に**第1世代**となるサービスの開始以降、2020年に開始された**第5世代**に至るまで約10年周期で世代交代が行われ、大容量化・高速化の方向で進化が継続

第2節：データ流通とデジタルサービスの進展

- 1995年のWindows95の発売以降、我が国でもインターネットが急速に普及し、その後、データ流通・利活用は幾つかのステージを経て進化
- インターネット普及初期の頃（1990年代半ば～2000年代半ば）は「**Web1.0**」と称され、ホームページの閲覧、電子メールでのメッセージの送信等、片方向の情報・データの流通が中心
- 2005年前後の**SNS、動画投稿サイト**などの登場、その後の**スマートフォンの急速な普及**により、利用者も自らが情報発信の役目を担うように変化。この不特定多数の利用者の間で情報が相互に行き交う双方向の情報の流れが進んだ時期は、「**Web2.0**」と称される

データ流通・活用の現状と課題

第1節：加速するデータ流通とデータ利活用

- 我が国の企業でもパーソナルデータの活用が進展する一方、諸外国の企業と比較するとその活用状況は低調
- パーソナルデータ活用の課題・障壁として、我が国では**「データの収集・管理に係るコスト」**や**「データの管理に伴うリスクや社会的責任の大きさ」**を挙げる企業が多い

企業におけるパーソナルデータの活用状況

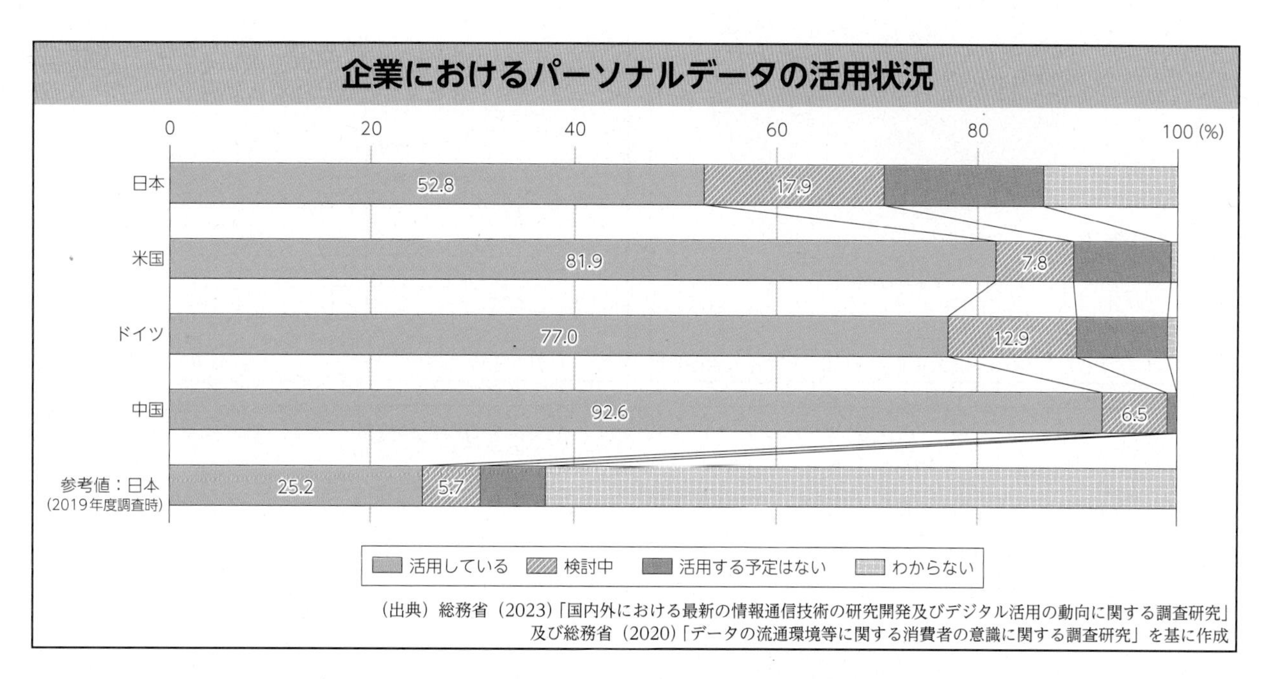

（出典）総務省（2023）「国内外における最新の情報通信技術の研究開発及びデジタル活用の動向に関する調査研究」及び総務省（2020）「データの流通環境等に関する消費者の意識に関する調査研究」を基に作成

パーソナルデータ活用における障壁・課題

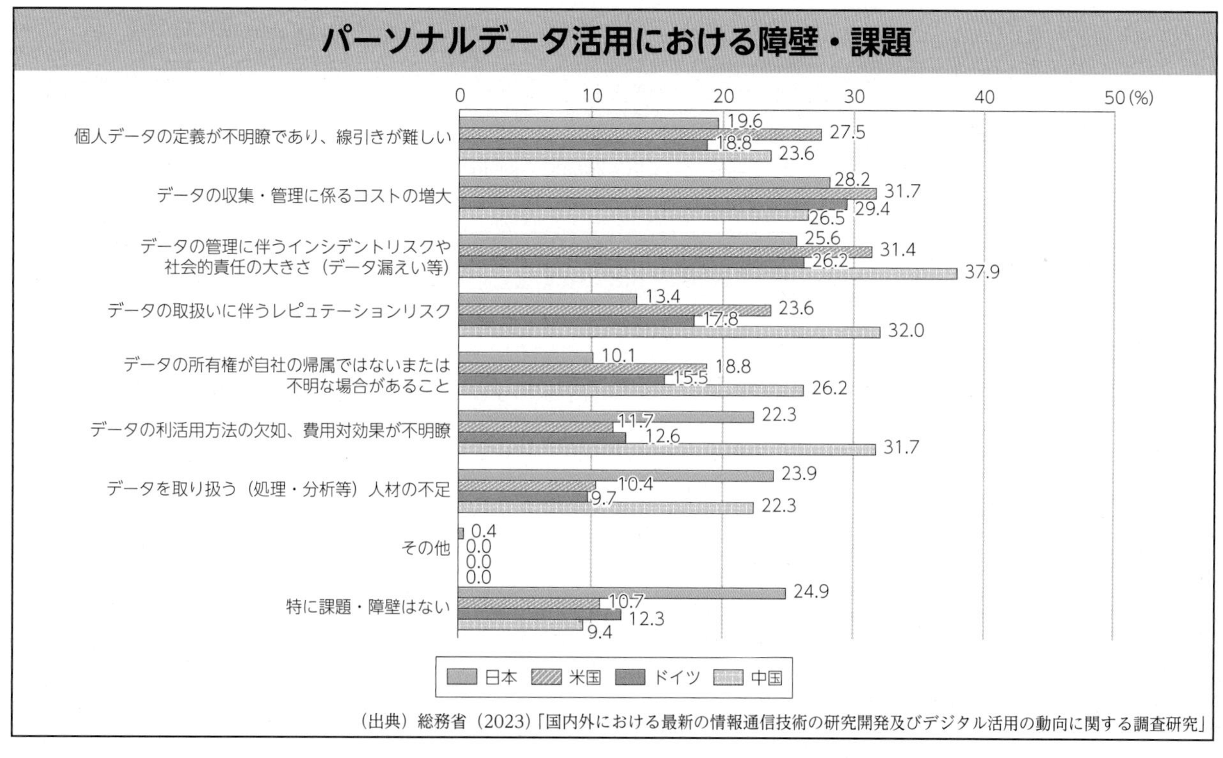

（出典）総務省（2023）「国内外における最新の情報通信技術の研究開発及びデジタル活用の動向に関する調査研究」

第2節：プラットフォーマーへのデータの集中

- SNS、e-Commerce、検索等、プラットフォーマーの提供するサービスは我々の**生活の利便性向上に貢献**
- 一方、プラットフォーマーはサービスの提供等を通じて**膨大なデジタルデータを収集・蓄積**。これらを活用した広告ビジネス等により**デジタル関連市場で強大な経済的地位を確立**

アプリケーション別モバイルデータトラヒックの割合

Facebook 27.82%
Google 19.09%
TikTok 13.76%
Netflix 2.41%
Microsoft 1.96%
Apple 1.51%
Amazon 0.38%
その他 33.07%

（出典）SANDVNE「PHENOMENA（THE GLOBAL INTERNET PHENOMENA REPORT JANUARY 2023)」を基に作成

プラットフォーマーが取得するデータ項目

データ項目	プラットフォーム			
	Google	Facebook	Amazon	Apple
名前	○	○	○	○
ユーザー名	−	−	○	−
IPアドレス	○	○	○	○
検索ワード	○	−	○	○
コンテンツの内容	−	○	−	−
コンテンツと広告表示の対応関係	○	○	−	−
アクティビティの時間や頻度、期間	○	○	−	○
購買活動	○	−	○	−
コミュニケーションを行った相手	○	○	−	−
サードパーティーアプリ等でのアクティビティ	○	−	−	−
閲覧履歴	○	−	○	−

（出典）Security.org「The Data Big Tech Companies Have On You」より、一部抜粋して作成

主要プラットフォーマーの売上高の推移

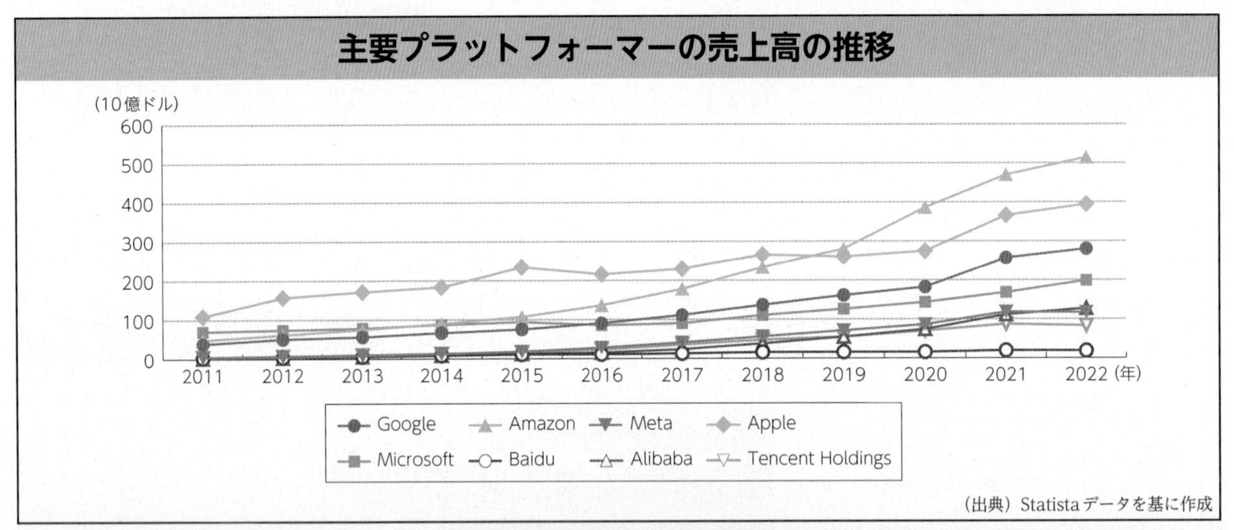

（出典）Statistaデータを基に作成

売上高の内訳（2022年）

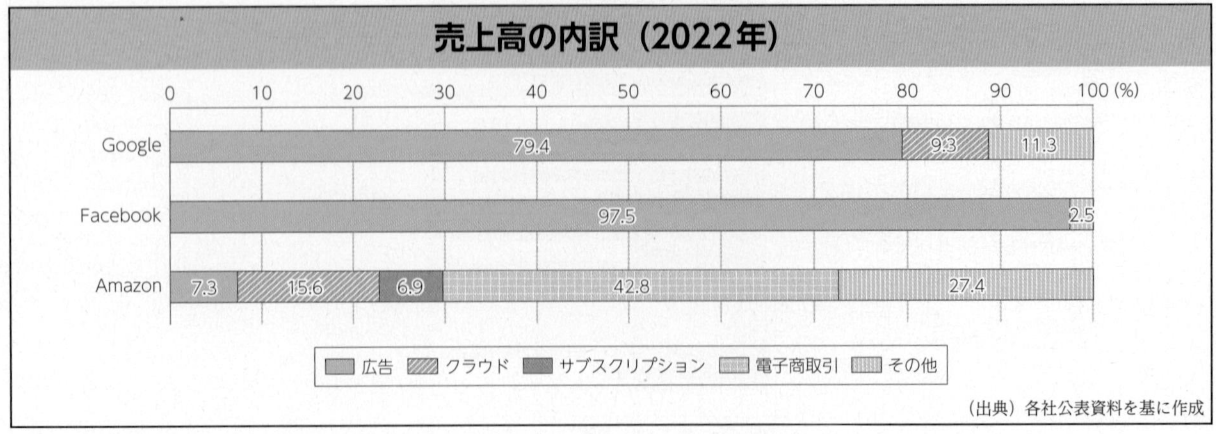

（出典）各社公表資料を基に作成

第2節：プラットフォーマーへのデータの集中

- SNS、検索などプラットフォーマーの提供するデジタルサービスは我々の生活の利便性向上に貢献する一方、**一定数のユーザは、サービス利用時にプラットフォーマーへパーソナルデータを提供することについて不安を感じている**
- プラットフォーマーへパーソナルデータを提供する際に重視する点について、我が国では、**「十分なセキュリティの担保」、「データの利用目的」、「適切なデータの取扱い方法」を挙げるユーザが多い**

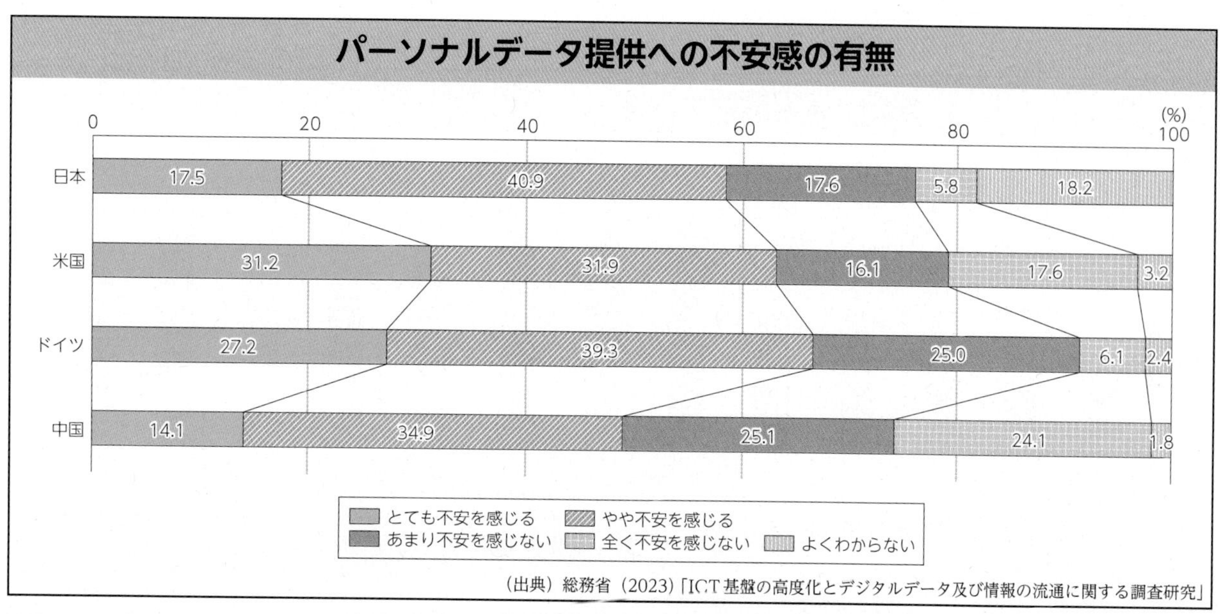

（出典）総務省（2023）「ICT基盤の高度化とデジタルデータ及び情報の流通に関する調査研究」

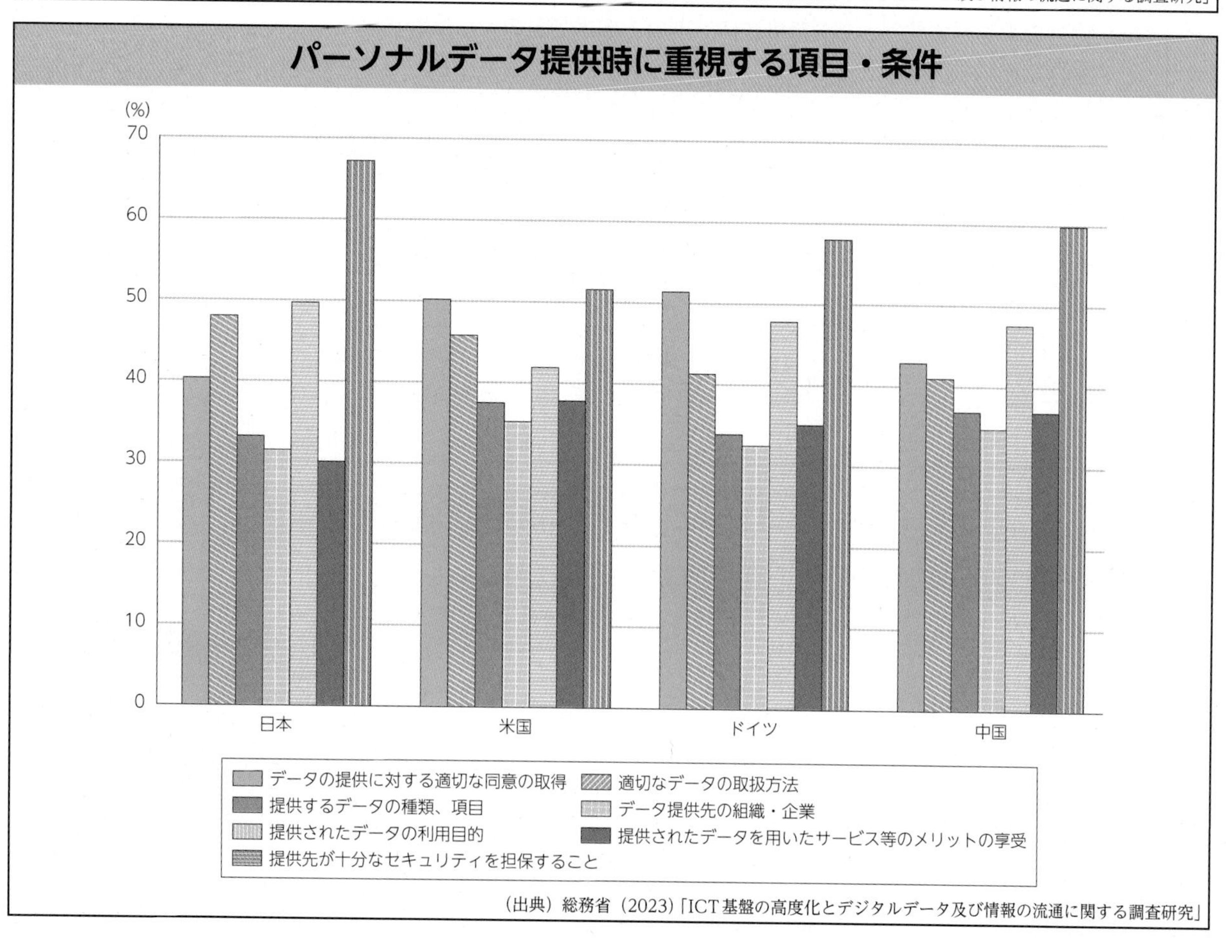

（出典）総務省（2023）「ICT基盤の高度化とデジタルデータ及び情報の流通に関する調査研究」

第3節：インターネット上での偽・誤情報の拡散等

- SNS等プラットフォームサービス上では、その特性（**例：アテンション・エコノミー、アルゴリズム**）により、自分と似た意見にばかり触れてしまうようになる（**エコーチェンバー**）、自分好みの情報以外が自動的にはじかれてしまう（**フィルターバブル**）等、**「情報の偏り」**が生じやすい
- SNS等の普及により、利用者が様々な情報を容易に入手・発信可能となる一方、**誹謗中傷や偽・誤情報の流通・拡散の問題も顕在化。AI・ディープフェイクの普及**により、偽画像・動画の拡散が加速するおそれ

違法・有害情報センターへの相談件数の推移

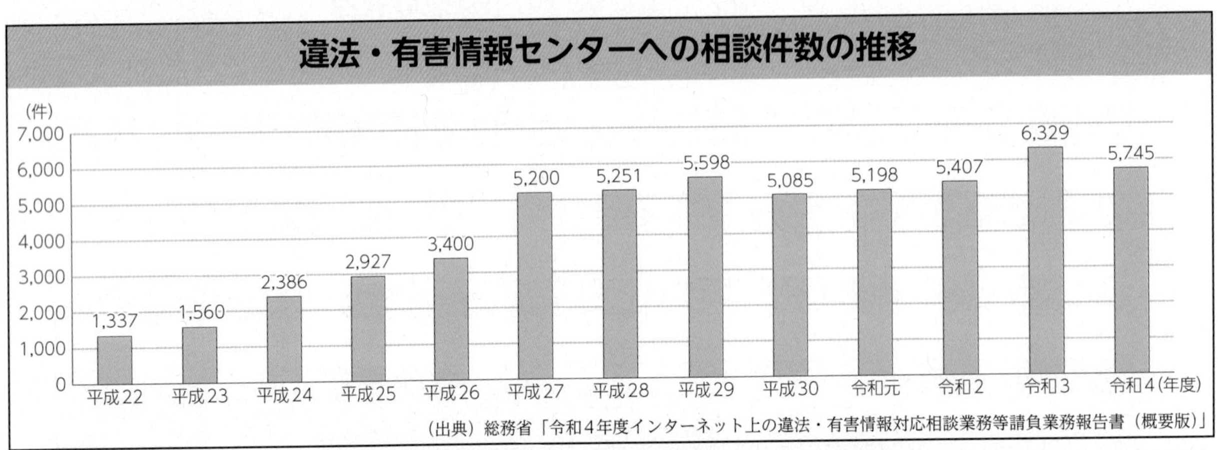

（出典）総務省「令和4年度インターネット上の違法・有害情報対応相談業務等請負業務報告書（概要版）」

インターネット上の偽・誤情報への接触頻度

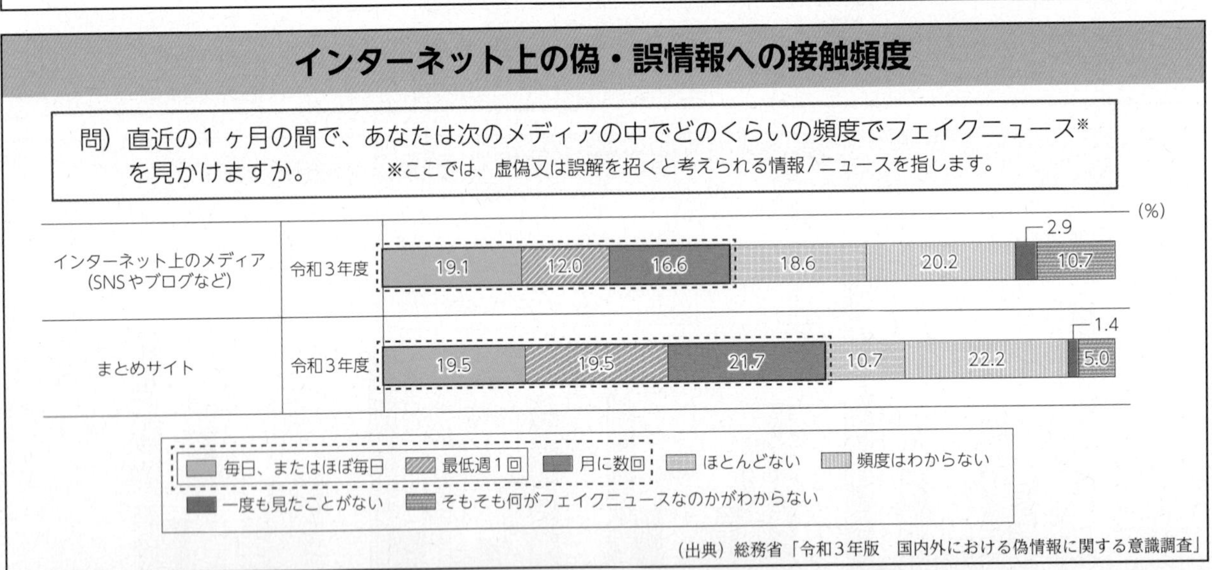

（出典）総務省「令和3年版　国内外における偽情報に関する意識調査」

AI・ディープフェイクを利用した偽・誤情報の事例

年	エリア	内容
2021	欧州	ロシアの議員のディープフェイク動画と気づかずに欧州の議員がビデオ電話会議を実施した
2022	日本	「Stable Diffusion」が静岡県の台風洪水デマ画像作成に使われ、Twitter上に投稿された
2023	米国	政治活動家が、バイデン大統領が第三次世界大戦の開始を告げる動画を作成。作成者はAIで作成した旨を説明したが、多くの人が説明をつけないまま動画を共有した
	米国	ベリングキャットの創設者が、トランプ前大統領が逮捕される偽画像を「Midjourney」を使用して作成・公表し、Twitter上で拡散された

（出典）各種ウェブサイトを基に作成

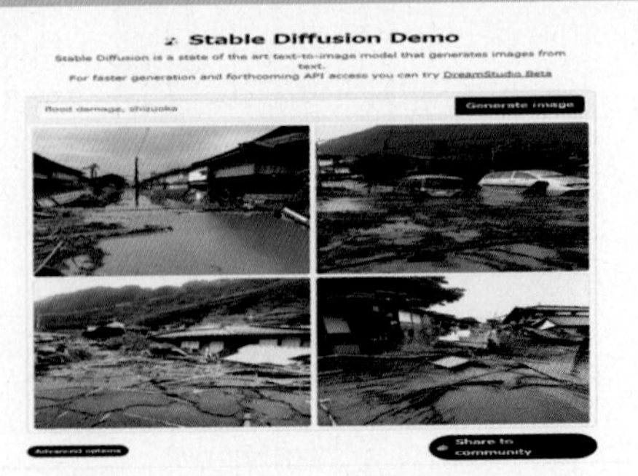

（出典）Spectee「静岡災害デマ、画像生成AIの急速な進化がもたらす新しい時代」(2022.09.28)

第3節：インターネット上での偽・誤情報の拡散等

- SNS等では**自分に近い意見や考え方等が表示されやすい傾向があることについて知っている**（「よく知っている」と「どちらかと言えば知っている」の合計）と回答した割合は、欧米と比較すると低い。また、我が国について年代別に見ると、**50歳代及び60歳代では他の年齢層と比較すると低い**
- また、**ファクトチェック等の偽・誤情報に関連した取組の認知度も他国と比較すると低い状況**

SNS等では自分に近い意見が表示されやすいことの認識

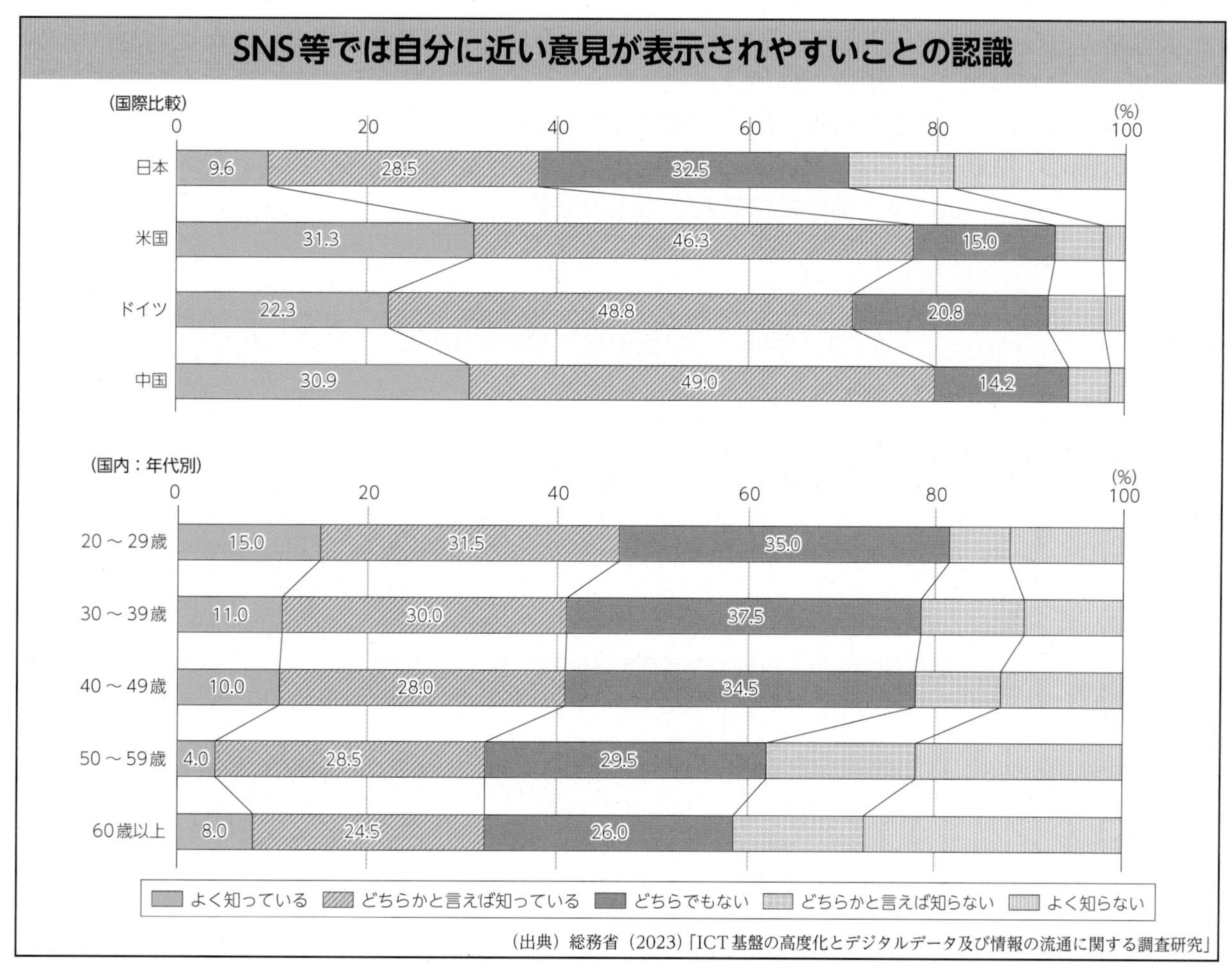

（出典）総務省（2023）「ICT基盤の高度化とデジタルデータ及び情報の流通に関する調査研究」

ファクトチェックの認知度

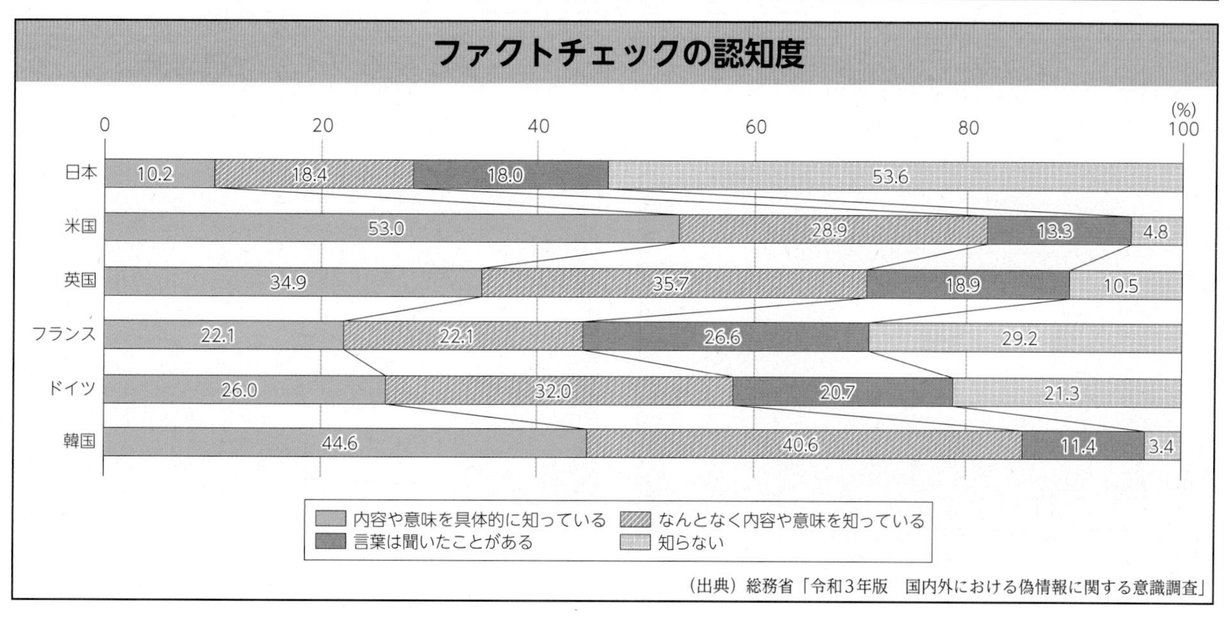

（出典）総務省「令和3年版　国内外における偽情報に関する意識調査」

第3章 データ流通・利活用を巡る新たな潮流

第1節：データ流通・活用の新たな潮流

- データ流通の新たな潮流として、ブロックチェーンを活用したデータの流通・分散管理をベースとする「**Web3**」、その応用技術（例：分散型自律組織（DAO））が登場
- 通信ネットワークやXR技術等の高度化に伴い、**メタバースやデジタルツイン**を活用した新たなサービスが登場し、国民の認知度も向上しつつある。エンターテイメントのみならず、**教育、地域活性化、インフラ管理、防災、農業等でも活用**
- 進化の著しい**生成AI**についても、対話型言語モデル「Chat GPT」、テキストを入力すると画像を生成する「プロンプト型画像生成AI」などが登場

メタバースの認知度（国際比較）

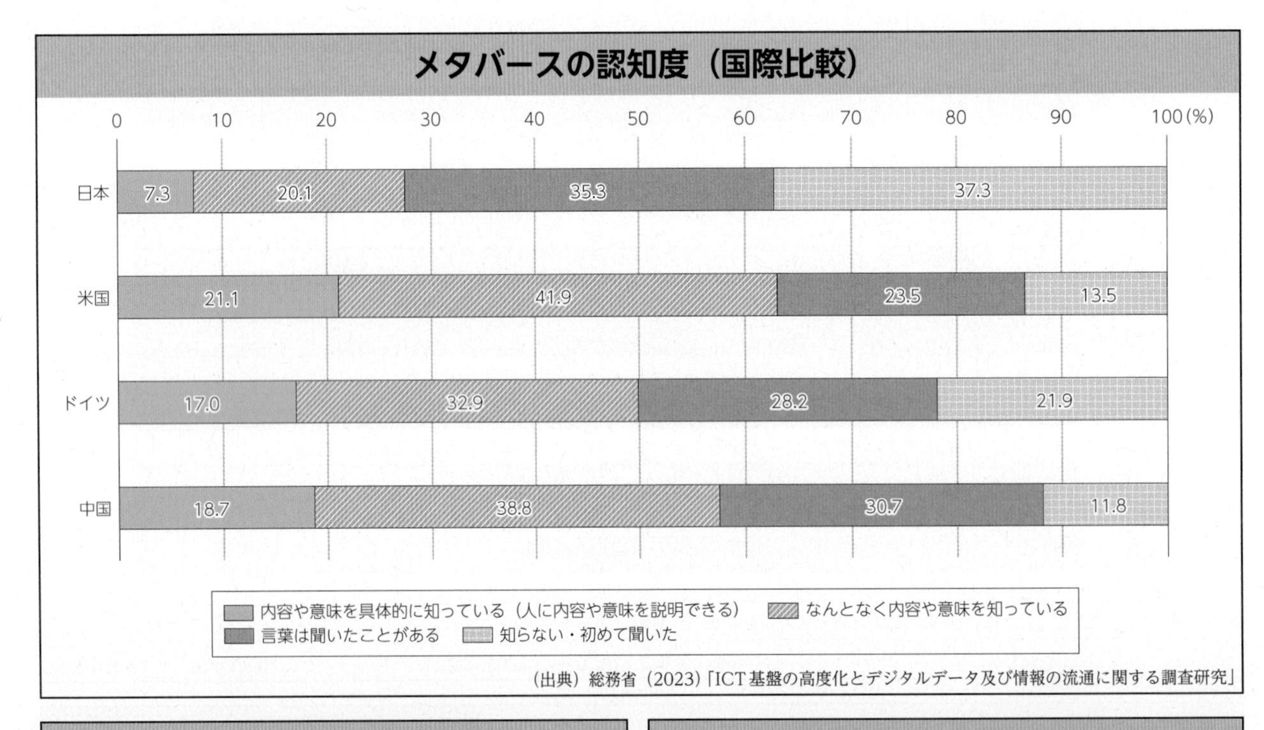

（出典）総務省（2023）「ICT基盤の高度化とデジタルデータ及び情報の流通に関する調査研究」

メタバース活用事例

◇東京大学メタバース工学部

（出典）東京大学

デジタルツイン活用事例

◇バーチャル静岡

（出典）静岡県

第2節：豊かなデータ流通社会の実現に向けて

- **データを活用した多様なデジタルサービスは我々の生活に深く浸透**。Web3の応用技術やメタバース等の新たなサービスも注目を集めており、**地域活性化、防災等の我が国が抱える様々な社会的・経済的課題解決に貢献すると期待**
- データの安全かつ適正な流通を促進し、**データ利活用の恩恵を誰もが享受できる社会の実現に向けた取組の推進が重要**

データ流通・利活用を巡る取組

〈データ流通を支える強靱な通信ネットワーク〉

- 非常時でも継続的にデジタルサービスを利用できる環境の実現に向けて、**災害に強い通信ネットワークの構築、代替手段の確保**（例：事業者間ローミング、非地上系ネットワークの活用）
- 災害に対するレジリエンス向上等の観点から、**データセンターや海底ケーブル等の立地分散化**を推進
- 国際情勢が複雑化する中、**経済安全保障**の観点から、**サイバーセキュリティやサプライチェーンリスクへの対応を強化**

〈超高速・超大容量のデータ流通を支えるBeyond 5Gの早期実現〉

- メタバース等の新たなサービスの普及、データ主導型のSociety5.0の実現に向けて、**超高速・超大容量・超低遅延のデータ流通を可能とするBeyond 5G（6G）**に向けた取組を強化・加速
- 地球温暖化等環境問題が深刻化する中、**超低消費電力でのデータ流通を可能とするBeyond 5G**の早期実現が必要

〈標準化・国際ルール形成への貢献〉

- 国境のないデジタル空間では、**国際社会と連携して標準化やルールを推進・形成**していくことが重要
- 普及・進化が著しいAIについては、**G7広島サミット**で立ち上げられた**「広島AIプロセス」**や**G7デジタル・技術大臣会合で合意されたアクションプラン**等に基づき、各国と連携して**AIの利用環境整備**等を推進
- **メタバース**については、メタバース間の**相互運用性**の実現、**関連技術の国際標準化**等に向けた取組を促進

〈豊かかつ健全な情報空間の実現〉

- 玉石混交のデータ・情報が流通するインターネット空間において、**国民一人一人**が、**適切に情報を受発信**したり、AI等の**新たなツール・サービスを正しく活用**したりするための**リテラシーの向上**
- 表現の自由に配慮するとともに、透明性を確保した上で、情報の媒介者であるプラットフォーム事業者を含めた**幅広い関係者による自主的取組**（例：ファクトチェック、研究開発）の促進

第4章 ICT市場の動向

項目	年度	金額	前年比
ICT市場規模（支出額）	2022	27.2兆円	＋5.2%
情報通信産業の国内生産（名目）	2021	52.7兆円	＋0.8%
情報化投資	2021	15.5兆円	▲0.4%
ICT財・サービスの輸入額（名目）	2021	19.2兆円	＋14.6%
ICT財・サービスの輸出額（名目）	2021	12兆円	＋13.3%
情報通信産業の研究費	2021	3.4兆円	▲1.6%
情報通信産業の研究者数	2021	15.7万人	▲6.0%
5G人口カバー率	2021	93.2%	―
インターネットトラヒック	2022	29.2Tbps	＋23.7%
固定系ブロードバンドの契約数	2021	4,383万	＋2.7%
放送事業者全体の売上高	2021	3.7兆円	＋4.6%
放送サービス加入者数	2021	8161.3万	▲0.2%
デジタル広告市場規模	2022	3.1兆円	＋13.7%
5G対応スマホ出荷台数	2021	1,753万台	＋67.7%
5G基地局の市場規模（出荷額）	2022	3,035億円	＋6.2%
動画配信市場規模	2022	5,305億円	＋15.0%
メタバース市場規模（売上高）	2022	1,825億円	＋145.3%
データセンターサービス市場規模	2022	2.0兆円	＋15.3%
クラウドサービス市場規模（売上）	2022	2.2兆円	＋29.8%
NICTERでのサイバー攻撃関連の通信数	2022	約5,266億	＋0.9%
インターネット利用率（個人）	2022	84.9%	82.9%※
スマートフォン保有率（個人）	2022	77.3%	74.3%※
テレワーク導入率	2022	51.7%	51.9%※
IoT・AIの導入状況	2022	13.5%	14.9%※

※前年比増減ではなく前年の割合を記載

総務省における ICT政策の主な取組状況

総合的なICT政策の推進

デジタル田園都市国家構想の推進

- 構想の実現に向け、「ハード・ソフトのデジタル基盤整備」、「デジタル人材の育成確保」、「誰一人取り残されないための取組」等の取組を加速
- **「デジタル田園都市国家インフラ整備計画（改訂版）」**に基づき、**光ファイバ、5G等デジタル基盤の整備を強力に推進**

2030年頃を見据えた情報通信政策の在り方に関する検討

- 情報通信審議会 情報通信政策部会　総合政策委員会で、我が国の情報通信産業の国際競争力と安全安心な利用環境の確保の視点から、**予想される2030年の未来の姿からのバックキャスト**を行い、10年後の情報通信政策のあるべき方向性等について議論し、2023年6月、**「2030年頃を見据えた情報通信政策の在り方」最終答申**を取りまとめ、公表

電気通信事業政策

デジタルインフラの整備・維持、安心性・信頼性の確保

- **「デジタル田園都市国家インフラ整備計画」**の目標達成（光ファイバ世帯カバー率（2027年度末）：99.9%）に向けた光ファイバの整備、**「デジタルインフラ整備基金」**によるデータセンターや海底ケーブルの地方分散の支援等を実施。また、**「非常時における事業者間ローミング等に関する検討会」**を開催し、非常時における携帯電話事業者間のネットワーク相互利用等に関する検討を実施。

安心・安全な利用環境の整備

- 消費者保護ルールの整備、インターネット上の**違法有害情報や偽・誤情報への対応**等の取組を推進

電波政策

5Gの普及・展開

- **「デジタル田園都市国家インフラ整備計画」**の目標達成（5G人口カバー率（2025年度末）：全国97%）に向けて、補助金・税制措置による5Gの普及促進、インフラシェアリングの推進等の取組を実施

放送政策

放送の将来像と放送制度の在り方の検討

- **「デジタル時代における放送制度の在り方に関する検討会」**の提言等を踏まえ、設備の共用化の推進、マスメディア集中排除原則の見直し、複数地域での放送番組の同一化等を可能とするための制度整備等を実施

放送ネットワークの強靱化、耐災害性の強化

- ケーブルテレビの光化による放送ネットワークの耐災害性強化等を通じて、災害時にも情報を確実に届けられる環境の整備を推進

サイバーセキュリティ政策

情報通信ネットワークの安全性・信頼性の確保

- 国民が安心してICTを利用できる環境を整備するため、IoT機器のセキュリティ確保、電気通信事業者によるC&Cサーバの検知等の取組の促進、サプライチェーンリスク対策に関する取組等を推進

サイバーセキュリティ人材の育成

- NICTのナショナルサイバートレーニングセンターを通じたサイバーセキュリティ人材育成の取組（CYDER等）を推進

ICT利活用の推進

社会・経済的課題の解決につながるICT利活用の推進

- **ローカル5G**の推進、テレワークの普及促進、教育・医療等におけるICT利活用の推進

誰もがICTによる利便性を享受できる環境の整備

- **年齢や障害によるデジタルディバイドを解消し「誰一人取り残さない」デジタル化に向けた取組**（高齢者等を対象としたデジタル活用支援、情報バリアフリー促進支援等）、**ICT活用のためのリテラシー向上に向けた検討・取組**等を推進

ICT技術政策

Beyond 5Gに向けた研究開発と実装、国際標準化

- 次世代情報通信インフラBeyond 5G（6G）の実現に向けて、**新たな基金を活用し、我が国が強みを有する技術分野を中心として、社会実装・海外展開を目指した研究開発を強力に推進**するとともに、産官学の連携によるBeyond 5G（6G）の**国際標準化等**を**推進**

ICT国際戦略

我が国のICT分野における国際競争力強化と世界の社会課題解決への貢献

- 我が国の国際競争力強化と世界的な課題解決への貢献のため、**デジタルインフラ等の海外展開、デジタル分野での二国間・多国間における連携**（日米、日欧、QUAD、G7、IGF等）等を推進
- 2023年4月の**G7デジタル・技術大臣会合**では、議長国である我が国の主導により、「安全で強靭性のあるデジタルインフラ」、「自由でオープンなインターネットの維持・推進」、「責任あるAIとAIガバナンスの推進」等6つのテーマについて議論が行われ、本会合の成果として**「G7デジタル・技術閣僚宣言」を採択**

郵政行政

デジタル社会における郵便局の地域貢献の在り方の検討

- 郵便局におけるマイナンバーカードの普及・活用策の検討、行政サービスの窓口としての活用推進、郵便局と地域の公的基盤との連携に関する実証事業等を実施

令和5年版　情報通信白書

総目次

凡　例

◆ 年（年度）の表記は、原則として西暦を使用し、公的文書の引用等の場合は和暦を使用しています。必要に応じて、西暦と和暦を併記しています。

◆ 和暦における元号は明記する必要のない場合や一部図表において省略しています。

◆ 「年」とあるものは暦年（1月から12月）を、「年度」とあるものは会計年度（4月から翌年3月）を指しています。

◆ 企業名については、原則として「株式会社」の記述を省略しています。

◆ 補助単位については、以下の記号で記述しています。

10垓（10^{21}）倍 …Z（ゼタ）
100京（10^{18}）倍 …E（エクサ）
1,000兆（10^{15}）倍 …P（ペタ）
1兆（10^{12}）倍 …T（テラ）
10億（10^{9}）倍 …G（ギガ）
100万（10^{6}）倍 …M（メガ）
1,000（10^{3}）倍 …k（キロ）
10分の1（10^{-1}）倍 …d（デシ）
100分の1（10^{-2}）倍 …c（センチ）
1,000分の1（10^{-3}）倍 …m（ミリ）
100万分の1（10^{-6}）倍 …μ（マイクロ）

◆ 単位の繰上げは、原則として、四捨五入によっています。単位の繰上げにより、内訳の数値の合計と、合計欄の数値が一致しないことがあります。

◆ 構成比（%）についても、単位の繰上げのため合計が100とならない場合があります。

◆ 本資料に記載した地図は、我が国の領土を網羅的に記したものではありません。

◆ 出典が明記されていない図表等は、総務省資料によるものです。

◆ 原典が外国語で記されている資料の一部については、総務省仮訳が含まれます。

本編

本編目次

第1部　特集　新時代に求められる強靱・健全なデータ流通社会の実現に向けて

第1章　データ流通の進展

第2章　データの流通・活用の現状と課題

第3章　新時代の強靱・健全なデータ流通社会の実現に向けて

第2部　情報通信分野の現状と課題

第4章　ICT市場の動向

第5章　総務省におけるICT政策の取組状況

第1部

特集
新時代に求められる強靱・健全なデータ流通社会の実現に向けて

データ流通の進展

デジタル化の進展やネットワークの高度化、スマートフォンやセンサー等のIoT関連機器の小型化・低コスト化により、個人の位置情報や行動履歴、インターネットでの視聴・消費行動等に関する情報など、ネットワーク上では膨大な量のデータが流通し、これらを活用・共有する様々なデジタルサービスが登場している。

本章では、通信インフラの高度化とネットワーク上でのデータ流通・活用の進展を概観する。

第1節 データ流通を支える通信インフラの高度化

1 固定通信

インターネットが普及する前の1980年代後半から1990年代前半は、電話回線やISDN経由で通信事業者のコンピューターに接続し、その中で情報の送信・受信を行うパソコン通信が多くのユーザーに使われていた[*1]。パソコン通信は、これまでの音声の通信に加えてデータによる通信の道を開いたものであり、メールや掲示板、チャットなどテキストベースのサービスが中心であったものの、着実に普及していった。

その後、我が国でもインターネットの商用利用が開始され、1995年にWindows95の販売を契機としてインターネットの一般家庭への普及が急速に進んだ。

インターネットが普及し始めた1990年代後半の通信環境は、電話回線によるダイヤル接続が主流であったが、通信速度が十分ではない、従量課金型である、インターネット接続中は通話を行えないといった課題があった。

このような中、1999年にADSLの商用での提供が開始された。ADSLは、同じ電話回線の中でも通話とは別の帯域をデータ通信用に使用するため、通話とインターネット接続を同時に行うことが可能となり、定額料金・常時接続という形で提供されるようになった。2001年には、Yahoo!BBなど低廉な価格のADSLサービスを提供する事業者が新規参入したことで事業者間での競争が進展し、開始当初から提供していたNTT東日本も含めて、料金が低廉化していった。また、開始当初に下り最大1.5Mbpsであった回線速度が2004年には50Mbpsに達するなど高速化も進み、契約数は急激に拡大した[*2]。

ADSLの料金低廉化と高速化が進む中、2001年に一般利用者向けに光ファイバーを活用したFTTH（Fiber To The Home）サービスが開始され、2000年代後半にADSLから更に高速なFTTHへの乗り換えが進んだ。2008年にはFTTHが総契約数においてDSLを抜き、現在までFTTHサービスが固定系ブロードバンドサービスの主流となっている。

2 移動通信

我が国の移動通信ネットワークは、1979年に第1世代となるサービスの開始以降、2020年に開

＊1　パソコン通信の利用者は、1991年で115万人だったものが、1996年には573万人にまで増加した。
＊2　2003年には契約者数が1,000万人を超えた。

始された第5世代に至るまで約10年周期で世代交代が行われ、大容量化・高速化の方向で進化を続けており、これに伴い移動通信サービスも多様化・高度化してきた（図表1-1-2-1）。

図表1-1-2-1　移動通信システムの進化

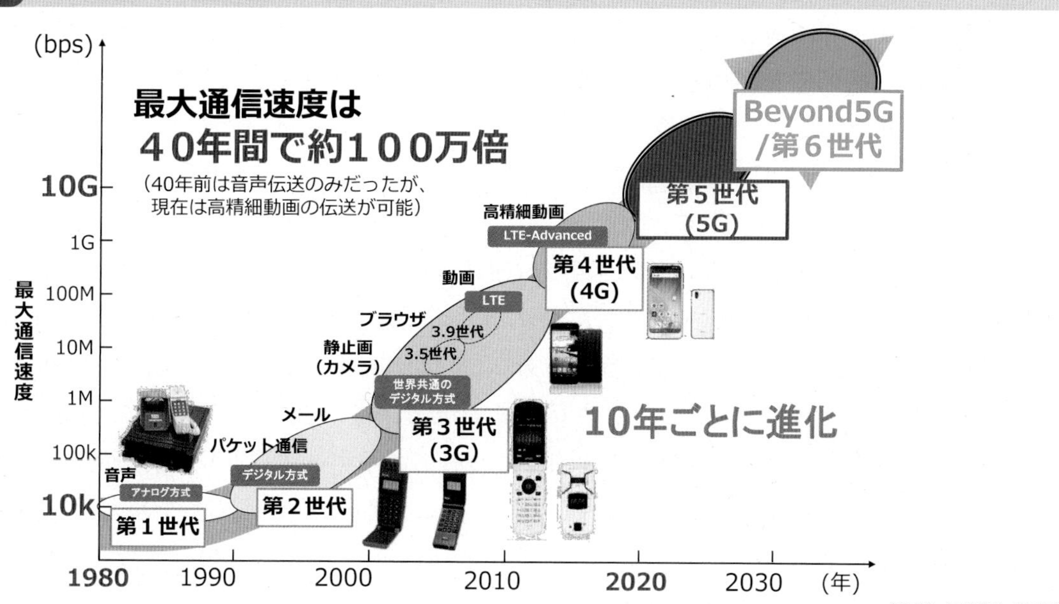

（出典）総務省作成資料

1979年に日本電信電話公社が第1世代アナログ方式自動車電話のサービスの提供を開始した後、1985年には自動車の外からでも通話可能なショルダー型の端末が登場し、1987年にはNTTが、更に小型・軽量化した端末を用いた「携帯電話」サービスを開始した。

1993年からはそれまでのアナログ方式に代わるデジタル方式の「第2世代移動通信システム（2G）」が開始された。2Gのパケット交換技術を用いた通信の実現に伴い、音声通話の伝送のほかにデータ通信サービスも本格的に開始されることになり、各社から携帯電話向けインターネット接続サービスが提供された*3。

2001年、世界に先駆けて「第3世代移動通信システム（3G）」を用いたサービスが開始された。3Gの特徴は、アクセス方式にCDMA（符号分割多元接続）を採用している点にあり、拡散符号と呼ばれるコードでユーザーを識別することにより、同じ周波数を同じ時間に多数のユーザーで共用することが可能となった。また、周波数拡散技術の一種であるCDMAを採用することで広帯域での通信が可能となり、2Gに比べて高速・大容量の通信が実現した。さらに、3Gの登場と前後して携帯電話端末の多機能化が一層進展し、携帯電話専用のサイトにアクセスできるサービスが本格化し、携帯電話端末でゲームや音楽など多様なコンテンツを楽しめるようになった。

このように携帯電話端末で多様なコンテンツを利用するニーズが増えるにつれ、当初の3Gの通信速度では物足りなさを感じるようになり、2003年には3Gを発展させてデータ通信の高速化に特化した技術を開発・導入した「第3.5世代移動通信システム*4」を用いたサービスが始まった。

2007年に米国でAppleがスマートフォン「iPhone」を発表すると、そのデザイン性の高さと

---

*3　NTTドコモは携帯電話向けインターネット接続サービスとして1997年に「DoPa」、1999年に「iモード」を、セルラーグループ及びIDOは1999年に「EZweb」「EZaccess」を、J-フォン（デジタルホン・デジタルツーカー各社が社名変更）も1999年に「J-SKY」をそれぞれ開始した。

*4　3Gでは1枚のDVDをダウンロードするのに27～30時間要したものが、第3.5世代では45分から1時間程度と速度が向上したことで、画像を含むホームページや動画の閲覧が円滑に行うことができるようになり、携帯電話でのインターネット利用シーンはより豊かになっていった。

使いやすさから人気を博し、世界的にフィーチャーフォンからスマートフォンへの移行が始まった。

このような状況において商用開始されたのが「第4世代移動通信システム（4G）」である。まず、2010年に「3.9世代移動通信システム（Long Term Evolution（LTE））」を用いたサービスが開始された。スマートフォン時代を迎えて高速・大容量通信に対するニーズが一層高まる中、LTEは、周波数の利用効率を高めることで3Gよりも大幅な広帯域化を可能とし、更なる高速化を実現した。2015年には、LTEを更に高速化した「第4世代移動通信システム（4G、LTE-Advanced）」が開始され、通信速度はメガレベルからギガレベルへ進化した。

4G[*5]の商用開始から約10年、2020年3月に「第5世代移動通信システム（5G）」の商用サービスの提供が開始された。5Gには、4Gの100倍以上の速度である「超高速」だけでなく、遠隔地でもロボットなどの操作をスムーズに行える「超低遅延」、多数の機器が同時にネットワークにつながる「多数同時接続」といった特徴があり、我が国の生活・経済・社会の基盤になると期待されている。早期に5Gの広域なエリアカバーを実現し、様々な産業での5Gの利活用を加速するために5Gの普及展開に向けた取組が積極的に行われており[*6]、2022年3月末時点で全国の5G人口カバー率は93.2%、都道府県別の5G人口カバー率は全都道府県で70%を超えている。

＊5　第3.9世代移動通信システム（LTE）と第4世代移動通信システム（LTE-Advanced）の総称
＊6　詳細は第2部第5章第3節「電波政策の動向」を参照

第2節　データ流通とデジタルサービスの進展

1　片方向のデータ発信（Web1.0時代：1990年代～2000年代前半）

1995年にWindows95の販売が開始されると、我が国でもインターネットが急速に普及し、その後、データ流通・利活用は幾つかのステージを経て進化してきている。

インターネット普及初期の頃は、htmlを用いたテキストサイトが主流で、画像や動画コンテンツは少なかった。また、情報の送り手と受け手が固定されており、企業や個人が作成したホームページを利用者が閲覧する、電子メールでメッセージを送信するなど、提供者から利用者・受け手に向けての片方向の情報・データの流通中心であった。

このような静的で、片方向の情報・データの流通が中心であった1990年代ばから2000年代半ばまでの期間は「Web1.0」と称される。

2　双方向のデータ共有（Web2.0時代：2000年代後半～）

2000年代に入り、高速・定額・常時接続化のブロードバンドの普及は、人々のインターネット利用形態に本格的な変化をもたらし、インターネット上でのサービス内容も多様化した。

インターネット普及当初は、情報を一つの場所に「集約化」することを目指し、ポータルサイトなどが林立した。その後、ポータルサイト上での情報の集約が進む一方で、定額料金・常時接続というインターネット環境を背景に、2005年前後からブログやSNSといったコミュニケーションサービス[*1]や動画投稿・共有サイト[*2]などが次々と登場し、情報・データの「双方向化」の流れが生まれた。さらに、2007年の米国でのiPhone販売開始後、我が国でもスマートフォンが急速に普及し、モバイル端末でのSNS、動画サイト、オンライン・ソーシャルゲーム等の利用が急増した。

このように利用者もSNSや動画サイトへの投稿など自らが情報発信の役目を担うようになり、不特定多数の利用者の間で情報が相互に行き交う双方向の情報の流れが進んだ時期は、「Web2.0」と称される（**図表1-2-2-1**）。

なお、「Web2.0」は、2005年に米国のティム・オライリー（Tim O'reilly）が提唱した用語で、1990年代半ば頃から普及・発展してきた従来型Webサイトの延長ではない新しいタイプのWebをソフトウェアのバージョンアップになぞらえて「2.0」と表現している。多くのサイトやサービスに共通する特徴として、技術的な知識のない利用者でも容易に情報を発信でき、様々な発信主体の持つ知識や情報が組み合わされて「集合知」（wisdom of crowds）を形成する点を挙げている。

＊1　我が国では、ブログサービスでは2003年に「ココログ」が、2004年に「アメーバブログ」がサービスを開始し、2004年半ばには投稿者が約100万人となった。SNSでは2004年に「mixi」と「GREE」が相次いでサービスを開始し、2008年にはFacebookとTwitterが、日本でサービスの提供を開始した。
＊2　例えば、2006年には「ニコニコ動画」が、2007年には「YouTube」の日本語版サービスが開始された。

図表 1-2-2-1　Web1.0〜Web2.0の変遷

	Web1.0	Web2.0
データ・情報の流れ	一方向 (単一のホームページを中心とした情報発信)	双方向 (SNSを中心とした情報共有)
デバイス	パソコン	＋　スマートフォン
主要サービス	ホームページ、電子メール　など	＋　SNS、EC　など

（出典）総務省「Web3時代に向けたメタバース等の利活用に関する研究会」(第1回) 資料1-2を基に作成

第2章 データの流通・活用の現状と課題

通信インフラの高度化等により、データ流通量も爆発的に増加し、データを活用した様々なビジネスやサービスが登場した。このようなサービスによりユーザーの利便性は向上する一方、インターネット上のデータの流通・活用を巡り様々な課題が顕在化している。

本章では、加速するデータ流通・利活用の現状と課題を整理し、各国の取組状況等を分析する。

第1節 加速するデータ流通とデータ利活用

1 データ流通量の爆発的増加

通信インフラの高度化やデジタルサービスの普及・多様化とともに、我が国のネットワーク上でのデータ流通量は飛躍的に増大している。新型コロナウイルス感染拡大後、非接触・非対面での生活を可能とするデジタル化が進展したこともあり、固定系ブロードバンドサービス契約者の総ダウンロードトラヒック（2022年11月時点）は前年同月比23.7%増、移動通信の総ダウンロードトラヒック（同年9月時点）は前年同月比23.4%増となっている[*1]。

世界的にもデータトラヒック量、特にモバイル端末経由でのデータ流通量は大幅に増加してきており、今後も更に伸びていくことが予測されている。例えば、エリクソン（スウェーデン）が2022年11月に公表した「Ericsson Mobility Report」では、世界全体におけるモバイル端末経由でのデータトラヒック（FWAを除く）は大幅に増加してきており、2022年末で約90エクサバイト/月に達し、2028年には約325エクサバイト/月に達すると予測されている（**図表2-1-1-1**）。また、モバイルデータトラヒックにおける5Gの割合は、2022年末には約17%、2028年には69%になると予測されている。

図表2-1-1-1 世界のモバイルデータトラヒックの予測（デバイス別）

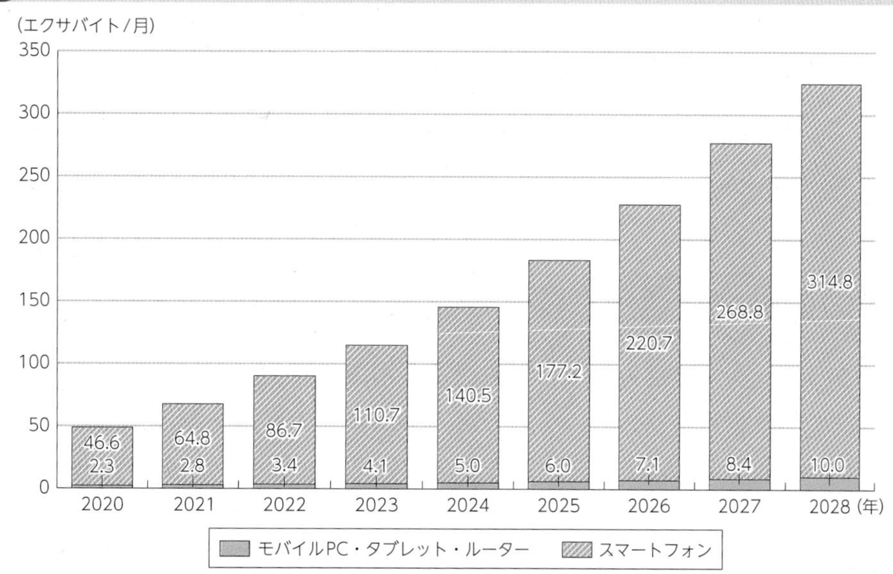

（出典）Ericsson "Ericsson Mobility Visualizer"[*2]を基に作成

＊1 https://www.soumu.go.jp/main_content/000861552.pdf
＊2 https://www.ericsson.com/en/mobility-report/mobility-visualizer

関連データ

世界のモバイルデータトラヒックの予測（5G及び5G以外）

出典：Ericsson“Ericsson Mobility Visualizer”を基に作成

URL：https://www.soumu.go.jp/johotsusintokei/whitepaper/ja/r05/html/datashu.html#f00004（データ集）

さらに近年は、企業活動のグローバル化や、インターネットを通じた国外へのサービスの提供が一般的になってきたことにより、自国内にとどまらず、国境を越えたデータ流通も活発化している。TeleGeography（米国）によると、越境データ流通量は、新型コロナウイルス感染拡大後、各国におけるロックダウンや緊急事態宣言などの措置によりオンラインショッピングや動画視聴サービスなどの利用が拡大したこと等に伴い飛躍的に伸びている。例えば、2021年の越境データ流通量は785.6Tbps（テラビット/秒）と、2017年と比較すると約2.7倍にまで増加した。国・地域をみると、1位にドイツ、次に米国、フランスと続き、日本は1秒あたり33Tbpsで11位であった（図表2-1-1-2）。

図表2-1-1-2　上位国・地域別の越境インターネット帯域幅

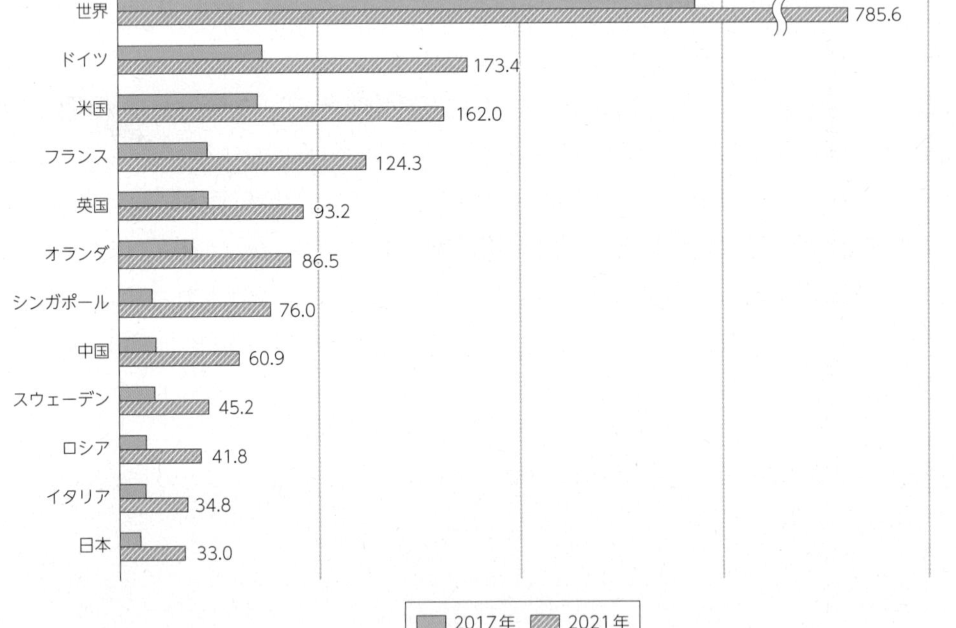

※地域分類はTeleGeographyの定義に基づき、地域計はデータの取れる構成国の合計値。

（出典）日本貿易振興機構（JETRO）(2022.8.2)「データ取り巻く環境は今（世界）越境データ・フロー、投資、通商ルールからの考察」

2　データの提供や利活用に関する企業及び消費者の意識

このように自国内及び国境を越えたデータ流通量が増加する中、企業や消費者はデータの提供・活用についてどのような意識を持っているのであろうか。その実態を把握するため、総務省は、日本、米国、ドイツ、中国の4カ国の企業と消費者を対象にアンケート調査を実施した。

1　企業の意識

最初に、各国企業へ顧客の基本情報等の「パーソナルデータ」の活用状況を尋ねた。「活用できている」（「既に積極的に活用している」と「ある程度活用している」の合計）と回答した日本企業の割合は52.8%であり、2019年度実施の調査結果[*3]と比較すると増加する一方、諸外国の企業と比較すると低くなっていた（図表2-1-2-1）。パーソナルデータ以外のデータについても、活用できている日本企業の割合（51.8%）は諸外国と比較すると低い。

図表2-1-2-1　各国企業におけるパーソナルデータの活用状況

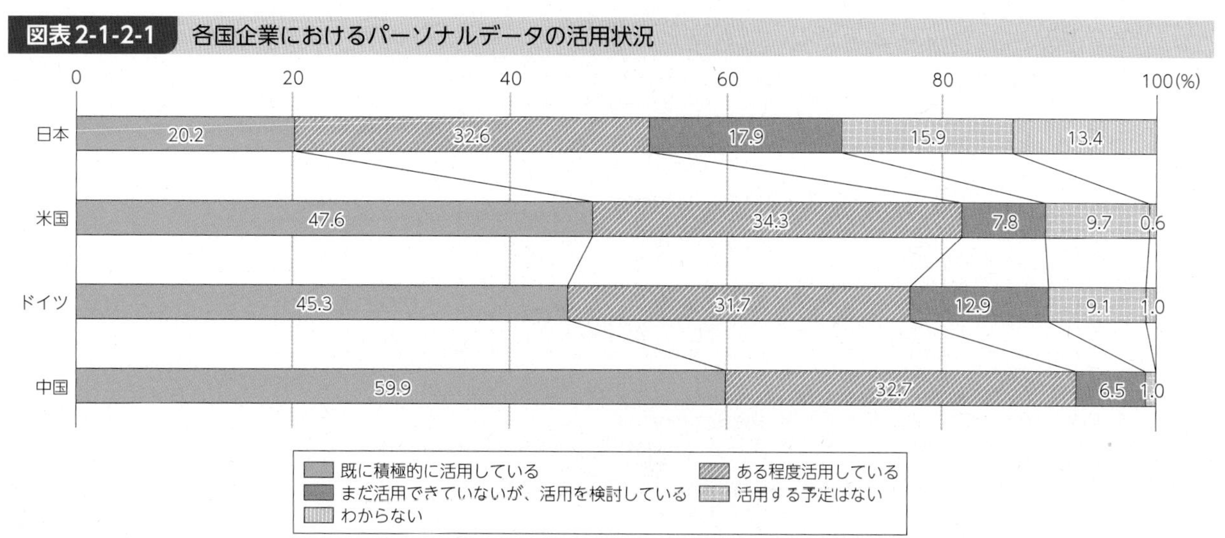

（出典）総務省（2023）「国内外における最新の情報通信技術の研究開発及びデジタル活用の動向に関する調査研究」

関連データ

パーソナルデータ以外のデータの活用状況

出典：総務省（2023）「国内外における最新の情報通信技術の研究開発及びデジタル活用の動向に関する調査研究」
URL：https://www.soumu.go.jp/johotsusintokei/whitepaper/ja/r05/html/datashu.html#f00007
（データ集）

また、データの取扱いや利活用における課題や障壁を尋ねたところ、日本では「データの利活用方法の欠如、費用対効果が不明瞭」と「データを取り扱う（処理・分析等）人材の不足」を挙げる企業が多かった。一方で、他の対象国の企業では「データの取扱いに伴うレピュテーションリスク（法的には問題なくても、消費者からの反発など）」、「データの所有権の帰属が自社ではない又は不明な場合があること」が課題や障壁として多く挙げられた（図表2-1-2-2）。

＊3　総務省（2020）「データ流通環境等に関する消費者の意識に関する調査研究」

図表2-1-2-2　パーソナルデータの取扱いや利活用において想定される課題や障壁

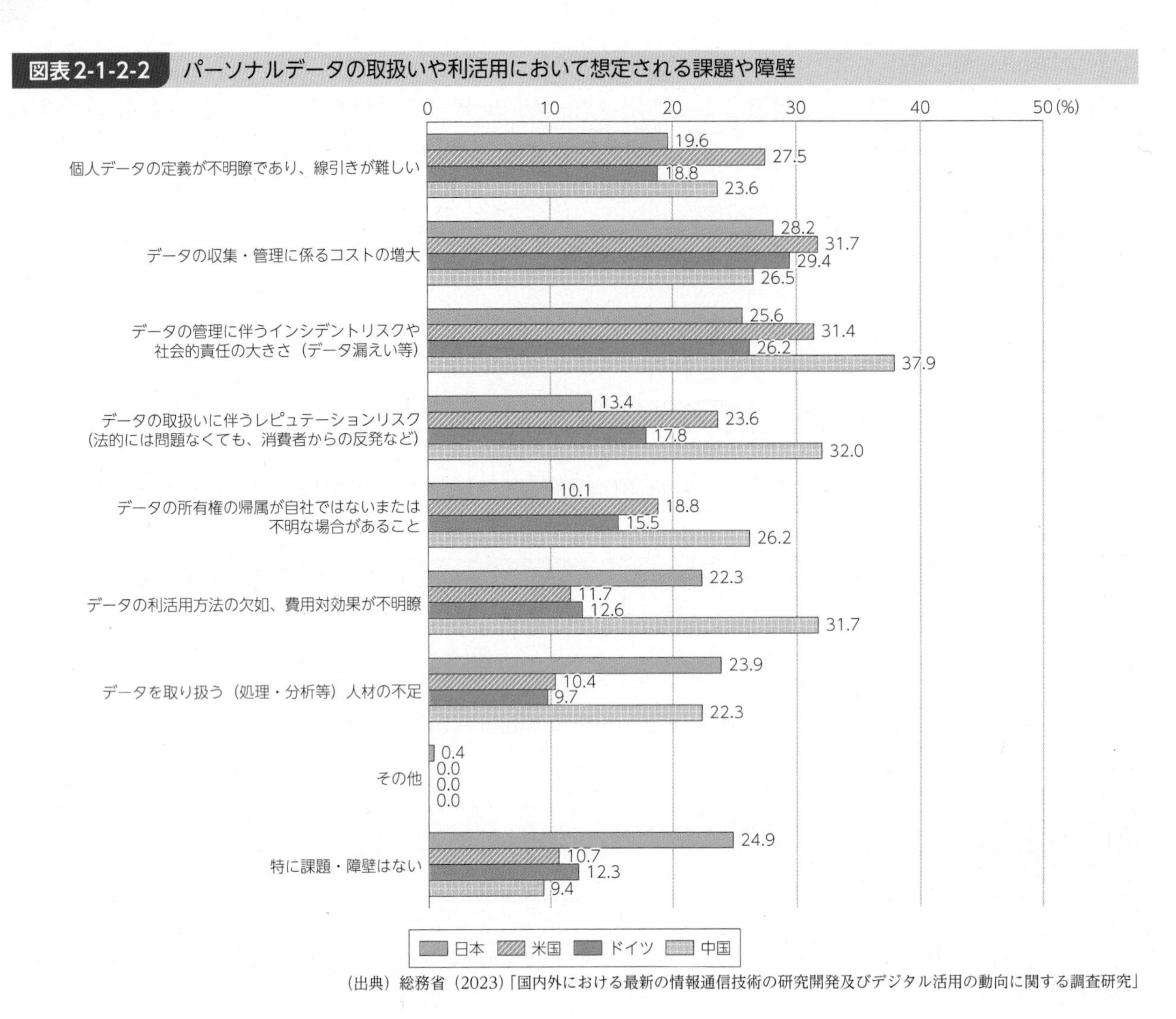

（出典）総務省（2023）「国内外における最新の情報通信技術の研究開発及びデジタル活用の動向に関する調査研究」

2 消費者の意識

一方、対象4カ国の消費者に対し、サービスの利用のために企業へパーソナルデータを提供する意向を尋ねたところ、日本では、「提供する」（「よりよいサービスを受けるために積極的に提供する」、「サービス利用の対価として提供は当然」、「抵抗を感じつつもサービス利用のために提供する」の合計）と回答した割合は58.7%となっており、諸外国に比べ約15%低くなっていた（**図表2-1-2-3**）。

パーソナルデータを企業に提供するにあたり懸念・抵抗を感じる理由は、4カ国とも「意図せぬ情報流出やその情報が望まない形で利用されること」と回答する割合が最も高かった（**図表2-1-2-4**）。

図表2-1-2-3　パーソナルデータ提供が必要となるサービスの利用意向

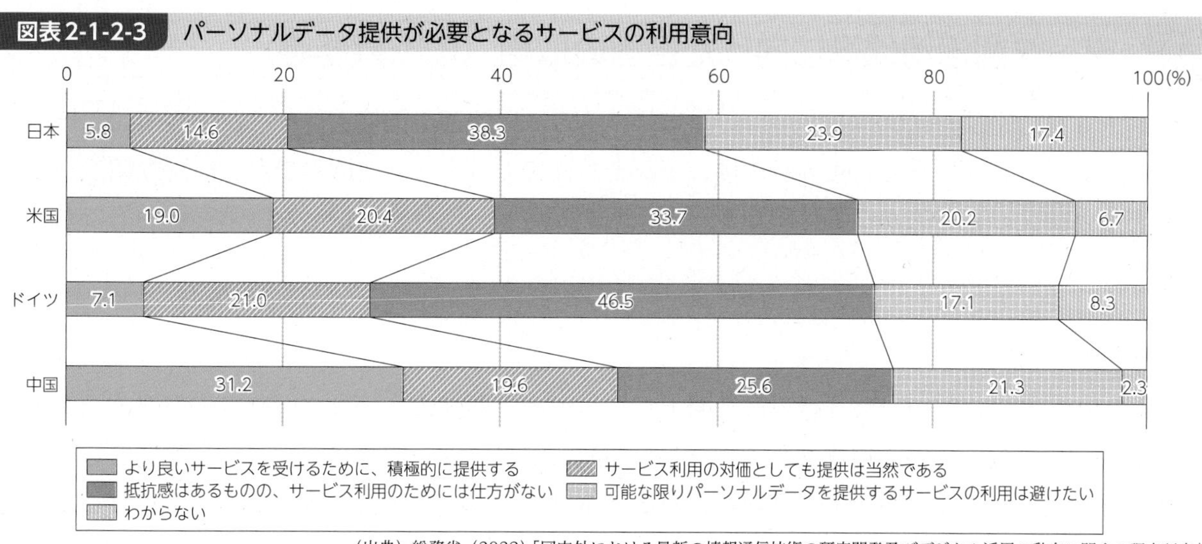

（出典）総務省（2023）「国内外における最新の情報通信技術の研究開発及びデジタル活用の動向に関する調査研究」

図表2-1-2-4　サービス利用時のパーソナルデータ提供に抵抗を感じる理由

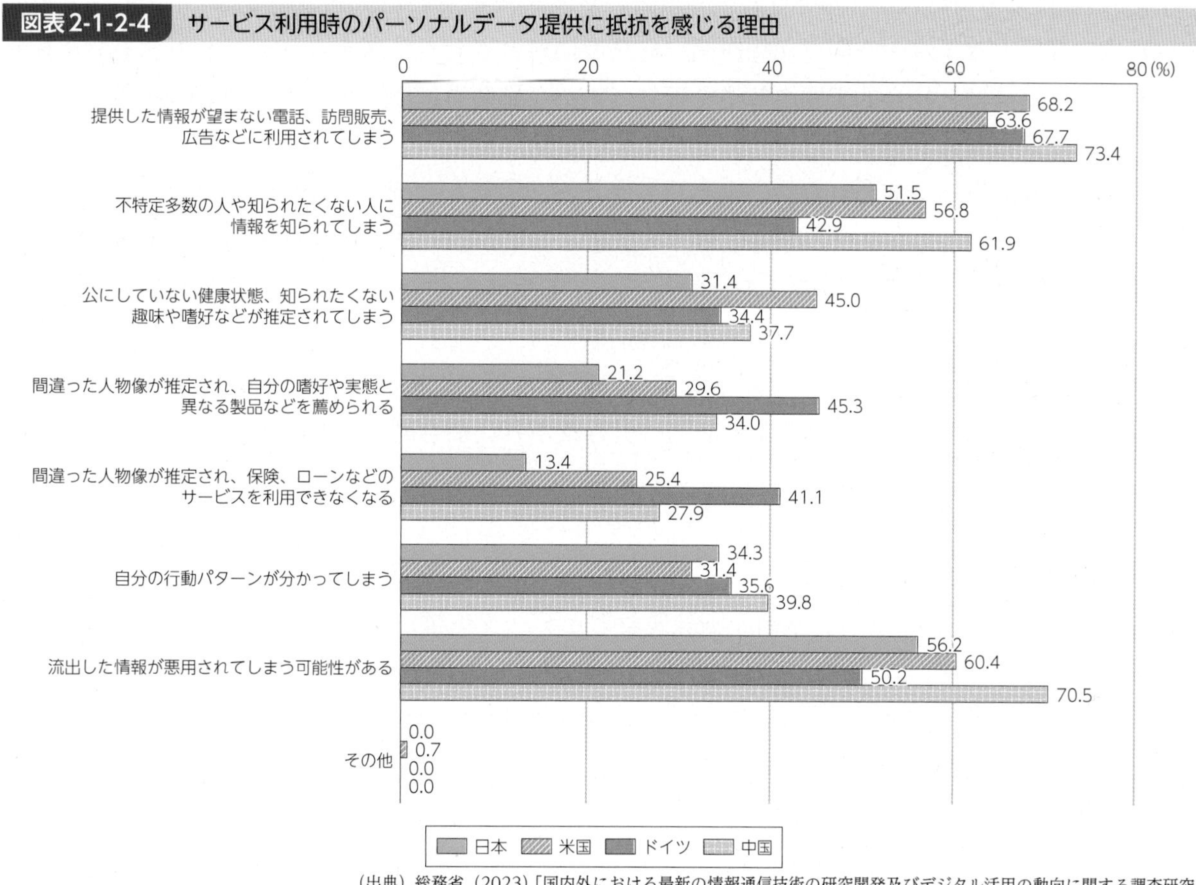

（出典）総務省（2023）「国内外における最新の情報通信技術の研究開発及びデジタル活用の動向に関する調査研究」

さらに、企業へパーソナルデータを提供する条件について質問したところ、4カ国とも、「経済的なメリットがある」と回答する割合が最も高く、続いて「自分へのサービスが向上する」となっており、自身にとってメリットが分かりやすい場合ほどパーソナルデータ提供の意向が高くなる傾向が見られた。

関連データ

企業へパーソナルデータを提供する条件

出典：総務省（2023）「国内外における最新の情報通信技術の研究開発及びデジタル活用の動向に関する調査研究」
URL：https://www.soumu.go.jp/johotsusintokei/whitepaper/ja/r05/html/datashu.html#f00011
（データ集）

3 データ利活用促進に向けた各国の取組（国家戦略等）

デジタル化の進展やイノベーションの推進によるデータ流通量の増大、データの経済的価値の向上等を背景に、我が国を含む世界各国は、デジタル社会ではデータが国の豊かさや国際競争力の基盤であると捉え、包括的かつ具体的なデータ戦略を策定し、これらに沿った施策を積極的に推進している。

1 日本

我が国では、2019年6月、「世界最先端デジタル国家」の創造に向けて「世界最先端デジタル国家創造宣言・官民データ活用推進基本計画」が閣議決定された。同計画では、重点項目として「国民生活で便益を実感できるデータ利活用」が掲げられており、実現のための取組の一つとして「官民におけるデータの徹底活用」が挙げられている。

また、2021年6月には、「包括的データ戦略」が閣議決定された。同戦略では、「フィジカル空間（現実空間）とサイバー空間（仮想空間）を高度に融合させたシステム（デジタルツイン）を前提とした、経済発展と社会的課題の解決を両立（新たな価値を創出）する人間中心の社会」を実現するための官民双方に共通する行動指針としてデータ活用原則（①データがつながり、いつでも使える、②データを勝手に使われない、安心して使える、③新たな価値の創出のためみんなで協力する）が示されるとともに、7つの階層における課題と方策が取りまとめられている。各階層で特に注力すべき課題として、第5層の「ルール」では「トラスト[*4]」、第3層の「連携基盤」及び第4層の「利用環境」では「プラットフォーム」、第2層の「データ」では「基盤となるデータの整備」、第1層の「インフラ」では「デジタルインフラの整備・拡充」が掲げられている。なお、包括的データ戦略は2023年に改定された重点計画に引き継がれ、引き続き、政府として重点的に取り組むべき施策を推進することとしている。

2 欧州連合（EU）

欧州委員会は、2020年2月、欧州の国際競争力とデータ主権を高めるため、データの単一市場を創設することを目指し、「欧州データ戦略」を公表した。同戦略では、世界で欧州の競争力とデータ主権を確保するため、データの単一市場である「欧州データ空間（European Data Space）」の創出を目標に掲げ、企業や個人が自身の生成するデータを管理できる環境を維持しつつ、社会経済活動でより多くのデータが利用可能になる旨を示した。

また、2020年11月、欧州委員会は、欧州域内において信頼性のあるデータの共有を促進するため、「データガバナンス法案（Data Governance Act）」を提出した。同法は、公共部門が保有する特定のデータの再利用の促進、データ共有の信頼性・中立性の向上、企業・個人が生成したデータの利用を管理するための仕組等を規定している。2022年5月、同法案はEU理事会の承認手続を経て成立し、発効の15か月後に適用が開始される。

さらに、2021年、「産業（製造）」、「グリーン・ディール」、「モビリティー」、「ヘルスケア」、「金融」、「エネルギー」、「農業」、「行政」、「スキル」の計9分野の産業データを連携させる情報基盤「Gaia-X European Association for Data and Cloud AISBL（以下、Gaia-X）」が国際的非

*4　「トラスト」とは、サイバー空間におけるデータそのものの信頼性や、データの属性・提供先の信頼性を指し、フィジカル空間の情報をデータとしてやり取りするための信頼を担保する仕組みの必要性が指摘された。

営利団体として設立された。Gaia-Xは、信頼できる環境でデータが共有・利用可能となるエコシステムを構築し、相互運用性、可逆性、透明性、サイバーセキュリティ等ヨーロッパの主要な価値観をクラウドインフラに組み込むことを目指しており、2023年1月末時点でEU域内や域外[*5]から357の企業等が参加している。Gaia-Xでは、産業別に分化・組織されたIDSというコンソーシアムにおいて、応用領域や業務プロセス等のユースケースが検討されている。例えば、自動車産業については、ドイツを中心に、自動車産業の競争力強化やCO_2削減などを目指し、自動車のバリューチェーン全体でデータを共有するためのアライアンス「Catena-X（カテナ-X）」が設立され、ビジネスパートナーデータ管理、トレーサビリティ、品質管理などのユースケースを検討している。

3 英国

2020年9月、デジタル・文化・メディア・スポーツ省は、国家データ戦略「UK National Data Strategy」を策定した。同戦略は、データを経済や貿易を牽引するものと位置付け、データ利活用への国民の信頼を得ながら世界最先端のデータ経済を構築するための各種施策を打ち出している。優先すべき課題として、①経済全体のデータの価値を引き出すこと、②成長促進と信頼できるデータ体制を確保すること、③政府のデータ利用を変革して効率を高め、公共サービスを改善すること、④データが依存するインフラのセキュリティと回復力を確保すること、⑤国際的なデータフローを推進することを挙げている。また、効率的にデータを活用するための4つの柱として①「データ基盤（Data Foundations）」、②「データスキル」、③「データ可用性」、④「データ責任」を挙げている。

4 米国

世界的な巨大IT企業を多く抱える米国では、政府は、民間部門のデータ活用促進に関して強い介入を行わない一方で、公的部門では連邦・州政府レベル双方が積極的な取組を行っている。

連邦レベルでは、2019年2月、連邦政府のデータ使用に関する10年間のビジョンを示した「連邦データ戦略（FDS：Federal Data Strategy）」が策定・公表された。同戦略は、すべての連邦政府機関がデータのセキュリティ、プライバシー、機密性を保護しつつ統合的に活用し、国民に対してサービスを提供し、リソース管理を行うための10年間のビジョンを掲げたものであり、ミッション、10の原則、40のベストプラクティス、20の年次行動計画（Action Plan）から構成される。このうち、原則とベストプラクティスは連邦政府から各行政機関へのデータ管理と使用に関する指針となる。さらに、ベストプラクティスは「データを大切にし、パブリックユースを促進する文化の構築」、「データの管理、保護」、「データの効率的・適切な利用の推進」の3つのカテゴリーに分かれている。また、同戦略を強いリーダーシップの下で推進していくため、各機関に「Chief Data Officer（CDO）」が設置されるとともに、機関間でのデータ共有に焦点をあて「Federal Chief Data Officers Council」も設置された。

*5　日本からは4社・団体（EY Consulting & Strategy、エヌ・ティ・ティ・コミュニケーションズ、日本電気、ロボット革命・産業IoTイニシアティブ協議会）が参加（2023年1月末時点）。

4 データ利活用の先進的取組

各国で、様々な分野におけるデータ利活用促進に向けた取組が実施されており、我が国でも教育、医療等でパーソナルデータ等の適正かつ効率的な利活用についての検討や、民間事業者による先進的なサービスの提供等が進められている。

1 教育

1人1台端末と高速大容量の通信ネットワークを一体的に整備することで、多様な子供たちが誰一人取り残されることなく公正に個別最適化され、資質・能力を一層確実に育成できる教育環境の実現を目指す「GIGAスクール構想」が、2019年12月にスタートした。その後、2020年の新型コロナウイルス感染症の拡大によって、1人1台端末の整備が前倒しされ、2020年度末までに全自治体等のうち1,769自治体等（97.6%）に納品を完了する見込という早さで導入が進んだ[*6]。また、教育データの利活用による個人の学び、教師の指導・支援の充実等の観点から、教育データの利活用に向けた検討が進められ、2022年1月に「教育データ利活用ロードマップ」が公表された。

このような中、事業者からも教育現場でのデータの効率的な活用に向けた様々なサービスが提供されている。例えば、Googleが提供するGoogle Workspace for Educationは、世界で1.7億人を超える生徒と教育者に利用されている[*7]。また、Googleは、2022年11月に小中学校や高等学校など学校現場のDXを支援する「Google for Education教育DXパッケージ」の提供を開始した。学習ログ等をクラウドで一元管理し、学びの軌跡を振り返る、学びの指導をサポートするなどの活用を支援している。

また、Microsoftも学びのプラットフォームMicrosoft 365 Educationを提供しており、データを活用した教育分野の可視化を訴求している。Microsoft 365 Educationから得られるデータだけでなく、教育データ利活用の目的に応じて、その他の学習系システムや校務系システムのデータを組み合わせて蓄積・分析し可視化することができる[*8]（**図表2-1-4-1**）。

＊6　文部科学省https://www.mext.go.jp/a_menu/other/index_00001.htm
＊7　https://edu.google.com/intl/ALL_jp/workspace-for-education/editions/overview/
＊8　https://news.microsoft.com/ja-jp/2022/12/21/221231-introducing-case-studies-and-technologies-for-utilizing-educational-data-to-advance-the-giga-school-initiative/

図表2-1-4-1　校務・学習データの可視化（Microsoft）

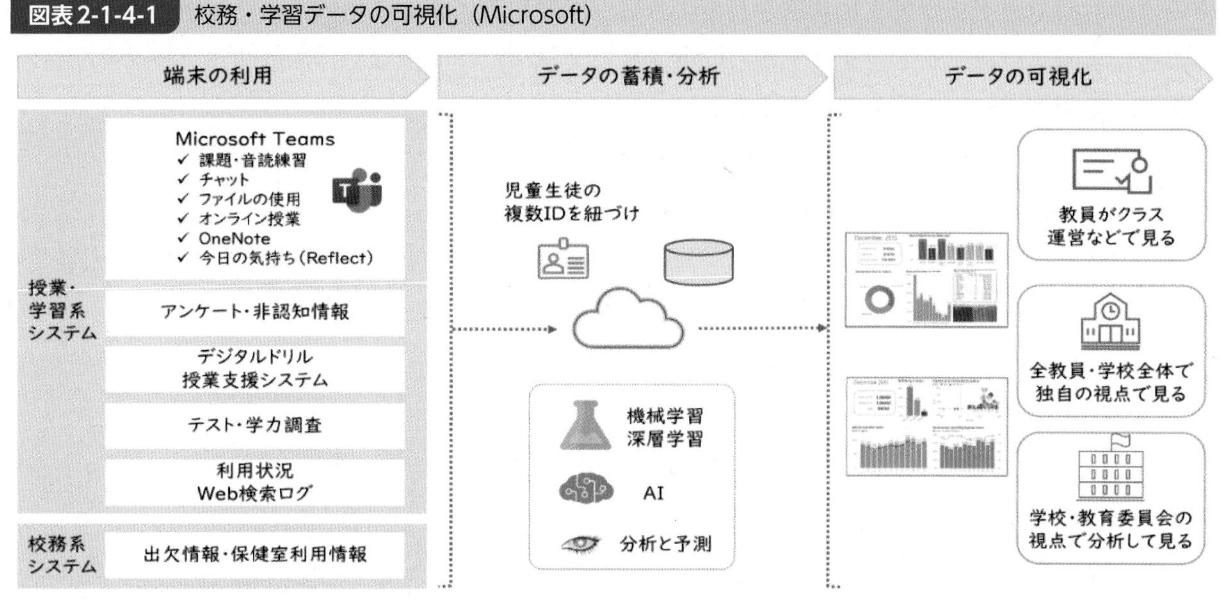

（出典）Microsoft

地方自治体での教育データの活用事例として、渋谷区教育委員会は、「子供一人ひとりの幸せ（Well-Being）の実現」を目指して、教員の児童・生徒の理解に基づいた指導による学校満足度の向上を目指した「教育ダッシュボード」を構築している。「学校全体」、「クラス」、「児童・生徒個人」といった単位に分けることで、多面的に把握することができるようにしている。

また、民間の学習塾や予備校では、蓄積したデータをAIで分析し、一人ひとりにカスタマイズした最短ルートの学びを提供する取組が進んでいる。例えば、AI「atama＋」は全国の塾・予備校3,100教室以上（2022年5月末時点）に提供されており、累積解答数は3億件を突破した[*9]。蓄積した大量の学習データを分析することによって、日々教材コンテンツの改善やレコメンドの精度向上が行われており、個別最適な学習を実現している。

このようにプラットフォーム上にデータを蓄積することによって、児童・生徒1人1人の理解状況に応じた教育が実現しつつある。

2 医療

医療分野では、医療DXの実現に向けて「全国医療情報プラットフォーム」構想が検討されている。現在、個別に保存・管理されている医療関連情報を一つのプラットフォームに集約して保存・管理するというものであり、実現によってより良質な医療の提供につながると期待されている。

医療データの活用については、病院経営の支援などを目的としたサービスとして、例えば、MDVデータプラットフォームサービスでは、電子カルテ、医事システム、その他システムの院内に点在するデータを一つに統合し、「増収」、「働き方改革」、「医療の質」、「患者満足度向上」という視点からデータ分析が行えるようになっている[*10]。また、サービスを提供する上で、Amazonのクラウドサービス「AWS」が利用されている[*11]。

利用者の健康促進という観点でも数多くのアプリケーションが提供されている。Apple watchやGoogleに買収されたFitbitなどが提供するスマートウォッチでは心拍数や睡眠、活動量などの

＊9　https://corp.atama.plus/news/2416/
＊10　https://www.mdv.co.jp/solution/medical/hospital/mdv_dps/
＊11　https://d1.awsstatic.com/local/health/20220324%20MDV%20session%203.pdf

データが取得できクラウド上に蓄積されるようになっている。また、Pep Upなどでアプリ連携することによって、スマートウォッチから取得できるデータだけではなく、医療関連データを統合・分析し、健康促進につなげることができる。

第2節　プラットフォーマーへのデータの集中

データ流通量の増加やデータ利活用の進展に伴い、一部のプラットフォーマーへのデータの集中が生じている。

本節では、プラットフォーマーによるデータの取得・蓄積の現状・背景等を概観し、プラットフォーマーへのデータの集中が引き起こす課題として「公正な競争環境への弊害」と「取得・蓄積したデータの取扱いに関する透明性・公正性への懸念」の二つを取り上げ、これら課題への各国の対応等を整理する。

1　プラットフォーマーによるデータの取得・蓄積

情報通信技術が高度化し、大量のデータが生み出され、流通する中、プラットフォーマーが革新的なビジネスや市場を生み出し続けるイノベーションの担い手となり、急激な成長を遂げてきた。現在、プラットフォーマーが提供する様々なサービスは我々の生活に深く浸透しており、検索サービスを利用して知りたいことを検索し、SNSでコミュニケーションを行い、インターネット上で動画を視聴することは多くの人にとってありふれた日常の一部となっている。

SANDVINE（カナダ）が取りまとめた[*1]世界におけるアプリケーション（企業）別モバイルインターネットトラヒックの割合をみると、Facebook（27.82%）が最も大きく、Google（19.09%）、Tiktok（13.76%）、Netflix（2.41%）が続いている（**図表2-2-1-1**）。

図表2-2-1-1　アプリケーション別モバイルインターネットトラヒックの割合（2022年上半期）

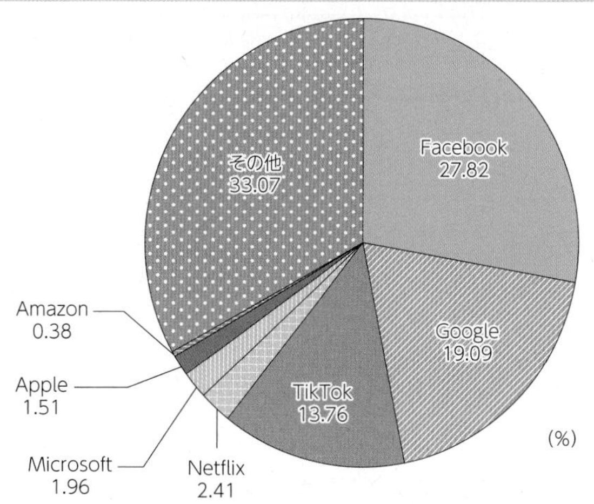

（出典）SANDVNE「PHENOMENA（THE GLOBAL INTERNET PHENOMENA REPORT JANUARY 2023）」を基に作成

また、Statistaの調査によると、米国の2022年7月時点での月間ユーザー数の多いプラットフォームの上位10社にGAFAMすべてが入っている。

＊1　「The Global Internet Phenomena Report January 2023」。本レポートはSANDVINE社が世界の500以上の固定、移動通信事業者を利用する25億以上の加入者からデータを収集して編纂。北米、南米、ヨーロッパ、アジア、中東を対象としているが、中国やインドのデータは含まれていないことに留意が必要。

関連データ

米国における月間ユニークユーザー数の多いプラットフォーム（2022年7月）
出典：Statista「Most popular multi-platform web properties in the United States in July 2022, based on number of unique visitors」
URL：https://www.soumu.go.jp/johotsusintokei/whitepaper/ja/r05/html/datashu.html#f00014
（データ集）

プラットフォーマーは、様々なサービスの提供を通じて、名前やユーザー名、IPアドレス等の属性データや、購買活動やコミュニケーション等の様々なアクティビティデータを取得している（**図表2-2-1-2**）。サービスを利用するユーザー数の多さを考慮すると、これらプラットフォーマーは莫大なデータ量を取得・蓄積していると想定される。

図表2-2-1-2　プラットフォーマーによって収集されているデータ項目例

データ項目	プラットフォーム			
	Google	Facebook	Amazon	Apple
名前	○	○	○	○
ユーザー名	－	－	○	－
IPアドレス	○	○	○	○
検索ワード	○	－	○	○
コンテンツの内容	－	○	－	－
コンテンツと広告表示の対応関係	○	○	－	－
アクティビティの時間や頻度、期間	○	○	－	○
購買活動	○	－	○	－
コミュニケーションを行った相手	○	○	－	－
サードパーティーアプリ等でのアクティビティ	○	－	－	－
閲覧履歴	○	－	○	－

（出典）Security.org「The Data Big Tech Companies Have On You」より、一部抜粋して作成

2　課題①：プラットフォーマーのデータ寡占による公正な競争環境の阻害

1　現状・背景

近年、GAFAMをはじめとするプラットフォーマーは、収集した膨大なデータをビジネス等に活用することにより、デジタル関連市場で強大な経済的地位を築き、その市場支配力は一層高まりを見せている。

2023年3月末時点での世界のデジタル関連市場における時価総額上位15社をみるとGAFAMが上位を占めており、Tencent（7位）やAlibaba（13位）も上位に入っている[*2]。また、これら企業の売上高の推移をみると、いずれの企業も高い成長率で売上高を拡大してきた（**図表2-2-2-1**）。

*2　第2部第4章第6節「プラットフォームの動向」参照。

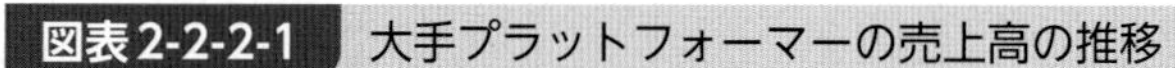

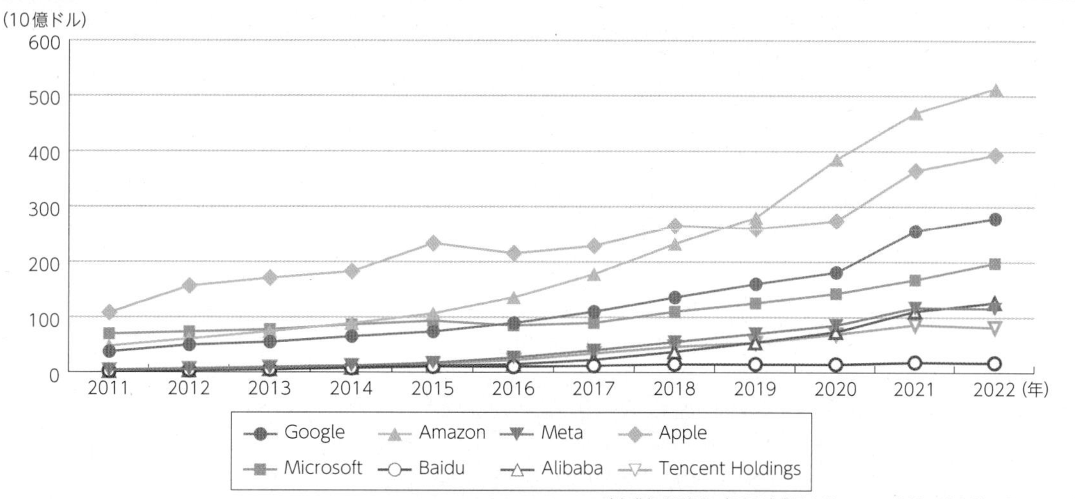

（出典）総務省（2023）「国内外のICT市場の動向等に関する調査研究」

プラットフォーマーが提供するサービスには、あるネットワークへの参加者が多ければ多いほどそのネットワークの価値が高まり更に参加者を呼び込むというネットワーク効果*3が働く。その結果、多くのユーザーを抱えるサービスは、更に利用者を獲得することが可能となり、規模を拡大していく傾向にある。このように、ネットワーク効果、規模の経済等を通じてプラットフォーマーへデータが集中することで利用者の効用が増加していくとともに、プラットフォーマーにデータが集積・利活用され、データを基本とするビジネスモデルが構築されると、それによって更にプラットフォーマーへのデータの集積・利活用が進展するといった競争優位を維持・強化する循環が生じるとされている*4。

また、プラットフォーマーが提供しているサービスは、スイッチング・コスト*5が高いとされている*6。スイッチング・コストが高い場合、利用者はたとえ他に安くて質の高い代替的なサービスがあったとしても、乗り換えをためらうことになる。特に、プラットフォーマーが様々なサービスを提供しており、これらが連動している場合、スイッチング・コストによる乗換え抑制効果は一層高いものとなる。この結果、利用者はサービス提供者にロックインされた状態となるため、サービス間の競争の効果を弱めることになる（図表2-2-2-2）。

*3　ある人がネットワークに加入することによって、その人の効用を増加させるだけでなく他の加入者の効用も増加させる効果を「ネットワーク効果」と呼ぶ。ネットワーク効果は、直接的な効果と間接的な効果に分けられる。直接的な効果とは、同じネットワークに属する加入者が多ければ多いほど、それだけ加入者の効用が高まる効果である。間接的な効果とは、ある財（例：ハード機器）とその補完財（例：ソフトウェア）が密接に関係している場合に、ある財の利用が進展すればするほどそれに対応した多様な補完財が多く供給され、それにより効用が高まる効果である。
*4　https://www.jftc.go.jp/dk/guideline/unyoukijun/dpfgl.html
*5　現在利用している製品・サービスから、代替的な他の製品・サービスに乗り換える際に発生する金銭的・手続的・心理的な負担のことを、スイッチング・コストという。
*6　経済産業省・公正取引委員会・総務省（2018）「デジタル・プラットフォーマーを巡る取引環境整備に関する中間論点整理」

図表2-2-2-2　モバイル・エコシステムの特性

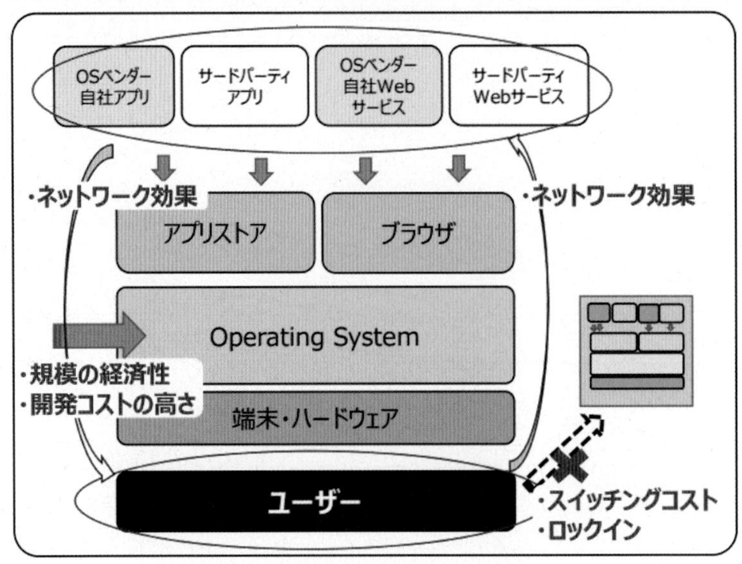

（出典）内閣官房デジタル市場競争本部事務局「デジタル市場競争会議（第6回）」資料2より

プラットフォーマーの市場支配力強化やデータ寡占への懸念は諸外国においても指摘されている。例えば、米下院司法委員会は、「Investigation of competition in digital markets」と題してデジタル市場の競争状況について調査を行い、以下をプラットフォーマーによる寡占の背景にある主な課題として挙げている。

①ネットワーク効果によりユーザーが増えるほど、他のユーザーを呼び込む力が強くなるため、勝者総取りの市場構造である

②プラットフォーマーが他の事業者の市場参入に対してゲートキーパーとして振る舞う可能性がある

③利用者が他のサービスへ切り替える際のスイッチング・コストが高い

④オンラインサービスとして提供しており、データを取得しやすく、データが集中しやすい構造にある

プラットフォーマーの市場支配力が強まると他の企業のビジネスへの参入を妨げるおそれや、企業間の競争が滞る可能性がある。また、プラットフォーマーはプラットフォームを運営・管理する立場であり、プラットフォームを利用する事業者が不利になるような取引を行うことが可能な立場にいる。現状では、ウェブ上の行動履歴、通信履歴、位置情報など既に相当程度のデータが一部のプラットフォーム事業者に蓄積されており、このようなデータの利活用によりユーザーに対して利便性が高いサービスを提供できる。一方で、これらの高いサービス品質によるロックイン効果が生じる結果、データを利活用した多様な競争が確保されず、中長期的にはユーザーにとって質の高いサービスが提供されないという可能性も生じうる。

データの適切な流通・利活用を促進しデータを活用した多様な事業やサービスを創出するためには、一部の事業者によるデータの過度な囲い込みを防止し、透明・健全な競争環境を確保することが重要である。

2　適正・公正な市場環境の確保に向けた各国の取組

市場の競争環境を確保するため、各国では市場支配力を拡大するプラットフォーマー等に対して規制の強化や透明化を促進するための対策が行われている。

ア　日本

日本では、公正取引委員会が、独占禁止法の規定等に基づき調査を実施している。例えば、AppleがiPhone向けのアプリケーションを掲載するApp Storeの運営に当たり、デジタルコンテンツの販売等についてアプリを提供する事業者の事業活動を制限している疑い等があった[*7]ため、2016年から、Appleに対し調査を実施した[*8]。2023年2月には「モバイルOS等に関する実態調査報告書」を公表し、AppleとGoogleがシェアを二分するスマートフォンのOSやアプリストアについて、十分な競争が働いておらず健全な競争環境の整備が必要だと評価した。

また、デジタルプラットフォームにおける取引の透明性と公正性の向上を図るために、2021年2月に「特定デジタルプラットフォームの透明性及び公正性の向上に関する法律」（令和2年法律第38号）が施行された。同法では、デジタルプラットフォームのうち、特に取引の透明性・公正性を高める必要性の高いプラットフォームを提供する事業者を「特定デジタルプラットフォーム提供者[*9]」として指定し、利用者に対する取引条件の開示や変更等の事前通知、運営における公正性確保、苦情処理や情報開示の状況などの運営状況の報告を義務づけている。

イ　米国

米国では、これまで民間企業であるプラットフォーマー等を規制する動きは少なかったものの、近年は競争政策の観点からプラットフォーマーに対する規制を強化しようとする動きがみられ始めている。2019年7月、司法省（Department of Justice；DoJ）は、GAFAに対する独占禁止法の大規模な調査を発表し、2020年7月には下院司法委員会でGAFAの反トラスト法に関する公聴会が開催された。

また、2020年10月、司法省は、Googleの検索サービスが市場独占状態にあるのは反トラスト法違反にあたるとして同社を提訴した。また、2023年1月には、司法省及び8州とでGoogleのインターネット広告事業を反トラスト法に一部抵触した疑いがあるとして提訴し、広告事業の一部分離を求めた。

ウ　EU

欧州では、オンライン上での「プラットフォームサービスの大幅な進化」、「集中の進展と力の不均衡の増大」、「偽情報など新たな課題」等の諸課題の解決に向けて、「デジタルサービス法パッケージ」として「デジタル市場法（DMA：Digital Market Act）」及び「デジタルサービス法（DSA：Digital Service Act）」が整備された。

開かれたデジタル市場を実現することを目的とするDMA[*10]では、欧州委員会によりゲートキーパーと認定[*11]された大規模なコアプラットフォームサービスを提供している事業者に対し、不公正なサービスの提供やデータの取扱を禁止する義務を課している。具体的には、ゲートキーパーが

---

*7　独占禁止法第3条（私的独占）又は第19条（不公正な取引方法第12項〔拘束条件付取引〕等）の規定に違反する疑い
*8　Appleから関連するガイドラインの規定を改訂する等の改善措置の申出がなされ公正取引委員会でその内容を検討したところ，上記の疑いを解消するものと認められたことから，今後Appleが改善措置を実施することを確認した上で審査を終了することとした。
https://www.jftc.go.jp/houdou/pressrelease/2021/sep/210902.html
*9　2022年10月時点で、「総合物販オンラインモール」ではアマゾン、楽天、ヤフーの3社、「アプリストア」ではApple及びiTunes、Google LLCの2社、「ネット広告」ではGoogle、Meta Platforms、ヤフーの3社が規制対象となっている。
*10　DMAの適用開始日は、2023年5月2日であるが、施行ルールやガイドラインの採択などの準備作業に関しては、2022年11月1日から適用が開始されている。
*11　欧州委員会がゲートキーパーに指定する基準は、過去3年間の域内の年間売上高が75億ユーロ以上あるいは前年度の株式時価総額の平均が750億ユーロ以上であることに加え、プラットフォームサービスの域内の月間利用者数が4,500万人以上かつ年間のビジネスユーザーが1万者以上であることなどとなっている。

実施すべき事項として、①一定の条件の場合は、サードパーティのサービスとゲートキーパーのサービスを相互運用できるようにする、②ビジネスユーザーがゲートキーパーのプラットフォームを使用して生成したデータにアクセスできるようにする、③ビジネスユーザーがゲートキーパーのプラットフォーム外で顧客と契約できるようにすることなどを規定している。また、ゲートキーパーが実施してはならない事項としては、①ゲートキーパー自身のサービスや製品をプラットフォーム上の他のサービスよりも優遇して表示する、②ユーザーがプラットフォーム外の企業にリンクするのを防ぐ、③有効な同意を得ずに、ターゲティング広告を目的として、ゲートキーパーのプラットフォームサービス以外のサービスでユーザーを追跡することなどを規定している。なお、ゲートキーパーがこれらの義務や禁止事項に違反した場合には、欧州委員会は前年度の全世界売上高の10%を上限に制裁金を課すことができる。

エ　中国

2022年8月、独占禁止法が改正され、市場支配的地位を有する事業者による、データやアルゴリズム、技術やプラットフォーム規則などを利用した市場支配的地位の乱用を禁止するといったプラットフォーム事業者を対象とする内容が追加された。

3　課題②：プラットフォーマーによるデータの取得・活用に関する透明性・適正性への懸念

1　現状・背景

前述のとおり、プラットフォーマーは、サービスの提供を通じて、膨大な数のユーザーから様々なデータを取得し、自社のビジネスに活用することにより成長してきた。その一例が、デジタル広告事業への活用である。

デジタル広告市場は高い成長率で拡大し続けており、世界の広告費を媒体別にみると、2022年にはデジタル広告が3,944億ドル（前年比13.7%増）となる見込みである*12。また、我が国の2022年のインターネット広告媒体費2兆4,801億円（前年比115.0%）のうち検索連動型広告費が9,766億円（前年比122.2%）、ビデオ（動画）広告費が5,920億円（前年比115.4%）、SNSや動画共有系等のソーシャル広告費が8,595億円（前年比112.5%）と大きく伸びている*13。

検索エンジンやSNSと連動した広告サービスを提供するGoogleやFacebookは、売上の約8割以上を広告収入が占めており、人々の集まる場としてのプラットフォームを広告ビジネスにつなげている。2022年のGoogleの広告収入は、約2,245億ドル（売上高全体の79.4%）、Facebookの広告収入は、約1,136億ドル（売上高全体の97.5%）となっており、2社を合わせると約3,381億ドル（44兆4,615億円）となる。日本の広告市場が7兆1,021億円であることを考慮するといかに巨額であるかがわかる（図表2-2-3-1）。

*12 「世界の広告費成長率予測（2022～2025）」（電通グループ）https://www.group.dentsu.com/jp/news/release/000888.html
*13 「2022年日本の広告費　インターネット広告媒体費詳細分析」（電通グループ）
https://www.dentsu.co.jp/news/release/2023/0314-010594.html

図表2-2-3-1　プラットフォーマー各社売上高に占める広告費の割合（2022年）

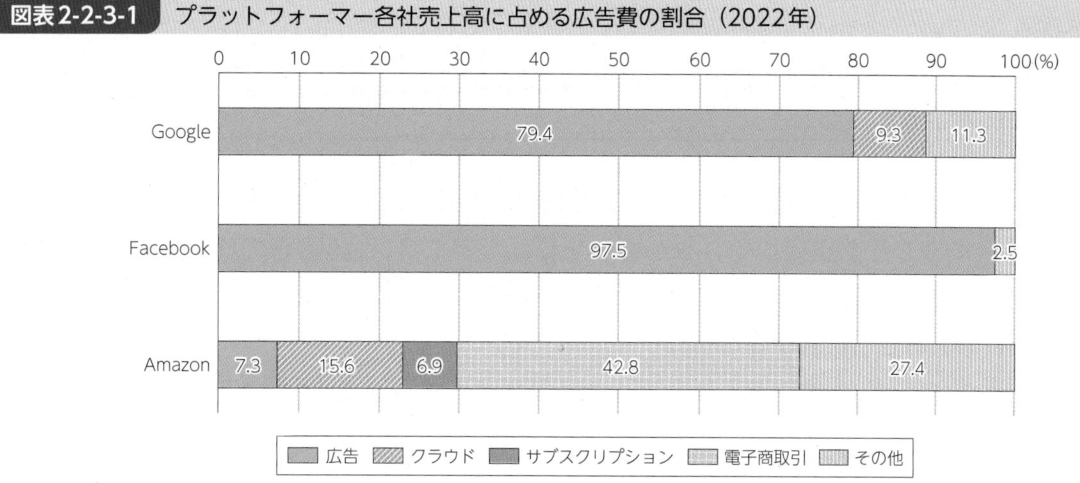

（出典）各社公表資料を基に作成

このような中、各国では、プラットフォーマーによるデータの活用等について訴追や調査が行われている（図表2-2-3-2）。

図表2-2-3-2　プラットフォーマーに対する訴追や調査の事例

概要	詳細
検索データを利用して他社のショッピングサイトの検索順位を低く表示 (Google)	・2017年12月、欧州委員会は、ユーザーの検索データを用いて、自社のショッピングサービス「Google Shopping」を他社の類似サービスに比べて高い検索順位で表示しているとして、Googleを提訴。2021年11月には、欧州一般裁判所が欧州委員会の訴えを支持 ・2022年2月には、スウェーデンの価格比較サービスPriceRunnnerが、同様の理由でGoogleを提訴
自社製品の開発にAmazonを利用するサードパーティの販売者データを活用 (Amazon)	・2020年、Wall Street Journalは、Amazonが自社製品の開発にサードパーティの商品の販売データを活用している旨報道 ・2022年4月には、米国証券取引委員会（SEC）によって、本事案の調査が開始
FacebookをFacebook Marketplaceに紐づけ (Meta)	・2022年12月、欧州委員会は、「Facebook」を、個人間の物品売買広告サービス「Facebook Marketplace」に紐づけ、同様のサービスの市場での競争をゆがめているとして、Metaに警告 ・また、欧州委員会は、Metaが「Facebook」や「Instagram」に広告を出稿している、競合の事業者に対して不利な条件を課し、競合の広告関連データを活用できるようにしているという点も指摘

（出典）総務省（2023）「ICT基盤の高度化とデジタルデータ及び情報の流通に関する調査研究」

2 消費者の意識

大手プラットフォーマーは、エンドユーザーの属性情報、位置情報、電子商取引に係る購入履歴、動画・音楽配信に係る視聴履歴などの個人データを取得・分析し、各エンドユーザーの嗜好に応じた広告やコンテンツなどを提示するような付加価値サービスの提供を行っている。一方で、プラットフォーマーによるこのようなデータの取得や取扱いに関する透明性・公正性への懸念も増大している。総務省は、大手プラットフォーマーによるデータの取得・蓄積・利用について各国の消費者の意識等を把握するため、日本、米国、ドイツ、中国の消費者を対象にアンケート調査を実施した。

はじめに、各国の消費者に、大手プラットフォーマーが提供するインターネットサービスのうち利用経験があるものを尋ねた（複数回答）。全対象国でみると、「Google Map」（66.5%）、「YouTube」（63.8%）、「amazon（オンラインショッピング）」（61.3%）、「Gmail」（56.1%）、「Google Search」（55.3%）、「Facebook」（50.2%）の順に利用率が高い結果となった。日本では、「YouTube」（79.1%）、「Gmail」（65.2%）、「Google Map」（63.6%）となった。中国では同国独自のサービスの利用割合が高く、「WeChat（微信）」（90.8%）、「WeChat Pay（微信支付）」（88.6%）、「Alipay（支付宝）」（85.3%）となった。

関連データ

利用したことがあるサービス（複数回答）
出典：総務省（2023）「ICT基盤の高度化とデジタルデータ及び情報の流通に関する調査研究」
URL：https://www.soumu.go.jp/johotsusintokei/whitepaper/ja/r05/html/datashu.html#f00020
（データ集）

次に、このようなサービスやアプリケーションを利用するにあたりプラットフォーマーにパーソナルデータを提供することを認識しているか否かを尋ねたところ、「認識している」（「よく認識している」と「やや認識している」の合計）と回答した割合は、米国が最も高く（90.5%）、日本は約4割（42.2%）であった（**図表2-2-3-3**）。

不安感の有無をみると、「不安を感じる」（「とても不安を感じる」と「やや不安を感じる」の合計）と回答した割合はドイツが66.5%と最も高く、我が国は58.4%であった（**図表2-2-3-4**）。

なお、4カ国とも、パーソナルデータを提供していることを認識していないにもかかわらず「不安を感じる」と回答した者は、5割を超えていた。

図表2-2-3-3　パーソナルデータ提供に対する認識の有無

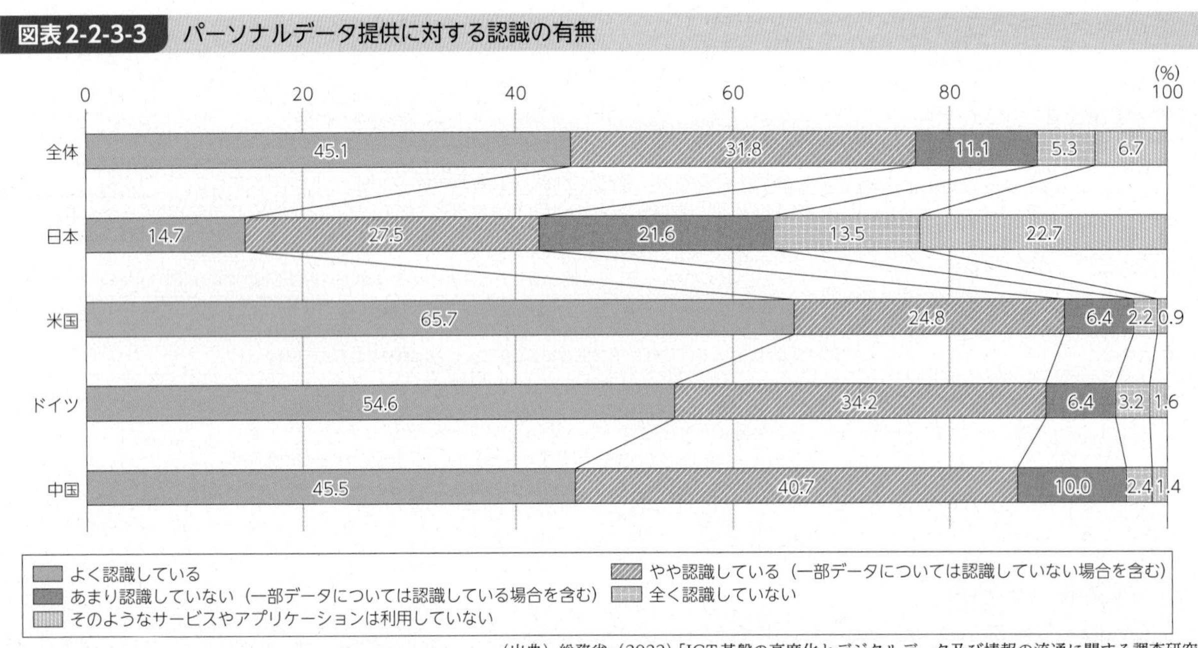

（出典）総務省（2023）「ICT基盤の高度化とデジタルデータ及び情報の流通に関する調査研究」

図表2-2-3-4　パーソナルデータを提供することへの不安感の有無

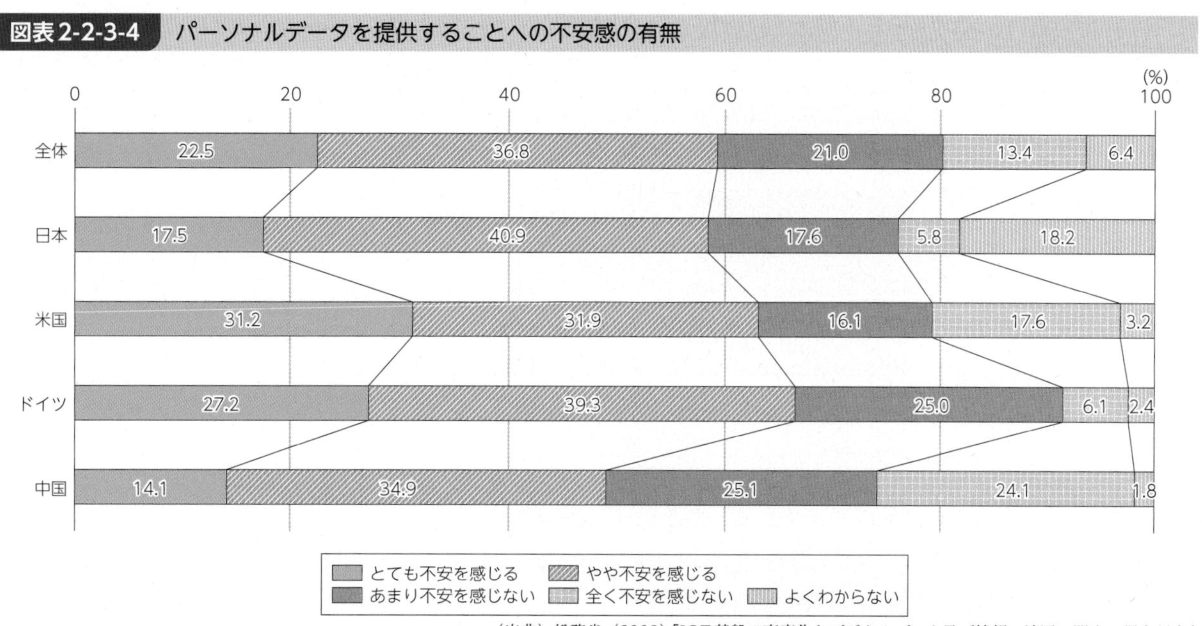

（出典）総務省（2023）「ICT基盤の高度化とデジタルデータ及び情報の流通に関する調査研究」

また、プラットフォーマーへパーソナルデータを提供する際に重視する点を優先度が高い順に選択してもらったところ、4カ国とも「提供先が十分なセキュリティを担保すること」が最も高い結果となった。国別にみると、我が国では、高い順に「提供先が十分なセキュリティを担保すること」（67.2%）、「提供されたデータの利用目的」（49.7%）、「適切なデータの取扱方法」（48.0%）となった。米国とドイツでは「データの提供に対する適切な同意の取得」が2番目に高くなった（図表2-2-3-5）。

図表2-2-3-5 パーソナルデータを提供する際に重視する事項

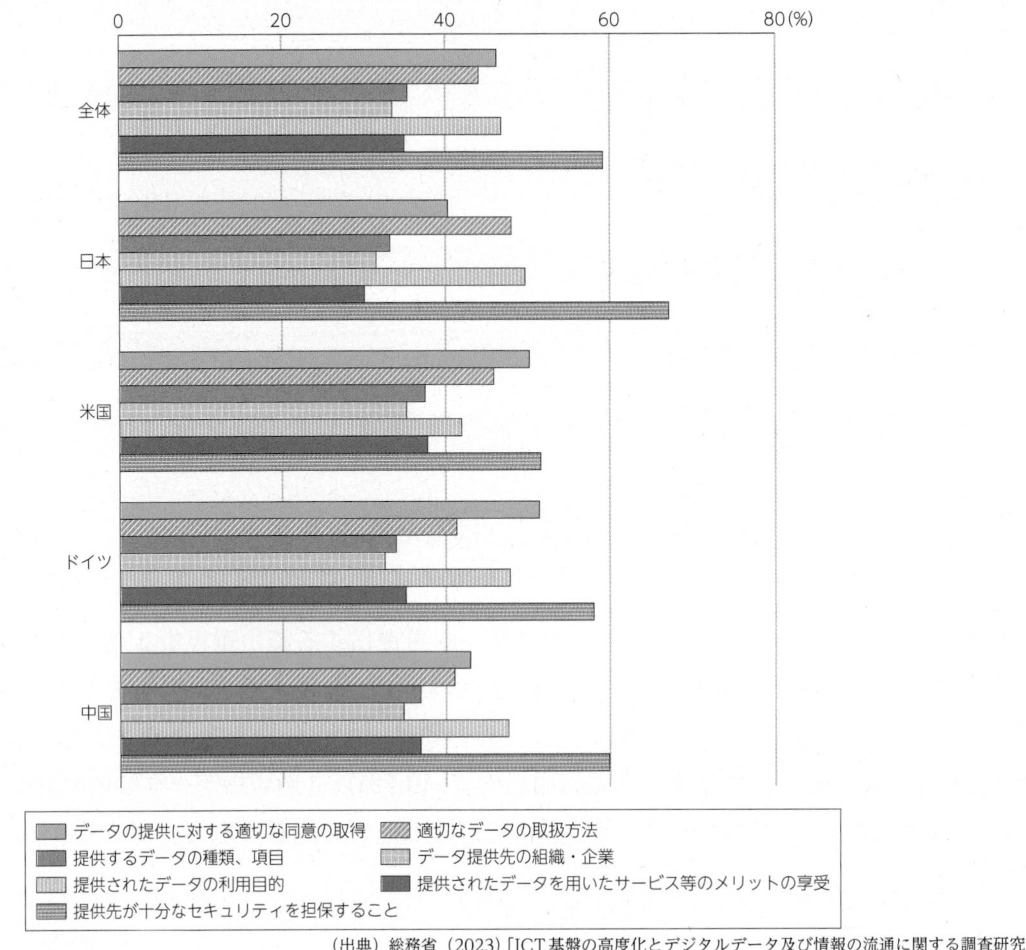

（出典）総務省（2023）「ICT基盤の高度化とデジタルデータ及び情報の流通に関する調査研究」

さらに、サービス利用に伴いパーソナライズ（最適化）された検索結果や広告等が表示されることをどのように思うかを聞いたところ、中国を除く3カ国では、「不安を感じる」（「とても不安を感じる」と「やや不安を感じる」の合計）割合は5割を超え、中国は37.5%と他国と比較して低くなった（**図表2-2-3-6**）。

利用者に最適化した広告を提示していることが、大手プラットフォーマーの提供するサービスやアプリケーションの利用に当たって影響を与えるか、という質問に対しては、日本では「影響する」（「やや影響する」又は「非常に影響する」）と「影響しない」（「特に影響しない」又は「あまり影響しない」）との回答がほぼ同程度、その他3カ国では「影響しない」との回答が6～7割であった（**図表2-2-3-7**）。

図表2-2-3-6　パーソナライズされた検索結果や広告等が表示されることへの不安感の有無

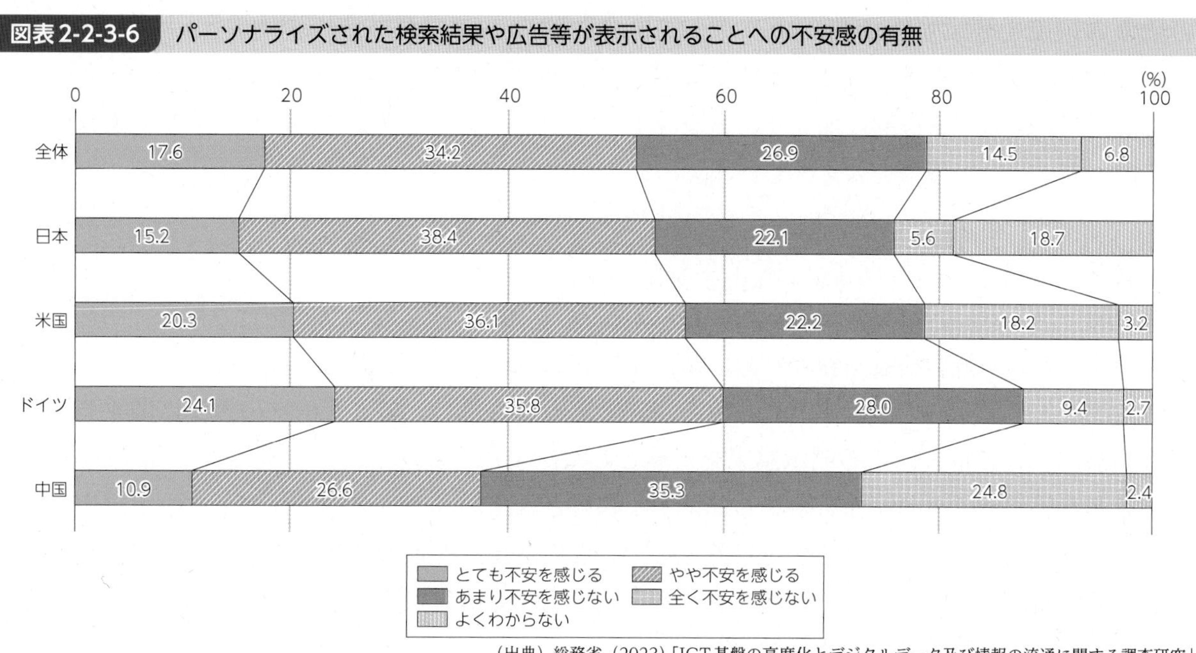

（出典）総務省（2023）「ICT基盤の高度化とデジタルデータ及び情報の流通に関する調査研究」

図表2-2-3-7　パーソナライズされた広告が表示されることによる利用への影響

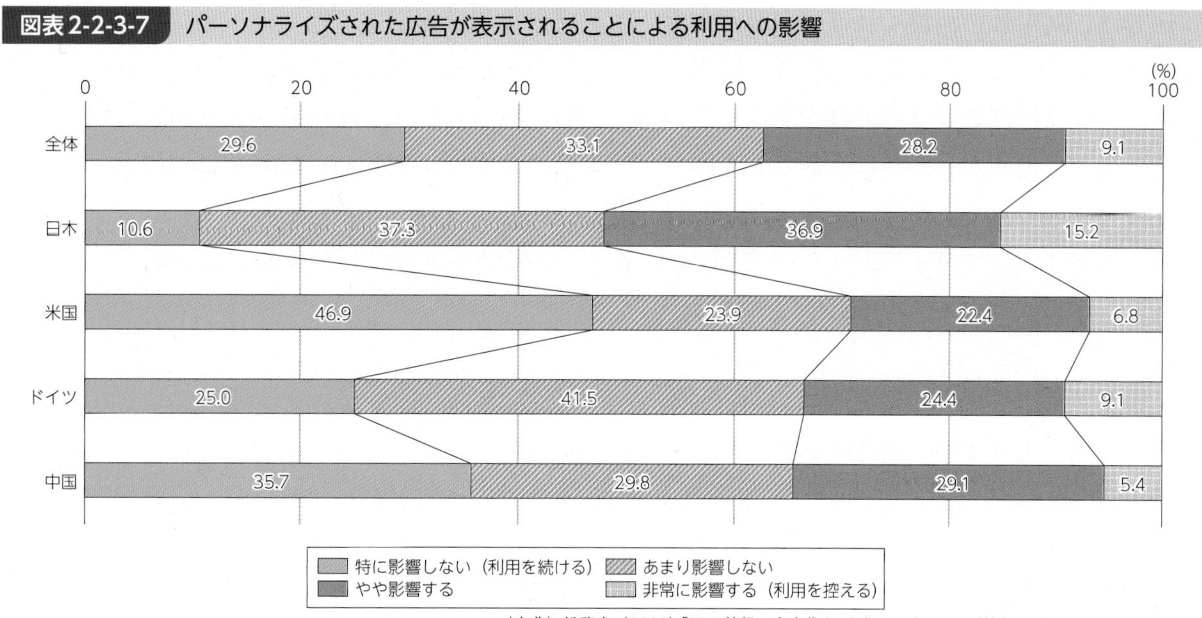

（出典）総務省（2023）「ICT基盤の高度化とデジタルデータ及び情報の流通に関する調査研究」

プラットフォーマーにより、人々の日常生活のために必要な様々なサービスが提供される中で、より機微性の高いデータも取得・蓄積されるようになってきている。これらのデータを活用したプロファイリングやその結果を踏まえたレコメンデーションが幅広く行われることにより、利用者の利便性が向上する一方、知らないうちに利用者がその結果に影響される可能性も高まっている。パーソナルデータの取扱いに関する懸念を解消し、ユーザーが安心して個人に最適化されたデジタルサービスを利用できるようにするためには、ユーザーからデータの収集や活用の状況が見えないという状況を解消し、適切な取扱いを確保していくことが重要である。

3　データ流通・活用の透明性・適正性の確保に向けた各国の取組

各国では、個人情報の保護に関する法整備の一環として、デジタルデータの収集・分析によるプライバシー侵害に関する規制や対応を進めている。違反時に罰則を科す規制の他、ユーザーが自身の情報の削除を要求する権利、ユーザーが自身に関するデータの分析の内容についてプラットフォーマーに確認できるようにする枠組等が存在する。

また、個人情報保護法制に加えて、プラットフォーマーを含む事業者に対しユーザー情報の適正な取扱い等について義務を課す国もある。

ア　日本

我が国では、2020年に個人情報保護法が改正され、2022年4月に全面施行された。令和2年改正法では、個人の権利利益保護のため、個人の権利又は正当な利益が害されるおそれがある場合にも本人が個人データの利用停止・消去等を請求できることとし、個人データの授受に関する第三者提供記録について本人による開示請求を可能とした。また、オプトアウト規定[*14]により第三者に提供できる個人データの範囲を限定し、①不正取得された個人データや②オプトアウト規定により提供された個人データについても対象外とした。このほか、提供元では個人データに該当しないものの、提供先において個人データとなることが想定される情報の第三者提供について、本人同意が得られていること等の確認を義務付けた[*15]。

2023年6月には、電気通信事業法の一部を改正する法律（令和4年法律第70号）が施行された。同法では、利用者の利益に及ぼす影響が大きい電気通信役務を提供する電気通信事業者に対し、特定利用者情報に関する情報取扱規程の届出、情報取扱方針の公表等を義務付けている。さらに、利用者の利益に影響を及ぼす影響が少なくない電気通信役務を提供する事業者が、利用者に関する情報を利用者の端末から外部に送信させる場合、①事前に利用者に通知し、若しくは利用者が容易に知り得る状態に置く（通知・公表）、②事前に利用者の同意を得る（同意取得）、又は③オプトアウト措置を講ずる（オプトアウト）、いずれかによって、確認の機会を付与することを義務付けている。

イ　米国

米国では、現状は個人情報の保護に関する包括的な連邦法は存在せず、各州において異なる法令が制定されている。カリフォルニア州では、2020年1月に全米初の包括的な個人情報保護を定めた「カリフォルニア州消費者プライバシー法（CCPA）」が施行された。同法では消費者に本人の個人情報削除を請求する権利など8つのプライバシー権利を与えている。

また、同年11月CCPAを改定する「カリフォルニア州プライバシー権法（CPRA）」が成立し、Third Party Cookie等を利用したクロスサイトトラッキング等に対応したオプトアウト措置の義務化などが定められた。CCPAの制定以降、ヴァージニア州、コロラド州など他州でもCCPAをモデルとする法律の制定の動きが広まっている[*16]。

このような中、2022年6月、「米国データプライバシー・保護法案（ADPPA：The American Data Privacy and Protection Act）」の草案が公表された。消費者に事業者が保有する自分のデータにアクセスし、修正、削除する権利などを付与するとともに、事業者が法案に明記された

*14 本人の求めがあれば事後的に停止することを前提に、提供する個人データの項目等を公表等した上で、本人の同意なく第三者に個人データを提供できる制度。
*15 https://www.ppc.go.jp/files/pdf/200612_gaiyou.pdf
*16 例えば、コロラド州では、2021年7月、消費者に対象事業者が収集した個人データへのアクセス、訂正、削除を行う権利や、個人データの販売だけでなく収集、使用を拒否する（オプトアウト）権利を付与する一方、対象事業者に個人データの保護や、個人データの使用方法に関して明確で理解しやすく透明性のある情報を消費者に開示すること等を義務付ける「コロラド州プライバシー法（Colorado Privacy Act）」が成立した。　https://www.jetro.go.jp/biznews/2021/07/509ba52fe4ead2e9.html

17の事項に該当する目的以外でデータを収集及び利用することなどを禁止しており、同法案が成立すれば連邦レベルで初の包括的なプライバシー保護法となる見込みである。

ウ　EU

EUでは、2018年5月25日に「一般データ保護規則（GDPR：General Data Protection Regulation）」が施行された。個人には、データの削除を求める権利やデータによるプロファイリングに異議を唱える権利、データポータビリティの権利[*17]等が付与されている。このような権利を設定することで、個人データの保護を図るとともに、個人データの囲い込みの防止による競争の促進、個人データを活用したイノベーションの創出、ユーザーのコントロール下での個人データの共有の促進によるユーザーの利便性向上といったメリットが期待されている。事業者には、パーソナルデータの収集・利用に際してその個人の明確な同意を取得すること、データ管理・処理に伴うリスクに対して適切なセキュリティ対策を実施すること等を義務づけており、GDPRに違反した場合、最大で違反事業者の全世界での年間売上高の4%（2,000万ユーロを下回る場合には、2,000万ユーロ）の制裁金が科される可能性がある[*18]。

また、オンライン上の安全と基本権を定めることを目的とする「デジタルサービス法（DSA：Digital Service Act）[*19]」には、プラットフォーマーへ、事業者の規模に応じた利用者保護のための義務が規定されている。超大型プラットフォーマー[*20]に対しては、オンライン広告の透明性確保（広告であること、広告主及び広告表示決定に用いられた主なパラメータ等を表示する義務）、ターゲティング広告の説明・同意取得等に加えて、オンライン広告の透明性確保やレコメンダーシステムに関する追加の義務が規定されている。

エ　中国

中国では、2021年9月に「データセキュリティ法」が施行され、データの概念を明確に定義するとともに、データ分類・等級付け保護、リスク評価、監視・早期警報、緊急対応等の各基本制度を確立し、データ取り扱い活動を行う際に履行すべき各義務が定められた[*21]。

また、2021年11月、中国における個人情報保護規制に関する初めての基本法である「個人情報保護法」が施行された。本法では、個人情報取扱者に対する個人情報収集、処理、移転に関する義務や個人の個人情報取り扱い活動における権利のほか、インターネット上のプラットフォーマーによるアルゴリズムなどを利用した差別的価格設定に関する個人情報の取り扱いについての規定が設けられている[*22][*23]。

＊17 ①事業者等に自ら提供した個人データを本人が再利用しやすい形式で受け取る権利、及び②技術的に実行可能な場合には別の事業者等に対して直接個人データを移行させる権利

＊18 欧州では、GDPRの施行後から2023年2月末までにGDPRに係る制裁金発生事例が1,591件発生しており、制裁金総額は累計27億ユーロまで達している。制裁理由は「データ処理の法的根拠が不十分」が全体の32%と最も高く、次いで「一般的なデータ処理原則の違反」、「情報セキュリティを確保するための技術的および組織的対策が不十分」が続き、上位3つの理由が全体の4分の3近くを占める。

＊19 デジタルサービス法の適用開始日は、2024年2月17日であるが、一部規定については2022年11月16日に前倒しで適用が開始されている。

＊20 EUにおける月間平均アクティブユーザーが4,500万人以上で欧州委員会に指定された者（検索エンジンを含む）。

＊21 https://www.pwc.com/jp/ja/services/digital-trust/privacy/china-security.html

＊22 データセキュリティ法や個人情報保護法等については、条文中に用いられている用語の定義や各種評価・審査等の具体的案件、規制の対象範囲等が不明確な条文が多く、依然として透明性・予見性の観点から課題が指摘されている。

＊23 https://www.jetro.go.jp/biznews/2021/08/68d3caa207694e4e.html

第3節　インターネット上での偽・誤情報の拡散等

SNSや動画配信・投稿サイトなど様々なデジタルサービス普及により、あらゆる主体が情報の発信者となり、インターネット上では膨大な情報やデータが流通し、誰もがこれらを容易に入手することが可能となった。本節では、このような「情報爆発」とも呼ばれる状況の中、情報・データ流通をめぐりネット上で何が起きているのかを整理し、各国の対応等を分析する。

1　現状

1　アテンション・エコノミーの広まり

情報過多の社会においては、供給される情報量に比して、我々が支払えるアテンションないし消費時間が希少となるため、それらが経済的価値を持って市場（アテンション・マーケット）で流通するようになる[*1]。こうした経済モデルは、一般に「アテンション・エコノミー」と呼ばれる。プラットフォーマーは、可能な限り多くの時間、多くのアテンションを獲得するため、データを駆使してその利用者が「最も強く反応するもの」を予測しており、プラットフォーマーの台頭によりインターネット上でもアテンション・エコノミーが拡大している。

インターネット上で膨大な情報が流通する中で、利用者からより多くのアテンションを集めてクリックされるために、プラットフォーム上では過激なタイトルや内容、憶測だけで作成された事実に基づかない記事等が生み出されることがあり、アテンション・エコノミーは偽・誤情報の拡散やインターネット上での炎上を助長させる構造を有している[*2]。

2　フィルターバブル、エコーチェンバー

人は「自らの見たいもの、信じたいものを信じる」という心理的特性を有しており、これは「確証バイアス（Confirmation bias）」と呼ばれる。プラットフォーム事業者は、利用者個人のクリック履歴など収集したデータを組み合わせて分析（プロファイリング）し、コンテンツのレコメンデーションやターゲティング広告等利用者が関心を持ちそうな情報を優先的に配信している。このようなプラットフォーム事業者のアルゴリズム機能によって、ユーザーは、インターネット上の膨大な情報・データの中から自身が求める情報を得ることができる。

一方、アルゴリズム機能で配信された情報を受け取り続けることにより、ユーザーは、自身の興味のある情報だけにしか触れなくなり、あたかも情報の膜につつまれたかのような「フィルターバブル」と呼ばれる状態となる傾向にある。このバブルの内側では、自身と似た考え・意見が多く集まり、反対のものは排除（フィルタリング）されるため、その存在そのものに気付きづらい。

また、SNS等で、自分と似た興味関心を持つユーザーが集まる場でコミュニケーションする結果、自分が発信した意見に似た意見が返ってきて、特定の意見や思想が増幅していく状態は「エコーチェンバー」と呼ばれ、何度も同じような意見を聞くことで、それが正しく、間違いのないものであると、より強く信じ込んでしまう傾向にある。

フィルターバブルやエコーチェンバーにより、インターネット上で集団分極化が発生していると

*1　鳥海不二夫　山本龍彦　共著「デジタル空間とどう向き合うか　情報的健康の実現を目指して」（日経プレミアムシリーズ）
*2　鳥海不二夫　山本龍彦　共同提言「健全な言論プラットフォームに向けて－デジタル・ダイエット宣言ver.1.0」

の指摘がある[*3]。意見や思想を極端化させた人々は考えが異なる他者を受け入れられず、話し合うことを拒否する傾向にある。フィルターバブルやエコーチェンバーによるインターネット上の意見・思想の偏りが社会の分断を誘引し、民主主義を危険にさらす可能性もありうる[*4]。

3 違法・有害情報の流通

総務省が運営を委託する違法・有害情報相談センターで受け付けている相談件数は高止まり傾向にあり、2022年度の相談件数は、5,745件であった。

2022年に法務省人権擁護機関が、新規に救済手続を開始したインターネット上の人権侵害情報に関する人権侵犯事件の数は1,721件、処理した人権侵犯の数は1,600件であり、いずれも高水準で推移している。

SNSユーザーを対象に実施したアンケート調査[*5]によると、約半数（50.9%）の人がインターネット上の誹謗中傷等の投稿（「他人を傷つけるような投稿（誹謗中傷）」）を目撃したことがあると回答している（図表2-3-1-1）。また、過去1年間にSNSを利用した人の1割弱（8%）が「他人を傷つけるような投稿（誹謗中傷）」の被害に遭っていると回答している。

図表2-3-1-1　SNSユーザーを対象としたアンケート調査（目撃経験）

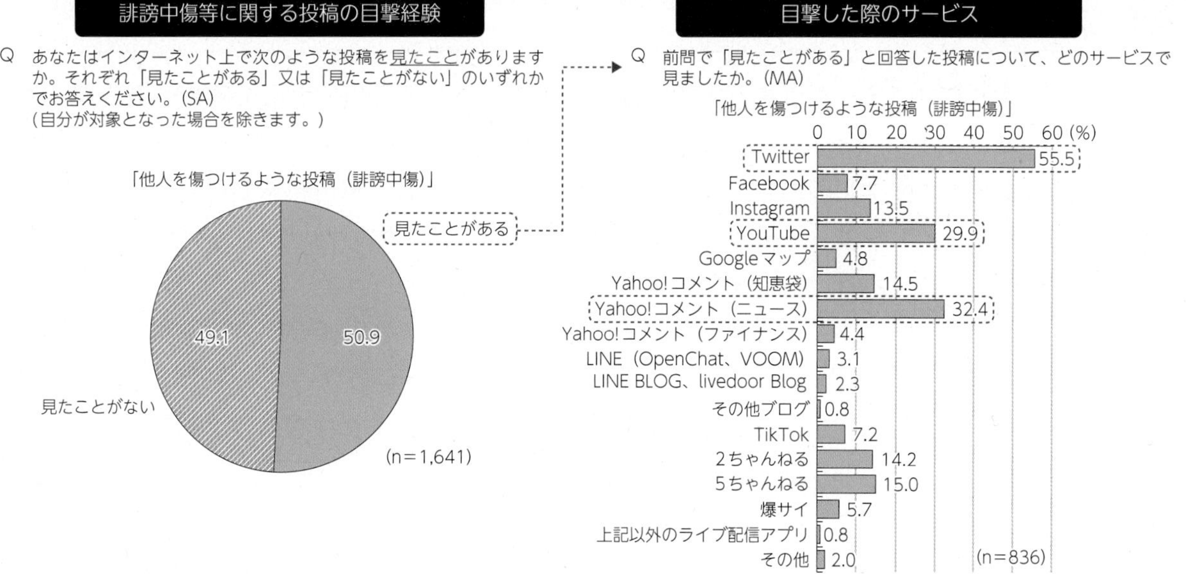

※過去1年間にいずれかのSNSなどのサービスを利用したと答えた回答者を抽出して集計

（出典）総務省プラットフォームサービスに関する研究会（第40回）資料2より

4 偽・誤情報の拡散

近年、インターネット上でフェイクニュースや真偽不明の誤った情報など（以下「偽・誤情報」という。）に接触する機会が世界的に増加している。2020年の新型コロナウイルス感染症拡大以降は、当該感染症に関するデマや陰謀論などの偽・誤情報がネット上で氾濫し、世界保健機関

＊3　Cass R. Sunstein（2001）『インターネットは民主主義の敵か』。Sunsteinは、集団分極化はインターネット上で発生しており、インターネットには個人や集団が様々な選択をする際に、多くの人々を自作のエコーチェンバーに閉じ込めてしまうシステムが存在するとしたうえで、過激な意見に繰り返し触れる一方で、多数の人が同じ意見を支持していると聞かされれば、信じ込む人が出てくると指摘している。

＊4　鳥海不二夫　山本龍彦　共同提言「健全な言論プラットフォームに向けて―デジタル・ダイエット宣言ver.1.0」

＊5　総務省 プラットフォームサービスに関する研究会第40回会合資料2 三菱総合研究所「インターネット上の違法・有害情報に関する流通実態アンケート調査」

（WHO）はこのような現象を「infodemic[*6]」と呼び、世界へ警戒を呼びかけた。

また、OECDによると、2021年に欧州に居住する人のうち「インターネット上のニュースサイトやSNS上で偽又は信憑性が疑わしい情報（untrue or doubtful information or content）に接した経験がある」と回答した人は半数以上に達した。なお、このうち、オンライン上の情報の真実性を確認すると答えた人は26%であった[*7]。

我が国でもインターネット上の偽・誤情報拡散の問題が拡大している。総務省が2022年3月に実施した調査[*8]では、我が国で偽情報への接触頻度について「週1回以上」（「毎日又はほぼ毎日」と「最低週1回」の合計）接触すると回答した者は約3割であった。また、偽情報を見たメディア・サービスについては、「ソーシャルネットワーキングサービス（SNS）」、「テレビ」、「ポータルサイトやソーシャルメディアによるニュース配信」の順に高くなっており、特にSNSについては5割を超えた。

SNS等のプラットフォームサービスでは、一般の利用者でも容易に情報発信（書込み）が可能で、偽・誤情報も容易に拡散されやすいなどの特性があり、このことがSNSで偽・誤情報と接触する頻度が高い要因の一つであると考えられる。

関連データ

偽情報を見かけたメディア・サービス
出典：総務省「令和３年度 国内外における偽情報に関する意識調査」
URL：https://www.soumu.go.jp/johotsusintokei/whitepaper/ja/r05/html/datashu.html#f00027
（データ集）

アテンション・エコノミーが広まる中で、広告収入を得ることを目的として作成された偽・誤情報が多く出回り、ボット（Bot）などにより拡散・増幅されている。例えば、2016年の米国大統領選挙では北マケドニア共和国の学生が広告収入目的で大量の偽・誤情報を発信していた。また日本でも、ニュースサイトを装って排外主義的な偽・誤情報を流していたウェブサイトがあり、作成者は収入目当てであると取材に答えていた事例がある[*9]。

また、近年は、ディープフェイクを活用して作成した偽画像・偽動画が、意図せず又は意図的に拡散するという事例も生じている（**図表2-3-1-2**）。既にいくつかのワードを入力するだけで簡単にフェイク画像を誰でも作れるようになっており、ディープフェイク技術の民主化が起こっているとの指摘がある[*10]。

*6　infodemicとは、情報（information）とパンデミック（pandemic）を組み合わせた造語で、真偽不明の噂や偽情報が急速に拡散して社会に影響を及ぼすことを指す。
*7　OECD：https://www.oecd-ilibrary.org/docserver/07c3eb90-en.pdf?expires=1675066821&id=id&accname=guest&checksum=4A71EF2A7DBE53A8437167C071FEAFD4
*8　総務省「令和3年度国内外における偽情報に関する意識調査」
*9　総務省総合政策委員会第14回会合　国際大学GLOCOM 山口真一准教授ご発表資料
*10　https://www.soumu.go.jp/main_content/000867454.pdf

図表2-3-1-2　最近のディープフェイクの事例

年	エリア	内容
2021	米国	・娘が所属するチアリーディングのチームメイトをチームから追い出すため、母親がディープフェイク技術を使い、チームメイトのわいせつな画像や動画を作成したとして、逮捕された
	欧州	・ロシアの議員のディープフェイク動画と気づかずに欧州の議員がビデオ電話会議を実施した
2022	世界	・ゼレンスキー大統領がロシアへの降伏について話をする動画がYouTubeに投稿された
	日本	・「Stable Diffusion」が静岡県の台風洪水デマ画像作成に使われ、Twitter上に投稿された
	米国	・画像生成AI「NovelAI Diffusion」が、他者の著作物を無断転載している可能性のあるサイト「Danbooru」の画像をAI学習に用いていた
	英国	・合意のないディープフェイクポルノへの反対活動を行う女性のポルノビデオが作成され、Twitter上で公開されていた
2023	米国	・政治活動家が、バイデン大統領が第三次世界大戦の開始を告げる動画を作成。作成者はAIで作成した旨を説明したが、多くの人が説明をつけないまま動画を共有した
	米国	・ベリングキャットの創設者が、トランプ前大統領が逮捕される偽画像を「Midjourney」を使用して作成・公表し、Twitter上で拡散された

（出典）各種ウェブサイトを基に作成

インターネット上において偽・誤情報が流通・拡散することは、利用者が多様な情報をもとに物事を正確に理解し適切な判断を下すことを困難にし、利用者が安心・信頼してデジタルサービスを利用することができなくなる危険がある。また、偽・誤情報の流通により社会の分断が生じ、結果として民主主義社会の危機につながるおそれがあるとの指摘もある[*11]。

2 SNS等プラットフォームサービスの特性に関する消費者の認識等

SNS等のプラットフォームサービスの利用が一般化する一方、その特性によりプラットフォーム上での誹謗中傷等の流通問題、偽・誤情報の拡散、フィルターバブルやエコーチェンバーによる情報の偏在化等の課題が深刻化している。

総務省は、SNS等のプラットフォームサービスの利用行動や特性の理解度等の実態を把握するため、日本、米国、ドイツ及び中国の消費者にアンケート調査[*12]を実施した。

最初に、オンライン上で最新のニュースを知りたい時に実際にどのような行動をとっているかについて尋ねた。対象国全体では、高い順から「ニュースサイト・アプリから自分へおすすめされる情報をみる」、「SNSの情報をみる」、「検索結果の上位に表示されている情報をみる」となった（**図表2-3-2-1**）。日本では、「ニュースサイト・アプリから自分へおすすめされる情報をみる」に回答が集中し、他国と比べて「複数の情報源の情報を比較する」と回答する割合が低かった。なお、日本について年代別にみると「複数の情報源の情報を比較する」と回答した人は、年代が高くなるほど割合が高くなった。

＊11　総務省「プラットフォームサービスに関する研究会第二次とりまとめ」（令和4年8月）
＊12　日本、米国、ドイツ、中国の生活者に対するウェブ調査。年齢（20、30、40、50、60代以上）。性別（男性、女性）。回収数4,000件（日本1,000件、米国1,000件、独国1,000件、中国1,000件）。2023年2月実施。

図表2-3-2-1 オンライン上で最新のニュースを知りたいときの行動（日・米・独・中）

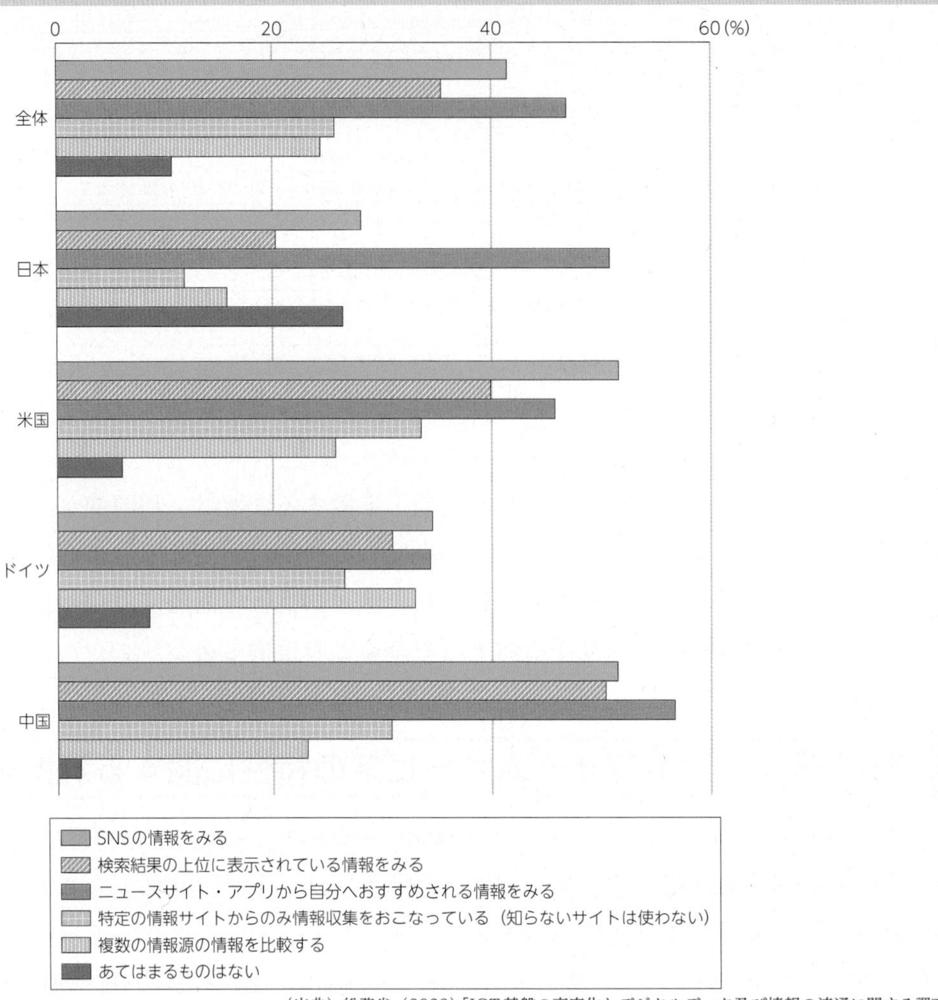

（出典）総務省（2023）「ICT基盤の高度化とデジタルデータ及び情報の流通に関する調査研究」

さらに、SNS等のプラットフォームサービスのいくつかの特性等について質問した。

検索結果やSNS等で表示される情報が利用者自身に最適化（パーソナライズ）されていることを認識しているかを聞いたところ、日本では「知っている」（「よく知っている」と「どちらかと言えば知っている」の合計）と回答した割合（44.7%）が他の対象国（80%～90%）と比べて低かった（**図表2-3-2-2**）。

SNS等プラットフォームサービス上でお勧めされるアカウントやコンテンツは、サービスの提供側がみてほしいアカウントやコンテンツが提示される場合があることについては、日本では、「知っている」（「よく知っている」と「どちらかと言えば知っている」の合計）との回答が4割弱（38.1%）で、他の対象国と比べて低い結果となった（**図表2-3-2-3**）。

また、SNS等では、自分に近い意見や考え方に近い情報が表示されやすいことについても、「知っている」（「よく知っている」と「どちらかと言えば知っている」の合計）と回答した割合が、日本では4割弱（38.1%）であったのに対し、日本以外の3カ国では7～8割であった。また、日本について年代別にみると、50代及び60代以上の層は他の世代よりも「知っている」と回答する割合が低かった（**図表2-3-2-4**）。

図表 2-3-2-2　検索結果やSNS等で表示される情報がパーソナライズされていることへの認識の有無

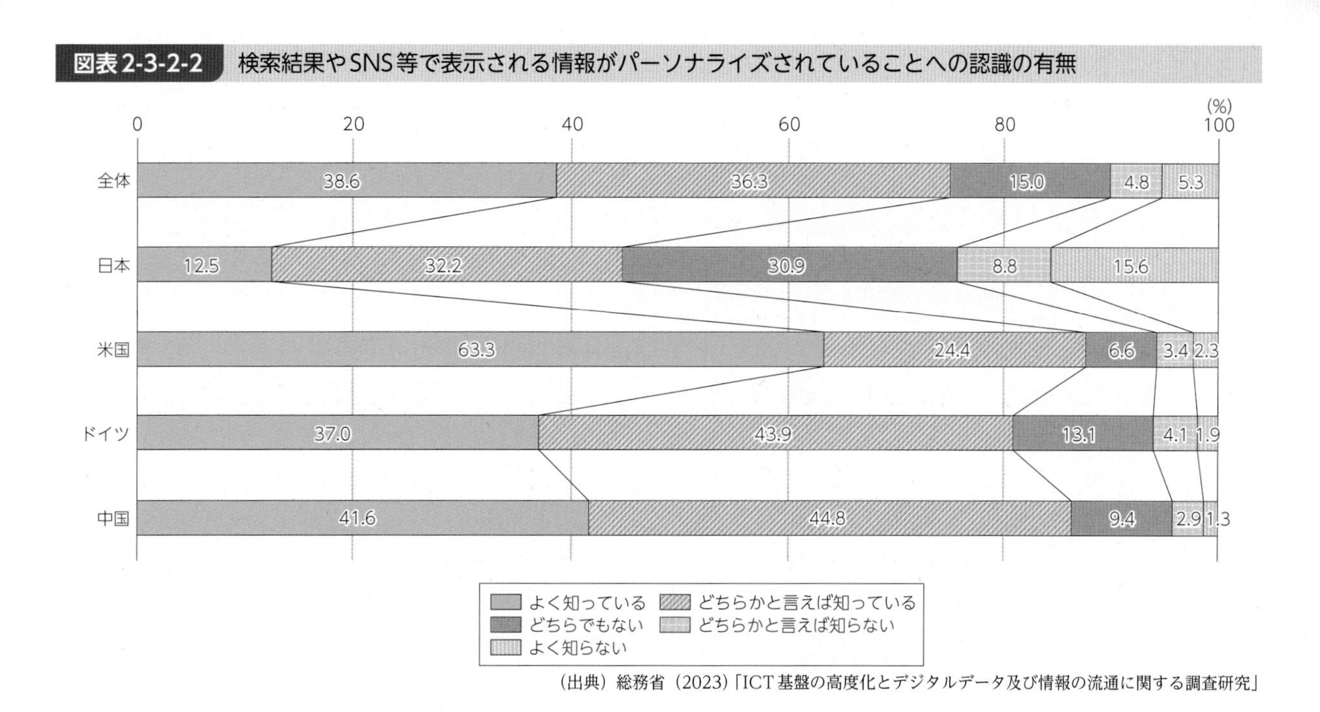

（出典）総務省（2023）「ICT基盤の高度化とデジタルデータ及び情報の流通に関する調査研究」

図表 2-3-2-3　サービスの提供側がみてほしいアカウントやコンテンツが提示される場合があることへの認識の有無

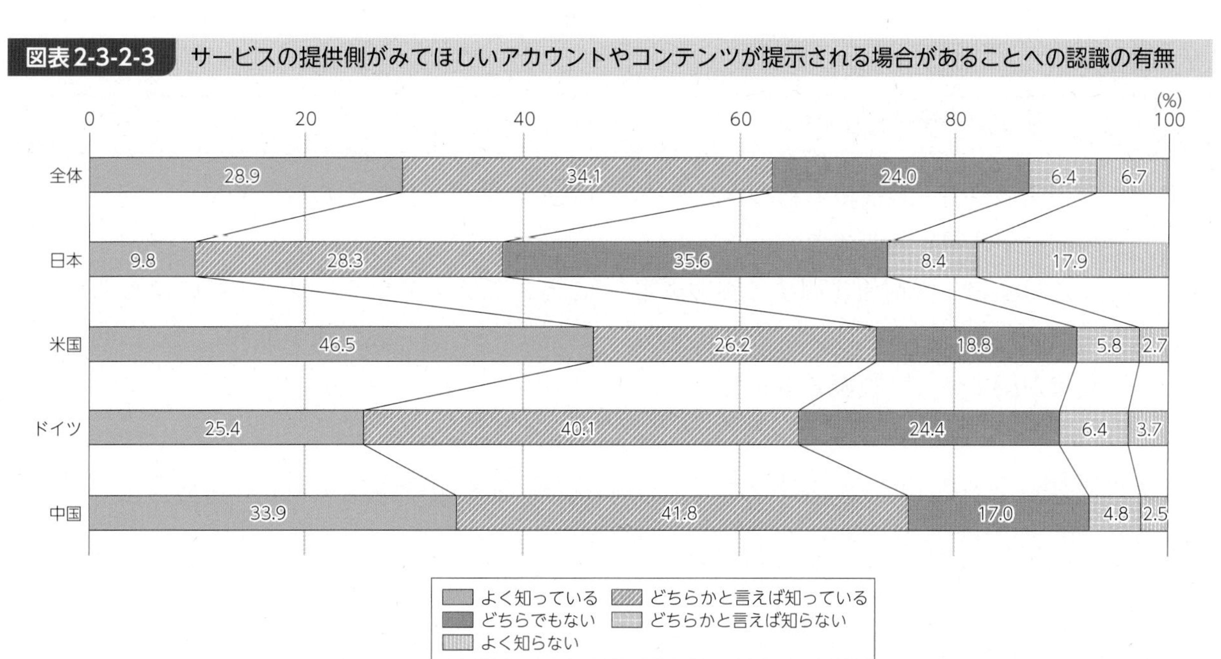

（出典）総務省（2023）「ICT基盤の高度化とデジタルデータ及び情報の流通に関する調査研究」

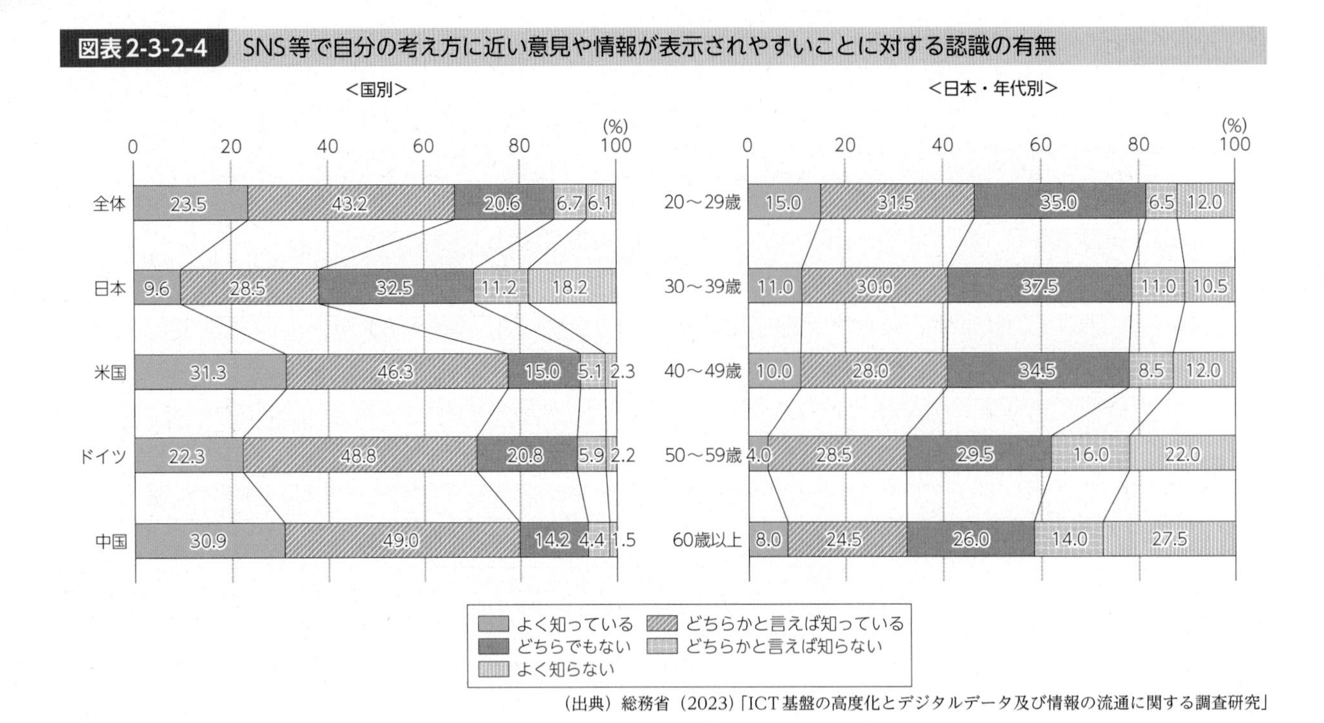

（出典）総務省（2023）「ICT基盤の高度化とデジタルデータ及び情報の流通に関する調査研究」

3　デジタルリテラシー

違法・有害情報や偽・誤情報に惑わされない、これらの情報を拡散しないためには、デジタルリテラシーの向上が非常に重要である。

我が国における偽・誤情報に関する実態調査[*13]でも、メディアリテラシーが高いほど偽・誤情報と気づく傾向にあり、また、メディアリテラシーが高いほど偽・誤情報を拡散しにくい傾向にあるという結果が出ている（図表2-3-3-1）。

図表2-3-3-1　メディアリテラシー・情報リテラシーと偽・誤情報の真偽判断・拡散行動の回帰分析結果

コロナワクチン関連の偽・誤情報の真偽判断に対する効果

- メディアリテラシーが１点上昇
  ⇒偽・誤情報と気付く確率が12%増
- 情報リテラシーが１点上昇
  ⇒偽・誤情報と気付く確率が1.8%増

リテラシーが高いほど偽・誤情報と気づく傾向。
特に「メディアリテラシー」はその相関関係が強い。

コロナワクチン関連の偽・誤情報の拡散行動に対する効果

- メディアリテラシーが１点上昇
  ⇒偽・誤情報を拡散する確率が９%減
- 情報リテラシーが１点上昇
  ⇒偽・誤情報を拡散する確率が２%減

リテラシーが高いほど偽・誤情報を拡散しにくい傾向。
特に「メディアリテラシー」はその相関関係が強い。

（出典）Innovation-Nippon報告書（2022年4月）「わが国における偽・誤情報の実態の把握と社会的対処の検討ー政治・コロナワクチン等の偽・誤情報の実証分析」

これまで我が国では、国、民間企業等様々なステークホルダーが、青少年向けを中心に、デジタルリテラシー向上の推進に向けた活動を行ってきた（図表2-3-3-2）。例えば、SNS上の誹謗中傷

＊13　国際大学GLOCOM「Innovation Nippon わが国における偽・誤情報の実態の把握と社会的対処の検討 報告書」

の問題に関する啓発活動の一環として、総務省は、法務省や関連団体と共同して、SNS上のやり取りで悩んだ際に役立ててもらうための特設サイト「#NoHeartNoSNS（ハートがなけりゃSNSじゃない！）[*14]」を開設した。また、2022年6月には、総務省は、有識者の参画を得て、偽･誤情報に関する啓発教育教材「インターネットとの向き合い方～ニセ・誤情報に騙されないために～[*15]」を開発・公表した。

図表2-3-3-2　我が国におけるデジタルリテラシー向上に向けた取組

主体	事例	内容
政府（総務省等）	インターネットトラブル事例集	・インターネットに係るトラブルの事例をまとめたもの
	啓発サイト 「上手にネットと付き合おう！ ～安心・安全なインターネット利用ガイド～」	・安心・安全なインターネット利用に関する全世代向け啓発サイト。「SNS等での誹謗中傷」を「特集」として掲載
	偽誤情報に関する啓発教育教材 「インターネットとの向き合い方 ～偽・誤情報に騙されないために～」	・メディア情報リテラシー向上の総合的な推進に資する目的で製作された啓発教育教材と講師用ガイドラインを2021年度に開発・公表
	春のあんしんネット・新学期一斉行動	・新学期・入学の時期に合わせて、啓発活動等を集中的に実施
民間団体・企業等	Yahoo!「ネット常識力模試」、 「Yahoo! ニュース診断」	・インターネットを利用するうえで身につけておきたい基礎知識やよくあるインターネットトラブルへの対応を学べる「ネット常識力模試」を実施 ・不確かな情報に惑わされないための「Yahoo!ニュース健診」を提供
	LINE未来財団「オンライン出前授業」	・全国の学校や地方自治体等で、子供向け・保護者向けに情報モラル教育のオンライン出前授業を実施
	Google「初めてのメディアリテラシー講座」	・情報を主体的に吟味し、活用する力を身につけるためのオンライントレーニング
	Meta「みんなのデジタル教室」	・利用者がデジタル世界で求められるスキルを身に着け、責任あるデジタル市民によるグローバルコミュニティを構築するため、学校等での出前授業、オンライン授業、Instagram上で誰でも学習可能なコンテンツ等を提供
	ByteDance	・学校等での出前授業や親子向けの啓発セミナーを提供 ・動画制作体験とともに「安心・安全」を啓発
	一般財団法人マルチメディア振興センター(FMMC) 「e-ネットキャラバン」	・児童・生徒、保護者・教職員等に対する学校等現場での無料「出前講座」を全国で開催

（出典）各種公表資料を基に総務省作成

EU及び米国でも、多様な主体から個人のデジタルリテラシーを向上させるための教育、講座が提供されている。テキストを用いた授業形式、参加者同士での体験を共有することで相互に学びあうワークショップ、オンラインでの自習型、ゲーム体験を通じて必要な知識やスキルを学ぶゲーミフィケーション型など、受講対象者の学びやすさに合わせて教育・訓練の手法にも工夫がされている（図表2-3-3-3）。

図表2-3-3-3　欧米におけるメディア情報リテラシー教育の先行事例

主体	事例名称	内容
国、国際機関等	EU: Spot and fight disinformation	事例演習、グループディスカッション等と通じて、偽・誤情報のリスクや身を守る方法等を学習。学校の授業の枠組内で実施可能なように設計
	UNESCO: Media and information literate citizens: think critically, click wisely!	メディア情報リテラシー、偽・誤情報の区別、広告や各種メディアの読み取り、プラットフォーム上でのコミュニケーションの仕組等を学ぶ講座
	CISA: Resilience Series Graphic Novels	現実世界から着想を得たフィクションの物語を通じて、偽・誤情報のリスク等を学ぶ漫画
プラットフォーマー	Google: Be Internet Awesome	デジタル市民になるための5原則（例：Share with Care）をオンラインゲーム方式で学習
	Meta: Get Digital!	若者、教育者と保護者毎に内容をカスタマイズしたリテラシープログラム。デジタルツールの利用方法等を学習
学術研究機関	ワシントン州立大学, Check Please! Starter Course	ソースの調査、専門性の高い情報の評価、信頼できる類似情報の発見の方法等を学ぶオンライン講座

（出典）総務省（2022）「メディア情報リテラシー向上施策の現状と課題等に関する調査結果報告」

＊14 https://no-heart-no-sns.smaj.or.jp/
＊15 https://www.soumu.go.jp/use_the_internet_wisely/special/nisegojouhou/

4 ファクトチェックの推進

インターネット上の真偽不確かな偽・誤情報に対抗するためには、情報の真偽を検証する活動であるファクトチェックを推進することが重要である。

各国でのファクトチェックの認知度について2022年2月にアンケート調査を実施[*16]したところ、「知っている」(「内容や意味を具体的に知っている」、「なんとなく内容や意味を知っている」及び「言葉は聞いたことがある」の合計)と回答した者の割合は、日本(46.5%)が対象国の中で最も低かった(図表2-3-4-1)。過去調査(3期分)から時系列に比較すると我が国でもファクトチェックの認知度は上昇しつつあるが、諸外国と比較するといまだ低い状況である。

図表2-3-4-1　ファクトチェックの認知度

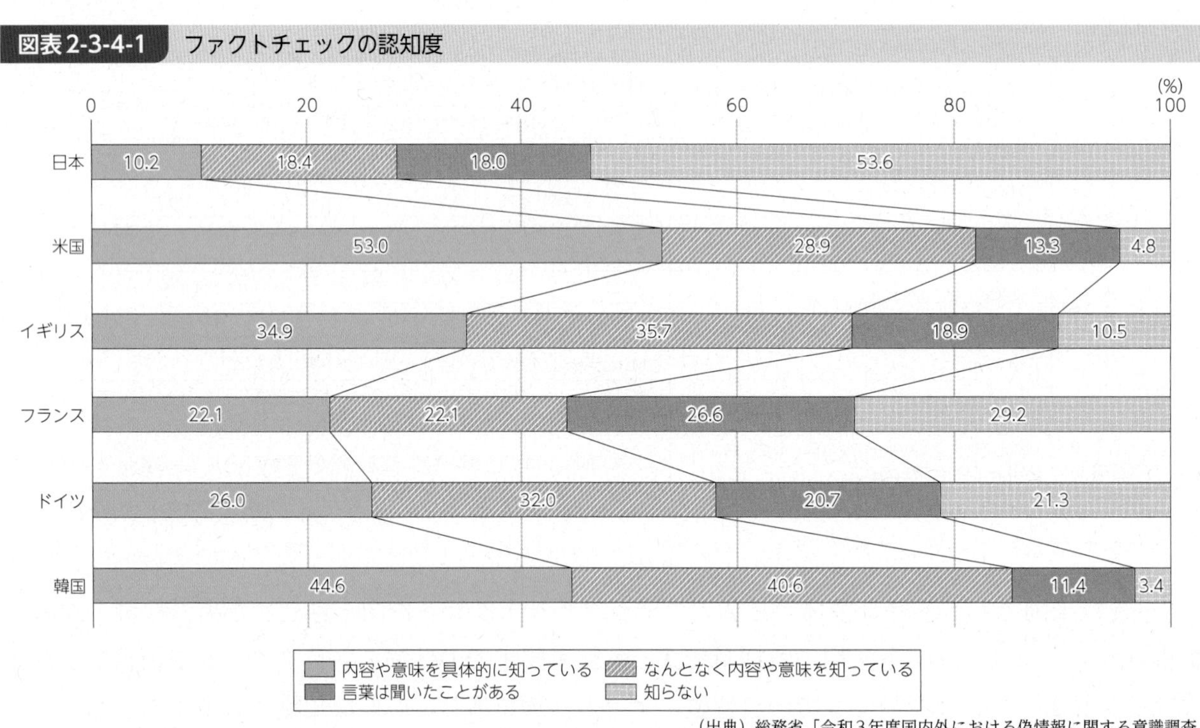

(出典)総務省「令和3年度国内外における偽情報に関する意識調査」

ファクトチェックの取組は欧米が先行しており、非営利団体が中心となって取組を進めている。ファクトチェック団体の活動は、ニュースメディアやプラットフォーマーが配信するニュースや情報の真偽のチェックや偽情報の検出が主であり、一部の団体では、プラットフォーマー等と連携し、ファクトチェック用のツールの開発、偽情報対策への協力・助言、メディアリテラシー向上のための活動等も実施している。

また、韓国や台湾などアジアの一部の国・地域でもファクトチェック推進に向けた動きが見られる(図表2-3-4-2)。

＊16 総務省「令和3年度国内外における偽情報に関する意識調査」

図表2-3-4-2　諸外国におけるファクトチェック団体等の取組

団体名・所在地	概要等
Poynter Institute IFCN (米国)	・Poynter研究所はメディア研究・専門家育成の機関。IFCNは内部組織 ・Google、Facebook、Tiktokなどとパートナーシップを締結し、世界の主要なファクトチェック団体の活動を支援 ・ファクトチェック団体の基準を設け、認証を実施。署名を行った団体は認証マークを提示しながら活動を実施 ・署名済ファクトチェック団体が連携し、COVID-19やウクライナ問題など国際的な関心事項に対してファクトチェックを実施
Poynter Institute Politifact (米国)	・政治家の発言等の信憑性について検証するウェブサイト「Polifact」を運営する。検証対象となる発言を転記し、独自の評価コメントに加え、"Truth-O-Meter"と呼ばれる6段階スコアで評価を実施
Full Fact (英国)	・ファクトチェック結果を世の中に公表し、間違った情報を減らすための方法を提言することを目的に設立 ・英国内の関心が高い事項を対象にファクトチェックを実施
ソウル大学（SNU） ファクトチェックセンター (韓国)	・ソウル大学言論情報研究所傘下の組織 ・韓国内のマスメディアやオンラインメディア等が実施したファクトチェック結果を集約してセンターのウェブ「SNU FactCheck」上で公表 ・大手ポータルサイトNAVERと連携し、センターのウェブ上で掲載されたファクトチェック済みの記事は、NAVERのファクトチェックのページでも掲載
台湾ファクトチェックセンター	・2018年に設立された台湾初のファクトチェック団体 ・センターのウェブサイト上で一般利用者が自身で情報の真偽を判別できるようになるための教育コンテンツを提供

（出典）各種公表資料を基に総務省作成

一方、これまで我が国ではファクトチェック活動は限定的であると言われてきた。この背景の一つとして、我が国では、新聞や放送などの取材により組織的な情報編集・発信を行うマスメディアが他国と比べて機能しており、国民が情報を判断するための情報源が存在していることにより、ファクトチェック機関の必要性が国民から強く求められていなかったことが挙げられる。

しかしながら、インターネットを経由して、国外からも真偽不確かなものも含め様々な情報が瞬時に国内へも届くようになったこともあり、我が国でもオンライン上の情報に対してファクトチェックを推進する必要性が急速に高まっている。これらを受けて、我が国でも、ファクトチェックの普及活動を行う非営利団体である「ファクトチェックイニシアティブ（FIJ）」が偽・誤情報の関係者の集う場である「ファクトチェックフォーラム」を設置、国際的なファクトチェック団体への署名を目指しセーファーインターネット協会（SIA）が「Japan Fact-check Center（JFC）」を設立する等の取組が進みつつある。

5　研究開発の推進

ディープフェイクなどを悪用した偽動画や偽・誤情報が世界的な問題となる中、我が国を含む各国でAI等を活用して動画の虚偽を見破る技術の開発など様々な取組が進められている。

1　研究機関等

我が国では、国立情報学研究所（NII：National Institute of Information）が、AIが生成した偽画像の真偽を自動判定する「SYNTHETIQ VISION」を開発した。SYNTHETIQ VISIONは、大量のデータに基づく自動識別をし、人間による分析等を一切必要としない手法で判定しており、様々な画質の映像を学習しているため、圧縮やダウンコンバージョンなどのメディア処理で画質が低下した映像でも一定の信頼度による判定を行うことができる[*17]。2023年1月、民間企業が本プログラムをタレント等のディープフェイク映像検知サービスとして実用化する旨を公表しており、フェイク顔映像の真偽自動判定では国内最初の実用例となる。

海外でもディープフェイクを悪用した偽画像を検出する技術等の研究開発が政府支援の下で進め

＊17 NII報道発表資料 https://www.nii.ac.jp/news/release/2023/0113.html

られている。例えば、米国では、国防総省国防高等研究計画局（DARPA）が、画像や動画が本物かどうかを自動的に検証できる技術の開発を目指し、2015年からMedia Forensic（MediFor）*18、2021年からはSemantic Forensic（SemaFor）というプロジェクトを進めてきた。SemaForは、MediForで培ったフェイク検出技術を更に高度化し、情報源とされる出典の信頼性や改変の意図が悪意か否かについても明らかにすることを試みるプログラムであり、大学に加えGoogle等の企業も参画している。

2 企業等

プラットフォーマー等民間企業も、ディープフェイクで作成された動画を検出する技術・ツールの開発等を進めている。

例えば、Googleは、2019年9月、ディープフェイク検出ツールの開発を促進する活動の一環として、公表されている様々なアルゴリズムを用いて人工知能（AI）が生成した3000本のビデオを含むオープンソースのデータベースを発表した。

また、GAFAMが立ち上げ世界16カ国103の団体・企業等が参加する非営利組織「Partnership on AI*19」は、2019年12月から2020年5月まで、大学等と連携し、ディープフェイク検出技術の公募コンテスト「DFDC（Deepfake Detection Challenge）」を開催し、世界各国から2,114チームが参加した。

さらに、2020年9月、米Microsoftは、動画や画像を解析し、人工的に操作されている確率や信頼度スコアを表示するツール「Microsoft Video Authenticator」を公表した*20（**図表2-3-5-1**）。2020年10月には、米McAfeeが、米国の大統領選を前に候補者のものとされる動画がディープフェイクで作られた偽物かどうかを判断する取組「McAfee Deepfakes Lab」を開始した*21。Deepfakes Labは、データサイエンスの専門知識と、コンピュータービジョン及び隠れたパターンを読み解くディープラーニング技術を組み合わせた自社ツールを活用し、元のメディアファイルの認証に重要な役割を果たす合成された動画要素を検出する。

*18 https://www.darpa.mil/program/media-forensics
*19 https://partnershiponai.org/
*20 https://news.microsoft.com/ja-jp/2020/09/07/200907-disinformation-deepfakes-newsguard-video-authenticator/
*21 https://kyodonewsprwire.jp/prwfile/release/M105029/202010195909/_prw_PR1fl_3mAEcG3w.pdf

図表2-3-5-1　「Microsoft Video Authenticator」による信頼度スコアの表示例

※リアルタイムで動画の信頼性が表示される。赤枠がディープフェイク部分を示している。

（出典）Microsoft「虚偽情報対策に向けた新たな取り組みについて」＊22

我が国の民間企業も、偽・誤情報に関する調査研究等を進めている。例えば、株式会社Specteeでは、SNSなどのデータを解析し、災害発生に係る情報の可視化や予測を行うサービスを官公庁や企業に提供している。このサービスの提供に当たり、SNS上のデータについて、過去のデマ情報を基に学習したAIを用いて、自然言語解析や画像解析を実施するとともに、誇張表現や勘違い等のデマ情報のパターン分けを実施し、偽情報の見極めと拡散状況の把握が行われている。

また、2023年1月、メディアや広告企業等が連携し「オリジネーター・プロファイル（OP：Originator Profile）技術研究組合＊23」を設立した。OP技術は、ウェブコンテンツの作成者や広告主などの情報を検証可能な形で付与することで、第三者認証済みの良質な記事やメディアを容易に見分けられるようにする技術である。具体的には、利用者のウェブブラウザに発信者の基本情報や信頼性に資する情報を表示することを想定しており、これらの情報に対し同技術研究組合は第三者機関として認証済みとした証明を実施する。現在はOP技術の開発と運用試験の段階であり、将来はOP技術を標準化団体（W3C）に提案し世界標準化による普及を目指している。

6　各国における制度的対応

1　日本

特定電気通信役務提供者の損害賠償責任の制限及び発信者情報の開示に関する法律（平成13年法律第137号）は、インターネット上の情報の流通によって権利の侵害があった場合について、プロバイダなどの損害賠償責任が制限される要件を明確化するとともにプロバイダに対する発信者情報の開示を請求する権利を定めた法律である。インターネット上の誹謗中傷等による権利侵害が深刻化する中、より円滑に被害者救済を図るため、発信者情報開示について新たな裁判手続（非訟事件手続）を創設すること等を内容とする改正を実施し、2022年10月に施行された。

＊22　https://news.microsoft.com/ja-jp/2020/09/07/200907-disinformation-deepfakes-newsguard-video-authenticator/
＊23　2023年3月24日現在、20企業・団体が参加。https://originator-profile.org/ja-JP/news/press-release_20230324/

2 欧州連合（EU）

デジタルサービス法（DSA：Digital Services Act）は、オンラインプラットフォーム等の仲介サービス提供者*24に対して、事業者の規模に応じて、利用者保護、利用規約要件、違法コンテンツや利用規約に反するコンテンツ等への対応、政治広告を含めたオンライン広告に対する義務等を規定している。超大規模なオンラインプラットフォーム及び超大規模なオンライン検索エンジン*25に対しては、偽情報を含む違法で有害なコンテンツを拡散する際に生じる重大な社会的リスクに応じてより厳しい対応を求めている。例えば、サービスを通じた違法コンテンツの拡散や人権など基本的権利、表現の自由等への悪影響に関するリスク分析・評価やリスク軽減措置の実施、レコメンダーシステム（ユーザーが何を見るかを決定するアルゴリズム）を使用する場合にプロファイリングに基づかないオプションを少なくとも一つ提供すること等を義務づけており、義務に違反した場合は最高で前年度の総売上高の6%の課徴金が科せられることになる。

3 英国

2022年3月、デジタル・文化・メディア・スポーツ省（DCMS）は、プラットフォーマー等のオンライン企業による自主規制に依存せず、政府が規制を行い、当該規制が守られているかをOfcomが監視するという内容のオンライン安全法案（Online Safety bill）を議会に提出した。2022年12月に英国政府が公表した「オンライン安全法案のガイド*26」によると、同法案は、オンラインプラットフォーマーに対し、違法コンテンツ（例：詐欺、テロリズム）の削除、子供にとって有害で年齢的に不適切なコンテンツ（例：ポルノ、誹謗中傷）へのアクセス制限措置などを義務付けている*27。

4 ドイツ

2017年10月、ネットワーク執行法が発行し、ドイツ国内の登録者数が200万人以上のSNSは、違反報告数、削除件数、違法な投稿防止のための取組等を記載した透明性レポートを半年に1回公開する義務が課された。2021年4月、ネットワーク執行法の改正法が施行され、SNS事業者に、特定の重大事案について投稿を削除するのみならず、犯罪構成要件に該当する投稿内容及び投稿者に割り振られたIPアドレス等について捜査機関に通報する義務が課された。2021年6月にも同法の改正が行われ、動画共有プラットフォームが原則として規制対象に含まれることや、コンテンツの削除又はアクセスの無効化に関する決定の見直しに関する異議申立ての機会の確保などが追加された。

5 米国

1996年に成立した通信品位法第230条では、プロバイダは、①第三者が発信する情報について原則として責任を負わず、②有害なコンテンツに対する削除等の対応（アクセスを制限するため誠実かつ任意にとった措置）に関し責任を問われないとされており、プロバイダには広範な免責が認められてきた。同法の免責規定について、これまで、一定の要件の下にプロバイダに偽情報の流通

---

*24 DSAには、仲介サービス（ISP等）、ホスティングサービス、オンラインプラットフォーム（オンラインマーケットプレイス、アプリストア、SNS等）、超大規模オンラインプラットフォームを提供する事業者が分類されている。
*25 EUにおける月間平均アクティブユーザが4,500万人以上で欧州委員会に指定された者。
*26 https://www.gov.uk/guidance/a-guide-to-the-online-safety-bill#a-guide-to-the-online-safety-bill
*27 オンライン安全法案は、2023年1月17日に修正を経て下院を通過し、上院の委員会ステージで検討が行われている（2023年3月末時点）。

に関して責任を負わせる方向での議論は行われており、法案も提出されたが、改正には至っていない（2023年4月時点）。

7 国際連携の推進

インターネット上の違法有害情報や偽・誤情報の流通に関しては国際的に連携して対応していくことが重要である。

2022年5月に開催されたG7デジタル大臣会合では、事業者の違法有害情報への対応措置に関する透明性・アカウンタビリティを世界・国・地域のレベルにおいて該当するポリシーごとに確保することを含むeSafety等について議論が行われ、その結果は大臣宣言として採択された[*28]。また、同年6月にG7で採択された「強靱な民主主義宣言[*29]」において、偽情報を含む情報操作及び干渉に対抗する旨が言及されている。

さらに、2023年4月に我が国で開催されたG7デジタル・技術大臣会合で採択された「G7デジタル・技術閣僚宣言[*30]」では、人権、特に表現の自由に対する権利を尊重しつつ、オンラインの情報操作や干渉、偽情報に対処するために、ソーシャルメディアプラットフォーム、市民社会、インターネット技術コミュニティ、学術界を含む幅広いステークホルダーがとる行動の重要性が改めて確認された。

国際機関でも偽情報等への対応が議論されており、例えば、2022年12月に開催されたOECDデジタル経済に関する閣僚会合で採択された「信頼性のある、持続可能で、包摂的なデジタルの未来に関する閣僚宣言[*31]」では、オンライン上の偽情報との闘いを含むデジタル化の課題への対応を進めること等を宣言している。

＊28 G7デジタル大臣宣言（仮訳）https://www.soumu.go.jp/main_content/000813435.pdf
＊29（仮訳）https://www.mofa.go.jp/mofaj/files/100364065.pdf
＊30（仮訳）https://www.soumu.go.jp/main_content/000879093.pdf
＊31（仮訳）https://www.soumu.go.jp/main_content/000850420.pdf

第3章 新時代の強靱・健全なデータ流通社会の実現に向けて

通信ネットワークの高度化等に伴い、データ流通量は増加し、データを活用した多様なデジタルサービスが社会に浸透している。一方で、データの流通・利活用を巡っては、一部の大手プラットフォーマーへのデータの集中による公正な競争環境への弊害や収集・蓄積したデータ取扱いに関する公正性・透明性への懸念、SNS等のプラットフォーム上での違法有害情報や偽・誤情報の拡散、情報の偏り等の課題が生じており、これら課題に対して各国等で対応が行われているところである。

このような中、超高速・大容量のデータ流通を可能とする5Gネットワークの実現、XR（クロスリアリティ）技術やAI等の一層の高度化により、データの流通・管理の考え方やデータを活用したサービスに新たな動きが生まれている。

本章では、データ流通・活用の新たな潮流を概観するとともに、データ等を活用した様々なデジタルサービスの恩恵を誰もが享受できる社会の実現に向けた課題や取組等を分析・整理する。

第1節 データ流通・活用の新たな潮流

本節では、データの管理・流通・活用の新たな潮流として注目されているWeb3やその応用技術（非代替性トークン（NFT）等)、メタバースやデジタルツイン、生成AIの活用事例やこれら技術・サービスに関連する各国の施策等を整理する。

1 Web3

1 Web3とは

スマートフォンやSNSの普及により、双方向でのデータ利用や共有が可能となった反面、サービス基盤を提供するプラットフォーマーへデータが過度に集中するようになった。これに伴い、データ市場における競争環境の整備、データの透明・適切な取扱いなどの課題が顕在化し、各国において様々な対応がなされている（第2章第2節参照)。このような中、データ管理・流通の新たな在り方として「Web3」が注目されている。

Web3は、ブロックチェーン技術を基盤する分散型ネットワーク環境であり[*1]、プラットフォーマー等の仲介者を介さずに個人と個人がつながり、双方向でのデータ利用・分散管理を行うことが可能となることが期待されている。ブロックチェーンは、ユーザーがウェブサービスを利用する際のデータ記録・データ移動の基盤として活用される。更には、ブロックチェーンに保存されたプログラムであるスマート・コントラクトを活用することで、上記のような人手を介さずに契約等のやり取りを自動的に実行させる仕組が実現可能になる。

Web3では、ブロックチェーンを基盤とする分散化されたネットワーク上で、特定のプラットフォームに依存することなく自立したユーザーが直接相互につながる新たなデジタル経済圏が構築されるため「非中央集権的」とも言われている（**図表3-1-1-1**)。

＊1　本書では、「Web3」を情報リソースに意味（セマンティック）を付与することで、人を介さずに、コンピューターが自律的に処理できるようにするための技術である「セマンティックウェブ」として提唱された「Web3.0」とは異なる概念と整理している。

このようなWeb3環境下では、取引コストを縮減し、国境やプラットフォーム間をまたいであらゆる価値の共創・保存・交換を可能にすることで、文化経済領域の新たなビジネスモデル構築や投資・経済活性化、社会課題解決の促進等の社会的インパクトが期待されている。

図表3-1-1-1　Web3の特徴

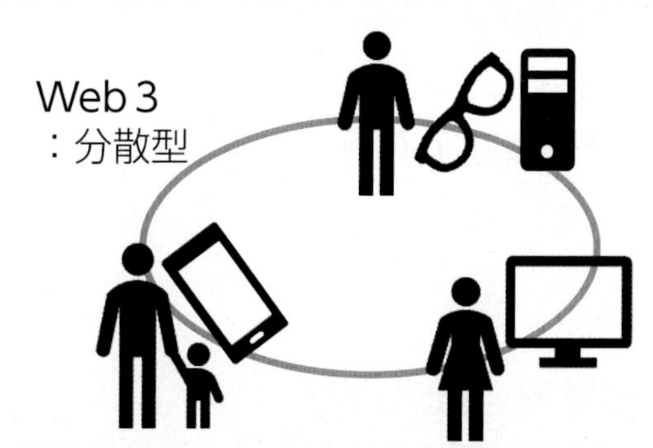

	Web3
データ・情報の流れ	分散型 （分散管理により情報や権利が偏らない）
基盤技術	ブロックチェーン

（出典）総務省「Web3時代に向けたメタバース等の利活用に関する研究会」（第1回）資料1-2を基に作成

2 Web3の応用事例

ア　非代替性トークン（NFT：Non-Fungible Token）

非代替性トークン（Non-Fungible Token。以下「NFT」という。）は、「偽造・改ざん不能のデジタルデータ」であり、ブロックチェーン上で、デジタルデータに唯一性を付与して真贋性を担保する機能や、取引履歴を追跡できる機能を持つものとされている[*2]。NFTにより、原本の唯一性・真正性の証明、プログラム可能性による二次流通時でも作者が収益を得られるような設計が実現可能となることが期待されており、NFTを活用した社会課題解決や共生社会実現に向けた取組も進められている。

例えば、「障害のある人がアートに生きることができる環境を創る」ことを目的に活動する一般社団法人ソーシャルアートラボは、障害のある人のアートをNFT化し幅広い人に提供できるようにする取組を実施しており、イベントのメタバース会場などでそのNFTアートを展示している。また、これらのアートはNFTマーケットプレイスにて販売も行っており、一次流通の際は「売上の74%を作家ないし施設に還元」することとしている[*3]。

また、2022年8月、千葉工業大学では、NFTによる学修歴証明書の発行を開始した。学修歴をブロックチェーン上に記録し、改ざんを防ぎつつ、NFTとして活用する証明書の発行は国内初の試みであり、仮想通貨のウォレットで証明データを管理できるため、様々なプラットフォームに接続し学びの成果をワンストップでアピールすることが可能になるとしている[*4]。

イ　分散型自律組織（DAO：Decentralized Autonomous Organization）

分散型自律組織（Decentralized Autonomous Organization。以下「DAO」という。）は、

*2　https://www.meti.go.jp/shingikai/sankoshin/shin_kijiku/pdf/004_05_00.pdf
*3　https://prtimes.jp/main/html/rd/p/000000003.000091351.html
*4　千葉工業大学報道発表資料　https://www.it-chiba.ac.jp/media/pr20220818.pdf

ブロックチェーン技術やスマート・コントラクトを活用し、中央集権的な管理機構を持たず、参加者による自律的な運営を目指す組織形態[*5]とされている。

現在、一部の地域で、DAOを地域の活性化や課題解決に活用する動きが見られる。例えば、新潟県の山古志地域では地域の持続的な発展に向けて「山古志DAO」を立ち上げ、山古志の象徴である錦鯉のアートをNFT化して販売している。このNFTアートの保有者[*6]が山古志DAOに参加することができ、売却益がDAOの活動資金となっている。

また、2022年6月、岩手県紫波町は、物理的な制約を超え、多様な人材を集結し、新たなアイデアなどによる地域課題の解決や地域通貨（トークン）の発行及び地域通貨を活用したふるさと納税などを実現する「FurusatoDAO（ふるさとダオ）」構想を発表し、現在、複数のプロジェクトを推進している[*7]。

3 国内外における議論の動向、推進施策

Web3環境下での新たなビジネスモデル構築や投資・経済活性化、社会課題解決の促進等の実現が期待される一方で、仲介者が不在であり責任の所在と規制の対象が曖昧となる点、国境を越えた活動が基本となるため国単位のルール形成が困難である点など、グローバルで協働して課題解決に当たることが求められている。

我が国では、2022年6月に閣議決定された「経済財政運営と改革の基本方針2022」や「デジタル社会の実現に向けた重点計画」で「ブロックチェーン技術を基盤とするNFT（非代替性トークン）の利用等のWeb3.0の推進に向けた環境整備」が盛り込まれたことを受け、各省庁が推進に向けた課題や取組等について検討を進めている。デジタル庁では、「Web3.0研究会」（座長：國領二郎　慶應義塾大学総合政策学部 教授）を開催し、2022年12月、Web3.0の健全な発展に向けた今後の取組が取りまとめられた[*8]（**図表3-1-1-2**）。

＊5　デジタル庁：Web3.0研究会報告書（令和4年12月）https://www.digital.go.jp/councils/web3/#report
＊6　2022年9月14日時点で996名が購入。なお、山古志地域の居住者には無償で配布される。
＊7　デジタル庁：Web3.0研究会第4回会合　岩手県紫波町ご発表資料　https://www.digital.go.jp/assets/contents/node/basic_page/field_ref_resources/495a2882-d9e4-4f25-b75f-acc6a5f38312/644f8005/20221025_meeting_web3_outline_01.pdf
＊8　デジタル庁：Web3.0研究会報告書（令和4年12月）https://www.digital.go.jp/councils/web3/#report

図表3-1-1-2　Web3.0の健全な発展に向けた今後の取組（デジタル庁）

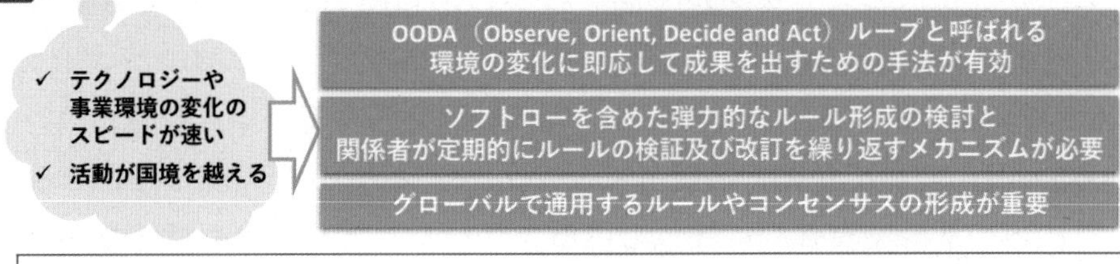

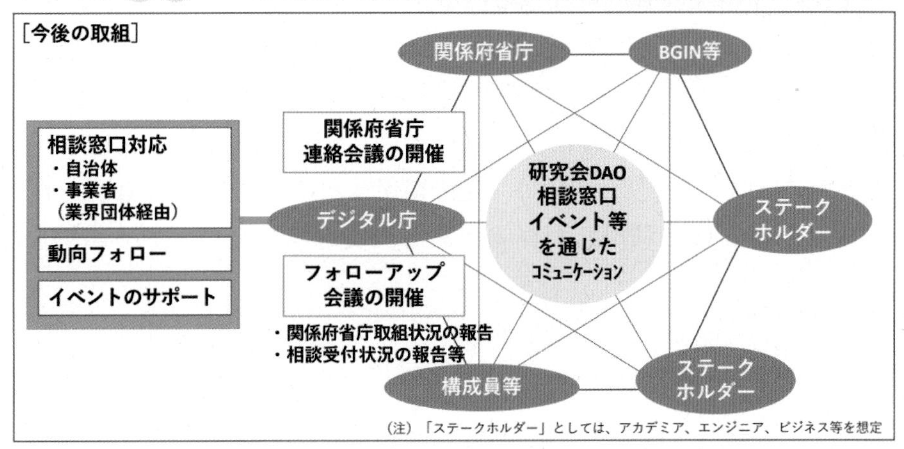

（出典）デジタル庁「Web3.0研究会報告書」

諸外国も推進政策の検討等を進めている。2022年3月、米国ではデジタル資産とその基盤となるテクノロジーの活用に関する戦略を検討するよう大統領令が出され、取組が進められている。欧州議会は、2022年11月、今後EU各国が共同してWeb3とブロックチェーンに投資する計画が盛り込まれた「Digital Decade policy」を可決した。また、中国・上海市人民政府総局は、2022年7月、上海デジタル経済発展「第14次5カ年計画」の草案を発表した。本文書では、ブロックチェーン技術のイノベーションシステムを構築し、ブロックチェーン発展エコロジーを構築すること、Web3推進に向けたインフラ整備を行うこと等の計画が含まれている。

2　メタバース、デジタルツイン

1　メタバース

ア　メタバースとは

通信ネットワークの大容量化・高速化、コンピューターの描画性能の向上、デバイスやソフトの進化（高解像度化、小型化）等に伴い、「VR（Virtual Reality 仮想現実）」、「AR（Augmented Reality 拡張現実）」、「MR（Mixed Reality 複合現実）」、「SR（Substitutional Reality 代替現実）」などのXR（クロスリアリティ）技術においては、これまでにない臨場感を味わうことが可能となった。このような中、新型コロナウイルス感染症拡大に伴い様々な経済的・文化的活動が制限されるようになり、自宅にいながらバーチャルに人々が集い、イベント等を通じて同じ時間を共有できる、リアル世界と仮想空間が連動した新たな価値の発信・体験・共有が可能な「メタバース」に注目が集まるようになった。

世界のメタバース市場は、2022年に655.1億ドルだったものが2030年には9,365.7億ドルまで拡大すると予想されており、今後の成長を見込んだ参入も相次いでいる。

メタバースは現時点では明確な定義は確立されていないものの、総務省の報告書[*9]では、メタバースを「ユーザー間で“コミュニケーション”が可能な、インターネット等のネットワークを通じてアクセスできる、仮想的なデジタル空間」とし、①利用目的に応じた臨場感・再現性がある[*10]、②自己投射性・没入感がある、③（多くの場合リアルタイムに）インタラクティブである、④誰でもが仮想世界に参加できる（オープン性）等の性質を備えていると整理している。

メタバースの認知度について各国の消費者にアンケート調査[*11]を実施したところ、我が国では「知っている」（「内容や意味を具体的に知っている」、「なんとなく内容や意味を知っている」、「言葉は聞いたことがある」の合計）との回答が6割となり（**図表3-1-2-1**）、年代別にみると、30代（68.0%）が最も高くなった。他国と比較すると比較すると認知度は低いが、「メタバース」という用語は一般消費者にも広まりつつある。

一方、我が国でメタバースを「使っている（過去に使ったことがある）」と回答した割合は2.8%となっており、現状では実際に利用した経験がある消費者は少ないという結果となった（**図表3-1-2-2**）。

図表3-1-2-1　メタバースの認知度（各国比較）

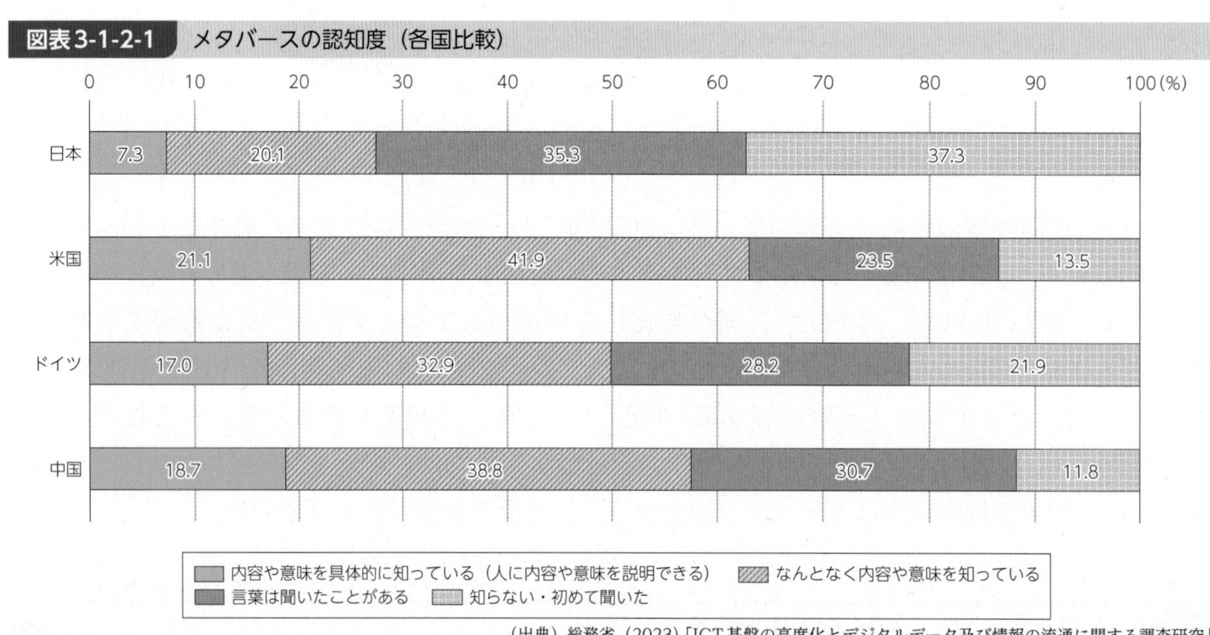

（出典）総務省（2023）「ICT基盤の高度化とデジタルデータ及び情報の流通に関する調査研究」

関連データ

メタバースの認知度（年代別）

出典：総務省（2023）「ICT基盤の高度化とデジタルデータ及び情報の流通に関する調査研究」
URL：https://www.soumu.go.jp/johotsusintokei/whitepaper/ja/r05/html/datashu.html#f00042
（データ集）

＊9　総務省「Web3時代に向けたメタバース等の利活用に関する研究会」中間とりまとめ
https://www.soumu.go.jp/main_content/000860618.pdf

＊10　デジタルツインと同様に現実世界を再現する場合もあれば、簡略化された現実世界のモデルを構築する場合、物理法則も含め異なる世界を構築する場合もある。

＊11　日本、米国、ドイツ、中国の生活者に対するウェブ調査。年齢（20、30、40、50、60代以上）。性別（男性、女性）。回収数4,000件（日本1,000件、米国1,000件、独国1,000件、中国1,000件）。2023年2月実施。

図表3-1-2-2　メタバースの利用経験（各国比較）

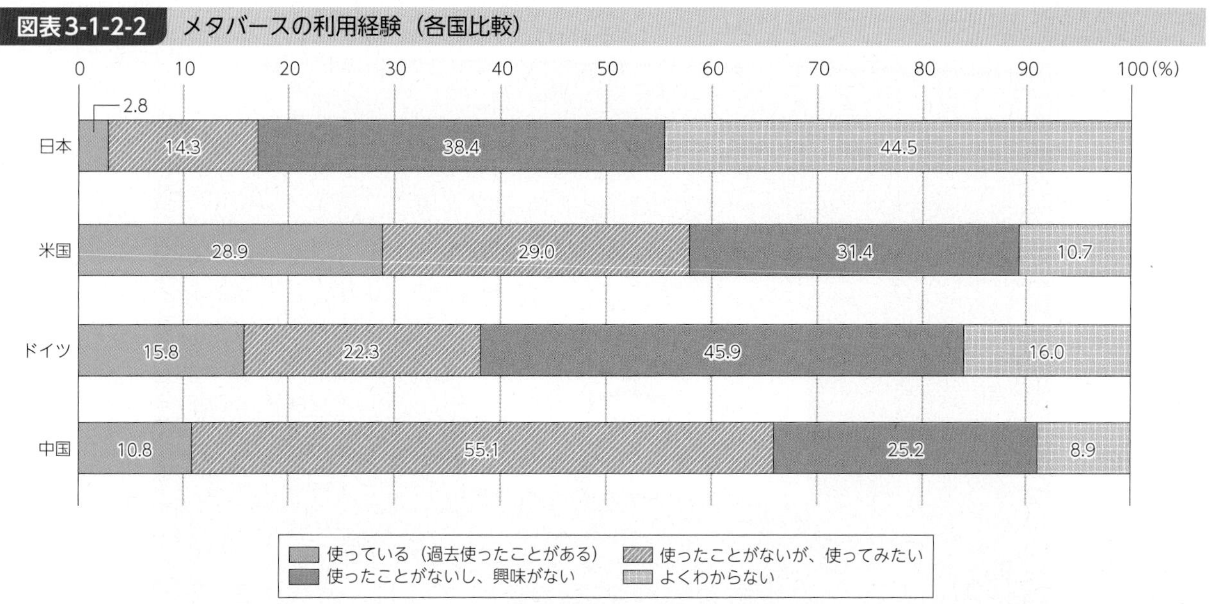

（出典）総務省（2023）「ICT基盤の高度化とデジタルデータ及び情報の流通に関する調査研究」

イ　活用事例

我が国でもメタバースへの認知度は上がりつつあり、メタバース上での音楽イベントやショッピング等エンターテイメントの分野で各種サービスの提供が進みつつある。また、メタバース空間での学習や雇用の機会の提供、実在都市と仮想空間が連動したまちづくり等にメタバースを活用する試みも始まっている。

(ア) エンターテイメント（株式会社NTTコノキュー）

NTTコノキューは、バーチャル空間上で音楽ライブの視聴やアバター姿での散策、ユーザー同士のチャット等を行うことができるメタバースサービス「XR World」、メタバース空間でのライブ配信ができる「Matrix Stream」、AR街歩きアプリの「XR City」等を提供している。「Matrix Stream」は、アバターを用いてYouTubeで動画配信等の活動を行うバーチャルYouTuber（VTuber）の配信にも利用されている。

(イ) 教育（東京大学メタバース工学部）

東京大学は、すべての人々が最新の情報や工学の実践的スキルを獲得して夢を実現できる社会の実現を目指し、デジタル技術を駆使した工学分野における教育の場として、2022年10月に、「メタバース工学部」を設立した（図表3-1-2-3）。2022年度には、工学分野におけるダイバーシティ&インクルージョンを基本コンセプトとする新しい学びの場及び工学キャリアに関する情報を提供することを目指し、中高生を対象にした「ジュニア工学教育プログラム」と、社会人の学び直しを目的とする「リスキリング工学教育プログラム」を開講し、メタバースを活用したプログラムを提供した。

図表3-1-2-3　東京大学メタバース工学部

（出典）東京大学

（ウ）雇用創出・多様な働き方の実現（パーソルマーケティング株式会社）

パーソルマーケティングは、メタバースで働く人材を提供する事業を始めている。現在の人材市場には、高齢者や子育て中の方、身体的特徴を有する方等が働きたい場合でも、それに合う仕事をなかなか紹介できていないという課題がある。距離や時間、身体的特徴を超えられるメタバースを活用することで、より多くの人が働けるようになる社会を目指している。

メタバース上での仕事としては、案内業務や接客業務等が存在する。2022年12月には、豊田市が主催するメタバース上での就活イベントにて、在宅介護を行っている人等をイベントの案内スタッフとして提供した。今後は長期的に働くことができる場所の創出を目指している。

（エ）地域活性化（KDDI株式会社）

現実の都市をメタバースとして仮想空間上に再現し、その空間でイベントを実施して都市のタッチポイントや都市体験を拡張する試みが複数の地域で展開している。

例えば、KDDIは、2019年から開始している魅力的な渋谷のリアルの都市を、5GやXRなどのテクノロジーを用いてより活性化させることを目的としたプロジェクトの中で、2020年から「渋谷区公認 バーチャル渋谷」の取組を行っている。バーチャル渋谷は、渋谷の都市をメタバース上で再現し、ハロウィーンフェスや音楽ライブなど各種イベントを実施している（**図表3-1-2-4**）。2023年には、他のプラットフォームとも接続するオープンメタバースの実現に向けて、バーチャル渋谷等の都市連動型メタバースを中心に、メタバースとWeb3やデジタルツインなどと接続するサービス群の提供を開始した。

また2021年11月からメタバースや都市連動型メタバースのガイドラインを策定・運用するバーチャルシティコンソーシアムを設立。2022年4月にはバーチャルシティガイドラインを発表した。今後、リアルの都市との更なる連携強化や経済圏・生活圏の拡張を目指している。

図表3-1-2-4　バーチャル渋谷

（出典）渋谷5Gエンターテイメントプロジェクト

（オ）諸外国での活用事例

各国でも様々な分野でメタバースの活用が進みつつある。

例えば、米国では、VictoryXR,Inc.が、大学をメタバース上で再現し、その中で授業を行うことができるプラットフォーム「Metaversity」を提供している。2023年3月時点で、米国の10以上の大学がMetaversityを導入しており、有機化学や解剖学、物理学などの講座において、メタバース内で3Dモデルを表示した授業が行われている（**図表3-1-2-5**）。

地域活性化の事例としては、2022年10月、アラブ首長国連邦のシャルジャ首長国が、メタバース「Sharjah Verse」を提供する計画を発表している。本メタバース上で同国の観光地などを再現して観光ツアー等を実施することで、地元の観光産業の強化や雇用の創出等を企図している。

また、2023年1月、韓国のソウル市は、ソウルをメタバース上で再現するプロジェクト「メタバースソウル」を開始すると発表した。本プロジェクトは、2026年まで3つの段階に分けて実施される予定で、第一段階では住民票発行や税務相談等行政サービスのメタバース上での提供、第二段階では不動産投資と関連させたサービスの提供による市の開発促進、第三段階ではAR技術等も活用したソウル市のインフラ管理に活用することを想定している（**図表3-1-2-6**）。

図表3-1-2-5　Metaversity（米国）

現実の大学の様子

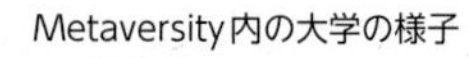

Metaversity内の大学の様子

（出典）VictoryXR,Inc.等が提供する各種公開情報

図表3-1-2-6　メタバースソウル（韓国）

（出典）ソウル市等が提供する各種公開情報

ウ　メタバースを巡る議論

メタバースの活用が始まりつつある中、普及に向けた課題等についても議論されている。

現在のメタバース市場は、国内外の多くのプラットフォーマーが存在しており、ワールド[*12]提供事業者は、ターゲットユーザーを見定め、いずれかのプラットフォームを選定し、その上に「ワールド」を構築することが主流である（プラットフォーマー自体がワールドの提供者を兼ねることも多い）[*13]。ワールド間、特に異なるプラットフォーム上に存在するワールド間には、互換性、相互運用性が存在しておらず、アイデンティティ、アバターを生成し、メタバース内で適用される禁止行為やデータの取扱い等をはじめとするルールは事業者が定める規約毎に異なる。このため、プラットフォーム等でデータ形式やデータ交換フォーマットが異なる場合、別のプラットフォーム上にあるワールドには持ち込めない可能性がある。

今後、国内外でメタバースが普及し、利用者にとって新たな生活空間としての営みが進展する中で、ユーザーのアイデンティティを示すアバター、アイテムなどを保持しながら、様々なプラットフォーム等を自由に行き来ができる環境が重要となる。このため、ユーザー利便の観点も踏まえ、複数のプラットフォームの規格を共通化させる「相互運用性」の確保に向けた標準化などの動きも始まっている。

また、メタバースにおいても、現実世界と同様、アバターの言動としてわいせつ表現や差別表現・誹謗中傷・脅迫・痴漢、アバターの身体的行動による加害行為としてつきまといやのぞき等のハラスメント・暴力、不正取引やなりすまし、また、アバターを操る人のプライバシーの保護などの問題が、国境を越えて発生する可能性がある。今後、あらゆる分野でのメタバース活用が浸透する過程で、現在の法律をそのまま運用可能かといった観点も含め、メタバース空間におけるルール形成の在り方について検討が始まっている[*14]。

エ　国内外におけるメタバースの推進施策

メタバースやデジタルツインの推進に向け、我が国を含め各国が取組を行っている。

我が国では、2022年6月に閣議決定された「経済財政運営と改革の基本方針2022」[*15]の中でメタバースも含めたコンテンツの利用拡大について言及し、同月に公表された「知的財産推進計画2022」[*16]ではメタバース上のコンテンツ等をめぐる法的課題の把握と論点整理が行われた。また、総務省では、「Web3時代に向けたメタバース等の利活用に関する研究会」が開催され、主に情報通信に係る部分におけるメタバース等の利活用に向けた課題の検討が行われている[*17]。

諸外国をみると、米国やEUでは、メタバースの活用推進に向けて優先的に取り組む事項や議論すべき政策上の課題等を取りまとめたレポート等が公表されている。また、韓国は、メタバースをスマートフォンに次ぐ新たな産業として積極的に育成しようとしており、2022年1月、科学技術情報通信省は、「メタバース新産業先導戦略」を公表した（**図表3-1-2-7**）。

＊12 プラットフォーム上で構築・運用される、メタバース個々の「世界」 https://www.soumu.go.jp/main_content/000860618.pdf
＊13 総務省「Web3時代に向けたメタバース等の利活用に関する研究会」中間とりまとめ https://www.soumu.go.jp/main_content/000860618.pdf
＊14 https://www.kantei.go.jp/jp/singi/titeki2/kanmin_renkei/dai3bunkakai/dai1/gijisidai.html
＊15 令和4年6月7日閣議決定。https://www5.cao.go.jp/keizai-shimon/kaigi/cabinet/honebuto/2022/2022_basicpolicies_ja.pdf
＊16 https://www.kantei.go.jp/jp/singi/titeki2/220603/siryou2.pdf
＊17 https://www.soumu.go.jp/main_sosiki/kenkyu/metaverse/index.html
本研究会の詳細については、第2部第5章第6節「ICT利活用の推進」を参照。

図表3-1-2-7　諸外国におけるメタバースの推進施策等

国	概要等
米国	2022年8月、連邦議会調査局はメタバース関連の技術やコンセプト等、議会で検討すべき政策課題を整理したレポート「The Metaverse: Concepts and Issues for Congress」を公開。 コンテンツの適切な利用、生体情報等の個人情報の保護、大手企業によるプラットフォームの支配、高速な通信環境にアクセスできる人とできない人の格差等を課題として列挙
EU	2023年3月、政策ペーパー「メタバース－仮想の世界、現実の課題」を公表。メタバースについての概観（定義、メタバースに至る経緯、今後の応用分野、発展のタイムスパン、要素/関連技術、主要な役割を果たすと考えられる国・企業）を整理した上で、EUにおける潜在的な課題・機会（EUがメタバースと関わるべき理由と、あるべき関わり方）等を整理
韓国	2022年1月、科学技術通信省は、「メタバース新産業戦略」を公表。メタバースの発展に伴い同国が取るべき方策として「官民連携の持続可能なメタバースエコシステムの整備」「人材育成」「産業をリードする企業の育成」「健全で模範的な基盤の構築」を挙げ、プラットフォーム開発支援や実務型の人材育成、ファンド設立やルール整備等に取り組む旨明記
中国	2022年7月、中国・上海市人民政府総局は、上海デジタル経済発展「第14次5カ年計画」草案を公表。メタバース分野では、バーチャルリアリティの技術を高め、プラットフォームの開発、バーチャルコンサート等の新しいデジタルエンターテイメントの育成を推進する旨明記

（出典）総務省「Web3時代に向けたメタバース等の利活用に関する研究会」（第7回）資料7-2より

2 デジタルツイン

ア　デジタルツインとは

現実空間を仮想空間に再現する従来からある概念として「デジタルツイン」がある。

デジタルツイン（Digital Twin）とは、現実世界から集めたデータを基にデジタルな仮想空間上に双子（ツイン）を構築し、様々なシミュレーションを行う技術である。

メタバースとデジタルツインは、存在する空間が仮想空間であることは共通であるが、その空間で再現するものが実在しているものかどうかを問わないメタバースに対して、デジタルツインは、シミュレーションを行うためのソリューションという位置づけであるため、実在する現実世界を再現している。また、メタバースは、現実にはない空間でアバターを介して交流したり、ゲームをしたりというコミュニケーションが用途とされることが多いのに対して、デジタルツインは、現実世界では難しいシミュレーションを実施するために使われることが多い。

街や自動車、人、製品・機器などをデジタルツインで再現することによって、渋滞予測や人々の行動シミュレーション、製造現場の監視、耐用テストなど現実空間では繰り返し実施しづらいテストを仮想空間上で何度もシミュレーションすることが可能となり、以下のようなメリットが期待できる。

○**生産の最適化や業務効率の向上**：最適な機器や人員の配置、リードタイム短縮のためのプロセス改善などにより最適化できる。また、仮想空間でのシミュレーションによって視覚的に結果を確認することができるため、安全性の向上やリスク削減にも貢献する。

○**時間やコストの削減**：物理的に試験をしたり試作品を作成したりするのに比べて、仮想空間上で容易にシミュレーションができるため、物理的な検証に費やしていた時間を大幅に削減することができる。

○**現実世界では不可能なシミュレーションが可能**：現実世界では頻繁に発生しない現象を容易に発生させることができるため、大地震やイベントなど将来に備えた対策に役立てることができる。

イ　活用事例

デジタルツインは、航空産業や製造ラインなど、製造業のユーザーを中心に活用が始まり、現在では国土計画・都市計画、防災など幅広い分野で活用されている。

都市計画への活用として、例えば国土交通省は、2020年度から3D都市モデル整備・活用・オープンデータ化のプロジェクト「PLATEAU*18」を推進しており、2021年8月には、全国56都市の3D都市モデルのオープンデータ化を完了している。「まちづくりのデジタル・トランスフォーメーション」推進のため、「現実の都市のデジタルツイン」を構築し、オープンデータとして公開することで、誰もが自由に都市のデータを活用できる状態を実現している。

防災分野では、静岡県が、2019年より、県内全域の地形や建物などを点群データという3次元情報として取得し、オープンデータとして公開する「VIRTUAL SHIZUOKA」の取組を進めている。「VIRTUAL SHIZUOKA」の情報や過去に撮影された航空写真などの情報と、災害で土砂崩れが発生した地点のドローン等で3次元計測したデータを比較して解析しており、2021年7月に発生した静岡県熱海市の土砂災害では被害状況の早期把握と2次災害の防止に活用された（**図表3-1-2-8**）。

図表3-1-2-8　バーチャル静岡

（出典）静岡県

農業分野では、デジタルツインを用いた農業プラットフォーム実現の取組が進められている。株式会社Happy Qualityでは、仮想空間上で栽培環境を再現したデジタルツインによるバーチャルプラットフォームを各農場に合わせてカスタマイズし提供している。プラットフォームの活用によって、様々なモニタリングやシミュレーションが可能となり、栽培環境の構築シミュレーションや遠隔栽培指導などスマート農業の実現と後継者不足に陥っている農業界の課題解決が期待される。

海外でも、インフラ管理、都市計画等様々な分野でデジタルツインの活用が進んでいる。

例えば、米国のオークリッジ国立研究所とパシフィックノースウェスト国立研究所では、デジタルツインを活用した水力発電システムのオープンプラットフォームの開発に取り組んでいる。実際の施設を監視しつつ、それをデジタルツインと比較することで、施設の堅牢な制御と最適化が可能になり、運用コストの削減、信頼性の向上、運用の複雑さの増大に対処することができると期待されている。オークリッジ国立研究所では、全米1億2,900万棟の建物のデジタルツインを作成し、電力会社や企業等に対してエネルギー効率を向上させる最善の方法についてシミュレーションに基づいた意思決定を行う方法も提供している（**図表3-1-2-9**）。

---

*18 https://www.mlit.go.jp/plateau/

図表3-1-2-9　水力発電システムのデジタルツイン（米国）

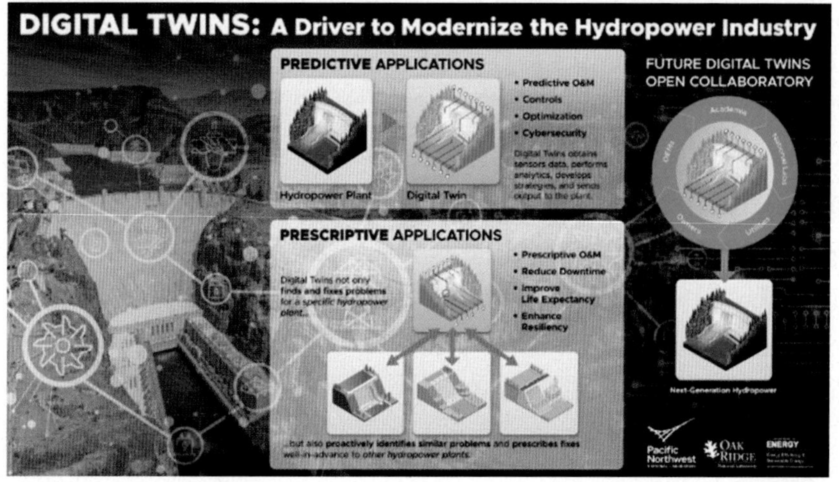

（出典）オークリッジ国立研究所HP

また、上海市は都市の運営と管理にデジタルツイン技術を採用している[*19]。建物、街灯、パイプ、植物など、実際のオブジェクトとその情報を反映するデジタルプラットフォームを開発し、ごみ処理や電動自転車の充電など生活安全問題を管理する上で効率性を発揮している。また、新型コロナ禍では、疫学調査のため近隣住民の正確な情報を地元の疾病管理予防センターに提供するなどパンデミックの制御と予防にも利用された。

3 生成AI

1 生成AIを巡る動向

AIは、大量のデータから、故障の予兆や詐欺やスパム情報の検出、将来予測、また次に個人に表示する動画を決定している。このようにデータ分析目的で活用されるAIは「Analytical AI」と呼ばれており、既に社会の多くの場所で用いられている。

これに加えて、近年、従来人間が得意としてきた、情報を生成・創造する目的で用いられる生成AIの技術が急速に発展してきた。

Open AIは、2020年5月、1750億のパラメータを使用する大規模言語モデル「GPT-3」を公表し、2022年11月にGPT3.5をベースにした対話型AI「ChatGPT」チャットボットを、2023年3月に「GPT-4」を公表した。

2023年3月、Microsoftは、自社の検索サービス「Bing」とブラウザ「Edge」にGPT-4をベースにしたAIを搭載することを公表し[*20]、Googleは、LaMDA（Language Model for Dialogue Applications:対話アプリケーション用言語モデル）を活用した実験的な会話型AIサービス「Bard」を一般公開した。また、中国の検索エンジン「百度」も、同年3月、ChatGPTに似た対話型AIサービス「文心一言（アーニー・ボット）」を一般公開した。

我が国でも、LINE株式会社とNAVER株式会社が共同で日本語の大規模言語モデル「HyperCLOVA」を開発した。「HyperCLOVA」は、チャット型のインターフェースではないも

＊19 https://english.shanghai.gov.cn/nw48081/20220216/d4de492067ca497991823b9758001192.html
＊20 https://blogs.bing.com/search/march_2023/Confirmed-the-new-Bing-runs-on-OpenAI's-GPT-4

のの、文章の作成や要約等の用途で使用することが可能である[*21]。

2022年には、テキストを入力すると画像を生成する「プロンプト型画像生成AI（text to imageとも呼ばれる）」が登場し、人間が描きたいものをAIが代わりに描くことが可能となった。初期には、これらを動作させるためには高度な計算処理や、大容量データの保管が可能な高性能PCが必要であった。その後、ウェブサイト上等で有志によるアプリ化が進められていき、誰でも簡単にAIに画像を作成する指示ができるようになった。

その他にも多様な用途での生成AIが公開されており、例えば、テキストの入力をすると答えや文章を要約して回答したり、生成AIが人間の指示を受けてプログラムのソースコードを作成したり、テキストから作曲を行うAIなどがある。

2022年9月に公表されたSEQUOIAとGPT-3の「2030年代頃までのGenerative AIの展開予想」によると、テキスト、コーディング、画像、動画・3D・ゲーム分野の順番で活用が進んでいくと予測されている[*22]。

また、世界全体の生成AIの市場規模は2030年までに約14兆円にまで拡大し、2022年～2030年の期間のCAGR（年平均成長率）は35.6%と予測されている[*23]（**図表3-1-3-1**）。なお、地域別にみると、2021年ベースで最大のシェアを持つのは「北米」市場（40.2%）となっている。

図表3-1-3-1　世界の生成AI市場規模

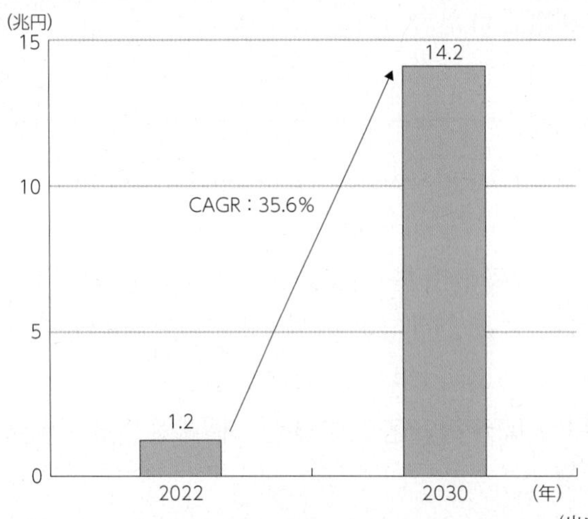

（出典）Grand View Research Inc.による調査

2 生成AIを巡る議論

各国において生成AIを巡る動きが活発化する一方で、要機密情報の取扱いや、個人情報保護、回答の正確性などの課題が指摘されている。

また、第2章第3節で述べたとおり、これらのツールを活用して作成した偽画像・偽動画が、意図せず又は意図的に拡散し、他者の利益・権利の侵害や社会的混乱を引き起こしてしまうような負の側面も顕在化しつつある。我が国でも、2022年9月、プロンプト型画像生成AI「Stable Diffusion」を利用した静岡県の台風洪水デマ画像がSNS上に投稿され拡散し、社会的な問題となっ

＊21　2023年4月1日、ワークスモバイルジャパンは、LINE社のAI事業「LINE CLOVA」(HyperCLOVAを所管) を統合吸収し、今後は、同社の提供する「LINE WORKS」上にてHyperCLOVAによる支援機能の提供を行うことが検討される。
＊22　出典：https://www.sequoiacap.com/article/generative-ai-a-creative-new-world/
＊23　調査会社Grand View Research Inc.による予測。1ドル＝130.3715円で換算（2023年1月25日）。

た。検証を行うと作成にかかった時間は14秒程度との報告もあり[*24]、画像生成AIが気軽に利用できるようになることで誰でもクオリティの高い偽画像を容易に作成・拡散することが可能となっている。

さらに、知的財産権の侵害等、アーティスト、イラストレーター等のコンテンツ生成者への経済的影響を与える可能性も課題として指摘されている。2023年1月には、米・サンフランシスコで複数のアーティストが画像生成AI開発各社（Stability AI Ltd、Midjourney Inc及びDeviantArt Inc）を著作権侵害で訴えた。原告側は、これらの企業は著作権で保護されたアーティストの作品をコピーし、アーティストの画風で画像を生成することにより何百万人ものアーティストの権利を侵害していると主張し、AI企業による侵害を止めるため金銭的損害賠償と裁判所命令を求めた。我が国でも、ラディウス・ファイブ社が、元となるイラストを学習させることで、その特徴をとらえた画像を自動生成できるAI「mimic」をリリースした後、悪用を懸念する声が多く寄せられたことから1日で配信を停止したという事例がある。

AIサービスを提供した事業者側では利用にあたっての規約は定めているものの、その内容が利用者に着実に届くための努力や、これを踏まえた利用者自身の活用モラルの向上が必要な状況となっている。

生成AIの取扱い等については、各国や国際会議の場で検討・議論が始まっている。

2023年3月、イタリアのデータ保護当局[*25]は、データ主体に対して十分な情報提供がなされていないこと、機械学習のために個人データを大量に収集し処理することを正当化する法的根拠に疑義があること、ユーザーの年齢認証のメカニズムが欠如していることを踏まえ、ChatGPTを一時的に使用禁止とした。同年4月、英国の情報コミッショナー事務局[*26]は、法的根拠を明確にする必要があること、データ管理者としての義務を持つこと、リスク評価をすることなど、個人データを処理する生成AIを開発したり、利用したりする際の8つの留意点を公表した。米国では、国家電気通信情報管理庁（NTIA:National Telecommunications and Information Administration）が、AIの監査や評価、認証制度ついての意見募集を開始した[*27]。また、同年5月、バイデン政権は、責任ある人工知能（AI）の研究開発への投資、民間企業が開発した生成AIの評価、連邦政府によるAI利用に関する指針の策定からなるAIに関する責任あるイノベーションの推進策を新たに発表し[*28]、企業がAI製品を展開・公開する前にその安全性を確認する責任がある旨を明確にした。

EUでは、ChatGPTに関するプライバシー保護への懸念を検証するための作業部会を設定することを決定した[*29]。

多国間での連携については、同年4月に群馬県高崎市で開催されたG7デジタル・技術大臣会合において「責任あるAIとAIガバナンスの推進」についても議論が行われ、本会合で採択された「G7デジタル・技術閣僚宣言[*30]」ではAIガバナンスのグローバルな相互運用性を促進等するためのアクションプラン、生成AIについて早急に議論の場を持つこと等が合意された。

さらに、同年5月に広島市で開催されたG7首脳会合でも、首脳レベルでAIガバナンスに関する国際的な議論とAIガバナンスの相互運用性の重要性等の認識が共有され、生成AIについて議論する広島AIプロセスを年内に創設すること等が合意された[*31]。

＊24 https://spectee.co.jp/report/202209_shizuoka_typhoon15_fake/
＊25 Garante per la protezione dei dati personali
＊26 Information Commissioner's Office
＊27 https://ntia.gov/issues/artificial-intelligence/request-for-comments
＊28 https://www.jetro.go.jp/biznews/2023/05/7c5bc3a8bf11f2ff.html
＊29 https://edpb.europa.eu/news/news/2023/edpb-resolves-dispute-transfers-meta-and-creates-task-force-chat-gpt_en
＊30 https://www.soumu.go.jp/main_content/000879099.pdf
＊31 https://www.mofa.go.jp/mofaj/files/100506875.pdf

第2節　豊かなデータ流通社会の実現に向けて

通信インフラの高度化やスマートフォンの普及等に伴い、データを活用した多様なデジタルサービスは我々の生活に不可欠なものとなっている。メタバースやデジタルツイン等の新たなデータ利活用の形も注目を集めており、地域活性化、防災、多様な働き方の実現等の我が国が抱える様々な社会的・経済的課題解決に貢献することが期待されている。

本節では、データの安全かつ適正な流通を促進し、データ利活用の恩恵を誰もが享受できる社会の実現に向けた課題と取組を整理する。

1　データ流通を支える安全で強靭な通信ネットワーク

近年、我が国を含む各国で、大規模な自然災害や異常気象、さらには人為的ミスがきっかけとなって通信インフラが停止する事例が起きている。インターネット上の活動拡大等により、その影響範囲は以前と比較して格段に大きくなっている（図表3-2-1-1）。

図表3-2-1-1　最近の電気通信サービスの停止事例

エリア	発生時期	内容
世界	2022年6月	Cloudflareの世界の19のデータセンターで障害が発生
英国	2022年7月	GoogleとOracleのクラウドサービスで熱波により障害が発生
日本	2022年7月	KDDIで人為的ミスにより通信障害が発生
日本	2022年8月	NTT西日本で設備故障によりインターネットサービス「フレッツ光」の通信障害が発生
日本	2022年9月	楽天モバイルで設備異常により通信障害が発生
日本	2022年9月	ソフトバンクで人為的ミスにより通信障害が発生
韓国	2022年10月	SKC&Cのデータセンターの火災により、ネイバー（NAVER）やカカオ（Kakao）のサービス障害が発生。韓国国内では、前者は障害発生当日、後者は5日後にサービス復旧
日本	2022年12月	NTTドコモで設備異常と人為的ミスにより通信障害が発生
米国	2023年2月	T-Mobileで通信障害が発生
日本	2023年4月	NTT東日本とNTT西日本で「ひかり電話」等の通信障害が発生

（出典）各社公表資料等を基に総務省作成

また、国際情勢が複雑化する中、経済安全保障の観点からも通信インフラの信頼性・安全性の確保は非常に重要な課題である。デジタル技術の進化とともに、サイバー攻撃も複雑化・巧妙化し、セキュリティリスクも広範かつ深刻なものとなっている。近年は、世界各国において、基幹インフラ事業を対象とするサイバー攻撃により大きな社会的混乱が引き起こされる事案が多数発生している。我が国においても基幹インフラ事業者を含む民間企業等が対象となったとされるサイバー攻撃事案が発生しており、これら事案の中には外国政府が関与した可能性が高いと評価されている例も存在している[*1]。また、ICT機器の高度化やそのサプライチェーンの複雑化・グローバル化を背景として、情報通信インフラに使用される通信機器やシステムにあらかじめ不正なソフトが仕込まれていたり、保守・運用に関するサプライチェーンを介して不正なソフトウェア（マルウェア等）が混入されたりするなど、サプライチェーン上でのセキュリティリスクも顕在化している。

経済安全保障の観点からは、デジタルサービスを提供するために必須となる機器や部品が調達で

＊1　https://www.cas.go.jp/jp/seisaku/keizai_anzen_hosyohousei/dai3/siryou4.pdf

きないという調達上のリスクへの懸念も高まっている。米中の対立等によってグローバルなサプライチェーン構造にも変化が出ており、我が国としてもICT関連機器・部材の安定した確保は経済安全保障と直結するものとなっている。2021年のICT関連機器・部材の輸入相手国の割合をみると、半導体、携帯電話や携帯用の自動データ処理機械、プロセッサーなど多くの品目で中国や台湾からの輸入割合が高く、特定の国に供給を依存している傾向があることが確認できる[*2]。

自然災害の頻発化・激甚化、国際情勢の複雑化等が懸念される中、非常時でも安心・安全なデータ流通やデジタルサービスの利用を確保するため、代替手段の確保を含む通信インフラの強靱化、データセンターや海底ケーブルの分散化、サイバーセキュリティやサプライチェーンの強化等を図ることが重要である。

1 災害に強い通信インフラの実現

自然災害等が発生した際でもデジタルサービスの利用を可能とするためには、通信インフラの強靱化が不可欠である。我が国では、東日本大震災等これまでの大規模自然災害の教訓を活かし、通信ネットワークの強靱化に向けた様々な取組が行われている。

電気通信事業者各社は、東日本大震災での携帯電話基地局の停波の原因が停電や伝送路断によるものであったことから、停電対策や伝送路断対策等を強化してきた。停電対策としては、移動電源車や可搬型発電機の増配備、基地局バッテリーの強化が行われている。また、伝送路断対策としては、伝送路の複数経路化の拡大、衛星エントランス回線やマイクロエントランス回線による応急復旧対策の拡充が行われている。

また、情報通信研究機構（NICT）のレジリエントICT研究センターでは、東北大学など産学官の協力を得ながら共同研究を推進し、大規模災害や通信障害等の環境変化に対応できるレジリエントICT基盤等の研究開発や社会実証等を進めている[*3]。

2 多様な通信インフラ・手段の確保

携帯電話利用者が臨時的に他の事業者のネットワークを利用する「事業者間ローミング」も、自然災害や通信障害等の非常時においても継続的にデジタルサービスを利用するための方策の一つとなる。実際、ウクライナでは、ロシアが侵攻を続ける中、通信事業者[*4]が、通信の継続を確保するために、それぞれのネットワーク間で無料ローミングを可能にした。また、米国では、2022年7月にFCC（連邦通信委員会）が、ハリケーンや山火事、長時間停電等の災害時に携帯電話事業者間でローミングを義務的に実施するMandatory Disaster Response Initiative（MDRI）を制度化した[*5]。

我が国でも、総務省が2022年9月から「非常時における事業者間ローミング等に関する検討会」を開催し、非常時における通信手段の確保に向けて、携帯電話の事業者間ローミングをはじめ、幅広い方策について検討を行った。同年12月には、一般の通話や緊急通報機関からの呼び返しだけでなくデータ通信も可能なフルローミング方式による事業者間ローミングをできる限り早期に導入すること等を基本方針として位置づけた「非常時における事業者間ローミング等に関する検討会

＊2　総務省（2022）「デジタル社会における経済安全保障に関する調査研究」
＊3　https://www.nict.go.jp/resil/
＊4　ウクライナの3大通信事業者であるKyivstar、Lifecell、Vodafone Ukraine
＊5　https://www.soumu.go.jp/main_content/000838215.pdf

第1次報告書[*6]」が取りまとめられた。これを受け、電気通信事業者各社は、事業者間ローミングの実現に向け、技術使用や運用方針等の検討を進めている。

通信障害の内容によっては、事業者間ローミングが実施できない場合があることから、ローミング以外の通信手段の利用を含め総合的に対応を進めていくことが必要である。2023年3月以降、携帯電話事業者は、異なる事業者の回線に切り替えて通信サービスを利用できる副回線サービスの提供を開始した[*7]。このサービスは、例えば、通信障害や災害等で、利用者が普段使っている事業者の回線が使えなくなった場合の備えとして有効である。また、一般社団法人無線LANビジネス推進連絡会は、一般社団法人電気通信事業者協会の会員である携帯電話事業者から、災害用統一SSID「00000JAPAN」を通信障害の発生時においても活用したい旨の要望を受け、2023年5月、「大規模災害発生時における公衆無線LANの無料開放に関するガイドライン」の改定を行い、通信障害時に「00000JAPAN」を開放できるものとした。今後、同連絡会において、自然災害時と異なる運用面の検討が必要な点について、検討が進められる。

さらに、衛星など地上系以外の通信ネットワークの活用も有効である。現在、戦時下のウクライナでは、米・SpaceXの衛星コンステレーションを用いたブロードバンド・インターネットサービス「Starlink（スターリンク）」が活用されている。我が国でも、電気通信事業者等により非常時における衛星等の活用や導入に向けた取組を進めている（**図表3-2-1-2**）。また、東京都は、通信障害発生時や災害発生時にもインターネット通信の手段を確保するため、衛星通信を活用することを検討している[*8]。

図表3-2-1-2　我が国の電気通信事業者の衛星等の活用・導入に向けた取組

	概要
NTT	スカパーJSAT社との共同出資によりSpaceCompass社を設立。2025年度に成層圏通信プラットフォーム（HAPS）を用いた低遅延通信サービスの国内での提供開始を目指す。
KDDI	Space X社（米）とStarlinkをau基地局のバックホール回線に利用する契約を締結。2022年12月に静岡県熱海市初島で運用を開始し、今後全国約1,200か所に順次提供を拡大予定
ソフトバンク	①THURAYAが提供する衛星電話サービス、②OneWebが提供する低軌道衛星通信サービス、③ソフトバンクの子会社であるHAPSモバイルが提供するHAPSを活用し、宇宙空間や成層圏から通信ネットワークを提供するNTNソリューションを推進
楽天モバイル	AST SpaceMobile社（米）と連携し、低軌道衛星を活用したモバイルブロードバンドネットワークを構築する「スペースモバイル」プロジェクトを遂行中。スマートフォンと衛星との直接通信の実現を目指す。

（出典）各社公表資料等を基に総務省作成

3　データセンター、海底ケーブルの機能及び安全対策の強化

データセンターはデータを蓄積、処理する機能を果たしており、データ通信を含む様々なインターネットサービスの基盤となっている。また、我が国は、国際通信の約99%を海底ケーブルに依存しており、国境を越えたデータ流通量が増加する中、海底ケーブルの重要性は一層高まっている。さらに、米中間の緊張の高まり、ウクライナ侵攻など国際情勢が複雑化する中にあって、経済安全保障の観点からも、データセンターや海底ケーブルの安全対策強化の重要性が高まっている。

我が国では、現在、データセンターの約6割が首都圏に集中している[*9]。また、国内海底ケーブルは、主に太平洋側に敷設され、日本海側が未整備（ミッシングリンク）となっており、海底ケー

*6　https://www.soumu.go.jp/main_content/000852036.pdf
*7　https://news.kddi.com/kddi/corporate/newsrelease/2023/03/27/6618.html
https://www.softbank.jp/corp/news/press/sbkk/2023/20230327_02/
*8　https://note.com/smart_tokyo/n/n51c567aefe31
*9　データセンターが首都圏に集中している背景には、データの最大需要地である東京から近い位置にデータセンターを建設することで、通信の遅延時間が短くなり、サービスの質の向上につながるうえ、運用・保守の観点でも、メンテナンス要員がアクセスしやすい立地が望ましいなどといった理由があり、事業者側としても首都圏という立地は大きなメリットをもたらしてきた。

ブルの陸揚げ拠点は、房総半島や志摩半島に集中している。このように、データセンターや海底ケーブルの陸揚局が特定地域に集中している状況においては、大規模災害が首都圏で発生した場合、全国規模で通信環境に多大な影響が生じる可能性がある。実際に、東日本大震災では、KDDI社の太平洋側の茨城県沖や千葉の銚子沖などで海底ケーブル10か所、10か国以上につながる回線において障害が発生、完全復旧までには半年を要し、大きな被害が伴った*10。また、2022年1月には、トンガ沖の海底火山の噴火により海底ケーブルの切断が発生し、通信の復旧までには5週間を要した*11。

データセンターや海底ケーブルの重要性を踏まえ、我が国では、現在、これらの立地の分散化が進められている。総務省では、2023年4月に公表した「デジタル田園都市国家インフラ整備計画（改訂版）」の中で、データセンターについては、経済産業省と連携して、10数か所の地方拠点を5年程度で整備する一方、東京圏・大阪圏における拠点化が進んでいる現状を踏まえ、当面は東京・大阪を補完・代替する第3・第4の中核拠点の整備を促進することとしている。また、「デジタルインフラ（DC等）整備に関する有識者会合」の議論等を踏まえ、インターネットトラヒックの状況に合わせたインフラ整備の動向、グリーン化に向けた取組、MEC（Multi-access Edge Computing）やAIとの連携等を注視しつつ、経済産業省等関係省庁と連携してデータセンター等の更なる分散立地の在り方や拠点整備等に必要な支援の検討を進めることとしている。海底ケーブルについては、2026年度中に日本海側の海底ケーブルの運用を開始するとともに、陸揚局の分散立地を促進し、データセンターの拠点整備に向けた取組と連動して国際海底ケーブルの多ルート化や陸揚局に向けた分岐支線の敷設等、我が国の国際的なデータ流通のハブとしての機能強化に向けた取組を促進するとともに、国際海底ケーブルや陸揚局の安全対策を強化することとしている（**図表3-2-1-3**）。

具体的な施策として、総務省では令和3年度補正予算デジタルインフラ整備基金（特定電気通信施設等整備推進基金）を財源とし、デジタルインフラ整備を行う民間事業者への助成を行っており、2022年6月に7件の地方におけるデータセンター事業が採択されている

図表3-2-1-3　データセンター及び海底ケーブルの整備イメージ

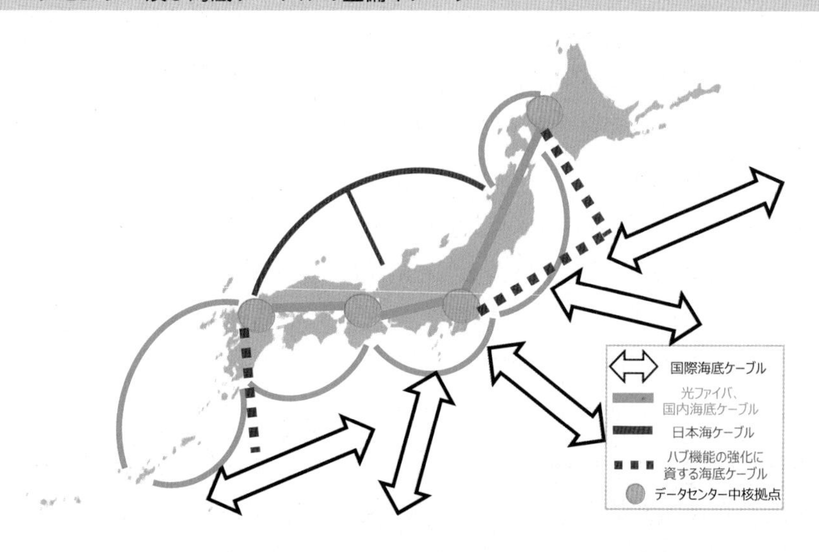

*10 地震で海底の地盤がずれ、ケーブルに過剰な負荷がかかったことで断線してしまったとみられている。
*11 https://www.technologyreview.jp/s/266975/tongas-volcano-blast-cut-it-off-from-the-world-heres-what-it-will-take-to-get-it-reconnected/

4 サイバーセキュリティ、サプライチェーンリスク等への対応

大規模自然災害等への備えのみならず、サイバーセキュリティ上のリスク（サプライチェーンの過程でのリスクを含む）や調達上のリスクへの対応も必要である*12。

国際情勢の複雑化、社会経済構造の変化等に伴い様々なリスクが顕在化する中、経済活動に関して行われる国家及び国民の安全を害する行為を未然に防止する重要性が増大していることに鑑み、2022年5月、経済施策を一体的に講ずることによる安全保障の確保の推進に関する法律（令和4年法律第43号）が成立した。

同法では、我が国の基幹インフラの重要設備が我が国の外部から行われる役務の安定的な提供を妨害する行為（サイバー攻撃を含む）の手段として使用されることを防止し、基幹インフラ役務の安定的な提供を確保するため、基幹インフラ事業者が重要設備の導入等を行う場合に、その計画を政府が事前に審査する「特定社会基盤役務の安定的な提供の確保」に関する制度が規定されており、規制の対象となり得る事業の一つに電気通信事業が規定されている。

同制度の着実な施行に取り組むほか、調達上のリスクの観点からは、通信インフラについて、特定の国に過度に依存することなく、自律的に確保できることが重要である。そのためには、自国での研究開発の促進、サプライヤーの多様化を含め、信頼できる機器や部品などの調達方法を検討する必要がある。

さらに、通信インフラの安全性、信頼性の確保が世界的に重要視されていることを踏まえ、サプライチェーンリスク対策を含む経済安全保障対策として、同志国等との連携を強化しつつ、5Gや海底ケーブル等の海外展開を官民で推進していくことも必要である。

2 超高速・大容量のデータ流通を支える高度なICT基盤の整備

ブロックチェーンを応用したNFTやDAO、メタバースやデジタルツイン等の新たな技術やサービスの活用が始まる中、今後これらが社会により浸透していくためには、膨大なデータを超高速で遅滞なく流通させることが必要となる*13。

また、2030年代には、サイバー空間とフィジカル空間の一体化（CPS：Cyber Physical Systems）が進展し、フィジカル空間における物理的なやりとりがサイバー空間においてデジタルデータの形で再現され、AI等の活用により、フィジカル空間の随時の状況把握や、その情報を基に次の行動の判断を行うことが可能になると見込まれており、5Gを超える性能面も含めた多種多様な要求条件が求められる。

このように、CPSを社会経済活動に最大限活用するデータ主導型のSociey5.0を実現するためには、5Gよりも高度な情報通信インフラであるBeyond 5G（6G）が不可欠である（**図表3-2-2-1**）。

Beyond 5G（6G）においては、5Gの特長とされている高速大容量、低遅延、多数同時接続といった機能を更に高度化するほか、近年のリモート化・オンライン化の進展等による通信トラヒックの増加に伴うネットワークの消費電力の増加に対応した低消費電力化、通信カバレッジを拡張する拡張性、ネットワークの安全・信頼性や自律性といった新たな機能の実現が期待されている。

特に、地球温暖化等の環境問題が深刻化する中、情報通信インフラの省電力化が課題となってお

---

*12 総務省のサイバーセキュリティ政策の詳細については、第2部第5章第5節「サイバーセキュリティ政策の動向」を参照
*13 東京大学情報理工学系研究科の塚田 学教授によると、メタバースの普及には遅延・規模性・データ転送速度が大きなポイントとなり、例えばメタバースの一つの目標である“無制限なユーザーがイベントを同期して満足に体験できる状況”を実現するためには、遅延を150ミリ秒以内に、演奏やゲームといったよりタイム感がシビアになるようなケースでは20ミリ秒以内に収める必要があるとのことである。

り、電気通信と光通信を融合させることでネットワークの高速化と大幅な低消費電力化を実現する光電融合技術を活用したオール光ネットワーク技術*14が注目されている。

総務省では、情報通信審議会「Beyond 5Gに向けた情報通信技術戦略の在り方」中間答申（令和4年6月30日）において、Beyond 5G（6G）を現行の無線通信の延長上で捉えるのではなく、有線・無線や陸・海・空・宇宙等を包含したネットワーク全体で捉える考え方や、我が国として目指すべきネットワークの姿、オール光ネットワーク技術や非地上系ネットワーク（NTN：Non-Terrestrial Network）技術、セキュアな仮想化・統合ネットワーク技術など国として注力すべき重点技術分野、研究開発から社会実装、知財・標準化、海外展開までを一体で戦略的に推進する方向性が示され、これを踏まえた法律改正や予算措置に基づく恒久的な基金の造成など新たな政策を講じている*15。

また、産業界においても、産学官連携組織（Beyond 5G推進コンソーシアム、Beyond 5G新経営戦略センター）を通じたユースケースや技術課題の検討、国際連携、知財・標準化の推進等の活動が進展している。

図表3-2-2-1　目指すべきBeyond 5Gネットワークの姿

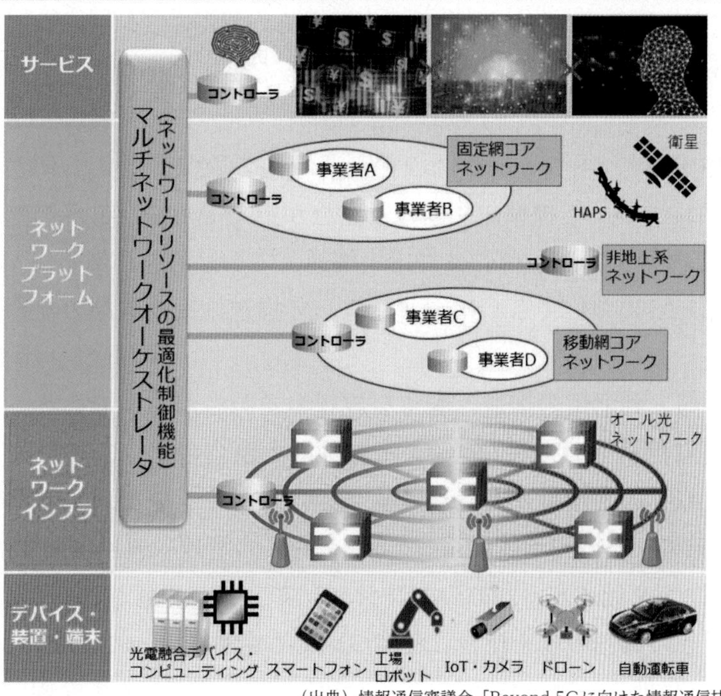

（出典）情報通信審議会「Beyond 5Gに向けた情報通信技術戦略の在り方」中間答申概要

3　標準化など国際的なルールの形成

新しいサービス・製品を普及させるには同時にサービス・製品に関するルールの普及も重要となる。

メタバース等のデジタル空間には国境の概念がなく、インターネットを通じて世界中の人々が参加・利用可能であることから、標準化を含め国際的なルールを国際社会と連携して形成・普及させる必要がある。

*14 NTTの掲げる「IOWN構想」においても主要技術分野のひとつ。
*15 詳細は、政策フォーカス「Beyond 5G（6G）の実現に向けて」、第2部第5章第7節「ICT技術政策の動向」等を参照。

メタバースに関しては、相互運用性の実現を目指した国際的なフォーラム組織に多くの企業・団体等が参加するなど、既に、民間主導による国際的なルール形成に向けた動きが広がっている。世界経済フォーラムは、2022年5月の年次総会において、メタバースに関する官民の国際連携枠組として「公平で相互運用性の高い安全なメタバース構築のための新しいイニシアチブ[*16]」の立ち上げを公表した。2022年6月には、米国The Khronos Group Inc.の主導により、メタバースの相互運用性標準の開発を促進する業界団体としてメタバース・スタンダード・フォーラム（Metaverse Standards Forum）が設立され[*17]、「アバターのID管理、プライバシー」や「XR等のヒューマンインターフェイス」などメタバースに適用するオープンな標準規定の策定に取り組んでいる。

また、ITU-Tの関連するスタディグループの中で、メタバースにおける相互互換性の確保を想定し、セキュリティ、有線回線でのコンテンツ伝送、デジタルメディアの符号化と配信等についての検討が行われるとともに、伝送路観点での標準化についても、遅延の許容値、そのばらつきを示す指標であるジッター、パケットロス要件等が示されている。また、メタバースの標準化に関し幅広く情報を収集するため、メタバース・フォーカスグループ[*18]（FG-MV）を設置し、今後標準化すべき項目や、他の標準化機関との連携の在り方について検討が進められている。

さらに、VRMコンソーシアムが中心となり、日本発の3Dアバターの標準規格であるVRMフォーマットの策定を推進している。また、我が国から、VRMコンソーシアムなどの関係団体や民間企業が、Metaverse Standards Forumに参加するなど、国際標準化に積極的に取り組む動きが見られつつある[*19]。

このように、複数のプラットフォーム間の相互運用性の確保に加え、高度なデータ圧縮技術や3Dアバターの規格等についても標準化に向けた動きが進んでおり、こうした取組について、我が国も国際社会と連携し能動的かつ主体的に対応・推進していく必要がある。

高度化・普及が進むAIについても、各国が連携して推進施策や規制の在り方等を検討していくことが重要である。

AIでは、開発の振興、利活用の推進、適切な規制いずれもが重要である。このような考え方に基づき、2023年4月に開催されたG7デジタル・技術大臣会合では、議長国である我が国の主導により「信頼できるAI」の普及推進という各国共通のビジョンを実現するための方策について議論が行われた。その結果、各国や地域によって異なるAIの管理や運用に関する基本的枠組等AIガバナンスの相互運用性等を促進するためのアクションプランが合意されるとともに、ChatGPT等の生成AIについて早急に議論の場を持つことについても合意に至った。また、同年5月のG7広島サミットにおいても、生成AIについて議論するために広島AIプロセスを創設することが合意された。今後も引き続き、アクションプラン等に基づき、各国と連携して、AIの利用環境の整備等を進めていく必要がある。

4　豊かかつ健全な情報空間の実現

第2章第3節で述べたとおり、SNS等の普及によりインターネット上ではあらゆる主体が情報の

＊16 https://initiatives.weforum.org/defining-and-building-the-metaverse/home
＊17 2023年3月時点で、Meta、Microsoft、アリババ、ドイツテレコム、ソニーエンターテイメント、NTTコノキュー等2,300以上の団体が参加。
＊18 Focus Group：勧告の策定の検討にあたり幅広く情報を収集することを目的とする、ITUのメンバーでなくとも参加可能な時限的な組織。
＊19 総務省「Web3時代に向けたメタバース等の利活用に関する研究会」中間とりまとめ https://www.soumu.go.jp/main_content/000860618.pdf

発信者となり、様々な情報を容易に入手することが可能となる一方、違法有害情報や偽・誤情報の拡散、情報の偏り等データの流通や活用をめぐり様々な課題が生じている。このような課題はサイバー空間や一部の年代に閉じたものではなく、現実世界も含めた社会全体の問題である。

しかしながら、現状において、これら課題への特効薬はなく、これら課題の要因の一つであるインターネット上の「アテンション・エコノミー」に対する解決策も見いだせていない状況である。また、生成AIやディープフェイク技術の普及により、虚偽の文章や偽画像を誰でも容易に作成できるようになり、人の目では本物かどうか見抜くことが困難な情報に国民が日常的に触れる機会が増加しており、これら技術の悪用により偽・誤情報の問題は今後一層複雑化していくことが想定される。

誰もが安心してデジタルサービスを利用できる健全な情報空間を実現するためには、データ流通・共有・活用の場となるプラットフォーム事業者を含む多様なステークホルダーの一層の取組が求められる。

総務省「プラットフォームサービスに関する研究会（座長：宍戸 常寿 東京大学大学院法学政治学研究科教授）」が2022年8月に公表した「第二次とりまとめ」では、偽・誤情報に関する今後の取組の方向性として、表現の自由の確保などの観点から、民間部門の自主的な取組を基本とし、プラットフォーム事業者・ファクトチェッカー・ファクトチェック推進団体・既存メディア等が連携したファクトチェックの取組の推進、ICTリテラシー向上の取組、我が国における偽情報問題に対する対応状況の把握など、プラットフォーム事業者をはじめ、幅広い関係者による自主的取組を総合的に推進すること等とされている。

その中で、プラットフォーム事業者は、リスク分析・評価に基づき、偽情報へのポリシーの設定とそれに基づく運用を適切に行い、それらの取組に関する透明性・アカウンタビリティ確保を進めていくことが求められていることから、これらの取組に関し、政府はモニタリングと検証評価を継続的に行っていくことが必要である。

また、デジタルサービスを使う側のリテラシーの向上も必要である。

我が国では、これまで主に青少年を対象として、インターネットトラブルの予防法などICTの利用に伴うリスクの回避を促すことを主眼に置いたICTリテラシー向上施策を推進してきた。ICTやデジタルサービスの利用が当たり前となる中、あらゆる世代が、実際にICT等を活用するなどしながら、主体的かつ双方向的な方法により、デジタルサービスの特性、当該サービス上での振舞に伴う責任、それらを踏まえたサービスの受容、活用、情報発信の仕方を学ぶことが一層重要となっている。

総務省は、「ICT活用のためのリテラシー向上に関する検討会」（座長：山本 龍彦　慶應義塾大学大学院法務研究科 教授）を開催し、自分たちの意思で自律的にデジタル社会と関わっていく「デジタル・シティズンシップ」の考え方も踏まえつつ、これからのデジタル社会に求められるリテラシー向上の推進方策等について議論・検討を行ってきた。本検討会等の議論を踏まえ、2023年夏頃には、今後取り組むべき事項等を取りまとめたロードマップを作成・公表する予定である。今後は、ロードマップに基づき、リテラシーの習熟度に関する指標の策定や、リテラシーを向上するためのコンテンツの開発に向けた検討を進めて行く必要がある。

近年急速に進化・普及する生成AIやメタバースのような新しいデジタル技術・サービスは、生活者の利便性を向上させ、様々な利益をもたらす一方、それはこれらを適正に使いこなせるかにかかっている。これら技術の使い方を誤ると、自身がトラブルに巻き込まれるだけでなく、場合によっては他者の利益・権利を侵害してしまう可能性もある。

誰もがAI等の活用による利便性を享受できるよう、AI等を適正に利活用できるスキル・リテラシーを身につける必要がある。

COLUMN 1 コラム 自由で開かれたインターネットの維持・推進

米国のARPANET計画[*1]による大学と研究所間の通信ネットワークを起源とするインターネットは、1990年代に商用利用が開始され、パーソナルコンピューターの普及やブロードバンド網の整備と相まって世界的な広がりが実現した。「自律・分散・協調」という基本理念に則って、誰もがアクセスできる自由で開かれた空間として発展を遂げたインターネット上では、あらゆる人々が知識や情報を共有し、多様なステークホルダーにより様々なデジタルサービスやビジネスが創出されており、インターネットは我々の社会経済活動を支える基盤となっている。

自由で開かれたインターネットを支えるガバナンスの枠組として、ドメイン名やIPアドレス等の資源管理・調整の観点ではICANN（The Internet Corporation for Assigned Names and Numbers）が、インターネット関連技術の標準化等技術面ではIETF（The Internet Engineering Task Force）が大きな役割を果たしてきた。ICANNとIETFは、政府は意思決定の当事者の一人にすぎず、研究者、企業、技術者、市民社会等マルチステークホルダーでの民主的な意思決定を原則としている。また、国際連合主催の世界情報社会サミット（WSIS：World Summit for Information Society）の合意文書を受けて、2006年にIGF（Internet Governance Forum）が設立された。IGFでも、幅広い参加者が課題解決に向けた知恵を出し合うという考え方に基づき、産官学民等様々な主体が議論に参加する「マルチステークホルダーアプローチ」を採られている[*2]。

このような、自由で開かれたインターネットを脅かすものとして、スプリンターネットの動きが顕在化している。スプリンターネットとは、「Splinter（分裂、断片）」と「Internet」を結びつけた造語であり、政府の規制・介入や技術的な要因、ビジネス活動の影響[*3]によってインターネットが断片化されていくような事態を示す。国際NPO法人Access Nowの報告書によると、2022年には、35カ国で少なくとも187回のインターネットの遮断が発生しており、いずれも前年より増加している（図表1）。

図表1　世界におけるインターネットの遮断

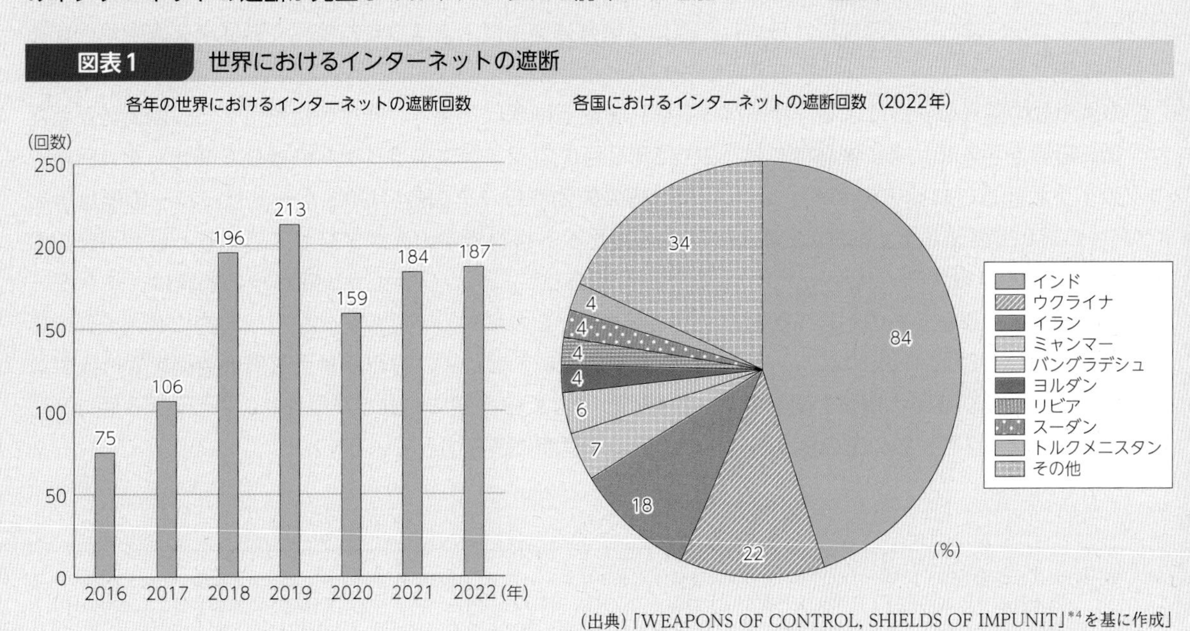

（出典）「WEAPONS OF CONTROL, SHIELDS OF IMPUNIT」[*4]を基に作成」

＊1　米国国防総省高等研究計画局の資金提供による大学・研究所間を結ぶネットワーク計画。1969年に世界初のパケット通信を実現。
＊2　https://japanigf.jp/about/igf
＊3　プラットフォーマーへのデジタルデータの集中等については第2章第2節、アルゴリズムによるインターネット上のデータの選別・制限等については同章第3節を参照
＊4　https://www.accessnow.org/wp-content/uploads/2023/03/2022-KIO-Report-final.pdf

政府の規制・介入による分断としては、中国やロシアが主張する「サイバー主権[*5]」に基づく国家によるインターネットの統制・管理が挙げられる。

中国は、1990年代から、国家戦略「金字工程」の下インターネットの検閲・分断を進めてきた。他国の情報の影響から自国の利益を守るため、「Great Firewall（金盾）」と呼ばれるインターネット検閲システムを作り上げ、中国国内ではGoogle、Facebook、YouTube等は閲覧不可となっている。なお、Freedom House が2022年に実施した調査では、中国は、対象の65カ国のうち最もインターネットにおける自由がない国となっている。

また、近年、中国は、国連の専門機関である国際電気通信連合（ITU）をインターネット管理組織として位置付けることを提案し、ITUでの影響力強化に乗り出している。政府間機関であるITUでは一国一票制が基本であり、民間組織がITUの決定に関与することは想定されない。インターネットガバナンスに関する議論をITUに集約するという中国の主張は、インターネットの管理を国家が主導し、国際的な取り決めについても途上国を含む一国一票制で運営することにより自国の意見をより強く反映させることを狙いとしていると考えられる[*6]。

2019年9月には、中国の華為技術（ファーウェイ）が、工業情報化部（政府機関）及び中国の国営通信会社2社とともに、現在のインターネットプロトコル（IP：Internet Protocol）のクオリティ（ベストエフォート型）では、今後の最先端技術の導入に対応できないとして、新たなインターネットの基本技術となる「New IP」技術をITUに提案した。この提案に対し、欧米諸国やIETFは、New IPは既存のIPとの互換性がなく、相互接続性が損なわれるとして強硬に反対し、2020年12月、ITUではNew IPについてこれ以上の議論は行わないとの結論に至った。

さらに、ロシアでも政府によるインターネットへの規制・介入の動きが見られ、2019年11月、有事の際などに外国とのインターネット通信を遮断・制限する連邦法（通称「主権インターネット法」）が発効している。同法は、通信事業者に、インターネット通信トラヒック（送受信情報）への脅威に対抗したり、禁止されたウェブサイトへのアクセスを制限したりする技術手段をネットワーク上に設置することを義務付け、ロシアのインターネットが脅威にさらされた際には連邦通信・IT・マスコミ監督局が通信網を集中管理することも規定された。

このような中国・ロシアによる「サイバー主権」を巡る動きに加えて、昨今の複雑化する国際情勢が新たな分断の動きを生んでいる。具体的には、2022年2月にロシアがウクライナへの侵攻を開始した4日後、ウクライナ政府は、ロシアのドメインである.ru等の失効やロシア国内のDNSルートサーバーの停止等をICANNに対して要請した。前述のとおり、インターネットは世界中の人がアクセスできるという不文律の下で利用されているグローバル・プラットフォームであり、このウクライナ政府からの要請は、インターネットの根幹を揺るがすものとして各国の注目を集めた。これに対し、ICANNは、「一方的にドメインの接続を解除することはICANNのポリシーに規定されていない」として、ウクライナ政府の要請を受け入れなかった。なお、ウクライナ侵攻の関係では、政府だけでなく企業側にも動きが見られ、2022年3月に米国の大手通信事業者2社がロシアのネットワークとの接続遮断に踏み切っている[*7]。

*5 政府および公的権力はインターネットガバナンスに介入すべきではなく、政府の規制の外でインターネットは発展していくべきであるという欧米各国や日本が支持する考え方と異なり、中国やロシアは、国が自国内でサイバー空間を積極的に制御することが国の権益として国際的に認められるべきであるとする「サイバー主権」という考え方をもつ。

*6 2022年2月、中国とロシアは、「（両国は）インターネットガバナンスの国際化を支持し、各国がガバナンスについて同等の権利を有していることを確認し、インターネットの国内セグメントを規制することで国内の安全を確保する主権的権利を制限しようとするいかなる試みも容認できない」という立場を共有しつつ、「これらの問題に取り組む上でITUがより大きく参加することに関心がある」との声明を発表している。
https://www.digitalpolicyforum.jp/column/220902/

*7 スプリンターネットの潮流や性質自体が時代とともに大きく変化している中で、自国の情報環境を他国から守るという防衛的な「Splinternet 1.0」から、特定の国を排除するために当該国をグローバルなネットワークから戦略的・攻撃的に切断する「Splinternet 2.0」へと移り変わっているとの指摘がある。中央大学の実積寿也教授は、いわゆるSplinternet 1.0の段階においてはインターネットの断絶は国主体で行われてきているのに対し、Splinternet 2.0は国のみならず、民間企業によっても行われることが特徴であるとしている。

　これまで、インターネットは、特定の国家の影響や介入を受けることなく、誰もがアクセスできる世界共通の基盤として、デジタルサービスの創出、イノベーションの拡大、活発なコミュニケーション等を支えてきた。インターネットの分断を回避し、自由で開かれたインターネットを維持・推進するためには、国家主導ではなく、マルチステークホルダーの枠組みによるインターネットの管理・運営を堅持していくことが重要といえる。

　このため、2022年4月、米国は、日本、オーストラリア、欧州各国を含む60カ国・地域と、「未来のインターネットに関する宣言*8」を発出した。同宣言では、「開かれたインターネットへのアクセスが、一部の権威主義的な政府によって制限されており、オンラインプラットフォームやデジタルツールが表現の自由を抑圧し、その他の人権や基本的自由を否定するためにますます使用されるようになっている」との懸念が表明され、開かれた、自由な、相互運用可能で、信頼でき安全な未来のインターネットへの支持を呼びかけている。また、未来のインターネットに関し、インターネットとデジタル技術に関して、①人権、基本的自由の保護、②グローバル（分断のない）インターネット、③包摂的かつ利用可能なインターネットアクセス、④デジタルエコシステムに対する信頼、⑤マルチステークホルダーによるインターネットガバナンスに関する原則を示した。

　また、2023年4月に開催されたG7群馬高崎デジタル・技術大臣会合においても、オープンで自由なインターネットへのアクセスを確保するため、マルチステークホルダーの枠組みによるインターネットガバナンスの維持・発展の重要性が改めて確認されるとともに、インターネット上でのデータの流通を不当に制限するような政府による過剰な介入に反対する旨、信頼性のある自由なデータ流通（DFFT：Data Free Flow with Trust）の確保に向けて引き続き取り組む旨が表明された。

　2023年10月には、我が国で、インターネットガバナンスフォーラム（IGF）の年次総会が開催される予定である。政府、民間部門、技術・学術コミュニティ等のマルチステークホルダーの議論により、自由で開かれたインターネットを支える有意義な成果が得られることが期待されている。

＊8　仮訳：https://www.soumu.go.jp/main_content/000812030.pdf

第2部

情報通信分野の現状と課題

第4章 ICT市場の動向

第1節 ICT産業の動向

1 ICT市場規模

ICTには、利用者の接点となる機器・端末、電気通信事業者や放送事業者などが提供するネットワーク、クラウド・データセンター、動画・音楽配信などのコンテンツ・サービス、さらにセキュリティやAIなどが含まれる（**図表4-1-1-1**）。

図表4-1-1-1 ICTを取り巻くレイヤー別市場構造

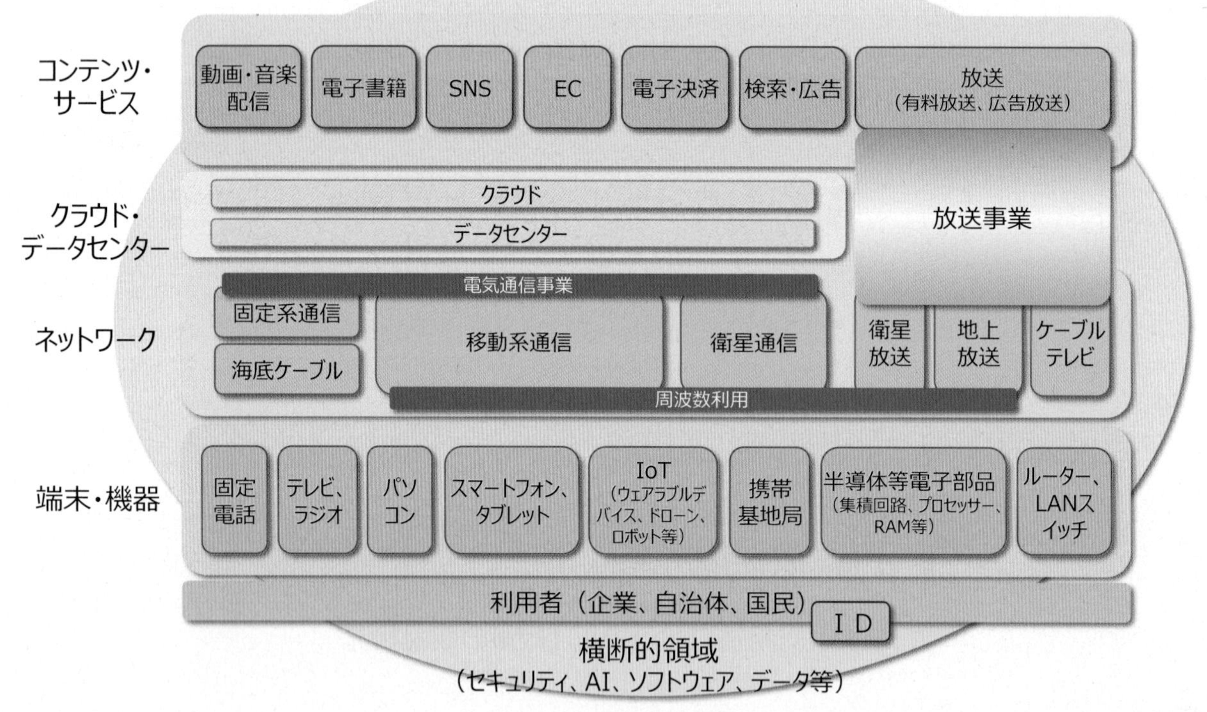

（出典）総務省作成

世界のICT市場（支出額）*1は、スマートフォンやクラウドサービスの普及などにより、2016年以降増加傾向で推移している。2022年は578.9兆円*2（前年比19.8％増*3）と大きく増加し、2023年は614.7兆円まで拡大すると予測されている*4（**図表4-1-1-2**）。

日本のICT市場（エンタプライズIT支出額）*5は、2022年には27.2兆円（前年比5.2％増）と大きく増加すると見込まれている。産業別では、銀行/投資サービス（同7.9％増）や政府官公庁/

＊1　ICT市場には、データセンターシステム、エンタープライズソフトウェア、デバイス、ICTサービス、通信サービスが含まれる。
＊2　各年の平均為替レートを用いて円換算しており、2023年は1-3月の平均為替レートを用いている（以下同様）。
＊3　2022年は円安の影響も受けていることに留意が必要（以下同様）。
＊4　総務省（2023）「ICTを取り巻く市場環境の動向に関する調査研究」（以下同様）。
＊5　ICT市場には、データセンターシステム、ソフトウェア、デバイス、ITサービス、テレコム（通信）サービス、インターナルサービスが含まれる。

地方自治体（同7.7%増）が大きく増加した。自動化・省力化によるコスト削減やレガシー・システムの刷新、効率化のための投資増加に加え、新型コロナウイルス感染症に係る各種制限の緩和により、幅広い業種での投資拡大が期待される（**図表4-1-1-3**）。

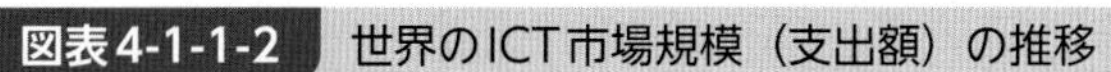
図表4-1-1-2　世界のICT市場規模（支出額）の推移

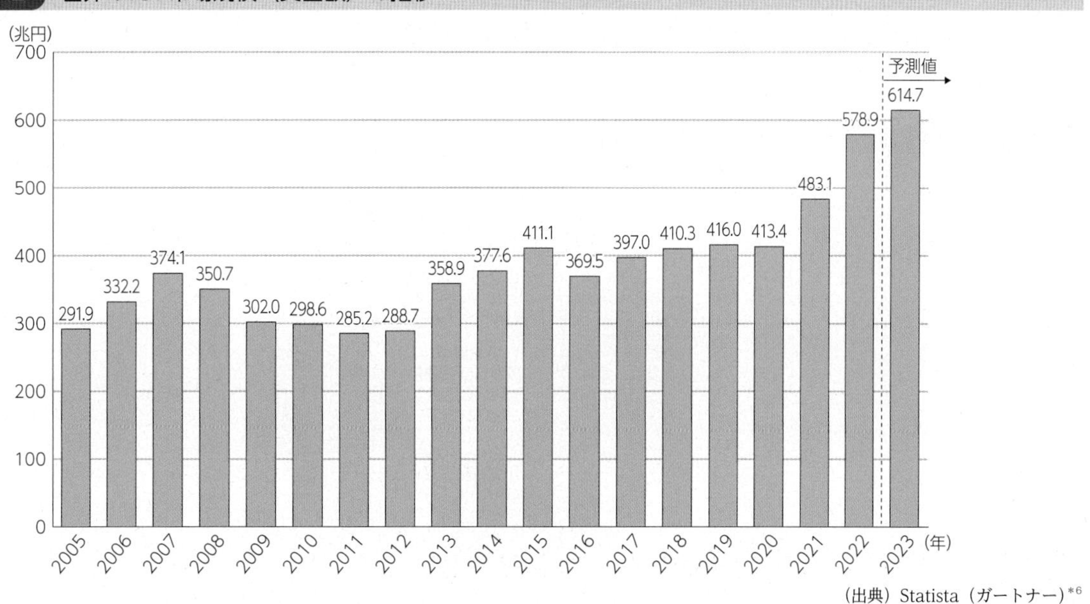

（出典）Statista（ガートナー）[*6]

図表4-1-1-3　日本の産業別エンタプライズIT支出予測（単位：億円）

産業	2022年 支出	2022年 成長率 (%)	2023年 支出	2023年 成長率 (%)	2024年 支出	2024年 成長率 (%)
銀行／投資サービス	44,014	7.9	46,993	6.8	50,110	6.6
通信／メディア／サービス	49,254	6.2	51,301	4.2	53,653	4.5
教育	4,136	-11.5	4,182	1.1	4,288	2.5
政府官公庁／地方自治体	46,416	7.7	48,860	5.3	50,967	4.3
医療／ライフサイエンス	11,367	4.1	11,813	3.9	12,261	3.8
保険	16,572	5.2	17,401	5.0	18,262	4.9
製造／天然資源	59,549	3.4	61,775	3.7	64,564	4.5
石油／天然ガス	1,375	1.8	1,410	2.6	1,451	2.9
電力／ガス／水道	7,274	2.5	7,501	3.1	7,893	5.2
小売	12,745	4.9	13,504	6.0	14,395	6.6
運輸	10,886	3.8	11,430	5.0	11,945	4.5
卸売	8,867	3.5	9,174	3.5	9,522	3.8
IT支出全体	**272,456**	**5.2**	**285,344**	**4.7**	**299,311**	**4.9**

※四捨五入のため合計欄の値が個々の項目の合計値と異なる場合がある。

（出典）ガートナー[*7]

＊6　https://www.statista.com/statistics/203935/overall-it-spending-worldwide/
＊7　ガートナー、プレスリリース、2023年2月27日“Gartner、日本における2023年のエンタプライズIT支出の成長率を4.7%と予測”
https://www.gartner.co.jp/ja/newsroom/press-releases/pr-20230227

2 情報通信産業[*8]の国内総生産（GDP）

2021年の情報通信産業の名目GDPは52.7兆円であり、前年（52.2兆円）と比較すると0.8%の増加となった（**図表4-1-2-1、図表4-1-2-2**）。また、情報通信産業の部門別に名目GDPの推移を見てみると、多くの部門においてほぼ横ばいの傾向が続いている一方で、情報サービス業及びインターネット附随サービス業等は増加傾向にある（**図表4-1-2-3**）。

図表4-1-2-1 主な産業のGDP（名目）

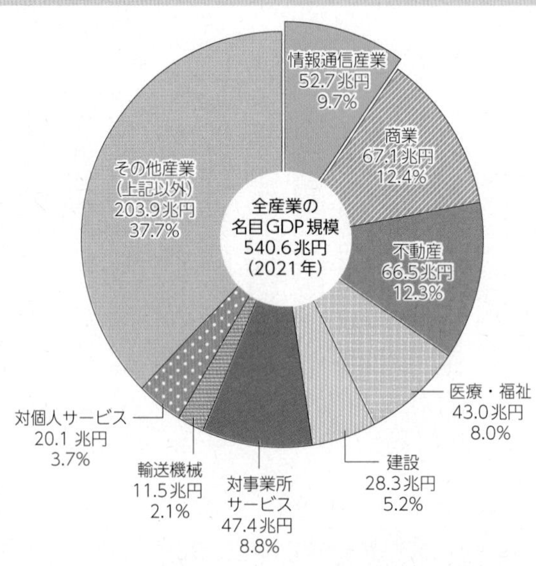

（出典）総務省（2023）「令和4年度　ICTの経済分析に関する調査」

図表4-1-2-2 主な産業のGDP（名目）の推移

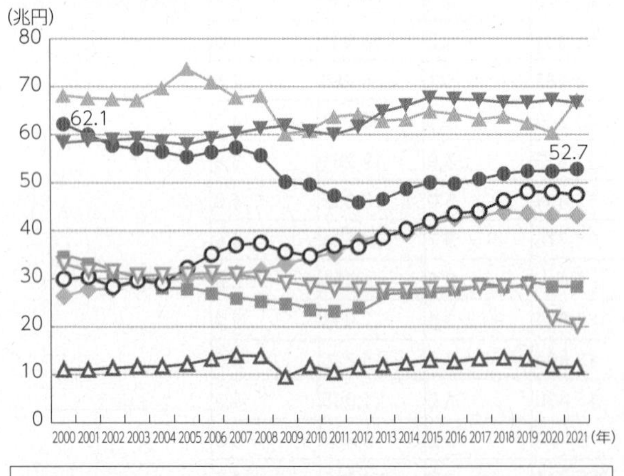

（出典）総務省（2023）「令和4年度　ICTの経済分析に関する調査」

図表4-1-2-3 情報通信産業のGDP（名目）の推移

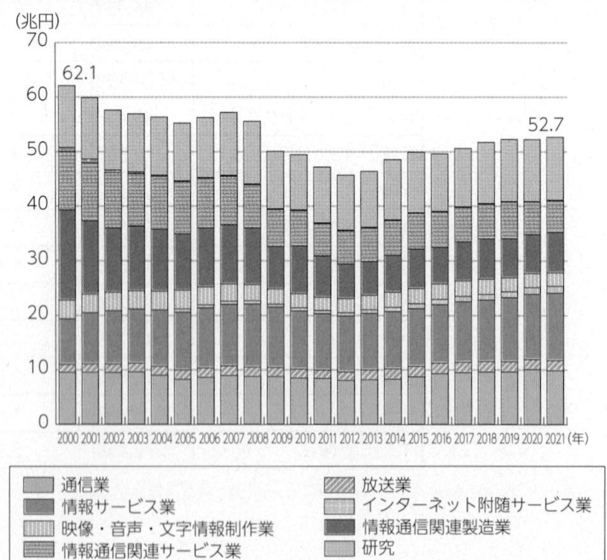

（出典）総務省（2023）「令和4年度　ICTの経済分析に関する調査」

＊8　情報通信産業の範囲は、「通信業」、「放送業」、「情報サービス業」、「インターネット附随サービス業」、「映像・音声・文字情報制作業」、「情報通信関連製造業」、「情報通信関連サービス業」、「情報通信関連建設業」、「研究」の9部門としている。

3 情報化投資*9

2021年の我が国の民間企業による情報化投資は、2015年価格で15.5兆円（前年比0.4%減）であった。情報化投資の種類別では、ソフトウェア（受託開発及びパッケージソフト）が9.1兆円となり、全体の6割近くを占めている。また、2021年の民間企業設備投資に占める情報化投資比率は17.8%（前年差0.2ポイント減）で、情報化投資は設備投資の中でも一定の地位を占めている（図表4-1-3-1）。

また、日米の情報化投資の推移を比較すると、米国の情報化投資は、2008年から2009年のリーマンショック時に足踏みしたものの、以降は急速な回復を見せている一方、日本の情報化投資は、リーマンショック直後の落ち込み幅は小さかったものの、以降の回復は米国と比較して緩やかなものとなっている（図表4-1-3-2）。

図表4-1-3-1　我が国の情報化投資の推移

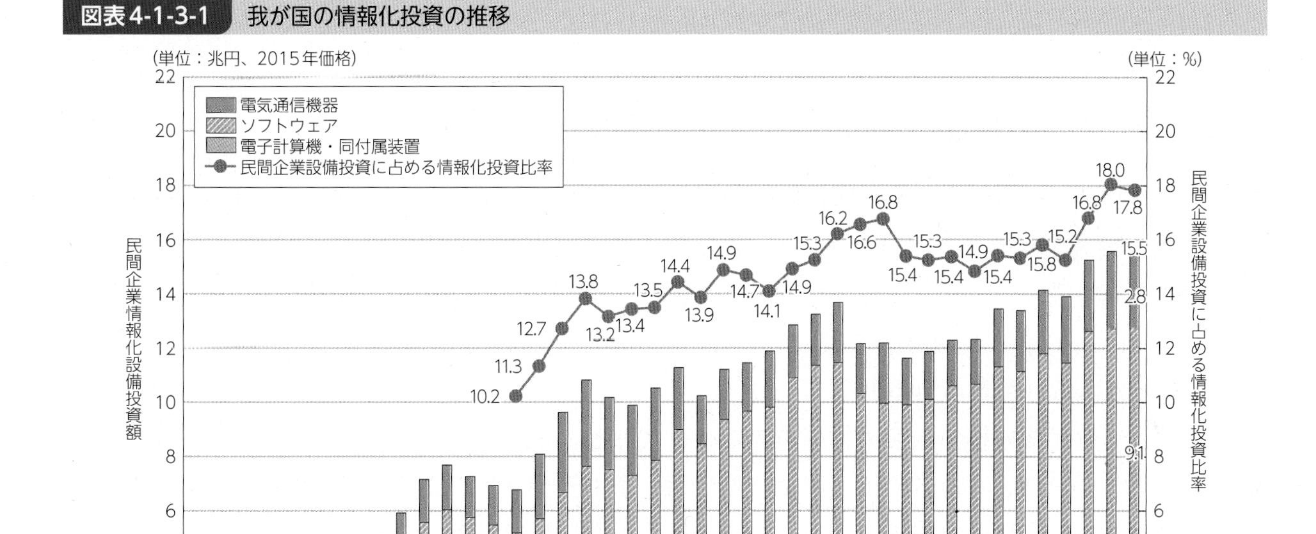

（出典）総務省（2023）「令和4年度　ICTの経済分析に関する調査」

*9　ここでは情報通信資本財（電子計算機・同付属装置、電気通信機器、ソフトウェア）に対する投資をいう。近年普及が著しいクラウドサービスの利用は、サービスの購入であり、資本財の購入とは異なるため、ここでの情報化投資に含まれない。

図表4-1-3-2　日米の民間情報化投資の比較

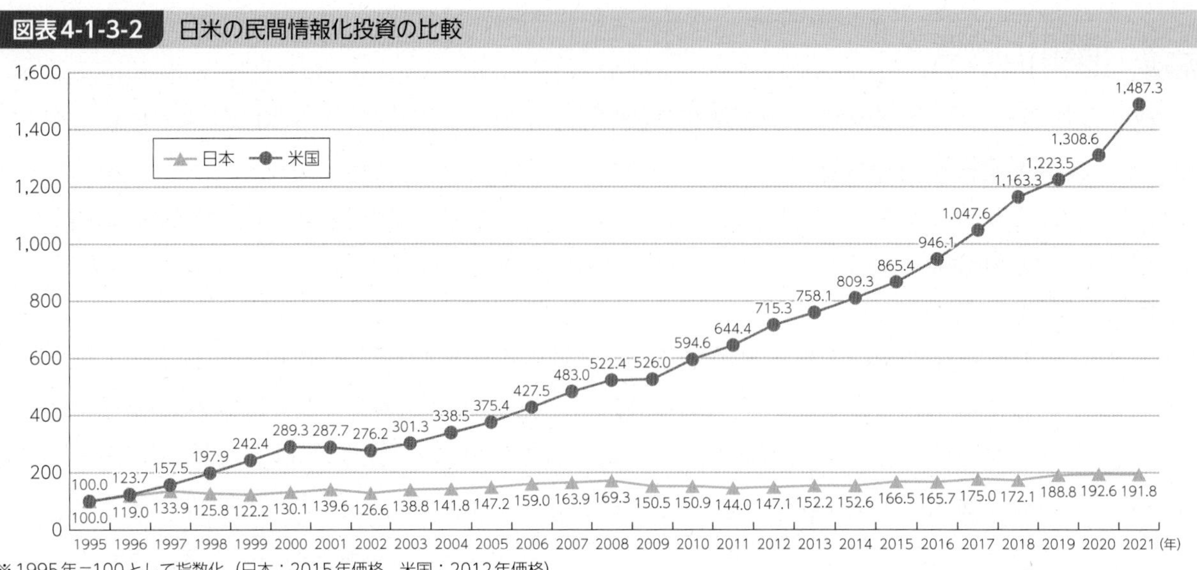

※1995年=100として指数化（日本：2015年価格、米国：2012年価格）

（出典）総務省（2023）「令和4年度　ICTの経済分析に関する調査」

4　ICT分野の輸出入

2021年の財・サービスの輸出入額（名目値）については、すべての財・サービスでは輸出額が91.2兆円、輸入額が111.2兆円となっている。そのうちICT財・サービス*10をみると、輸出額は12兆円（全輸出額の13.2%）、輸入額は19.2兆円（全輸入額の17.3%）となっている。ICT財の輸入超過額は3.9兆円（前年比15.2%増）、ICTサービスの輸入超過額は3.3兆円（前年比18.7%増）となっている（**図表4-1-4-1**）。

ICT財・サービスの輸出入額の推移をみると、ICTサービスについては、2005年から一貫して輸入超過となっている。他方、ICT財については、2005年時点では輸出超過であったものの、その後の輸出の減少と輸入の増加に伴い、近時は輸入超過の傾向が続いている。また、ICT財・サービスの輸出額と輸入額のいずれにおいても、ICT財が7割近くを占めている（**図表4-1-4-2**）。

*10 「ICT財・サービス」は内生77部門表（巻末付注4参照）の1～43、「一般財・サービス」は同表の44～77を指す。「ICT財」にはパソコン、携帯電話などの通信機器、集積回路等の電子部品、テレビ、ラジオなどが、「ICTサービス」には固定・移動電気通信サービス、放送サービス、ソフトウェア業、新聞・出版などが含まれる。

図表4-1-4-1　財・サービスの輸出入額の推移（名目）

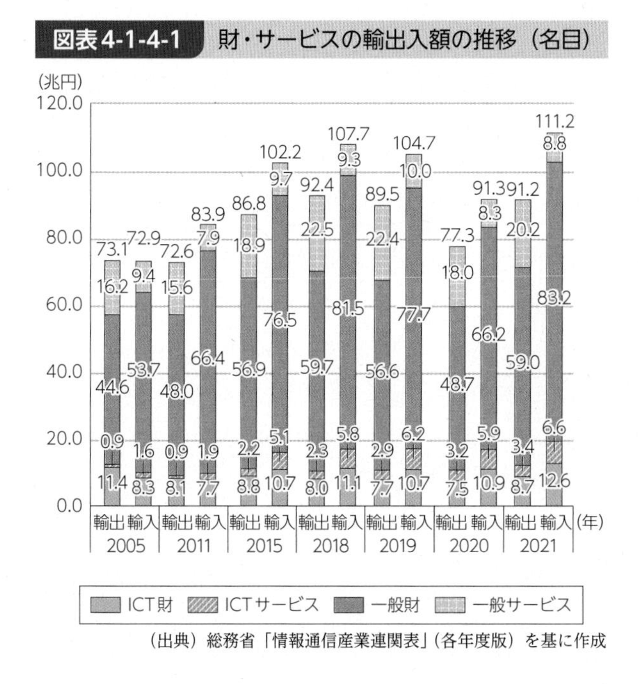

（出典）総務省「情報通信産業連関表」（各年度版）を基に作成

図表4-1-4-2　ICT財・サービスの輸出入額の推移（名目）

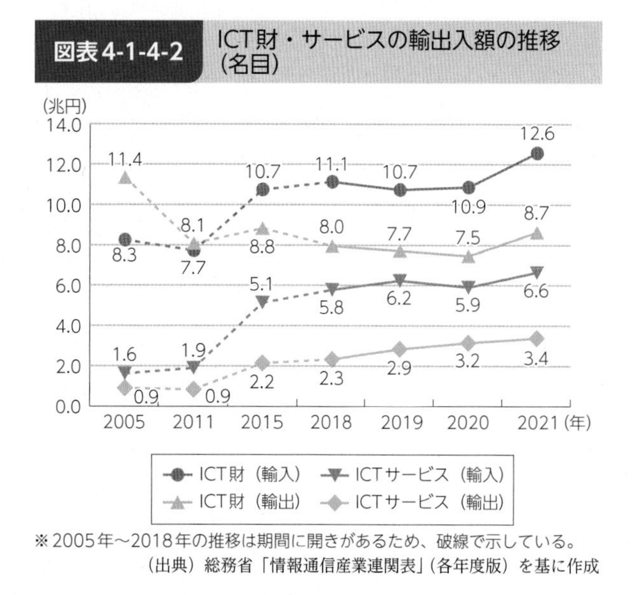

※2005年～2018年の推移は期間に開きがあるため、破線で示している。
（出典）総務省「情報通信産業連関表」（各年度版）を基に作成

5　ICT分野の研究開発の動向

1　研究開発費に関する状況

ア　主要国の研究開発費の推移

2019年の主要国における研究開発費は、米国が71兆6,739億円でトップを維持している。2位以下は中国、EU、日本と続くが、日本の研究開発費は横ばい傾向にあり、主要国上位との差が拡大している状況にある。

主要国の研究開発費の総額の推移
出典：国立研究開発法人科学技術振興機構　研究開発戦略センター「研究開発の俯瞰報告書（2022年）」
URL：https://www.soumu.go.jp/johotsusintokei/whitepaper/ja/r05/html/datashu.html#f00077
（データ集）

イ　我が国の研究開発費に関する状況

2021年度の我が国の科学技術研究費（以下「研究費」という。）の総額（企業、非営利団体・公的機関及び大学等の研究費の合計）は19兆7,408億円、そのうち企業の研究費は14兆2,244億円となっている。また、企業の研究費のうち、情報通信産業[*11]の研究費は3兆4,420億円（24.2%）となっており（**図表4-1-5-1**）、近年減少又は横ばいの傾向が続いている（**図表4-1-5-2**）。

＊11　ここでは情報通信機械器具製造業、電気機械器具製造業、電子部品・デバイス・電子回路製造業、情報通信業（情報サービス業、通信業、放送業、インターネット附随・その他の情報通信業）を指す。

図表4-1-5-1　企業の研究費の割合（2021年度）

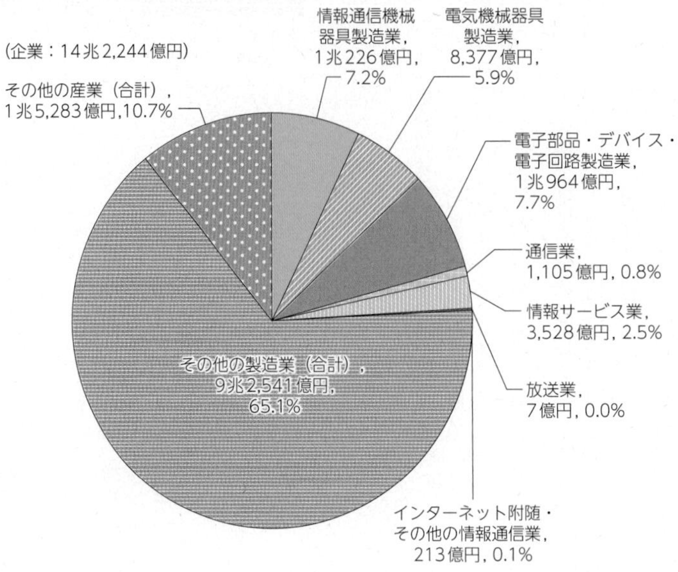

（出典）総務省「令和4年科学技術研究調査」を基に作成[*12]

図表4-1-5-2　企業研究費の推移

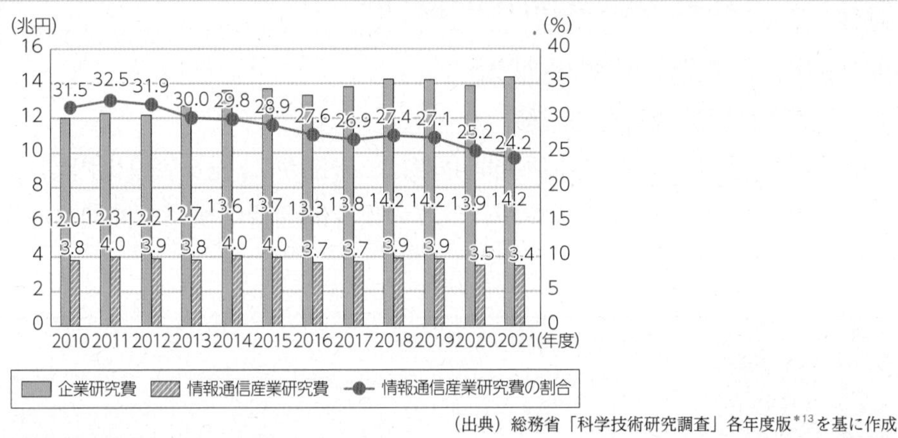

（出典）総務省「科学技術研究調査」各年度版[*13]を基に作成

2　研究開発を担う人材に関する状況

ア　主要国の研究者数の推移

主要国における研究者数[*14]は、いずれも増加傾向にある。日本の研究者数は2021年において69.0万人であり、中国（2020年：228.1万人）、米国（2019年：158.6万人）に次ぐ第3位の研究者数の規模である。その他の国の最新年の値を多い順にみると、ドイツ（2020年：45.2万人）、韓国（2020年：44.7万人）、フランス（2020年：32.2万人）、英国（2019年：31.6万人）となっている。

関連データ

主要国における研究者数の推移
出典：文部科学省科学技術・学術政策研究所「科学技術指標2022」
URL：https://www.soumu.go.jp/johotsusintokei/whitepaper/ja/r05/html/datashu.html#f00092（データ集）

＊12 https://www.stat.go.jp/data/kagaku/index.html
＊13 https://www.stat.go.jp/data/kagaku/index.html
＊14 研究業務を専従換算し計測したもの。

イ　我が国の研究者数

2021年度末の我が国の研究者数[*15]（企業、非営利団体・公的機関及び大学等の研究者数の合計）は90万8,330人、そのうち企業の研究者数は52万9,053人となっている。また、企業の研究者数のうち、情報通信産業の研究者数は15万7,219人（29.7%）となっており、近年減少傾向となっている（図表4-1-5-3）。

図表4-1-5-3　企業研究者数の推移

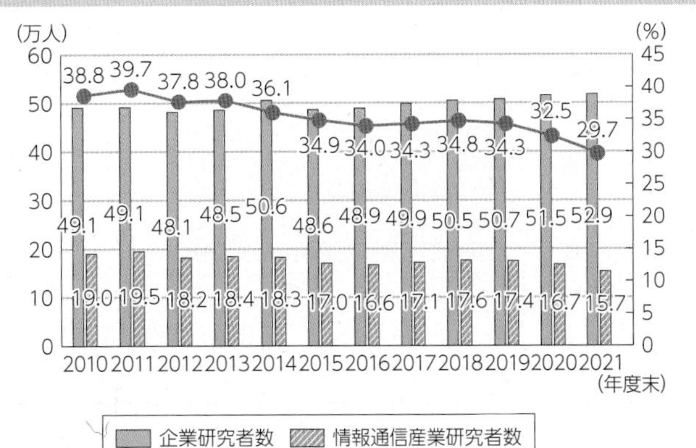

（出典）総務省「科学技術研究調査」各年度版[*16]を基に作成

関連データ

企業の研究者数の産業別割合（2022年3月31日現在）
出典：総務省「令和4年科学技術研究調査」を基に作成
URL：https://www.soumu.go.jp/johotsusintokei/whitepaper/ja/r05/html/datashu.html#f00094
（データ集）

3　特許に関する状況

米国への特許出願数は、2020年は59.7万件である。非居住者からの出願数の割合が近年増加傾向にあり、米国の市場が海外にとって魅力的であることを示唆している。日本への出願数は、2020年は28.8万件で、中国、米国に次ぐ規模であるものの2000年代半ばから特許出願数は減少傾向にあり、差が開いている状況である。

日米中におけるパテントファミリー数[*17]の技術分野別割合の推移をみると、米国及び中国では「情報通信技術」の割合が増加しているのに対し、日本では停滞していることがわかる（図表4-1-5-4）。

*15 研究業務を専従換算せずに計測したもの。
*16 https://www.stat.go.jp/data/kagaku/index.html
*17 パテントファミリーとは、優先権によって直接、間接的に結び付けられた2か国以上への特許出願の束である。通常、同じ内容で複数の国に出願された特許は、同一のパテントファミリーに属する。したがって、パテントファミリーをカウントすることで、同じ出願を2度カウントすることを防ぐことが出来る。つまり、パテントファミリーの数は、発明の数とほぼ同じと考えられる。
https://www.nistep.go.jp/sti_indicator/2021/RM311_45.html

図表4-1-5-4　日米中におけるパテントファミリー数の技術分野別割合の推移

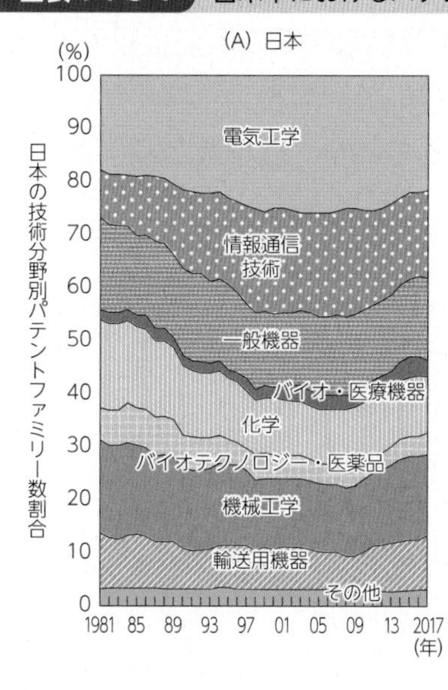

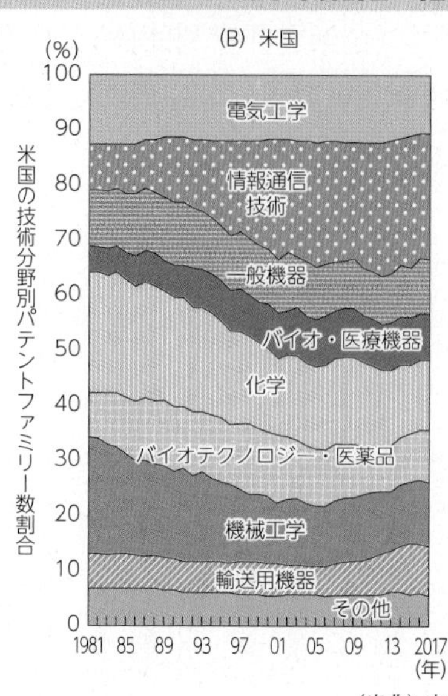

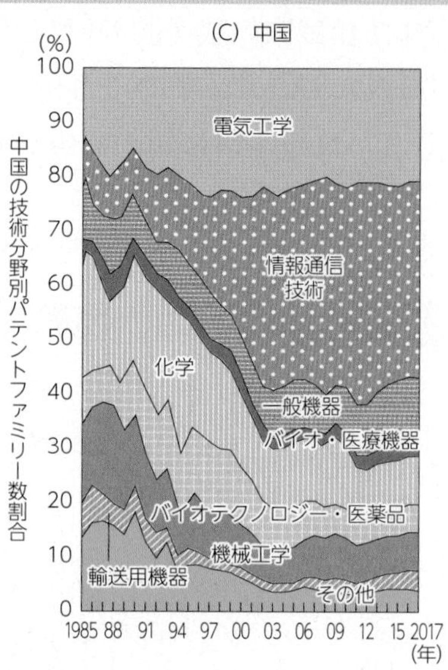

（出典）文部科学省科学技術・学術政策研究所「科学技術指標2022」

関連データ

主要国への特許出願状況と主要国からの特許出願状況の推移

出典：文部科学省科学技術・学術政策研究所「科学技術指標2022」
URL：https://www.soumu.go.jp/johotsusintokei/whitepaper/ja/r05/html/datashu.html#f00096
(データ集)

4　ICT分野における国内外の主要企業の研究開発の動向

国内外の大手情報通信関連企業の、2021年の売上高に対する研究開発費の比率は、IBMなどの一部企業を除くと10%未満にとどまっている（**図表4-1-5-5**）。

日本の大手通信事業者の2021年の売上高に対する研究開発費の比率は、NTTで2%、KDDI・ソフトバンクで1%未満であるのに対して、GAFAM[*18]は6%～21%程度あり、研究開発に積極的であることが伺える（**図表4-1-5-6**）。

＊18 Google、Amazon、Facebook、Apple、Microsoft。

図表4-1-5-5　通信事業者・通信機器・ITサービス事業者の研究開発費の比較（2021年）

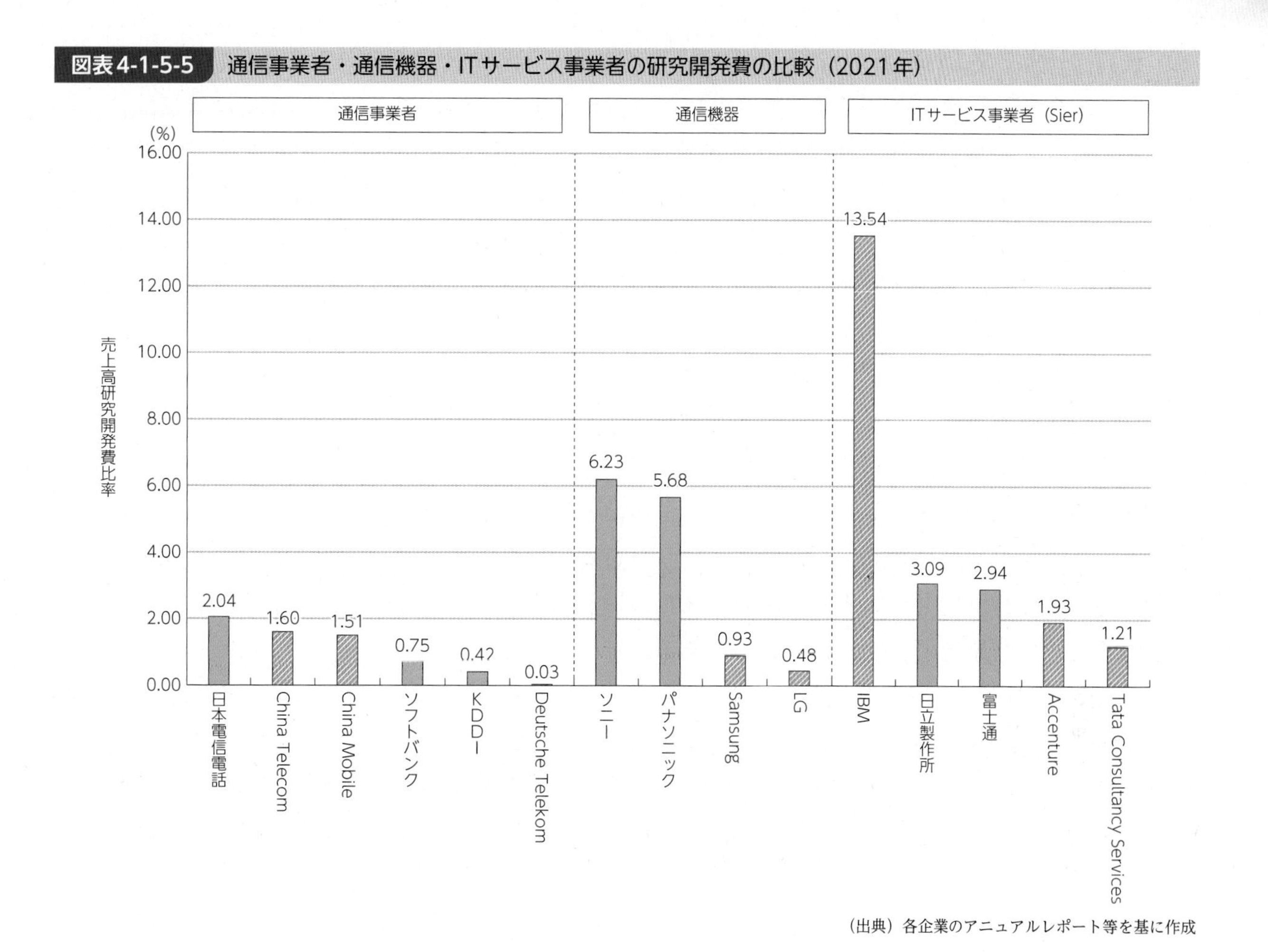

（出典）各企業のアニュアルレポート等を基に作成

図表4-1-5-6　日本の大手事業者とGAFAMの研究開発費の比較（2021年）

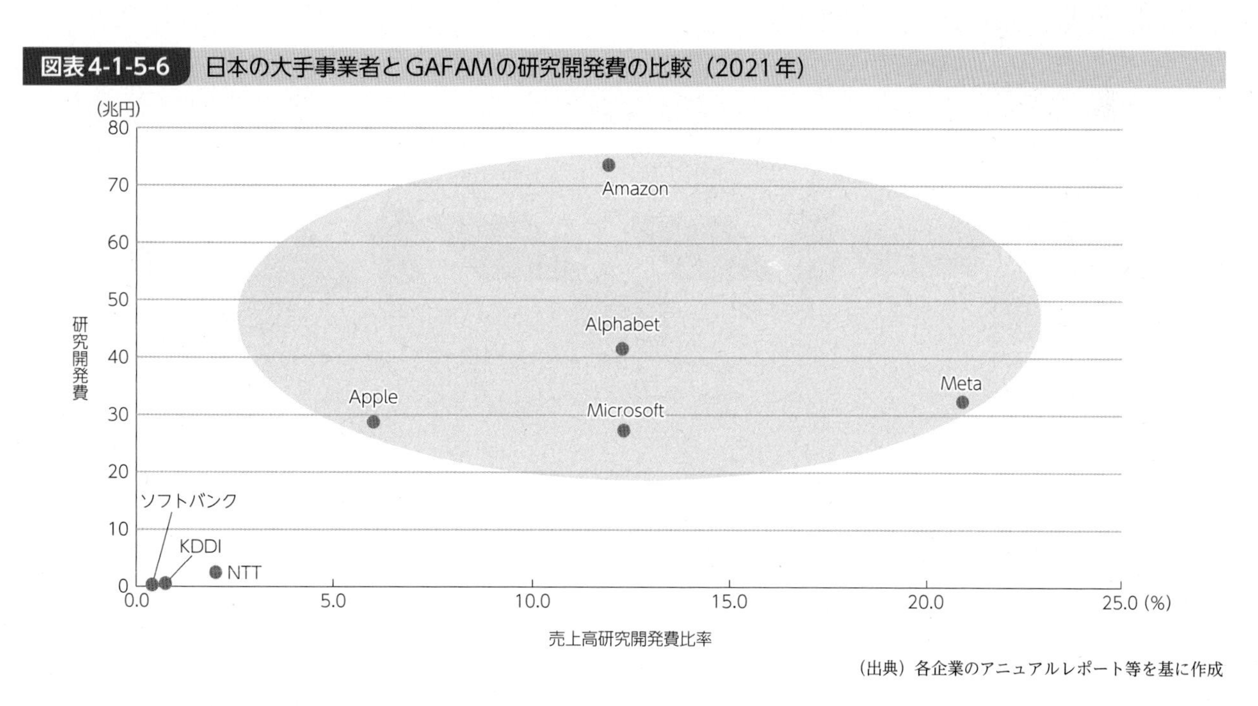

（出典）各企業のアニュアルレポート等を基に作成

5 ICT分野における新たな技術の研究開発例：光電融合技術によるGreen of ICT

デジタル化の進展等により、通信ネットワーク設備やデータセンターなどの電力消費量は著しい増加傾向にある。地球温暖化が深刻化する中で、新たな技術の開発・導入によるICT関連機器・設備の省電力化により、グリーン社会の実現に貢献することが求められている。オール光ネットワーク[*19]のキー・テクノロジーである「光電融合技術」は、従来、電気で行なっているコンピューターの計算を、光を用いた処理に置き換える技術である。光は、電気に比べてエネルギー消費が小さいという特徴があるため、大幅な省電力化を実現すると期待されている。

しかしながら、光から電気への変換処理には部品の追加が必要になり、その分だけ余計に電気を消費してしまうため、このような電気消費量が前述の省電力化の効果を上回ってしまえば、全体として省電力化は達成されないこととなる。

この課題解決に役立つ素子として、近年、半導体として使われるシリコンなどに極めて小さい穴を開けた「フォトニック結晶」が開発された。計算を行うチップ（集積回路）のサイズが小さいほど光が通る際の発熱量（＝エネルギーのロス）は抑えられるという性質があり、フォトニック結晶を用いるとチップを超小型化できるためである。

なお、2019年にNTTが発表した、光電融合など光を中心とした革新的な技術を活用し、高速大容量通信を実現する「IOWN（Innovative Optical and Wireless Network）構想」の開発ロードマップによると、まず計算に使うチップと周辺部品を光でつなぐ技術を確立し、次の段階ではチップ同士を光で接続した上で、2030年の最終段階において光で計算する光電融合チップの実用化を目指すとされている（図表4-1-5-7）。

図表4-1-5-7　「光電融合」開発ロードマップ

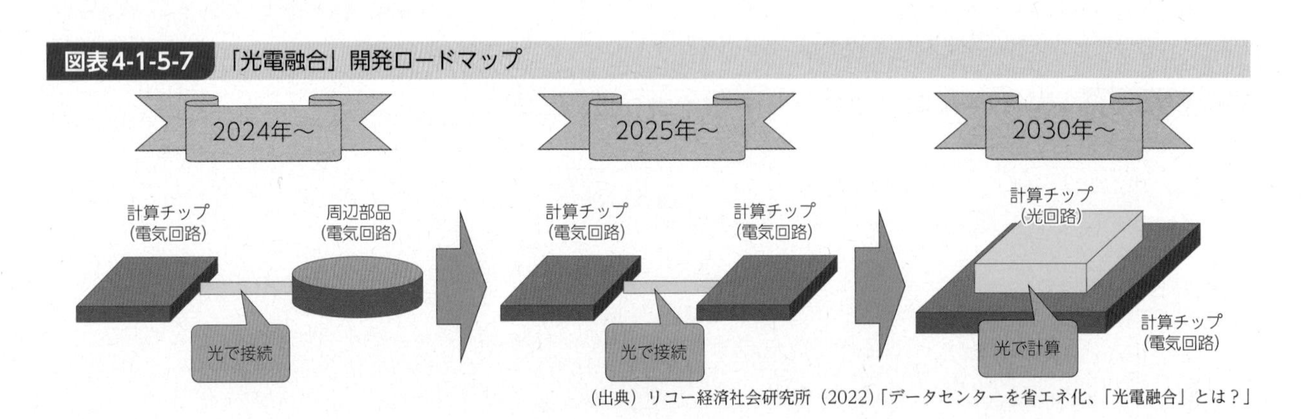

（出典）リコー経済社会研究所（2022）「データセンターを省エネ化、「光電融合」とは？」

＊19　第1部第3章第2節参照

第2節　電気通信分野の動向

1　国内外における通信市場の動向

固定ブロードバンドサービスの契約数[*1]は、主要国でいずれも2000年以降増加傾向にある（図表4-2-1-1）。国別でみると、中国は2008年に米国を抜き首位となり、2015年以降も大幅に増加している。中国の2000年から2021年までの年平均成長率（CAGR）は62%であり、米国（15%）や日本（21%）と比べて高い成長率となっている。

携帯電話の契約数[*2]についても、主要国でいずれも増加傾向であり、特に中国は大幅に増加している（図表4-2-1-2）。中国の2000年から2021年までの年平均成長率（CAGR）は15%であり、米国（6%）や日本（5%）と比べて高い成長率となっている。なお、2021年の人口に対する携帯電話の契約数の割合は、日本は159.7%（2010年差63.5ポイント増）、米国は107.3%（2010年差15.7ポイント増）、中国は121.5%（2010年差57.8ポイント増）となっている[*3]。

図表4-2-1-1　主要国の固定ブロードバンドサービス契約数の推移

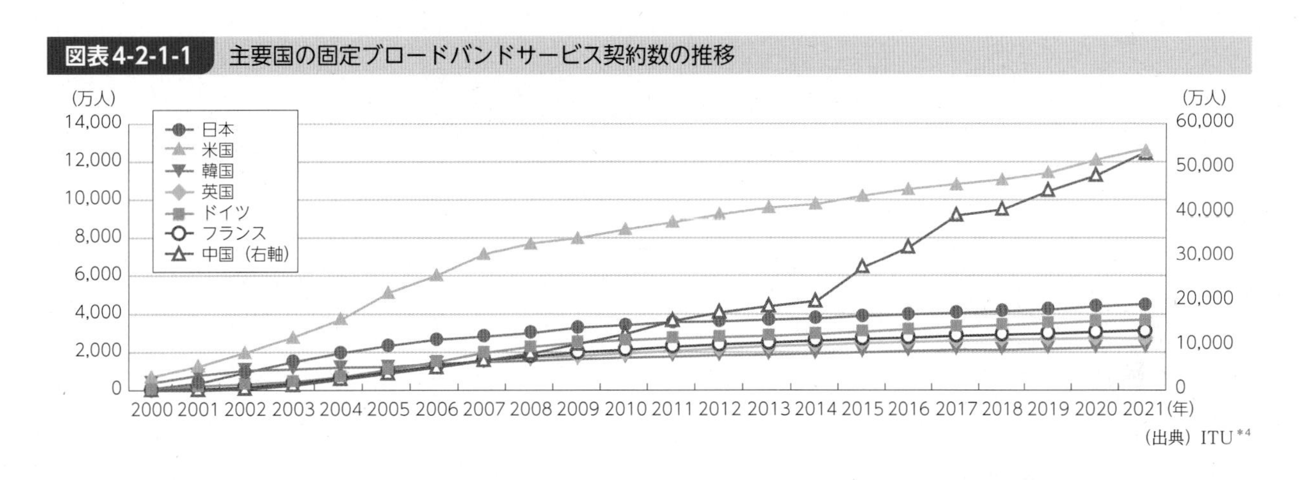

（出典）ITU[*4]

図表4-2-1-2　主要国の携帯電話契約数の推移

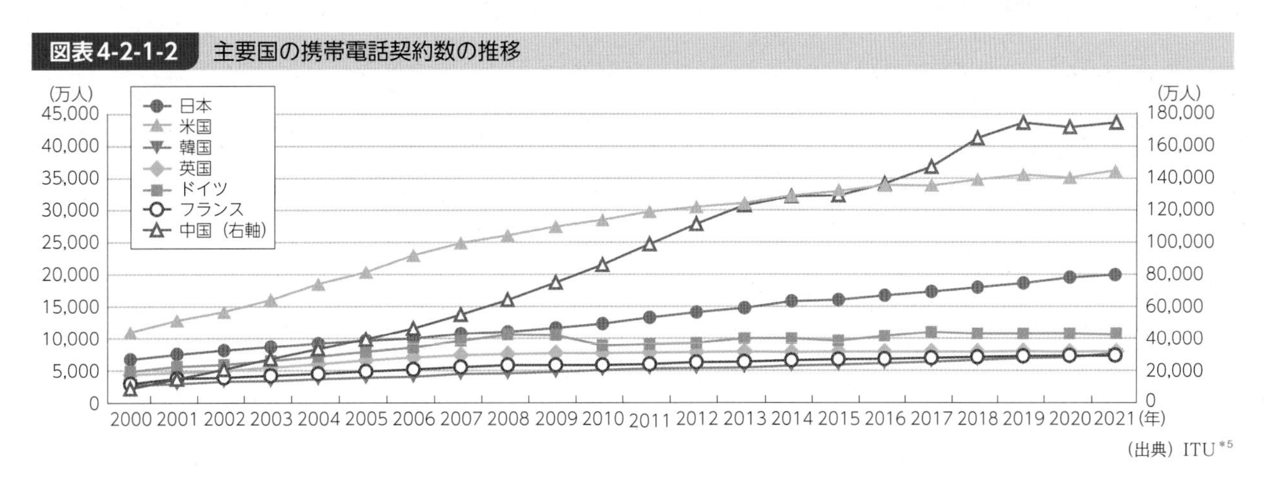

（出典）ITU[*5]

＊1　ITU統計。Fixed-broadband subscriptionsを掲載。固定ブロードバンドは、上り回線又は下り回線のいずれか又は両方で256kbps以上の通信速度を提供する高速回線を指す。高速回線には、ケーブルモデム、DSL、光ファイバ及び衛星通信、固定無線アクセス、WiMAXなどが含まれ、移動体網（セルラー方式）を利用したデータ通信の契約数は含まれない。
＊2　ITU統計。Mobile-cellular subscriptionsを掲載。契約数には、ポストペイド型契約及びプリペイド型契約の契約数が含まれる。ただし、プリペイド型契約の場合は、一定期間（3か月など）利用した場合のみ含まれる。データカード、USBモデム経由は、含まれない。
＊3　モバイルの契約数にはプリペイド型契約も含まれている。
＊4　https://www.itu.int/en/ITU-D/Statistics/Pages/stat/default.aspx
＊5　https://www.itu.int/en/ITU-D/Statistics/Pages/stat/default.aspx

2 我が国における電気通信分野の現状

1 市場規模

2021年度の電気通信業に係る売上高の合計は、約15兆円と推計される。内訳をみると、データ伝送（固定及び移動）が約9.6兆円（65%）、音声伝送（同）が約2.8兆円（19.2%）となっている（図表4-2-2-1）。

図表4-2-2-1　電気通信業の売上高構成比

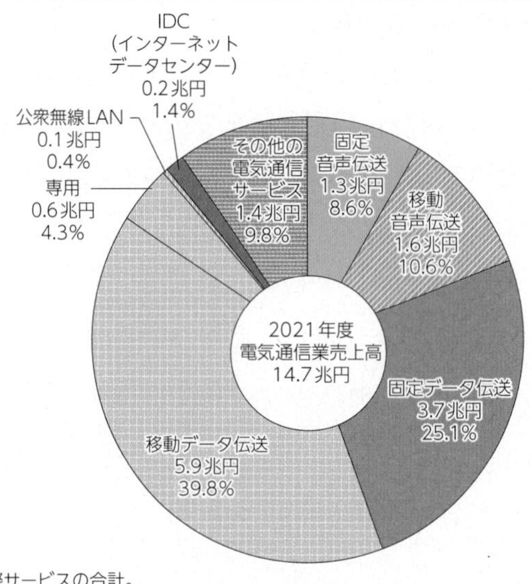

※1　「固定音声伝送」は、国内サービスと国際サービスの合計。
※2　「固定データ伝送」には、インターネットアクセス（ISP、FTTH等）、IP-VPN、広域イーサネットによる売上を含む。

（出典）総務省「情報通信業基本調査」*6を基に作成

2 事業者数

2022年度末の電気通信事業者数は2万4,272者（登録事業者334者、届出事業者2万3,938者）であり、前年度に引き続き増加傾向となっている（図表4-2-2-2）。

図表4-2-2-2　電気通信事業者数の推移

年度末	2015	2016	2017	2018	2019	2020	2021	2022
電気通信事業者数	17,519	18,177	19,079	19,818	20,947	21,913	23,111	24,272

（出典）情報通信統計データベース*7

3 インフラの整備状況

2021年度末の我が国の光ファイバーの整備率（世帯カバー率）は、99.72%となっている（図表4-2-2-3）。

*6　https://www.soumu.go.jp/johotsusintokei/statistics/statistics07.html
*7　https://www.soumu.go.jp/johotsusintokei/field/tsuushin04.html

図表4-2-2-3　2022年（令和4年）3月末の光ファイバの整備状況（推計）

全国の光ファイバ整備率

令和4年3月末　**99.72%**
（未整備16万世帯）

※ 住民基本台帳等に基づき、事業者情報等から一定の仮定の下に推計したエリア内の利用可能世帯数を総世帯数で除したもの（小数点第三位以下を四捨五入）。

都道府県別の光ファイバ整備率

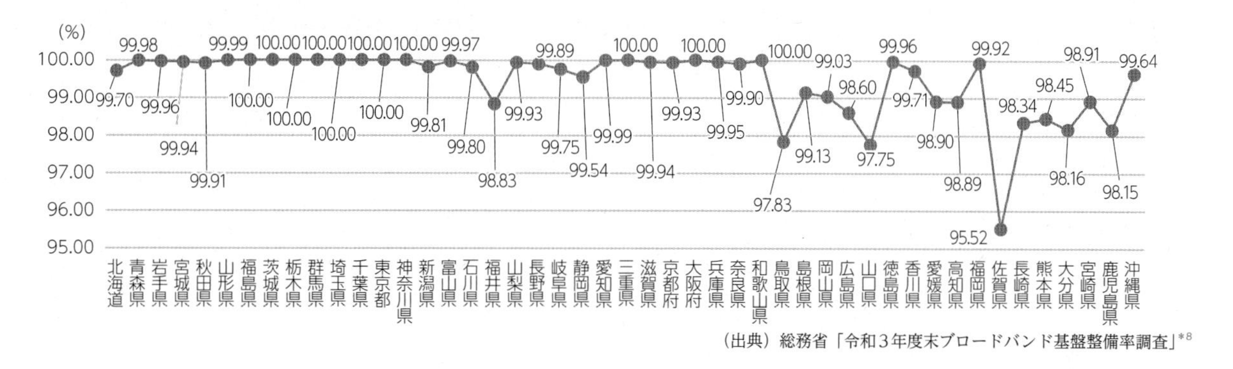

（出典）総務省「令和3年度末ブロードバンド基盤整備率調査」[*8]

なお、OECDによると、我が国の固定系ブロードバンドに占める光ファイバの割合は2022年6月時点において加盟国中第2位であり、我が国のデジタルインフラは国際的にみても普及が進んでいる。

関連データ

OECD加盟各国の固定系ブロードバンドに占める光ファイバの割合
出典：OECD Broadband statistics. 1.10. Percentage of fibre connections in total fixed broadband, June 2022
URL：https://www.soumu.go.jp/johotsusintokei/whitepaper/ja/r05/html/datashu.html#f00108
（データ集）

また、2021年度末時点で、我が国の全国の5G人口カバー率は93.2%、都道府県別にみるとすべての都道府県で70%を超えた（**図表4-2-2-4**）。

図表4-2-2-4　我が国の5G人口カバー率（2022年3月末）

全国の5G人口カバー率　（2022年3月末）

93.2%　※携帯キャリア4者のエリアカバーを重ね合わせた数字
小数点第2位以下を四捨五入

（2022年3月末）

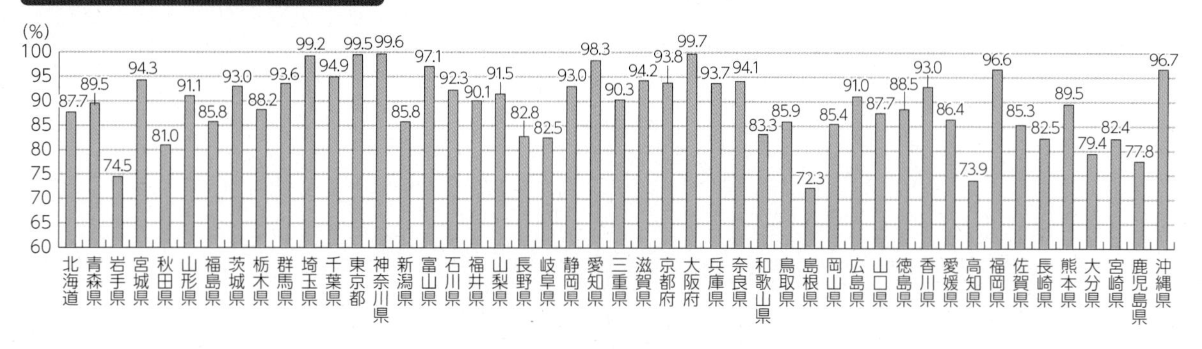

＊8　https://www.soumu.go.jp/menu_news/s-news/01kiban02_02000476.html

4 トラヒックの状況

我が国の固定系ブロードバンドサービス契約者の総ダウンロードトラヒックは、新型コロナウイルス感染症の発生後に急増した。その後も、増減率の変動はあるものの、総じて増加を続けており、2022年11月時点では前年同月比23.7%増となっている。移動通信の総ダウンロードトラヒックについても、総じて増加を続けており、2022年9月時点では前年同月比23.4%増となっている（図表4-2-2-5）。

図表4-2-2-5　インターネットトラヒックの推移（固定系・移動系、ダウンロードトラヒック）

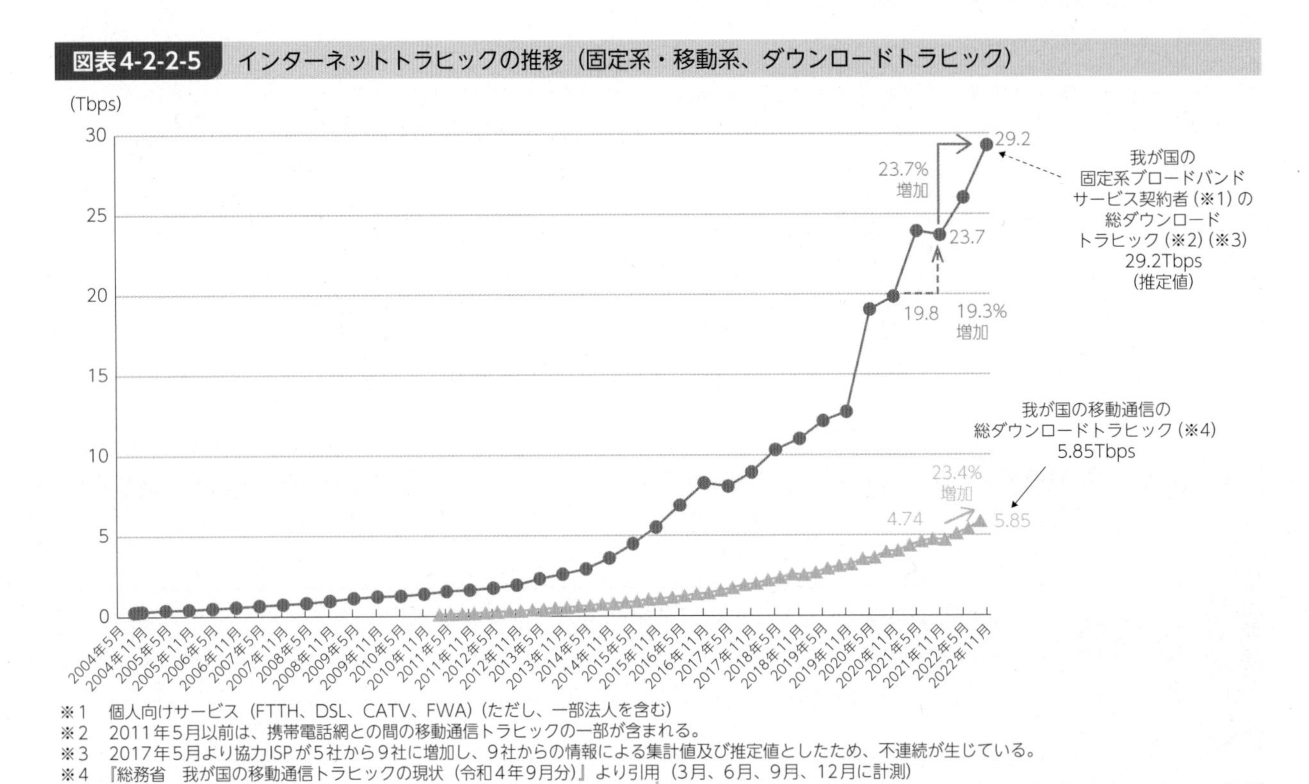

※1　個人向けサービス（FTTH、DSL、CATV、FWA）（ただし、一部法人を含む）
※2　2011年5月以前は、携帯電話網との間の移動通信トラヒックの一部が含まれる。
※3　2017年5月より協力ISPが5社から9社に増加し、9社からの情報による集計値及び推定値としたため、不連続が生じている。
※4　『総務省　我が国の移動通信トラヒックの現状（令和4年9月分）』より引用（3月、6月、9月、12月に計測）

（出典）総務省（2023）「我が国のインターネットにおけるトラヒックの集計結果（2022年11月分）」[*9]

5 ブロードバンドの利用状況

2022年12月末の固定系ブロードバンドの契約数[*10]は4,458万（前年同期比2.2%増）であり、移動系超高速ブロードバンドの契約数[*11]のうち、3.9-4世代携帯電話（LTE）は1億3,005万（前年同期比9.0%減）、5世代携帯電話は6,316万（前年同期比2,674万増）、BWAは8,294万（前年同期比6.0%増）となっている（図表4-2-2-6）。

*9　https://www.soumu.go.jp/main_content/000861552.pdf
*10　固定系ブロードバンド契約数は、FTTH、CATV（同軸・HFC）、DSL及びFWAの契約数の合計。
*11　LTE、BWA、5Gの契約数であり、3GやPHSの契約数は含まれていない。

図表4-2-2-6　ブロードバンド契約数の推移

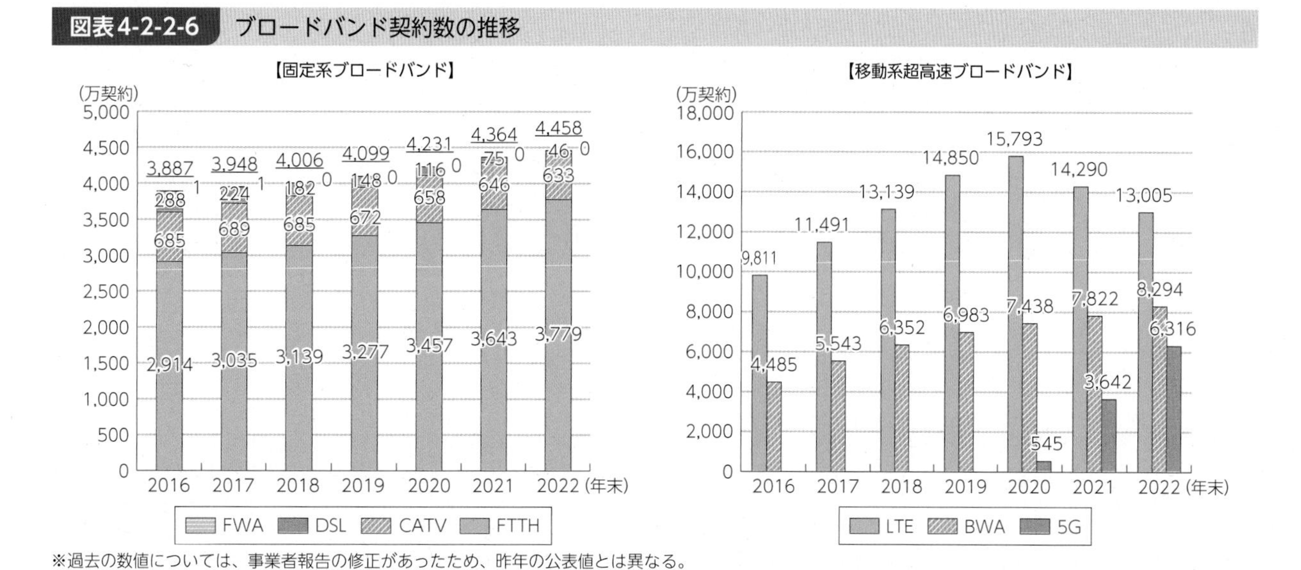

※過去の数値については、事業者報告の修正があったため、昨年の公表値とは異なる。

（出典）総務省「電気通信サービスの契約数及びシェアに関する四半期データの公表（令和4年度第3四半期（12月末））」を基に作成[*12]

6 音声通信サービスの加入契約数の状況

近年、固定通信（NTT東西加入電話（ISDNを含む。）、直収電話[*13]及びCATV電話。0ABJ型IP電話を除く。）の契約数は減少傾向にある一方、移動通信（携帯電話、PHS及びBWA）及び0ABJ型IP電話の契約数は堅調な伸びを示しており、2022年12月末時点には移動通信の契約数は固定通信の契約数の約13.8倍になっている（**図表4-2-2-7**）。

また、2022年12月末時点における移動系通信市場の契約数における事業者別シェアは、NTTドコモが36.1％（前年同期比0.5ポイント減、MVNOへの提供に係るものを含めると41.7％）、KDDIグループが27.0％（同0.1ポイント減、同30.4％）、ソフトバンクが20.9％（同±0ポイント、同25.7％）、楽天モバイルが2.2％（同0.1ポイント減）、MVNOが13.8％（同0.6ポイント増）となっている（**図表4-2-2-8**）。

＊12 https://www.soumu.go.jp/menu_news/s-news/01kiban04_02000215.html
＊13 直収電話とは、NTT東西以外の電気通信事業者が提供する加入電話サービスで、直加入電話、直加入ISDN、新型直収電話、新型直収ISDNを合わせたものである。

図表4-2-2-7　音声通信サービスの加入契約数の推移

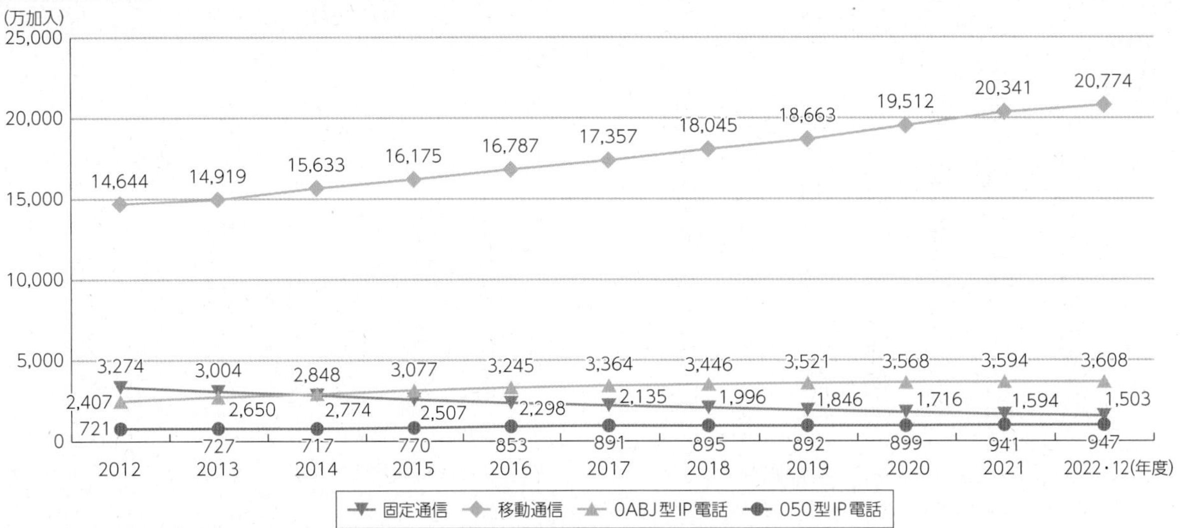
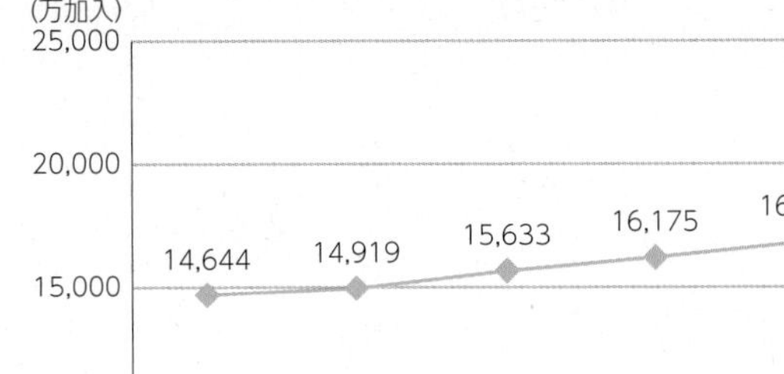

※1　2022年度については12月末までのデータを使用しているため、経年比較に際しては注意が必要。
※2　移動通信は携帯電話、PHS及びBWAの合計。
※3　2013年度以降の移動通信は、「グループ内取引調整後」の数値。「グループ内取引調整後」とは、MNOが同一グループ内のMNOからMVNOの立場として提供を受けた携帯電話やBWAサービスを自社サービスと併せて一つの携帯電話などで提供する場合に、2契約ではなく1契約として集計するように調整したもの。

（出典）総務省「電気通信サービスの契約数及びシェアに関する四半期データの公表（令和4年度第3四半期（12月末））」を基に作成

図表4-2-2-8　移動系通信の契約数（グループ内取引調整後）における事業者別シェアの推移

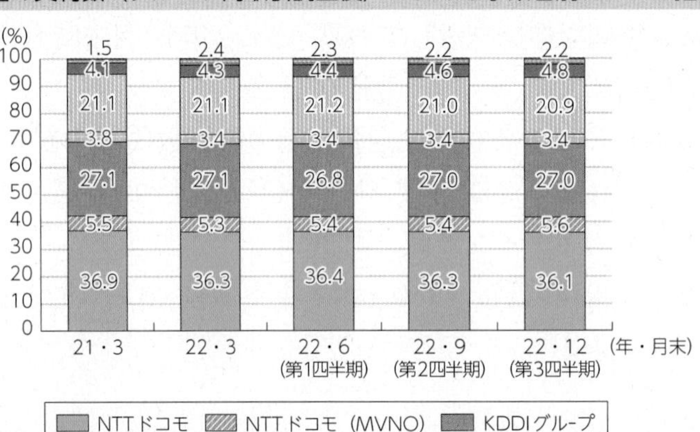

※1　「グループ内取引調整後」とは、MNOが同一グループ内のMNOからMVNOの立場として提供を受けた携帯電話やBWAサービスを自社サービスと併せて一つの携帯電話などで提供する場合に2契約ではなく1契約として集計するように調整したもの。
※2　KDDIグループのシェアには、KDDI、沖縄セルラー及びUQコミュニケーションズが含まれる。
※3　MVNOのシェアを提供元のMNOグループごとに合算し、当該MNOグループ名の後に「(MVNO)」と付記して示している。
※4　楽天モバイルのシェアは、MNOとしてのシェア。楽天モバイルが提供するMVNOサービスは、「NTTドコモ（MVNO）」及び「KDDIグループ（MVNO）」に含まれる。

（出典）総務省「電気通信サービスの契約数及びシェアに関する四半期データの公表（令和4年度第3四半期（12月末））」を基に作成
https://www.soumu.go.jp/menu_news/s-news/01kiban04_02000215.html

7　電気通信料金の国際比較

通信料金を東京（日本）、ニューヨーク（米国）、ロンドン（英国）、パリ（フランス）、デュッセルドルフ（ドイツ）、ソウル（韓国）の6都市について比較すると、2023年3月時点の東京のスマートフォン（4G、MNOシェア1位の事業者、新規契約の場合）の料金は、データ容量が月5GB及び20GBのプランでは低位の水準、50GB及び100GBのプランでは中位の水準となっている。

また、固定電話の料金は、基本料及び平日12時に3分間通話した場合の市内通話料金について中位の水準となっている。

関連データ

モデルによる携帯電話料金の国際比較（2022年度）

出典：総務省「令和4年度電気通信サービスに係る内外価格差に関する調査」
URL：https://www.soumu.go.jp/johotsusintokei/whitepaper/ja/r05/html/datashu.html#f00127
（データ集）

関連データ

個別料金による固定電話料金の国際比較（2022年度）

出典：総務省「令和4年度電気通信サービスに係る内外価格差に関する調査」
URL：https://www.soumu.go.jp/johotsusintokei/whitepaper/ja/r05/html/datashu.html#f00126
（データ集）

8 電気通信サービスの事故の発生状況

2021年度に報告のあった四半期ごとの報告を要する事故は6,696件であり、そのうち、重大な事故[*14]は7件であり、2019年度以降増加傾向にある（図表4-2-2-9）。

図表4-2-2-9　重大な事故発生件数の推移

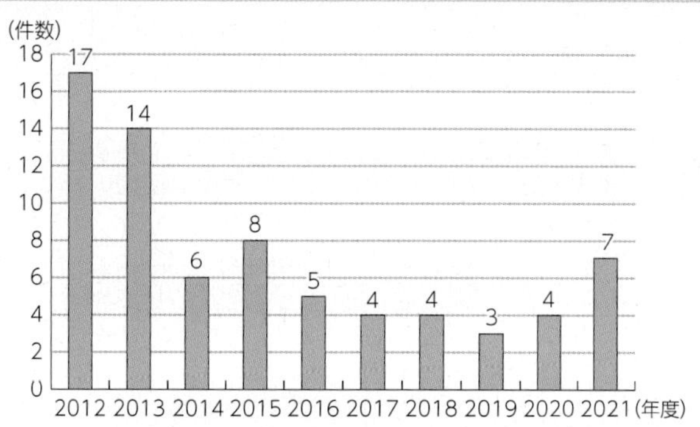

（出典）総務省「電気通信サービスの事故発生状況（令和3年度）」[*15]

9 電気通信サービスに関する苦情・相談、違法有害情報に関する相談

ア　電気通信サービスに関する苦情・相談など

2022年度に総務省に寄せられた電気通信サービスの苦情・相談などの件数は17,654件であり、前年度から減少した（図表4-2-2-10）。また、全国の消費生活センター等及び総務省で受け付けた苦情・相談の内容をサービス別にみると、「MNOサービス」に関するものが最も高い（図表4-2-2-11）。

＊14　電気通信事業法第28条「総務省令で定める重大な事故が生じたときは、その旨をその理由又は原因とともに、遅滞なく、総務大臣に報告しなければならない」に該当する事故。

＊15　https://www.soumu.go.jp/menu_news/s-news/01kiban05_02000263.html
※事業者からの報告件数。なお、重大な事故については、2008年度から、電気通信役務の品質が低下した場合も重大な事故に該当することとなり、さらに、2015年度から、電気通信サービス一律ではなく、電気通信サービスの区分別の報告基準が定められており、年度ごとの推移は単純には比較できない。

図表4-2-2-10　総務省に寄せられた苦情・相談などの件数の推移

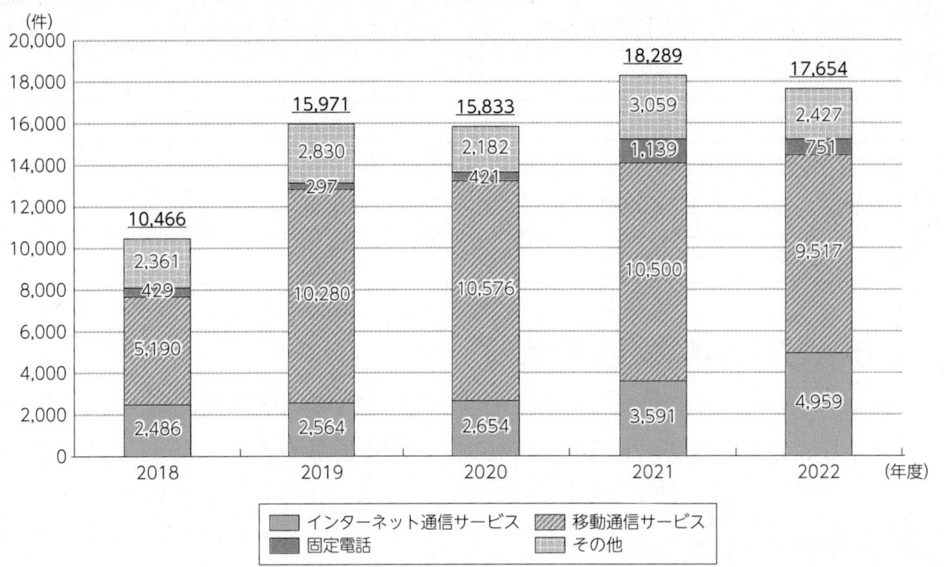

（出典）総務省作成

図表4-2-2-11　全国の消費生活センター及び総務省で受け付けた苦情・相談等の内訳（2022年4月～2022年9月に受け付けたものから無作為抽出）

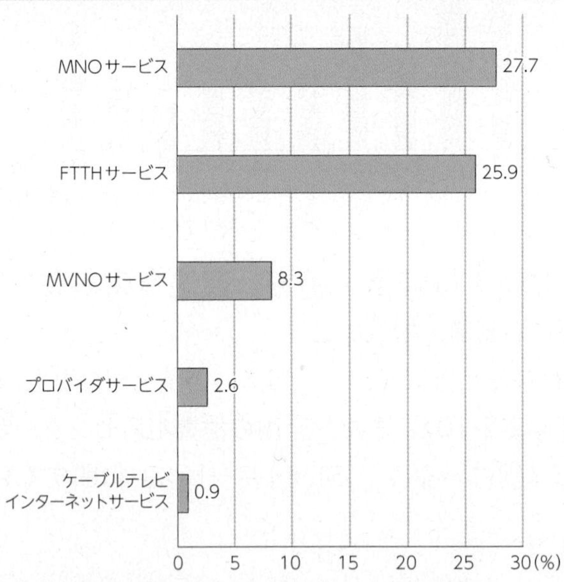

※FTTH回線と一体的に提供されるISPサービスが「プロバイダサービス」のみに計上されている可能性がある。

（出典）総務省「ICTサービス安心・安全研究会　消費者保護ルール実施状況のモニタリング定期会合（第14回）」

イ　違法・有害情報に関する相談など

総務省が運営を委託する違法・有害情報相談センターで受け付けている相談件数は高止まり傾向にあり、2022年度の相談件数は、5,745件であった。（**図表4-2-2-12**）。2022年度における相談件数の上位5事業者は、Twitter、Google、Meta、5ちゃんねる、爆サイとなっている（**図表4-2-2-13**）。

図表4-2-2-12　違法・有害情報に関する相談などの件数の推移

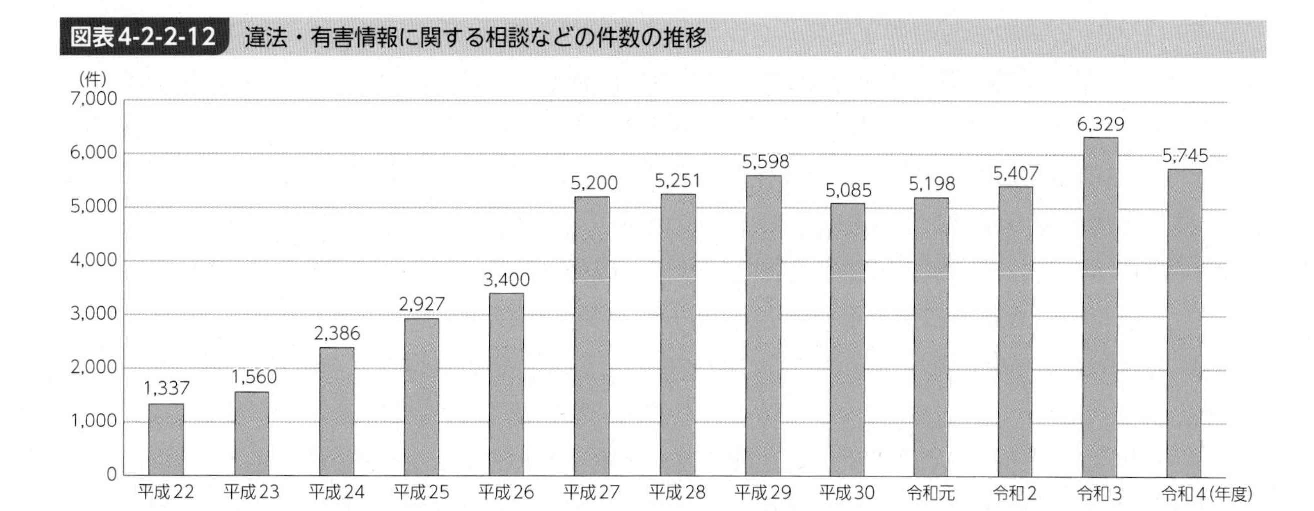

図表4-2-2-13　違法・有害情報相談センター相談件数の事業者別の内訳

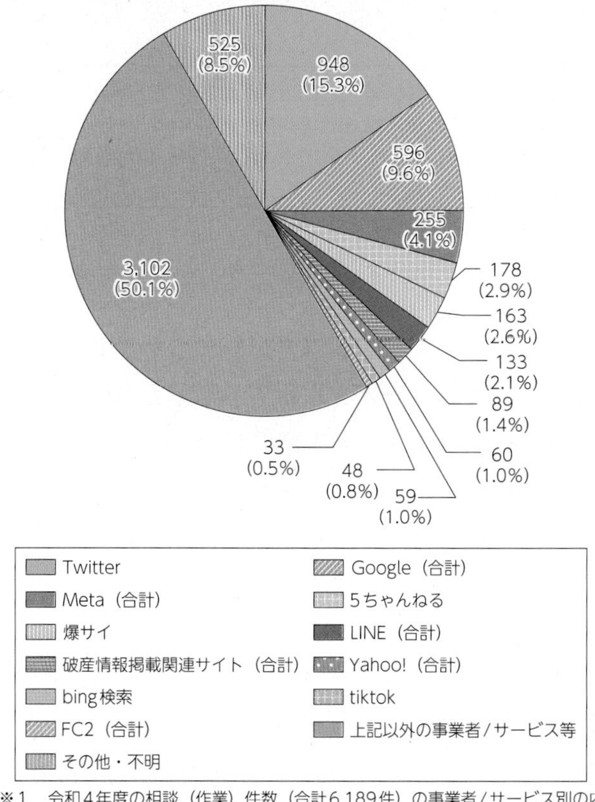

事業者/サービス名等		件数	割合
Twitter		948	15.3%
Google（合計）		596	9.6%
	検索	229	
	YouTube	158	
	map	180	
	その他	29	
Meta（合計）		255	4.1%
	Instagram	199	
	Facebook	55	
	Whatsapp	1	
5ちゃんねる		178	2.9%
爆サイ		163	2.6%
LINE（合計）		133	2.1%
	livedoorサービス（※2）	61	
	LINEアプリ内サービス	72	
破産情報掲載関連サイト（合計）		89	1.4%
Yahoo!（合計）		60	1.0%
	検索	17	
	オークション	14	
	知恵袋	14	
	ニュース	5	
	その他	10	
bing検索		59	1.0%
tiktok		48	0.8%
FC2（合計）		33	0.5%
上記以外の事業者/サービス等		3,102	50.1%
その他・不明		525	8.5%

※1　令和4年度の相談（作業）件数（合計6,189件）の事業者/サービス別の内訳であり、作業件数5,745件を対象としている。
※2　livedoorサービスは令和4年12月27日にLINEから売却されたため令和5年1月以降の回答分は含まない。
※3　相談（作業）件数を集計したものであり、個別の相談が権利侵害にあたるかについては相談センターでは判断していない。
※4　作業件数1件ごとの代表的なドメインを入力し集計したものであるため、該当箇所が複数サイトに及ぶ場合などがあり、厳密な統計情報とはならない。
※5　独自ドメインを利用しているものがあり、実際のドメインが判明しない場合がある。

3　通信分野における新たな潮流

1　仮想化

仮想化とは、複数のハードウェア（サーバー、OS、CPU、メモリー、ネットワーク等）をソフトウェアで統合・再現することによって、物理的な制限にとらわれず、自由なスペックでハードウェアを利用する技術である。どのハードウェアを仮想化するのかによってサーバー仮想化、デスクトップ仮想化、ストレージ仮想化、ネットワーク仮想化など様々な仮想化ソリューションが提供されている。

クラウドサービスの台頭やネットワーク仮想化・自動化の採用拡大、大手企業の戦略的取組を背景に、ネットワークの仮想化技術の進展が世界的に加速している。日本においても、データセンターでのインフラストラクチャ構築、運用の手法として定着していることや、企業内LANでのネットワーク構築や運用の迅速化、効率化の必要性の高まりを背景に緩やかな成長傾向にある。

2021年の国内クライアント仮想化ソリューション（オンプレミス）の市場規模（売上額）は約6,215億円（前年比1.9%減）で2年連続でマイナス成長となり、ベンダー別では、上位から富士通、日立製作所、NEC、伊藤忠テクノソリューションズ（CTC）、キンドリルジャパン、NTTデータ、日本ヒューレット・パッカードの順となっている。一方、クライアント仮想化サービス（Desktop as a Service）市場については、959億円（前年比17.6%増）と大きく増加しており、ベンダー別では、上位からNTTデータ、富士通、日鉄ソリューションズ（NSSOL）、IIJ、NEC、日立製作所の順となっている。2021年もプライベートクラウドDaaSに加え、パブリッククラウドを利用したクライアント仮想化サービスが増加しており、この傾向は2022年以降も続くと予測されている[*16]。

関連データ

国内クライアント仮想化ソリューション（オンプレミス）市場 ベンダー別 売上額シェア（2021年）
出典：IDC「国内クライアント仮想化関連市場シェア」（2022年7月6日）
URL：https://www.soumu.go.jp/johotsusintokei/whitepaper/ja/r05/html/datashu.html#f00136
（データ集）

2 O-RAN

通信事業者のRAN（Radio Access Network：無線アクセスネットワーク）については、マルチベンダー化を実現するOpen RAN[*17]などネットワーク機器の構成を刷新する取組が各国で進んでいる。GSMA Intelligenceによると、2023年時点でOpen RANを商業的に展開している通信事業者は18社であるが、80社以上の通信事業者が関心を示している、もしくは、ソリューションを展開する計画を発表している[*18]。例えば、米国のDish Networkは、クラウドネイティブなOpen RANベースの5G SAネットワークの構築を進めており、2022年6月時点で人口カバー率20%を達成した。

欧州では、大手通信事業者5社（ドイツテレコム、Orange、Telefonica、Vodafone、Telecom Italia Mobile）がOpen RANを共同推進しており、人口の多い地域への展開を可能にするOpen RAN 技術開発を支援すると述べている[*19]。また、Vodafoneは、2023年5月に欧州で初となる人口の多い地域での商用Open RANを英国で開始した[*20]。我が国でも、NTTドコモ、KDDI、ソフトバンクおよび楽天モバイルが、2022年12月に、O-RAN ALLIANCEが定める標準仕様に基づく試験・認証拠点「Japan OTIC（Open Testing & Integration Centres）」を横須賀市に開設した。これまでに欧州などで開設されたOTICは、主要通信事業者1社が主導してお

*16 https://www.idc.com/getdoc.jsp?containerId=prJPJ49428322
*17 Open Radio Access Network。分散ユニット（DU）と無線ユニット（RU）の間のインターフェースである「モバイルフロントホール」の規格について、O-RAN Allianceが「O-RANフロントホール」として標準化。これにより、様々なベンダーが通信ネットワーク機器を提供しやすくなると同時に、エリア構築のしやすさ、機器調達コストの低廉化が期待できる。
*18 GSMA「Industry moves to execute on open RAN potential」
https://www.gsma.com/futurenetworks/latest-news/industry-moves-to-execute-on-open-ran-potential/
*19「Major European operators accelerate progress on Open Ran maturity, security and energy efficiency」
https://newsroom.orange.com/major-european-operators-accelerate-progress-on-open-ran-maturity-security-and-energy-efficiency/?lang=en
*20 Vodafone「Vodafone's first Open RAN sites deliver better connectivity in busy seaside towns」
https://www.vodafone.com/news/technology/vodafone-first-open-ran-sites-better-connectivity-busy-seaside-towns

り、複数の通信事業者が共同で設立・運営するのは世界初とされる[*21]。また、2023年1月には、KDDIが富士通の無線装置やSamsung電子の無線制御装置を活用し、O-RAN準拠の5G仮想化基地局の商用展開を開始した[*22]。NTTドコモは、2023年2月に「OREX」というブランドを立ち上げ、世界の通信機器ベンダーと連携して、世界の通信事業者のOpen RAN導入を支援する体制を強化することを発表した[*23]。加えて、楽天の子会社楽天シンフォニーもOpen RANの外販に取り組んでおり、2022年度には4億7,600万ドルの売上を計上している[*24]。

3 NTN（Non-Terrestrial Network: 非地上系ネットワーク）

NTN（Non-Terrestrial Network: 非地上系ネットワーク）の構築によって、陸海空をシームレスにつなぐ通信カバレッジの拡張が図られている。例えば、米国のT-Mobileは、同社のミッドバンドで携帯電話に割り当てられている周波数帯の一部を、2023年に打ち上げられるSpaceX社のStarlink衛星との通信に割り当て、現在サービスエリア圏外となっているへき地との通信を可能にする計画を2022年8月に発表し、早ければ2023年にも新サービスのベータ版を提供する見込みである。我が国でも、NTTとスカパーJSAT株式会社が設立した株式会社Space Compassが、観測衛星等により宇宙で収集される膨大な各種データを静止軌道衛星経由で地上へ高速伝送することで、大容量・準リアルタイムのデータ伝送を可能とする光データリレーサービスを、2024年度に開始する予定である（**図表4-2-3-1**）。また、日本無線株式会社、スカパーJSAT株式会社、国立大学法人東京大学大学院工学系研究科及び国立研究開発法人情報通信研究機構が、欧州宇宙機関（ESA：European Space Agency）、Eurescom、Fraunhofer FOKUS Instituteと協力し、2022年1月から2月に国内で初めて静止衛星回線を含む衛星5G統合制御に関する日欧共同実験を行い、日欧の国際間長距離5Gネットワークにおいて5G制御信号、4K映像及びIoTデータの伝送に成功している[*25]。

図表4-2-3-1　光データリレーサービスの概要

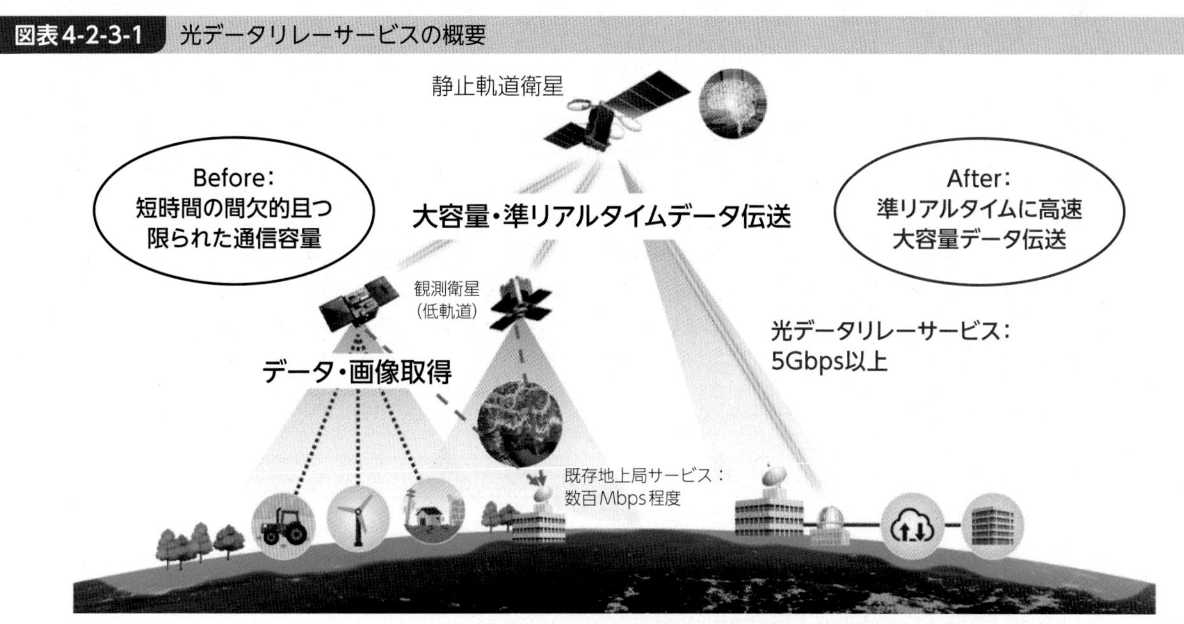

（出典）日本電信電話株式会社「NTTとスカパーJSAT、株式会社SpaceCompassの設立で合意」

＊21 横須賀市 ウェブサイト　https://www.city.yokosuka.kanagawa.jp/4430/documents/20221220_japan-otic.pdf
＊22 KDDIニュースリリース　https://news.kddi.com/kddi/corporate/newsrelease/2023/01/24/6508.html
＊23 NTTドコモ ニュースリリース　https://www.docomo.ne.jp/binary/pdf/info/news_release/topics_230227_00.pdf
NTTドコモは、海外通信事業者へのOpen RAN支援実績が、韓国KTや米DISH Wireless、シンガポールSingtel、フィリピンのSmart Communications、英Vodafone Groupの5社に達している。
＊24 楽天グループ決算　https://corp.rakuten.co.jp/investors/documents/results/2022.html
＊25 NICTプレスリリース　https://www.nict.go.jp/press/2022/06/08-1.html

第3節　放送・コンテンツ分野の動向

1　放送

1　放送市場の規模

ア　放送事業者の売上高等

我が国では、放送は、受信料収入を経営の基盤とするNHKと、広告収入又は有料放送の料金収入を基盤とする民間放送事業者の二元体制により行われている。また、放送大学学園が、教育のための放送を行っている。

放送事業収入及び放送事業外収入を含めた放送事業者全体の売上高は、2020年度から増加し、2021年度は3兆7,157億円（前年度比4.6%増）となった。

内訳をみると、地上系民間基幹放送事業者の売上高総計が2兆1,701億円（前年度比8.5%増）、衛星系民間放送事業者の売上高総計が3,418億円（前年度比0.9%増）、ケーブルテレビ事業者の売上高総計が4,990億円（前年度比0.3%減）、NHKの経常事業収入が7,048億円（前年度比1.2%減）となった（図表4-3-1-1）。

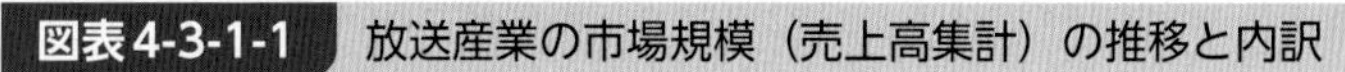
図表4-3-1-1　放送産業の市場規模（売上高集計）の推移と内訳

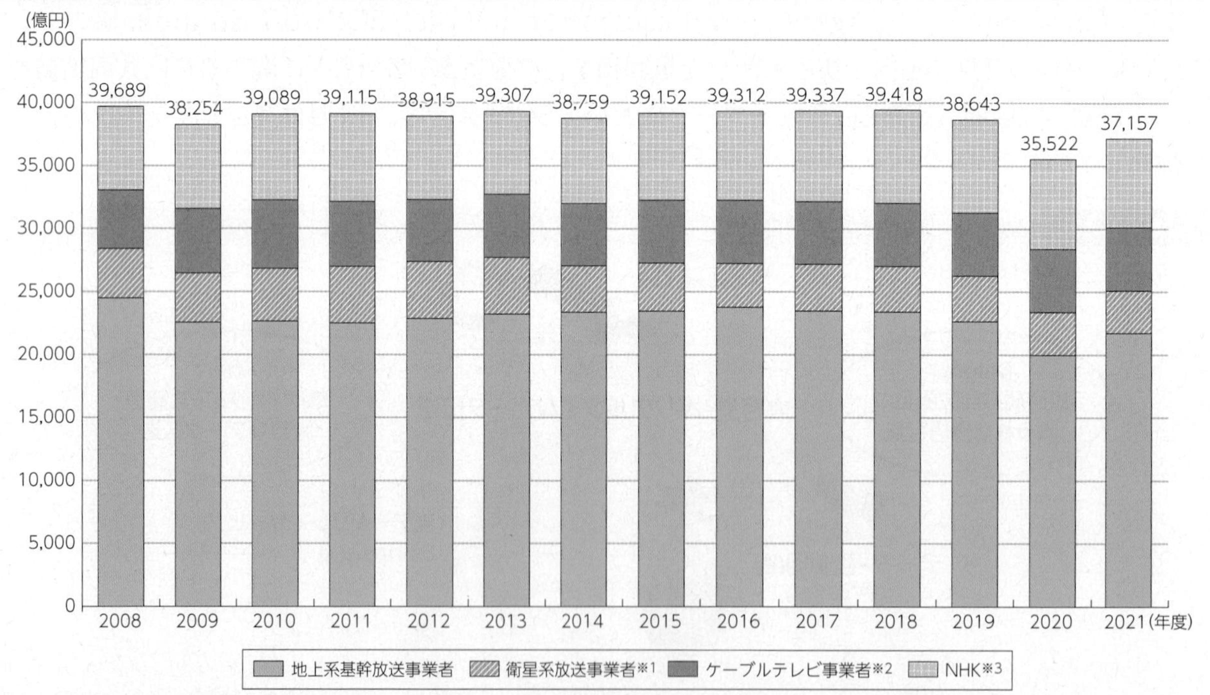

※1　衛星放送事業に係る営業収益を対象に集計。
※2　ケーブルテレビ事業者は、2010年度までは自主放送を行う旧有線テレビジョン放送法の旧許可施設（旧電気通信役務利用放送法の登録を受けた設備で、当該施設と同等の放送方式のものを含む。）を有する営利法人、2011年度からは有線電気通信設備を用いて自主放送を行う登録一般放送事業者（営利法人に限る。）を対象に集計（いずれも、IPマルチキャスト方式による事業者などを除く）。
※3　NHKの値は、経常事業収入。
※4　ケーブルテレビなどを兼業しているコミュニティ放送事業者は除く。

（出典）総務省「民間放送事業者の収支状況」及びNHK「財務諸表」各年度版を基に作成

また、2022年の地上系民間基幹放送事業者の広告費は、1兆7,897億円となっており、内訳は、テレビジョン放送事業に係るものが1兆6,768億円、ラジオ放送事業に係るものが1,129億円である[*1]。

関連データ

地上系民間基幹放送事業者の広告費の推移
出典：電通「日本の広告費」を基に作成
URL：https://www.soumu.go.jp/johotsusintokei/whitepaper/ja/r05/html/datashu.html#f00141
(データ集)

イ　民間放送事業者の経営状況

地上系民間基幹放送事業者（2021年度の売上高営業利益率7.3%）、衛星系民間放送事業者（同9.1%）及びケーブルテレビ事業者（同10.1%）は、いずれも2020年度に引き続き黒字を確保している（**図表4-3-1-2**）。

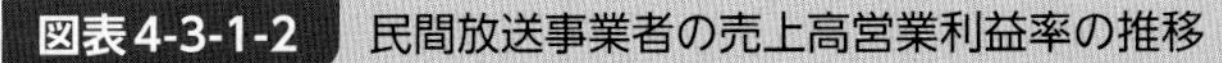

図表4-3-1-2　民間放送事業者の売上高営業利益率の推移

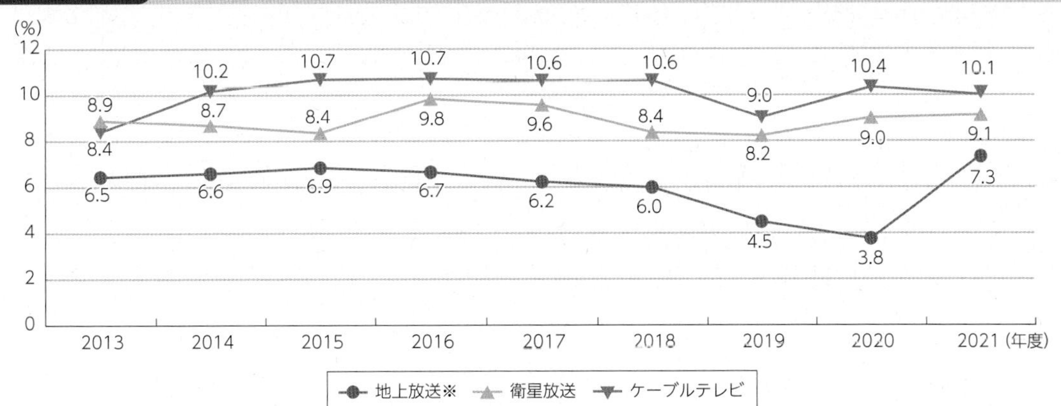

※コミュニティ放送を除く地上基幹放送

（出典）総務省「民間放送事業者の収支状況」各年度版などを基に作成

2　事業者数

2022年度末における民間放送事業者数の内訳は、地上系民間基幹放送事業者が534社（うちコミュニティ放送を行う事業者が339社）、衛星系民間放送事業者が42社となっている（**図表4-3-1-3**）。

*1　広告市場全体については、第4章第3節2「2　広告」を参照。

図表4-3-1-3　民間放送事業者数の推移

年度末			2010	2011	2012	2013	2014	2015	2016	2017	2018	2019	2020	2021	2022
地上系	テレビジョン放送（単営）	VHF	16	93	93	94	94	98	94	94	95	95	95	96	96
		UHF	77												
	ラジオ放送（単営）	中波（AM）放送	13	13	13	14	14	14	14	14	15	15	15	16	16
		超短波（FM）放送	298	307	319	332	338	350	356	369	377	384	384	388	390
		うちコミュニティ放送	246	255	268	281	287	299	304	317	325	332	334	338	339
		短波	1	1	1	1	1	1	1	1	1	1	1	1	1
	テレビジョン放送・ラジオ放送（兼営）		34	34	34	33	33	33	33	33	32	32	32	31	31
	文字放送（単営）		1	1	0	0	0	0	0	0	0	0	0	0	0
	マルチメディア放送				1	1	1	4	4	4	6	6	2	2	0
	小　計		440	449	461	475	481	500	502	515	526	533	529	534	534
衛星系	衛星基幹放送	BS放送	20	20	20	20	20	20	19	19	22	22	20	22	21
		東経110度CS放送	13	13	22	23	23	23	23	20	20	20	20	20	20
	衛星一般放送		91	82	65	45	7	5	4	4	4	4	4	4	4
	小　計		113	108	92	72	46	44	41	39	41	41	39	42	42
ケーブルテレビ	登録に係る有線一般放送（自主放送を行う者に限る）	旧許可施設による放送（自主放送を行う者に限る）	502	556	545	539	520	510	508	504	492	471	464	464	－
		旧有線役務利用放送	26												
		うちIPマルチキャスト放送	5	5	4	3	3	3	5	5	5	5	5	4	－
	小　計		528	556	545	539	520	510	508	504	492	471	464	464	－

※1　2015年度末のテレビジョン放送（単営）の数には、移動受信用地上基幹放送を行っていた者（5者。うち1者は地上基幹放送を兼営）を含む。
※2　衛星系放送事業者については、2011年6月に改正・施行された放送法に基づき、BS放送及び東経110度CS放送を衛星基幹放送、それ以外の衛星放送を衛星一般放送としている。
※3　衛星系放送事業者について、「BS放送」、「東経110度CS放送」及び「衛星一般放送」の2以上を兼営している者があるため、それぞれの欄の合計と小計欄の数値とは一致しない。また、2011年度以降は、放送を行っている者に限る。
※4　ケーブルテレビについては、2010年度は旧有線テレビジョン放送法に基づく旧許可施設事業者及び旧電気通信役務利用放送法に基づく登録事業者、2011年度以降は放送法に基づく有線電気通信設備を用いて自主放送を行う登録一般放送事業者（なお、IPマルチキャスト放送については、2010年度までは旧有線役務利用放送の内数、2011年度以降は有線電気通信設備を用いて自主放送を行う登録一般放送事業者の内数）。

（出典）総務省「ケーブルテレビの現状」[*2]を基に作成（ケーブルテレビ事業者の数値のみ）

3　放送サービスの提供状況

ア　地上テレビジョン放送

地上系民間テレビジョン放送については、2022年度末現在、全国で127社（うち兼営31社）が放送を行っている。

民間地上テレビジョン放送の視聴可能なチャンネル数（2022年度）
URL：https://www.soumu.go.jp/johotsusintokei/whitepaper/ja/r05/html/datashu.html#f00144
（データ集）

イ　地上ラジオ放送

中波放送（AM放送）については、各地の地上系民間基幹放送事業者（2022年度末時点47社）が放送を行っている。

超短波放送（FM放送）については、各地の地上系民間基幹放送事業者（2022年度末時点390社）が放送を行っている。そのうち、原則として一の市町村の一部の区域を放送対象地域とするコミュニティ放送事業者は339社となっている。

短波放送については、地上系民間基幹放送事業者（2022年度末時点1社）が放送を行っている。

*2　https://www.soumu.go.jp/main_content/000504511.pdf

ウ　マルチメディア放送

地上テレビジョン放送のデジタル化により使用可能となった99MHz-108MHzの周波数帯を用いるV-Lowマルチメディア放送については、2022年度末時点で放送を行う事業者がいない状態となっている。

エ　衛星放送

（ア）衛星基幹放送

BS放送については、株式会社放送衛星システムの人工衛星により、NHK、放送大学学園及び民間放送事業者（2022年度末時点21社）が放送を行っており、東経110度CS放送については、スカパーJSAT株式会社の人工衛星により、民間放送事業者（2022年度末時点20社）が放送を行っている。

また、2018年12月以降は、10社18番組でBS放送・東経110度CS放送において新4K8K衛星放送を行っている。BS放送（右旋）においては、2019年11月に衛星基幹放送の業務の認定を受けた3社（BSよしもと株式会社、BS松竹東急株式会社、株式会社ジャパネットブロードキャスティング）が、地方創生などをはじめとする多様なテーマをもつ無料チャンネルとして、2022年3月に開局した。

（イ）衛星一般放送

衛星一般放送については、スカパーJSAT株式会社の人工衛星により、民間放送事業者（2022年度末時点4社）が放送を行っている。

オ　ケーブルテレビ

2021年度末のケーブルテレビ事業者数は、464者である。ケーブルテレビでは、地上放送及び衛星放送の再放送や自主放送チャンネルを含めた多チャンネル放送が行われている。登録に係る自主放送を行うための有線電気通信設備（501端子以上）によりサービスを受ける加入世帯数は約3,139万世帯、世帯普及率は約52.5%となっている（**図表4-3-1-4**）。

図表4-3-1-4　登録に係る自主放送を行う有線電気通信設備によりサービスを受ける加入世帯数、普及率の推移

(万世帯) / (%)

年度末	2013	2014	2015	2016	2017	2018	2019	2020	2021
合計	2,864	2,918	2,948	2,980	3,022	3,055	3,091	3,117	3,139
IPマルチキャスト方式	97	101	96	94	92	94	95	92	88
RF方式	2,767	2,817	2,852	2,885	2,930	2,961	2,996	3,025	3,050
普及率	51.5	52.2	52.3	52.3	52.6	52.2	52.3	52.4	52.5
普及率（RF方式のみ）	49.8	50.4	50.6	50.7	51.0	50.6	50.7	50.8	51.0

※1　普及率は住民基本台帳世帯数から算出。
※2　RF方式における「加入世帯数」は、登録に係る有線電気通信設備の総接続世帯数（電波障害世帯数を含む）を指す。

（出典）総務省「ケーブルテレビの現状」*3を基に作成

4 NHKの状況

ア　NHKの国内放送の状況

2022年度末のNHKの国内放送のチャンネル数は、地上テレビジョン放送は2チャンネル、ラジオ放送は3チャンネル、衛星テレビジョン放送は4チャンネルである（図表4-3-1-5）。

図表4-3-1-5　NHKの国内放送（2022年度末）

区分			チャンネル数
地上放送	テレビジョン放送		2
	ラジオ放送	中波放送（AM放送）	2
		超短波放送（FM放送）	1
衛星放送（BS放送）	テレビジョン放送		4

※1　ラジオ放送の放送波数についてもチャンネルにより表記している。
※2　テレビジョン放送については、アナログテレビ放送が2021年3月31日をもって終了しており、すべてデジタル放送へ移行している。

イ　NHKのテレビ・ラジオ国際放送の状況

NHKのテレビ・ラジオ国際放送は、在外邦人及び外国人に対し、ほぼ全世界に向けて放送している（図表4-3-1-6）。

図表4-3-1-6　NHKのテレビ・ラジオ国際放送の状況（2023年4月時点計画）

	テレビ		ラジオ
	在外邦人向け	外国人向け	在外邦人及び外国人向け
放送時間	1日5時間程度	1日24時間	1日延べ75時間07分程度
予算規模	198億円（令和5年度NHK予算）		49億円（同左）
使用言語	日本語	英語	18言語
放送区域	ほぼ全世界		ほぼ全世界
使用衛星／送信施設	外国衛星、CATV、他		国内送信所、海外中継局、他

※外国人向けテレビ国際放送の放送時間数は、JIB（日本国際放送）による放送時間を含む。

5 放送サービスの利用状況

ア　加入者数

2021年度の放送サービスの加入者数は、ケーブルテレビについては前年度より増加し、その他の放送サービスについては減少している（図表4-3-1-7）。

*3　https://www.soumu.go.jp/main_content/000504511.pdf

図表4-3-1-7　放送サービスの加入者数

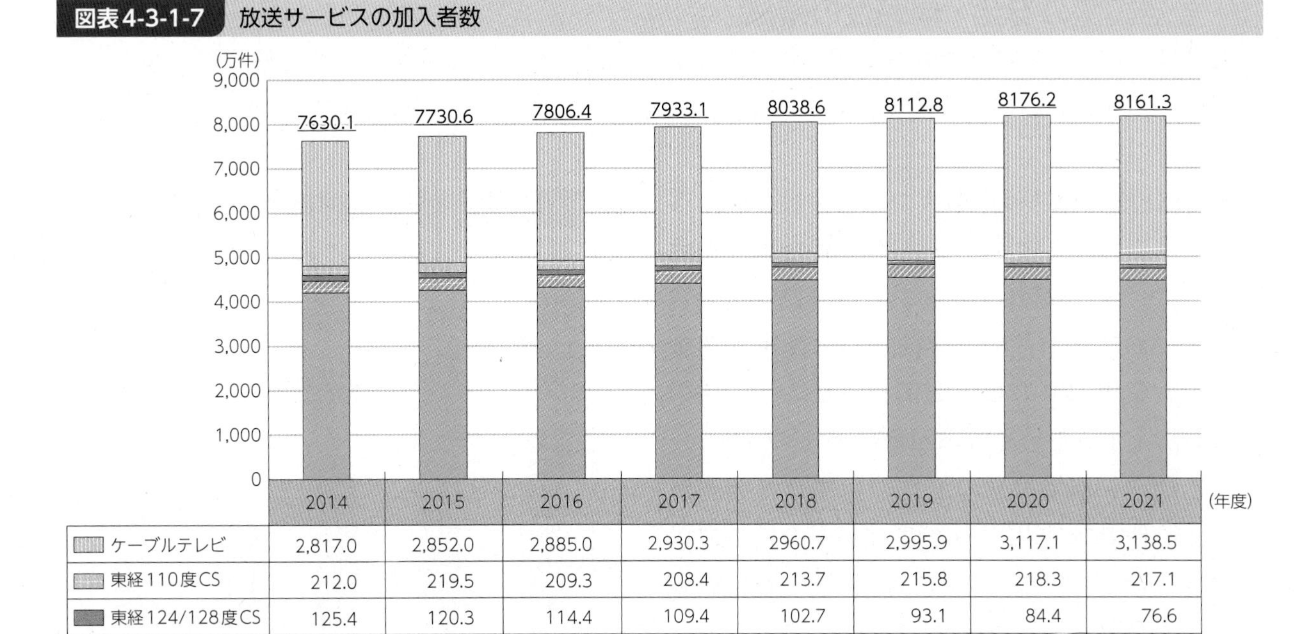

	2014	2015	2016	2017	2018	2019	2020	2021
ケーブルテレビ	2,817.0	2,852.0	2,885.0	2,930.3	2960.7	2,995.9	3,117.1	3,138.5
東経110度CS	212.0	219.5	209.3	208.4	213.7	215.8	218.3	217.1
東経124/128度CS	125.4	120.3	114.4	109.4	102.7	93.1	84.4	76.6
WOWOW	275.6	280.5	282.3	287.6	290.1	285.5	279.1	268.0
NHK	4,200.1	4,258.3	4,315.4	4397.4	4,471.4	4,522.5	4,477.3	4,461.1
うち衛星契約等	1,911.3	1,993.3	2,066.7	2147.6	2,221.5	2,289.1	2,274.2	2,271.5

※1　地上放送（NHK）の加入者数は、NHKの全契約形態の受信契約件数。
※2　衛星契約等の加入者数は、NHKの衛星契約及び特別契約の件数。
※3　WOWOWの加入者数は、WOWOWの契約件数。
※4　東経124/128度CSの加入者数は、スカパー！プレミアムサービスの契約件数。
※5　東経110度CSの加入者数は、スカパー！の契約件数。
※6　ケーブルテレビの加入世帯数は、登録に係る自主放送を行うための有線電気通信設備の加入世帯数。
（出典）一般社団法人電子情報技術産業協会資料、日本ケーブルラボ資料、NHK資料及び総務省資料「衛星放送の現状」「ケーブルテレビの現状」を基に作成

イ　NHKの受信契約数

2021年度のNHK受信契約数は約4,461万件であり、そのうち地上契約数（普通契約及びカラー契約）が約2,190万件、衛星契約数が約2,270万件、特別契約数が約1万件となっている（図表4-3-1-8）。

図表4-3-1-8　NHKの放送受信契約数の推移

	2014	2015	2016	2017	2018	2019	2020	2021
特別契約	1	1	1	1	1	1	1	1
衛星契約	1,910	1,992	2,066	2,146	2,220	2,288	2,273	2,270
地上契約	2,289	2,265	2,249	2,250	2,250	2,233	2,203	2,190
計	4,200	4,258	4,316	4,397	4,471	4,522	4,477	4,461

（出典）NHK資料を基に作成

6 放送設備の安全・信頼性の確保

放送は、日常生活に必要な情報や、災害情報をはじめとする重要な情報を広く瞬時に伝達する手段として、極めて高い公共性を有しており、それを支える放送設備には高度な安全・信頼性が求められる。

2021年度の放送停止事故の発生件数は339件であり、このうち重大事故*4は21件で全体の約6%であった（**図表4-3-1-9**）。これを踏まえ、各事業者における事故の再発防止策の確実な実施に加え、業界内での事故事例共有により同様の事故を防止するための取組が推進されている。

地上放送・衛星放送の放送停止事故の発生件数は262件であり、2011年度に集計を始めて以来最少となった。なお、有線一般放送の放送事故の発生件数は、2020年度に比べて減少しており、重大事故件数は直近5年間で最少となっている。放送停止事故の発生原因としては、設備故障によるものが最も多く、次いで自然災害によるものが多いという傾向が続いている（**図表4-3-1-10**）。

図表4-3-1-9　重大事故件数の推移

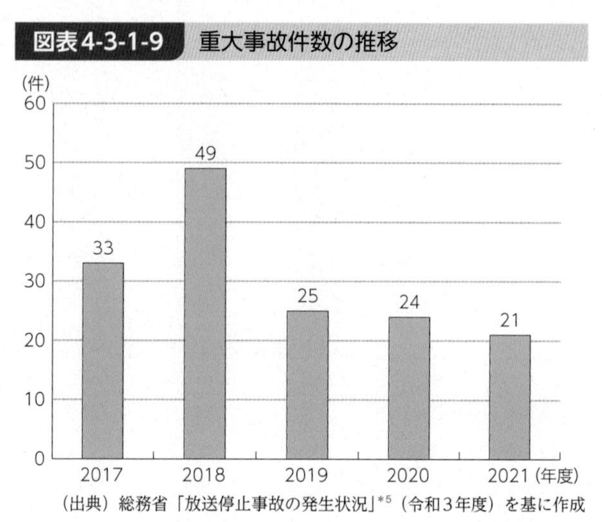

（出典）総務省「放送停止事故の発生状況」*5（令和3年度）を基に作成

図表4-3-1-10　発生原因別放送停止事故件数の推移

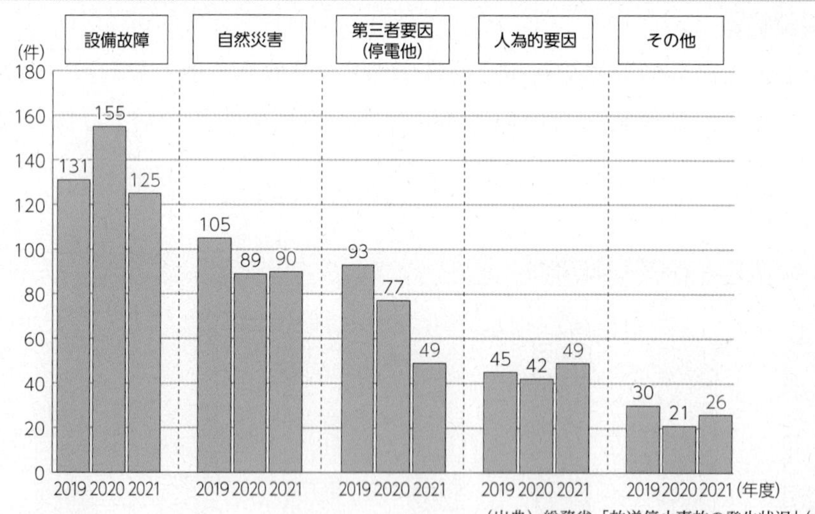

（出典）総務省「放送停止事故の発生状況」（令和3年度）*6を基に作成

2 コンテンツ市場

1 我が国のコンテンツ市場の規模

ア　市場の概況

我が国の2021年のコンテンツ市場規模は12兆4,719億円となっている。ソフト形態別の市場

*4　放送法第113条、122条、137条「設備に起因する放送の停止その他の重大な事故であって総務省令で定めるものが生じたときは、その旨をその理由又は原因とともに、遅滞なく、総務大臣に報告しなければならない」に該当する事故。
*5　https://www.soumu.go.jp/menu_news/s-news/02ryutsu08_04000508.html
*6　https://www.soumu.go.jp/menu_news/s-news/02ryutsu08_04000508.html

構成比では、映像系ソフトが全体の約60％を占めている。また、テキスト系ソフトは約35％、音声系ソフトは約6％をそれぞれ占めている[*7]（**図表4-3-2-1**）。

コンテンツ市場の規模は、前年は減少したものの、2021年は大幅に増加となった。ソフト形態別では、映像系ソフトが大幅に増加している（**図表4-3-2-2**）。

図表4-3-2-1　我が国のコンテンツ市場の内訳（2021年）

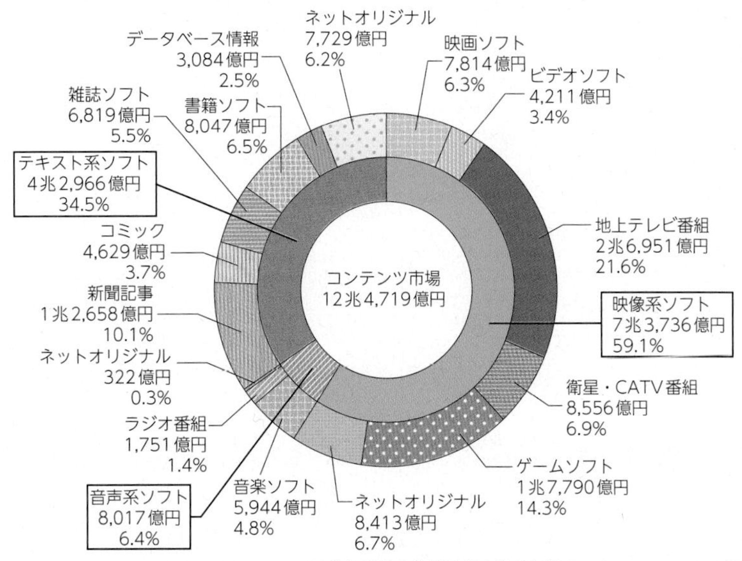

（出典）総務省情報通信政策研究所「メディア・ソフトの制作及び流通の実態に関する調査」

図表4-3-2-2　我が国のコンテンツ市場規模の推移（ソフト形態別）

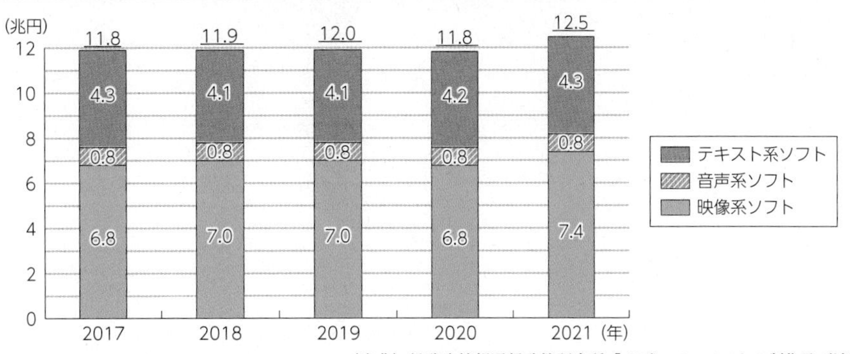

（出典）総務省情報通信政策研究所「メディア・ソフトの制作及び流通の実態に関する調査」

イ　マルチユースの状況

2021年の1次流通市場の規模は9兆5,686億円であり、前年から大幅に増加した。1次流通市場の内訳は、映像系ソフトが5兆6,004億円、テキスト系ソフトが3兆3,056億円、音声系ソフトが6,626億円となっている（**図表4-3-2-3**）。

一方、マルチユース市場の規模は2兆9,034億円であり、前年から減少となった。内訳は、映像系ソフトが1兆7,732億円、テキスト系ソフトが9,910億円、音声系ソフトが1,391億円となっている（**図表4-3-2-4**）。

＊7　メディア別にソフトを集計するのではなく、ソフトの本来の性質に着目して1次流通とマルチユースといった流通段階別に再集計した上で市場規模を計量・分析。

図表4-3-2-3　1次流通市場の内訳（2021年）

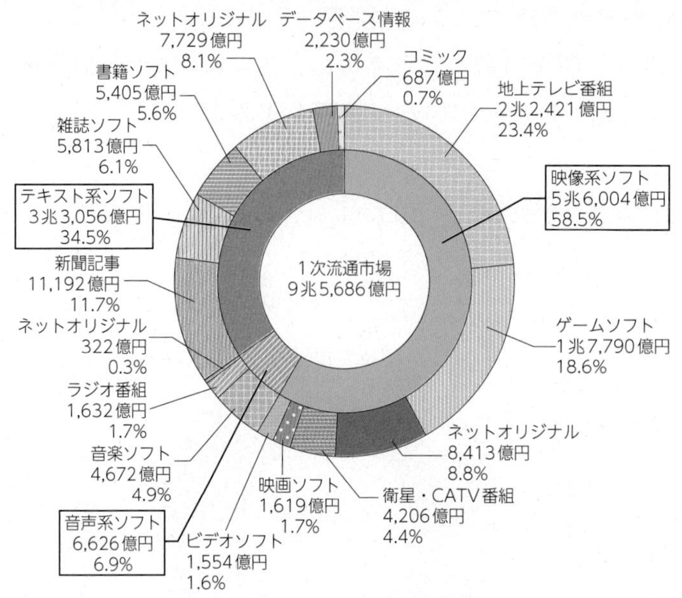

（出典）総務省情報通信政策研究所「メディア・ソフトの制作及び流通の実態に関する調査」

図表4-3-2-4　マルチユース市場の内訳（2021年）

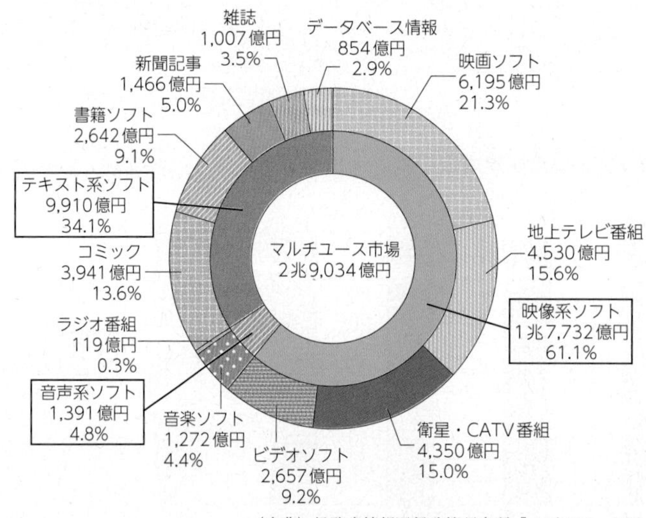

（出典）総務省情報通信政策研究所「メディア・ソフトの制作及び流通の実態に関する調査」

ウ　通信系コンテンツ市場

コンテンツ市場のうち、パソコン及び携帯電話向けなどインターネットなどを経由した通信系コンテンツの市場規模は5兆4,184億円となっている。ソフト形態別の市場構成比では、映像系ソフトが61.5%、テキスト系ソフトが30.1%、音声系ソフトが8.4%を占めている（**図表4-3-2-5**）。

また、通信系コンテンツの市場規模は、依然、増加傾向が続いている。ソフト形態別にみると、引き続き映画、ネットオリジナル、ゲームソフトなどの伸びにより映像系ソフトが増加しているほか、ネットオリジナルなどの伸びによりテキスト系ソフトも増加しており、これらは通信系コンテンツ市場の拡大に貢献している（**図表4-3-2-6**）。

図表4-3-2-5　通信系コンテンツ市場の内訳（2021年）

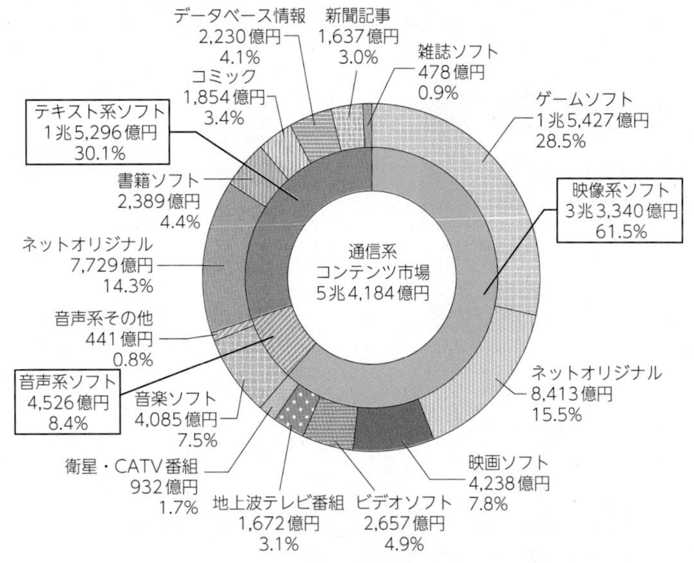

（出典）総務省情報通信政策研究所「メディア・ソフトの制作及び流通の実態に関する調査」

図表4-3-2-6　通信系コンテンツ市場規模の推移（ソフト形態別）

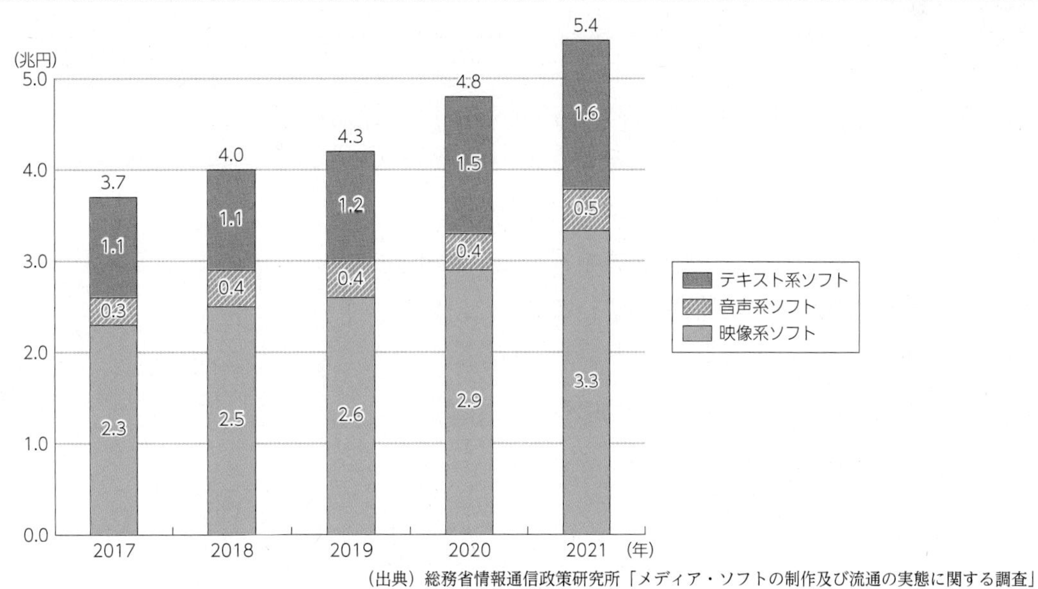

（出典）総務省情報通信政策研究所「メディア・ソフトの制作及び流通の実態に関する調査」

2 広告

世界の広告市場をみると、2022年にはデジタル広告が3,944億ドル（前年比13.7%増）となり、総広告費に占める割合も55.3%にまで拡大すると見込まれている（**図表4-3-2-7**）。日本のデジタル広告市場も大幅に成長している。2022年にはインターネット広告が3兆912億円、マスコミ4媒体[*8]広告が2兆3,985億円となり、両者の広告費が初めて逆転した2021年以降、その差が広がる形となった（**図表4-3-2-8**）。

*8　テレビ、新聞、雑誌、ラジオ。

図表4-3-2-7　世界の媒体別広告費の推移及び予測

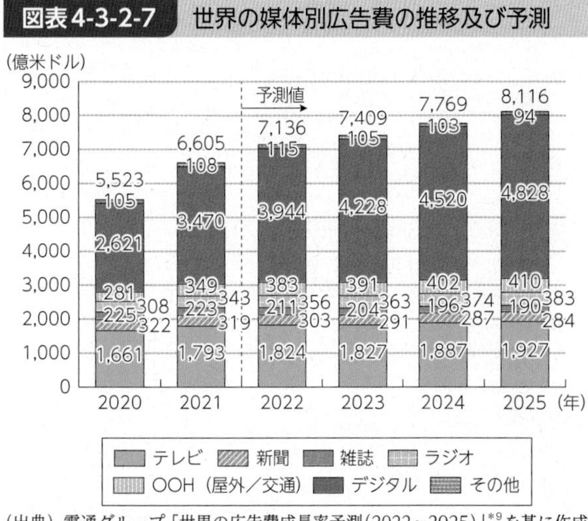

（出典）電通グループ「世界の広告費成長率予測（2022～2025）」*9を基に作成

図表4-3-2-8　日本の媒体別広告費の推移*10

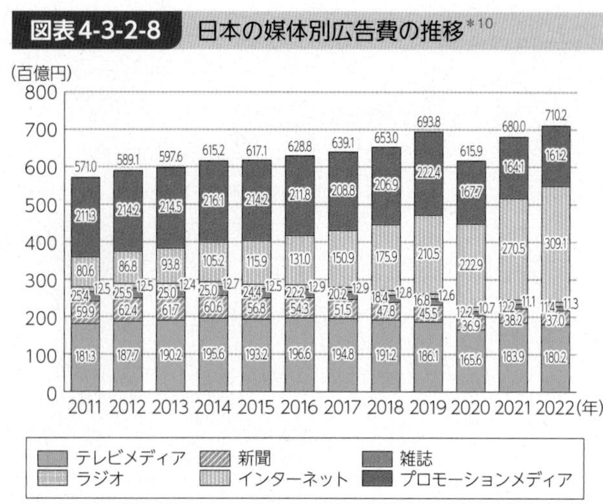

（出典）電通「Knowledge & Data 2022年 日本の広告費」*11を基に作成

関連データ

世界の総広告費の推移
出典：電通グループ「世界の広告費成長率予測（2022～2025）」
URL：https://www.soumu.go.jp/johotsusintokei/whitepaper/ja/r05/html/datashu.html#f00161
（データ集）

3　我が国の放送系コンテンツの海外輸出の動向

2021年度の放送コンテンツ海外輸出額は引き続き増加し、655.6億円となった（**図表4-3-2-9**）。

なお、動画配信サービスの伸張等を背景に、番組放送権、ビデオ化権等が減少する一方で、インターネット配信権の割合が増加している。

図表4-3-2-9　我が国の放送コンテンツ海外輸出額の推移

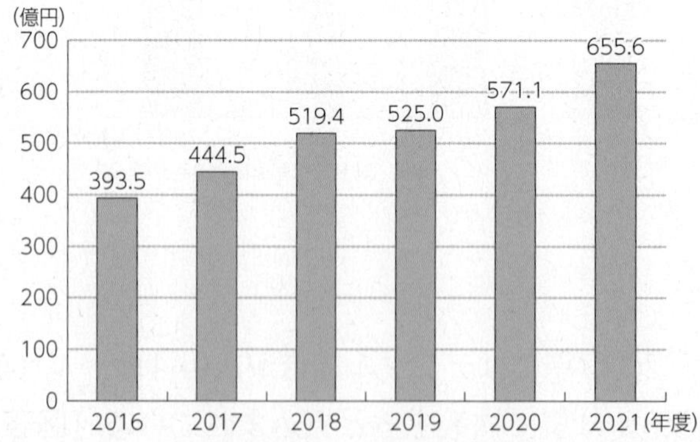

※1　放送コンテンツ海外輸出額：番組放送権、インターネット配信権、ビデオ・DVD化権、番組フォーマット・リメイク権、商品化権などの海外売上高の総額。
※2　NHK、民放キー局、民放在阪準キー局、ローカル局、衛星放送事業者、CATV事業者、プロダクションなどへのアンケートを基に算出。

（出典）総務省「放送コンテンツの海外展開に関する現状分析」を基に作成

*9　https://www.group.dentsu.com/jp/news/release/000888.html　※ロシア市場の数値は除外している
*10　2019年からは、日本の広告費に「物販系ECプラットフォーム広告費」と「イベント領域」を追加、広告市場の推定を行っている。2018年以前の遡及修正は行っていない。
*11　https://www.dentsu.co.jp/knowledge/ad_cost/index.html

関連データ

我が国の放送コンテンツ海外輸出額の権利別割合の推移

出典：総務省「放送コンテンツの海外展開に関する現状分析」を基に作成
URL：https://www.soumu.go.jp/johotsusintokei/whitepaper/ja/r05/html/datashu.html#f00163
(データ集)

関連データ

我が国の放送コンテンツ海外輸出額の主体別割合の推移

出典：総務省「放送コンテンツの海外展開に関する現状分析」を基に作成
URL：https://www.soumu.go.jp/johotsusintokei/whitepaper/ja/r05/html/datashu.html#f00164
(データ集)

第4節　我が国の電波の利用状況

1　周波数帯ごとの主な用途

周波数については、国際電気通信連合（ITU）憲章に規定する無線通信規則により、世界を3つの地域に分け、周波数帯ごとに業務の種別などを定めた国際分配が規定されている。

国際分配を基に、電波法に基づき、無線局の免許の申請などに資するため、割り当てることが可能な周波数、業務の種別、目的、条件などを「周波数割当計画[*1]」として定めている。同計画の制定及び変更に当たっては、電波監理審議会への諮問が行われている。

我が国の周波数帯ごとの主な用途と特徴は、（**図表4-4-1-1**）のとおりである。

図表4-4-1-1　我が国の周波数帯ごとの主な用途と電波の特徴

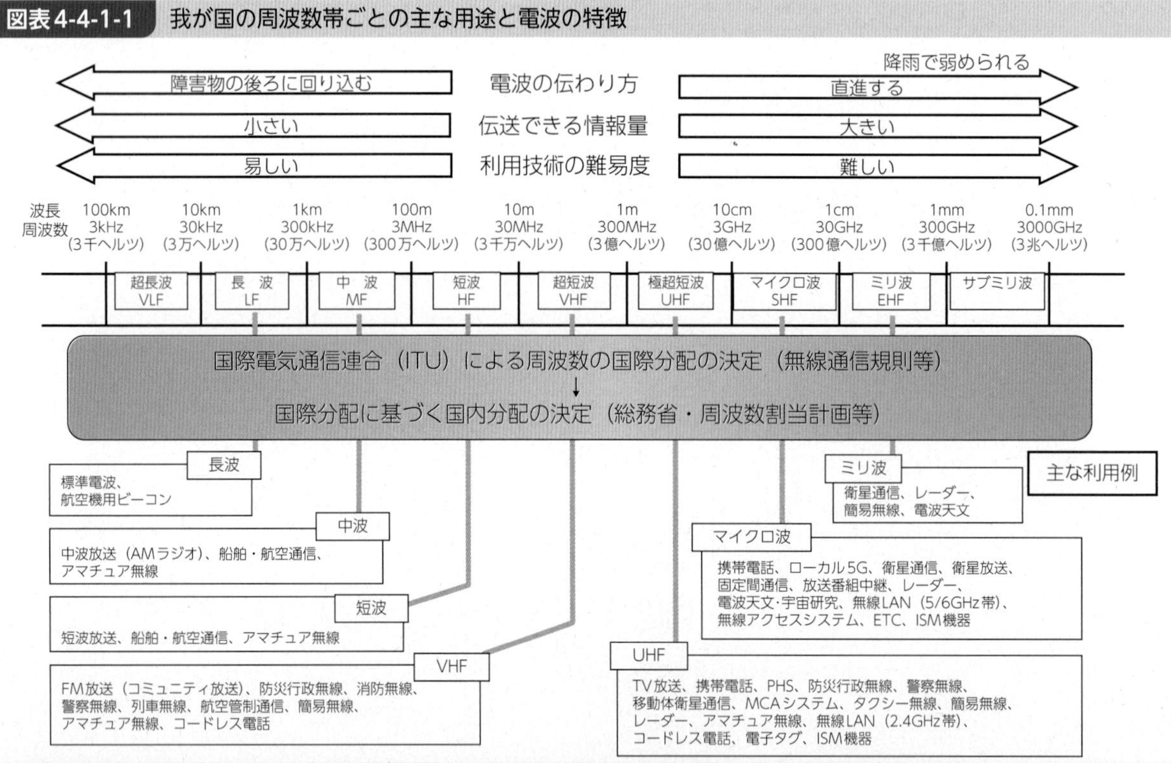

周波数帯	波長	特徴
超長波	10～100km	地表面に沿って伝わり低い山をも越えることができる。また、水中でも伝わるため、海底探査にも応用できる。
長波	1～10km	非常に遠くまで伝わることができる。電波時計等に時間と周波数標準を知らせるための標準周波数局に利用されている。
中波	100～1000m	約100kmの高度に形成される電離層のE層に反射して伝わることができる。主にラジオ放送用として利用されている。
短波	10～100m	約200～400kmの高度に形成される電離層のF層に反射して、地表との反射を繰り返しながら地球の裏側まで伝わっていくことができる。遠洋の船舶通信、国際線航空機用の通信、国際放送及びアマチュア無線に広く利用されている。
超短波	1～10m	直進性があり、電離層で反射しにくい性質もあるが、山や建物の陰にもある程度回り込んで伝わることができる。防災無線や消防無線など多種多様な移動通信に幅広く利用されている。
極超短波	10cm～1m	超短波に比べて直進性が更に強くなるが、多少の山や建物の陰には回り込んで伝わることもできる。携帯電話を初めとした多種多様な移動通信システムを中心に、デジタルテレビ放送、空港監視レーダーや電子レンジ等に幅広く利用されている。
マイクロ波	1～10cm	直進性が強い性質を持つため、特定の方向に向けて発射するのに適している。主に固定の中継回線、衛星通信、衛星放送や無線LANに利用されている。
ミリ波	1mm～10mm	マイクロ波と同様に強い直進性があり、非常に大きな情報量を伝送することができるが、悪天候時には雨や霧による影響を強く受けてあまり遠くへ伝わることができない。このため、比較的短距離の無線アクセス通信や画像伝送システム、簡易無線、自動車衝突防止レーダー等に利用されている他、電波望遠鏡による天文観測が行われている。
サブミリ波	0.1mm～1mm	光に近い性質を持った電波。通信用としてはほとんど利用されていないが、一方では、ミリ波と同様に電波望遠鏡による天文観測が行われている。

＊1　周波数割当計画：https://www.tele.soumu.go.jp/j/adm/freq/search/share/index.htm

2 無線局数の推移

2022年度末における無線局数（無線LAN端末等の免許を要しない無線局を除く）は、3億567万局（対前年度比4.7%増）、そのうち携帯電話端末等の陸上移動局は3億219万局（対前年度比4.7%増）となっており、総無線局数に占める携帯電話端末等の陸上移動局の割合は、98.9%と高い水準になっている。また、簡易無線局も143万局（対前年度比0.9%増）に増加している（図表4-4-2-1）。

図表4-4-2-1　無線局数の推移

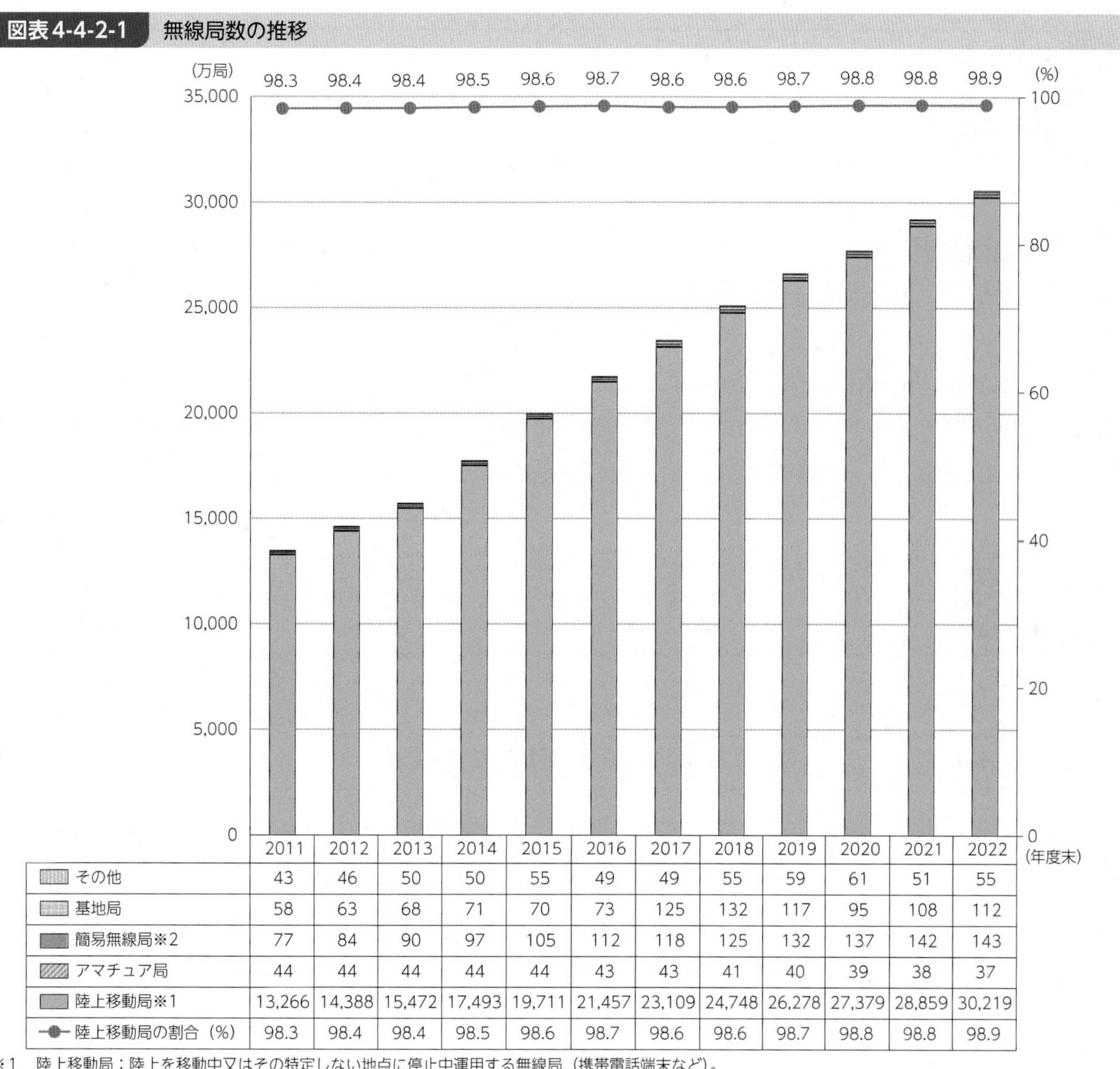

	2011	2012	2013	2014	2015	2016	2017	2018	2019	2020	2021	2022
その他	43	46	50	50	55	49	49	55	59	61	51	55
基地局	58	63	68	71	70	73	125	132	117	95	108	112
簡易無線局※2	77	84	90	97	105	112	118	125	132	137	142	143
アマチュア局	44	44	44	44	44	43	43	41	40	39	38	37
陸上移動局※1	13,266	14,388	15,472	17,493	19,711	21,457	23,109	24,748	26,278	27,379	28,859	30,219
陸上移動局の割合（%）	98.3	98.4	98.4	98.5	98.6	98.7	98.6	98.6	98.7	98.8	98.8	98.9

※1　陸上移動局：陸上を移動中又はその特定しない地点に停止中運用する無線局（携帯電話端末など）。
※2　簡易無線局：簡易な無線通信を行う無線局。

3 衛星関連

我が国の衛星通信分野では、陸海空をシームレスにつなぐ通信カバレッジの拡張（衛星やHAPSなどのNTN（Non-Terrestrial Network: 非地上系ネットワーク）技術）などを実現する開発成果の社会実装と国際標準化を強力に推進する方向性で具体化が進められている。

通信衛星には、静止衛星及び非静止衛星があり、広域性、同報性、耐災害性などの特長を生かして、企業内回線、地上回線の利用が困難な山間地・離島との通信、船舶・航空機などに対する移動衛星通信サービスのほか、非常災害時の通信手段確保などに活用されている。なお、通信衛星には、衛星放送（CS放送）にも用いられているものもある。

1 静止衛星

赤道上高度約3万6,000kmの軌道を地球の自転と同期して回るため、地上からは静止しているように見える。高度が高いため3基の衛星で極地域を除く地球全体をカバーすることが可能で、固定衛星通信及び移動衛星通信に用いられている。衛星までの距離が遠いため、伝送遅延が大きく、また、端末側も大出力が必要となるため、小型化が難しい面がある。

関連データ

我が国が通信サービスとして利用中の主な静止衛星（2022年度末）
URL：https://www.soumu.go.jp/johotsusintokei/whitepaper/ja/r05/html/datashu.html#f00167
（データ集）

2 非静止衛星

非静止衛星は、静止軌道以外の軌道を周回するもので、一般に静止軌道よりも低い高度を周回している。このため、静止衛星に比べて伝送遅延が小さく、衛星までの距離が近いため、端末の出力も小さくて済み、小型化や携帯化が可能である。また、赤道上に位置する静止軌道では困難な極地域の通信も可能である。一方、衛星が上空を短時間で移動してしまうことから、通信可能時間を確保しつつ、広域をカバーするためには、多数の衛星の同時運用が必要となる。

我が国が通信サービスとして利用中の主な非静止衛星（2022年度末）
URL：https://www.soumu.go.jp/johotsusintokei/whitepaper/ja/r05/html/datashu.html#f00168
（データ集）

4 電波監視による重要無線通信妨害等の排除

総務省は、全国の主要都市の鉄塔やビルの屋上などに設置したセンサー局施設や不法無線局探索車などにより、消防・救急無線、航空・海上無線、携帯電話などの重要無線通信を妨害する電波の発射源の探査、不法無線局の取締りなどのほか、電波の利用環境を乱す不法無線局などの電波の発射源を探知する施設として「DEURAS」を整備し、電波の監視業務を実施している[*2]。

2022年度の混信・妨害申告などの件数は2,432件で、前年度に比べ13件増となっており、そのうち重要無線通信妨害の件数は385件で、前年度に比べ87件増（29.2%増）である。また、2022年度の混信・妨害申告の措置件数[*3]は2,466件となっている（**図表4-4-4-1**）。

また、2022年度の不法無線局の出現件数は4,481件で、前年度に比べ4,053件減（30.5%減）となっている。2022年度の措置件数[*3]は1,098件で、前年度に比べ297件増（35.8%増）であり、内訳は告発94件（措置件数全体の6.1%）、指導1,004件（措置件数全体の93.9%）となっている（**図表4-4-4-2**）。

＊2　重要無線通信の妨害については、2010年度から妨害の申告に対する24時間受付体制により、その迅速な排除に取り組んでいる。また、短波帯電波監視や宇宙電波監視についても国際電気通信連合（ITU）に登録した国際電波監視施設としてその役割を担っている。
＊3　措置件数は、前年度からの未措置分を含む。

図表4-4-4-1　無線局への混信・妨害申告件数及び措置件数の推移

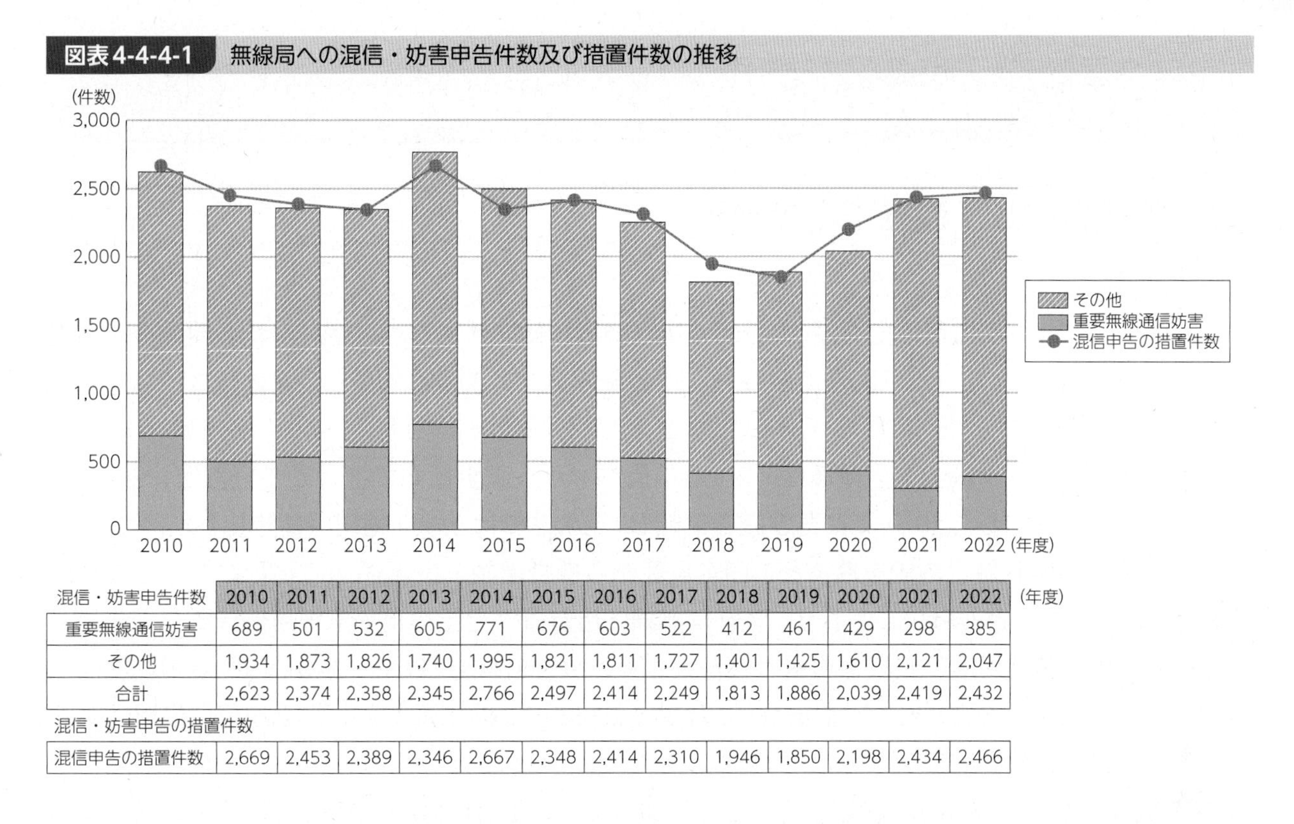

混信・妨害申告件数	2010	2011	2012	2013	2014	2015	2016	2017	2018	2019	2020	2021	2022
重要無線通信妨害	689	501	532	605	771	676	603	522	412	461	429	298	385
その他	1,934	1,873	1,826	1,740	1,995	1,821	1,811	1,727	1,401	1,425	1,610	2,121	2,047
合計	2,623	2,374	2,358	2,345	2,766	2,497	2,414	2,249	1,813	1,886	2,039	2,419	2,432

(年度)

混信・妨害申告の措置件数

	2010	2011	2012	2013	2014	2015	2016	2017	2018	2019	2020	2021	2022
混信申告の措置件数	2,669	2,453	2,389	2,346	2,667	2,348	2,414	2,310	1,946	1,850	2,198	2,434	2,466

図表4-4-4-2　不法無線局の出現件数及び措置件数の推移

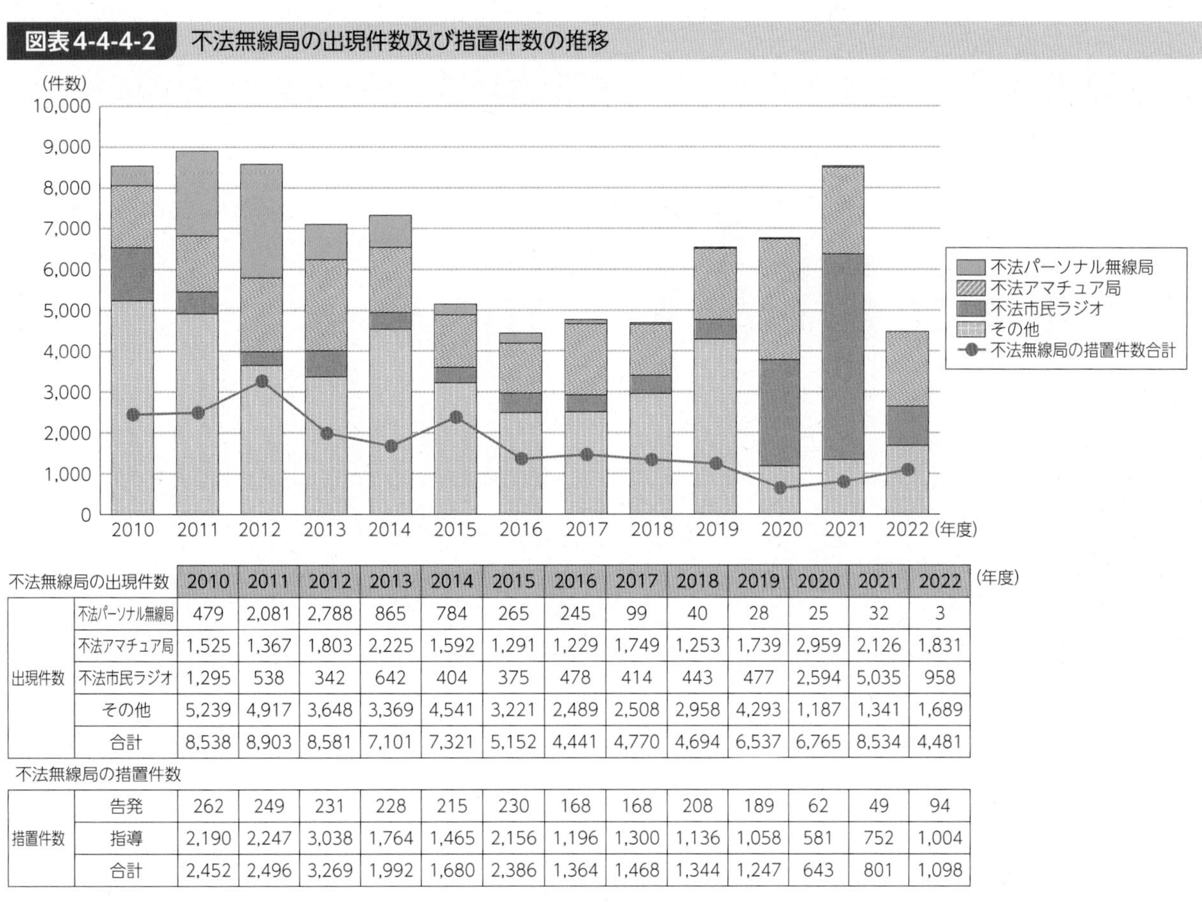

不法無線局の出現件数		2010	2011	2012	2013	2014	2015	2016	2017	2018	2019	2020	2021	2022
出現件数	不法パーソナル無線局	479	2,081	2,788	865	784	265	245	99	40	28	25	32	3
	不法アマチュア局	1,525	1,367	1,803	2,225	1,592	1,291	1,229	1,749	1,253	1,739	2,959	2,126	1,831
	不法市民ラジオ	1,295	538	342	642	404	375	478	414	443	477	2,594	5,035	958
	その他	5,239	4,917	3,648	3,369	4,541	3,221	2,489	2,508	2,958	4,293	1,187	1,341	1,689
	合計	8,538	8,903	8,581	7,101	7,321	5,152	4,441	4,770	4,694	6,537	6,765	8,534	4,481

(年度)

不法無線局の措置件数

		2010	2011	2012	2013	2014	2015	2016	2017	2018	2019	2020	2021	2022
措置件数	告発	262	249	231	228	215	230	168	168	208	189	62	49	94
	指導	2,190	2,247	3,038	1,764	1,465	2,156	1,196	1,300	1,136	1,058	581	752	1,004
	合計	2,452	2,496	3,269	1,992	1,680	2,386	1,364	1,468	1,344	1,247	643	801	1,098

第5節　国内外におけるICT機器・端末関連の動向

1　国内外のICT機器市場の動向

1　市場規模

世界のネットワーク機器の出荷額は、2017年以降増加傾向にあり、2022年は15兆3,287億円（前年比27.6%増）となった（図表4-5-1-1）。内訳をみると、携帯基地局と企業向けスイッチが中心となっている。

日本のネットワーク機器の生産額は、2000年代前半から減少傾向で推移していたが、2018年以降は緩やかに増加し、2021年に再び減少に転じ、2022年は6,607億円（前年比14.7%減）となった（図表4-5-1-2）。内訳をみると、固定電話から携帯電話・IP電話への移行に伴って電話応用装置[*1]、交換機などが減少しており、現在は無線応用装置[*2]とその他の無線通信機器[*3]の規模が大きい。また、基地局通信装置は増減の波が大きく、4G向けの投資が一巡した2016年以降は低迷が続いていたが、2020年から増加に転じた後に2022年で再び減少した。IP通信に使用されるネットワーク接続機器[*4]は2019年から増加に転じたが、2021年からは減少した。搬送装置[*5]は2019年から主にデジタル伝送装置が寄与して増加したが、2021年から減少に転じた。

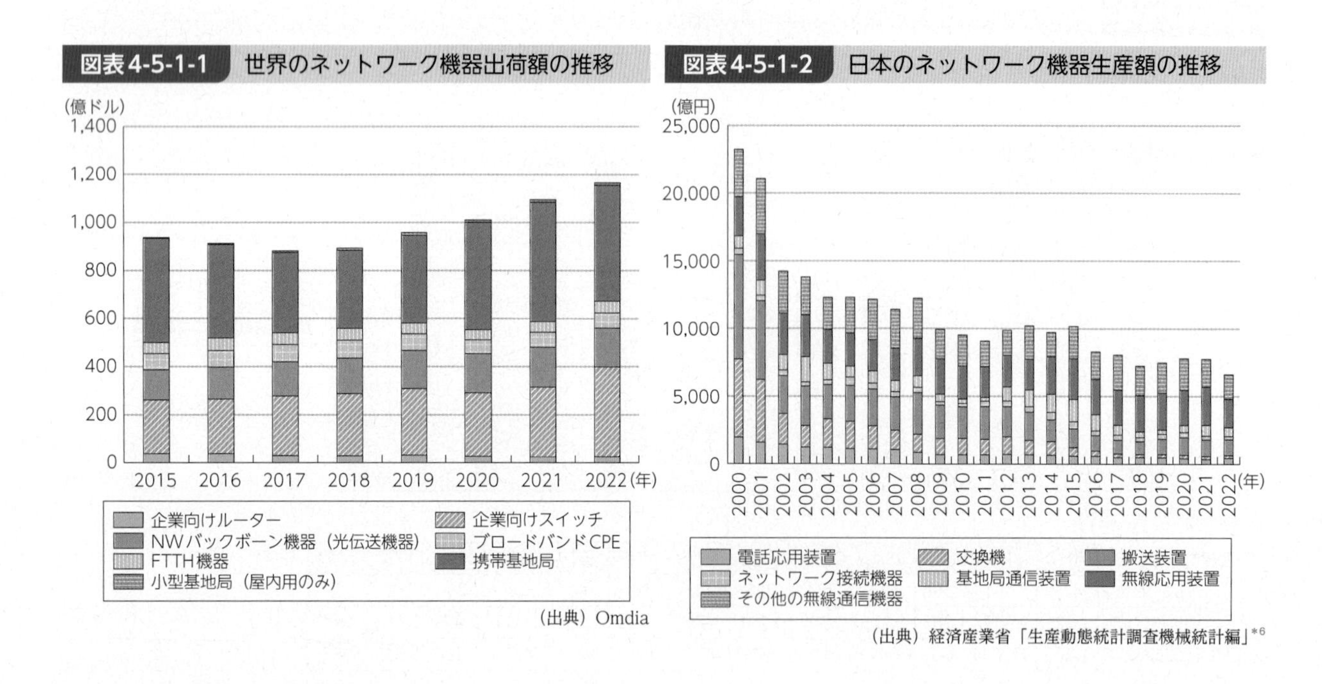

図表4-5-1-1　世界のネットワーク機器出荷額の推移

（出典）Omdia

図表4-5-1-2　日本のネットワーク機器生産額の推移

（出典）経済産業省「生産動態統計調査機械統計編」[*6]

2　機器別の市場動向

ア　5G基地局

2022年の世界の5G基地局（マクロセル）の市場規模（出荷額）は3兆9,876億円（前年比

*1　ボタン電話装置、インターホン。
*2　船舶用・航空用レーダー、無線位置測定装置、テレメータ・テレコントロールなど。
*3　衛星系・地上系固定通信装置、船舶用・航空機用通信装置、トランシーバなど。
*4　ルーター、ハブ、ゲートウェイなど。
*5　デジタル伝送装置、電力線搬送装置、CATV搬送装置、光伝送装置など。
*6　https://www.meti.go.jp/statistics/tyo/seidou/index.html

23.5%増）となり、日本では3,035億円（前年比6.2%増[*7]）となった（**図表4-5-1-3**）。両市場ともに緩やかなピークアウトが見込まれるものの、引き続き高水準を維持するものとみられる。また、2022年の世界の5G基地局（マクロセル）のシェア（出荷額）は、首位がHuawei（29.8%）、2位がEricsson（25.1%）、3位がNokia（15.3%）であった。このように、5G基地局（マクロセル）の市場（出荷額）では、海外の主要企業が高いシェアを占め、日系企業の国際競争力は低い状況にある。

他方で、日系企業は、携帯基地局やスマートフォンなどに組み込まれている電子部品市場（売上高）では、2021年時点で世界の34%のシェアを占めると見込まれており、Beyond 5Gに向けた潜在的な競争力は有していると考えられる（**図表4-5-1-4**）。

図表4-5-1-3　日本の5G基地局（マクロセル）の市場規模（出荷額）

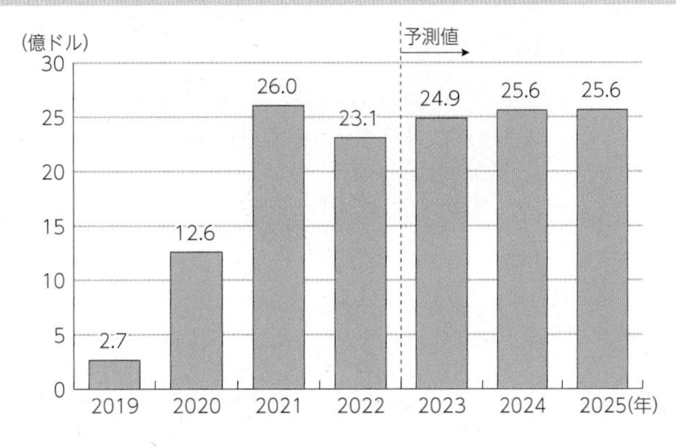

（出典）Omdia

図表4-5-1-4　世界の電子部品市場（売上高）のシェア（2021年）

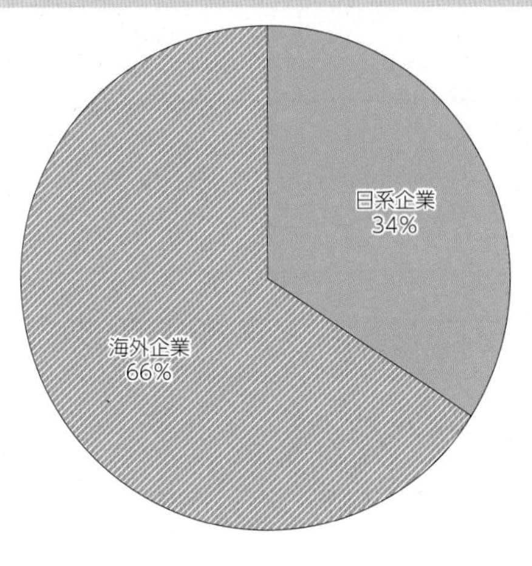

（出典）Omdia

関連データ　世界の5G基地局（マクロセル）の市場規模（出荷額）
出典：Omdia
URL：https://www.soumu.go.jp/johotsusintokei/whitepaper/ja/r05/html/datashu.html#f00173（データ集）

関連データ　世界の5G基地局（マクロセル）のシェア（出荷額）
出典：Omdia
URL：https://www.soumu.go.jp/johotsusintokei/whitepaper/ja/r05/html/datashu.html#f00175（データ集）

*7　ドルベースでは、前年比11.3%減となっている。

イ マクロセル基地局（5G含む）

2022年の世界市場の出荷金額ベースのシェアは、首位がHuawei（31.6%）、2位がEricsson（25.3%）、3位がNokia（17.5%）となっており、日本企業は合計で2.3%を占めている。（**図表4-5-1-5**）。

図表4-5-1-5 世界のマクロセル基地局市場のシェア（2022年・出荷額）

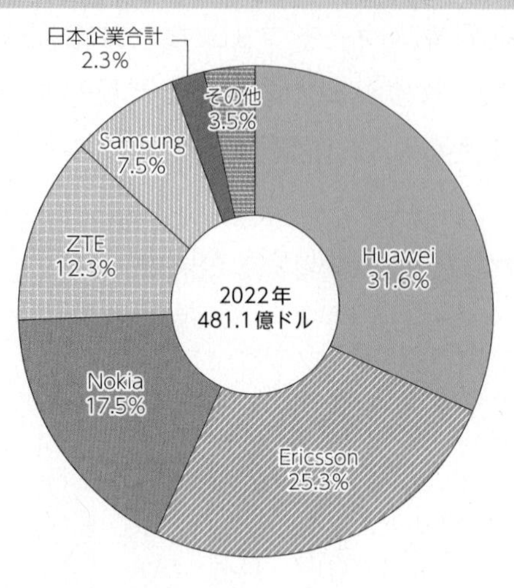

（出典）Omdia

ウ 企業向けルーター

2022年の世界市場の出荷金額ベースのシェアは、首位がCisco(66.3%)、2位がH3C(9.0%)、3位がHuawei(6.0%)となっている。

2022年の日本市場の出荷金額ベースのシェアは、首位がCisco(35.1%)、2位がNEC(26.6%)、3位がYamaha(23.3%)となっている。

関連データ

世界の企業向けルーター市場のシェア
出典：Omdia
URL：https://www.soumu.go.jp/johotsusintokei/whitepaper/ja/r05/html/datashu.html#f00178
（データ集）

関連データ

日本の企業向けルーター市場のシェア
出典：Omdia
URL：https://www.soumu.go.jp/johotsusintokei/whitepaper/ja/r05/html/datashu.html#f00179
（データ集）

2 国内外のICT端末市場の動向

1 市場規模

世界の情報端末の出荷額は、2016年以降増加傾向にあり、2022年には92兆2,574億円（前年比15.8%増）となった[*8]（**図表4-5-2-1**）。内訳をみると、スマートフォンとPCが中心となっている。

日本の情報端末の生産額は、2017年まで減少傾向であったが、2018年以降増加に転じた後

＊8 ドルベースでは、前年比3.3%減となっている。

2020年から再び減少し、2022年には9,567億円（前年比7.7%減[*9]）となった（図表4-5-2-2）。内訳をみると、携帯電話・PHS[*10]が2010年代中盤までは大きかったが、その後縮小し、現在はデスクトップ型PC、ノート型PC、情報端末[*11]が中心となっている。

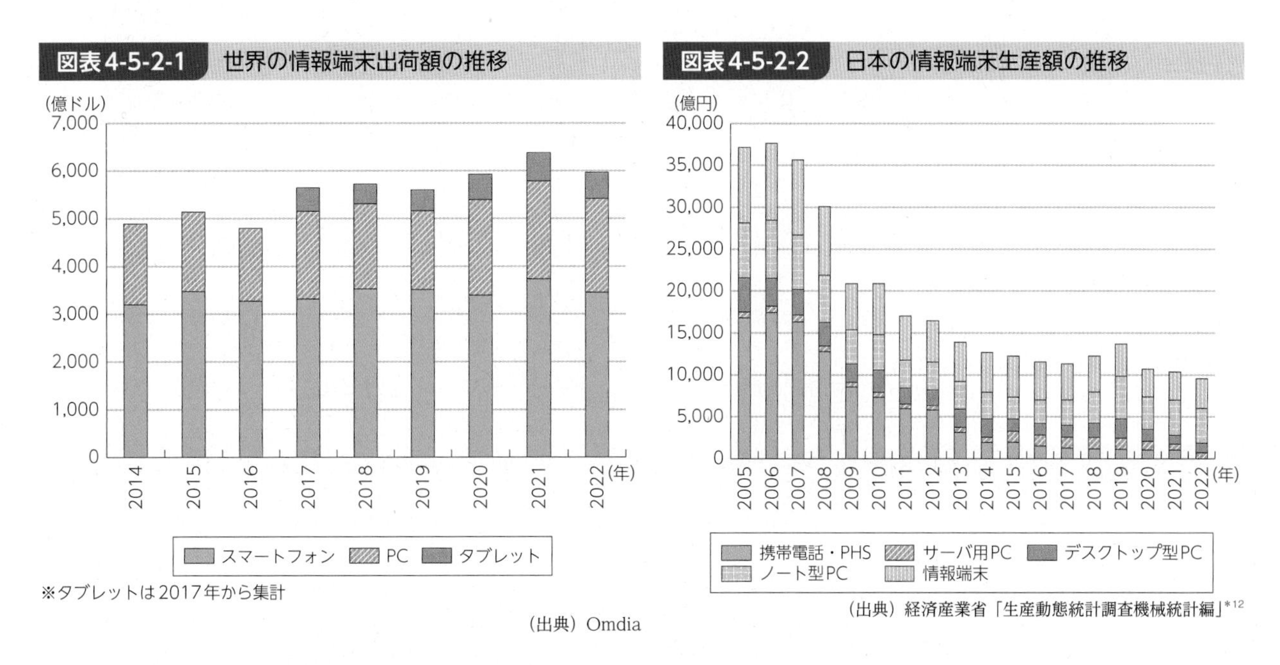

2 端末別の市場動向

ア　スマートフォン（5G対応）

世界の5G対応スマートフォンの出荷台数は、2021年は5億8,452万台であり、スマートフォン全体（12億7,634万台）の46%を占めている。2028年以降は5G対応スマートフォンが100%となり、2030年には15億5,000万台まで拡大すると予測されている（図表4-5-2-3）。

国内の5G対応スマートフォンの出荷台数は、2021年で1,753万台（前年比67.7%増）となった。2024年以降は5G対応スマートフォンが100%となり、2027年度には3,218万台まで拡大すると予測されている（図表4-5-2-4）。

*9　携帯電話・PHSの金額が計算できなくなり計上されなくなったことが影響している。
*10　2019年度以降は、携帯電話・PHSの生産額は非公表となったため、無線通信機器（衛星通信装置を含む）から放送装置、固定通信装置（衛星・地上系）、その他の陸上移動通信装置、海上・航空移動通信装置、基地局通信装置、その他の無線通信装置、無線応用装置を引いた値を使用している。
*11　外部記憶装置、プリンタ、モニターなど。情報キオスク端末装置は非公表の年があるため、それを除いた値を使用。
*12　https://www.meti.go.jp/statistics/tyo/seidou/index.html

図表4-5-2-3　世界のスマートフォン・5Gスマートフォンの出荷台数推移と予測

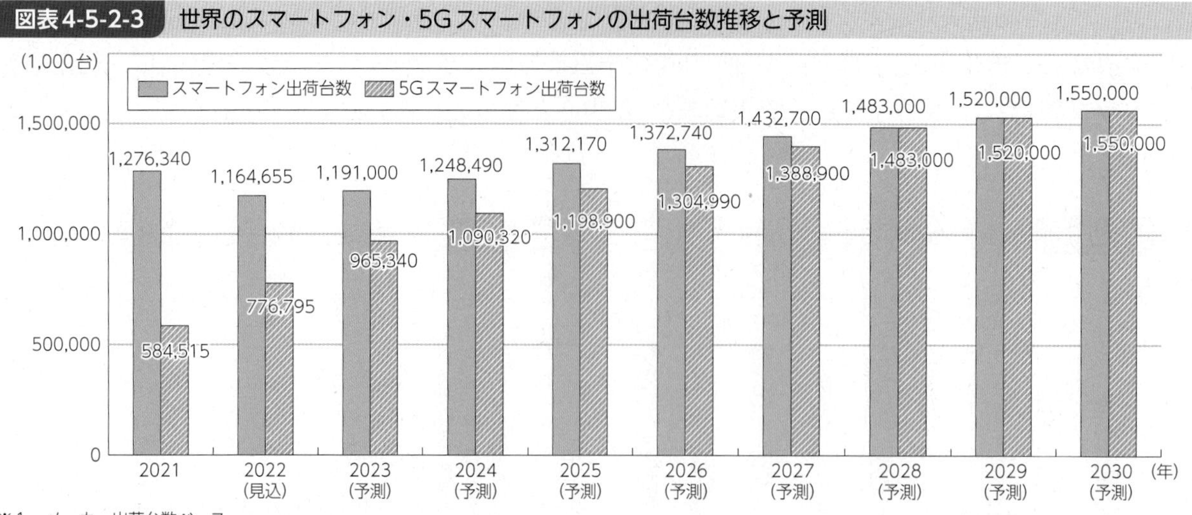

※1　メーカー出荷台数ベース
※2　2022年は見込値、2023年以降は予測値
（出典）株式会社矢野経済研究所「世界の携帯電話サービス契約数・スマートフォン出荷台数調査（2022年）」(2023年2月7日発表)

図表4-5-2-4　日本の5G対応スマートフォンの出荷台数

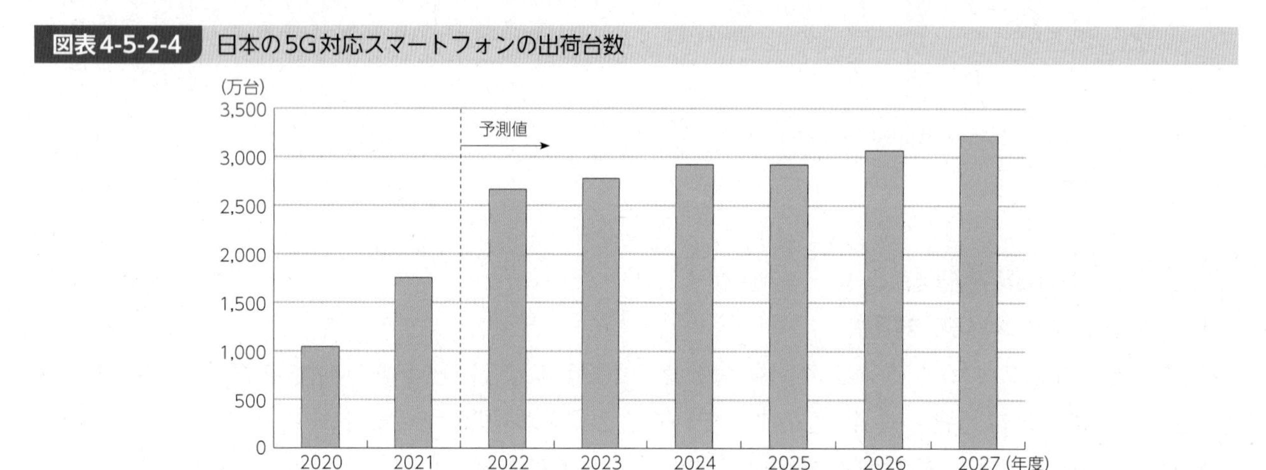

（出典）CIAJ「通信機器中期需要予測[2022年度～2027年度]」

イ　4K・8Kテレビ

世界の4K・8K対応テレビの出荷額は、2021年見込みでは4K以上8K未満が13兆9,000億円と大きく、2030年には19兆円まで拡大すると予測されている。4K未満は、2021年見込みで3兆1,700億円だが、2030年には7,700億円まで縮小する見通しである。一方、8K以上は、2021年見込みは1,400億円と小さいが、2030年には5兆2,000億円までの拡大が予測されている（**図表4-5-2-5**）。

国内の4K対応テレビ（50型以上）の2021年の出荷台数は306万台（前年比0.3%増）、新4K8K衛星放送対応テレビの2021年の出荷台数は314万台（前年比5.9%増）であり、双方とも2021年は増加が減速した（**図表4-5-2-6**）。

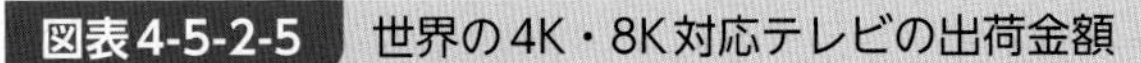

図表4-5-2-5　世界の4K・8K対応テレビの出荷金額

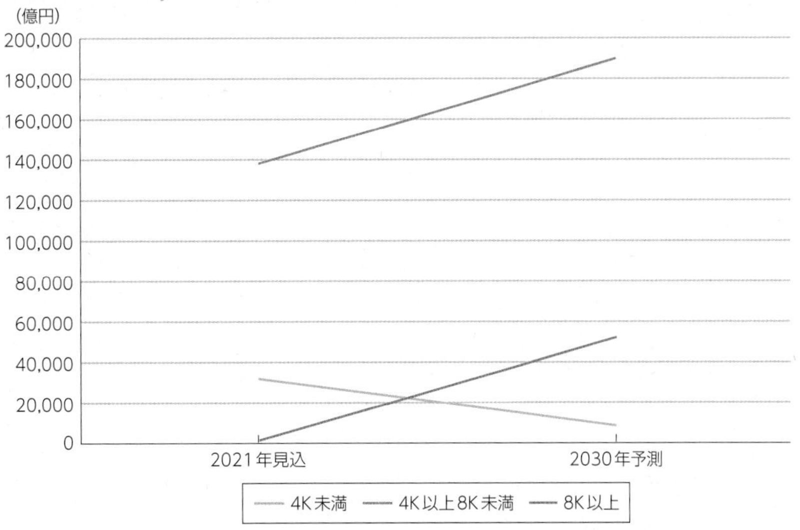

（出典）富士キメラ総研「5G時代の映像伝送技術／8Kビジネスの将来展望2022」

図表4-5-2-6　日本の4K・8K対応テレビの出荷台数

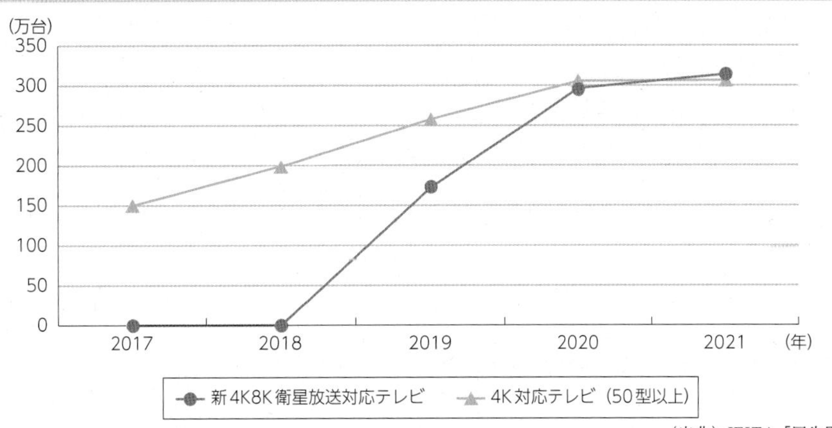

（出典）JEITA「民生用電子機器国内出荷統計」

ウ　VR・AR

世界のVRヘッドセットの出荷台数は、2020年以降増加が続き、2022年には1,253万台（前年比0.3%増）となっており、2026年には、2019年から4.2倍増の2,598万台まで増加すると予測されている（図表4-5-2-7）。

日本におけるXR（「VR（Virtual Reality 仮想現実）」、「AR（Augmented Reality 拡張現実）」、「MR（Mixed Reality 複合現実）」）及び360°動画対応のHMDの出荷台数は、2021年に72万台だったものが2027年には386万台まで増加すると予測されている（図表4-5-2-8）。

図表4-5-2-7　世界のVRヘッドセットの出荷台数の推移及び予測

（出典）Omdia

図表4-5-2-8 日本のXR（VR・AR・MR）・360度動画対応ヘッドマウントディスプレイ機器の出荷台数予測

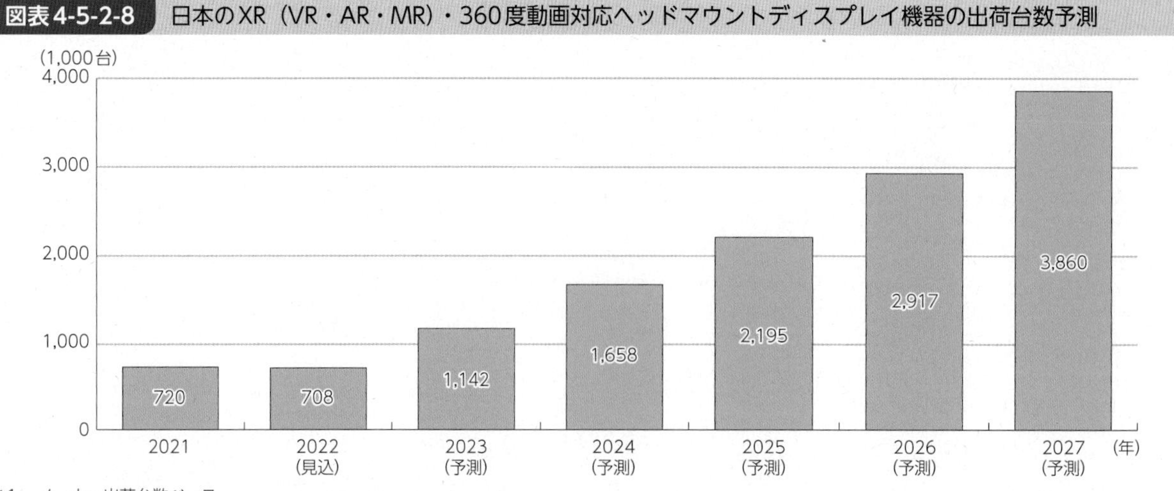

※1 メーカー出荷台数ベース
※2 2022年は見込値、2023年以降は予測値

（出典）株式会社矢野経済研究所「XR（VR/AR/MR）360°動画対応HMD市場に関する調査（2021年）」（2022年5月11日発表）

3 各国におけるICT機器・端末の輸出入の動向

日本では2010年以降輸入超過が続いており、2021年には、各国で新型コロナウイルス感染症の感染拡大によるデジタル化へのシフトが進展したこともあり、日本のICT機器・端末[*13]の輸出額は7兆1,562億円にまで増加（前年比17.6%増）したものの、輸入額は11兆829億円（前年比15.7%増）で、3兆9,267億円の輸入超過（前年比12.4%増）となっている。また、2021年には、米国では27兆6,249億円の輸入超過（前年比23.8%増）であったが、中国では24兆2,585億円の輸出超過（前年比22.6%増）となっている（**図表4-5-3-1**）。

図表4-5-3-1 各国のICT機器・端末の輸出超過額の推移

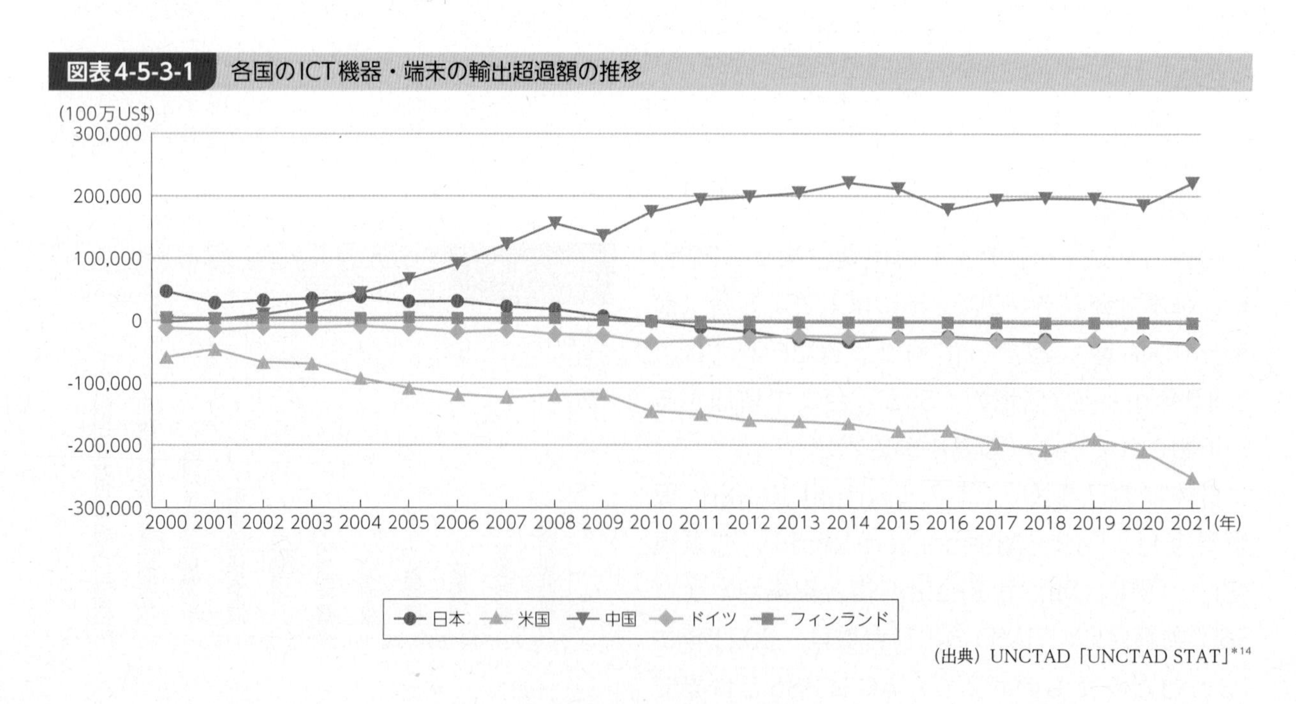

（出典）UNCTAD「UNCTAD STAT」[*14]

*13 電子計算機、通信機、消費者向けの電気機器、電子部品等
*14 https://unctadstat.unctad.org/EN/Index.html

関連データ

各国のICT機器・端末の輸出額の推移

出典：UNCTAD「UNCTAD STAT」
URL：https://www.soumu.go.jp/johotsusintokei/whitepaper/ja/r05/html/datashu.html#f00189
（データ集）

関連データ

各国のICT機器・端末の輸入額の推移

出典：UNCTAD「UNCTAD STAT」
URL：https://www.soumu.go.jp/johotsusintokei/whitepaper/ja/r05/html/datashu.html#f00190
（データ集）

4　半導体*15市場の動向

世界の半導体市場（出荷額）は、2015年以降増加傾向にあり、2022年には12兆5,493億円（前年比32.1%増）となった。内訳をみると、ディスクリート半導体が最も多い。近年大きく成長しているのは画像センサとMCUであり、前者については日本企業（ソニーセミコンダクタソリューションズ）が48.3%のシェアを占めている。

日本の半導体市場（出荷額）は、2018年から減少していたものの2021年から増加に転じ、2022年には1兆145億円（前年比36.9%増）と増加に転じた。内訳をみると、世界市場と同様に、ディスクリート半導体が最も多い。

関連データ

世界の半導体市場（出荷額）の推移

出典：Omdia
URL：https://www.soumu.go.jp/johotsusintokei/whitepaper/ja/r05/html/datashu.html#f00191
（データ集）

関連データ

世界の画像センサ市場のシェア（2022年・出荷額）

出典：Omdia
URL：https://www.soumu.go.jp/johotsusintokei/whitepaper/ja/r05/html/datashu.html#f00192
（データ集）

関連データ

日本の半導体市場（出荷額）の推移

出典：Omdia
URL：https://www.soumu.go.jp/johotsusintokei/whitepaper/ja/r05/html/datashu.html#f00193
（データ集）

*15 本項では、デジタルトランスフォーメーション（DX）で導入が進むIoTやAIを実装した電子機器においてキーデバイスとして位置付けられる、画像センサ、MCU、MEMSセンサ、及び不可欠な電源に使われるディスクリート半導体を指す。

第6節 プラットフォームの動向

1 市場動向

2023年の世界のICT関連市場の主要プレーヤーの時価総額をみると、2022年に5位だったMeta Platforms（Facebook）は広告収益の減少や後発SNS（TikTok等）の躍進などによって時価総額が大きく減少し後退したものの、その他の上位企業は昨年度と大きな変動はなく、クラウドサービス、SNS、セキュリティなどを手掛ける企業が株式市場で評価されている（**図表4-6-1-1**）。

図表4-6-1-1 世界のICT市場における時価総額上位15社の変遷

2022年

社名	主な業態	所在国	時価総額（億ドル）
Apple	ハード、ソフト、サービス	米国	28,282
Microsoft	クラウドサービス	米国	23,584
Alphabet/Google	検索エンジン	米国	18,215
Amazon.com	クラウドサービス、eコマース	米国	16,353
Meta Platforms/Facebook	SNS	米国	9,267
NVIDIA	半導体	米国	6,817
Taiwan Semiconductor Manufacturing	半導体	台湾	5,946
Tencent	SNS	中国	5,465
Visa	決済	米国	4,588
Samsung Electronics	ハード	韓国	4,473
Mastercard	決済	米国	3,637
Alibaba	eコマース	中国	3,589
Walt Disney	メディア	米国	2,811
Cisco Systems	ハード、セキュリティ	米国	2,578
Broadcom	ハード、半導体	米国	2,557

2023年

	社名	主な業態	所在国	時価総額（億ドル）
	Apple	ハード、ソフト、サービス	米国	25,470
	Microsoft	クラウドサービス	米国	20,890
	Alphabet/Google	検索エンジン	米国	13,030
	Amazon.com	クラウドサービス、eコマース	米国	10,270
↑	NVIDIA	半導体	米国	6,650
↓	Meta Platforms/Facebook	SNS	米国	5,370
↑	Tencent	SNS	中国	4,690
↑	Visa	決済	米国	4,600
↓	Taiwan Semiconductor Manufacturing	半導体	台湾	4,530
↑	Mastercard	決済	米国	3,440
↓	Samsung Electronics	ハード	韓国	3,280
↑	Broadcom	ハード、半導体	米国	2,610
↓	Alibaba	eコマース	中国	2,570
new	Oracle	クラウドサービス	米国	2,450
↓	Cisco Systems	ハード、セキュリティ	米国	2,100

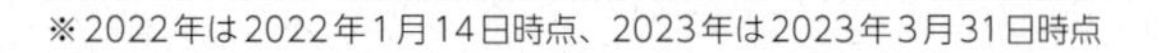

※2022年は2022年1月14日時点、2023年は2023年3月31日時点

（出典）Wright Investors' Service, Incより取得[*1]

日本、米国及び中国の主なプラットフォーマーなどの2021年の売上高[*2]を比較すると、最も大きいのはAmazon（約51兆5,648億円）で2016年比3.5倍となっている（**図表4-6-1-2**）。中国のAlibaba（12兆2,080億円）は2016年比で7.3倍と高い成長となっている。一方、日本企業は規模も小さく、楽天2.1倍、Zホールディングス1.8倍、ソニー1.3倍、富士通0.8倍と成長の面でも見劣りする。

＊1 https://www.corporateinformation.com/#/tophundred
＊2 日本、中国企業については、各年の平均レートを用いてドルに変換している。

図表4-6-1-2　日米中のプラットフォーマーの売上高

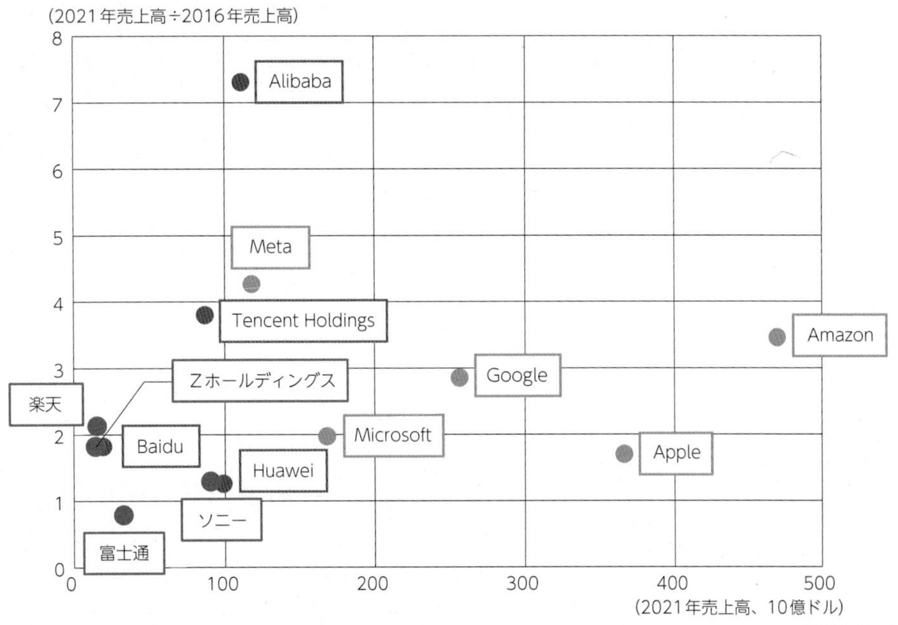

（出典）Statistaデータを基に作成

2　主要なプラットフォーマーの動向

米中の主要なプラットフォーマー各社は、それぞれの強みを活かし、生成AIやメタバースを含む新たな分野・ビジネスへの取組に力を入れている。特に生成AIに関する開発については、複数のプラットフォーマーが力を入れており、今後、主導権を巡る競争の激化が予想される（図表4-6-2-1）。

図表4-6-2-1　米中の主要なプラットフォーマーの動向

<米国>

主要分野	企業	事業概括・領域	新たに注力している分野・ビジネス
広告・検索	Alphabet (Google)	世界最大の検索エンジンサービスを提供しており、検索広告を中心にクラウド、端末など巨大な経済圏を展開	生成AIを検索エンジンの脅威と捉え、Google検索と連動したチャットAI「Bard」を公開するなどAI技術を活用した検索エンジンの強化を進めている。
電子商取引	Amazon	世界最大級のeコマース事業者で、クラウドサービス（AWS）を中心に巨大な経済圏を展開	クラウドサービスの強化とECサイトでの広告サービス強化を進めている。
SNS・アプリ	Meta（Facebook）	世界最大級のSNSサービスを提供しており、2021年に社名をメタ・プラットフォームズに変更し、メタバース事業への取組を推進	SNSの広告収益がやや鈍化する中、将来の柱を目指してメタバース事業に注力している。
通信機器・端末	Apple	世界最大のネット・デジタル家電の製造小売であり、iPhoneなどの端末を核とした巨大な経済圏を展開	iPhoneを中核に据えたビジネスを拡大しており、近年はApple Watchを活用したヘルスケア領域の拡大にも注力している。
端末・クラウド	Microsoft	世界最大級のソフトウェアベンダーであり、WindowsやOfficeなどのソフトウェアやクラウドサービスを中心に巨大な経済圏を展開	OpenAI社とパートナーシップを拡大するなど生成AIの活用に力を入れている。

<中国>

主要分野	企業	事業概括・領域	新たに注力している分野・ビジネス
広告・検索	Baidu	中国最大の検索エンジン事業者で、検索エンジンをベースに人工知能（AI）技術に注力し、深層学習、自動運転、AIチップなどの領域に事業展開	最新の大規模言語モデルに基づいた生成AI「文心一言（ERNIE Bot）」を2023年3月16日に発表し、自社他プロダクトへの生成AIの搭載を図る
電子商取引	Alibaba	世界最大の流通総額を持つeコマース事業者で、データテクノロジーを駆使し、マーケティングから物流、決済に至るまでのサービスを提供	グループ企業であるアリババクラウドは2023年4月11日に、企業向けに新たなAI言語モデル「通義千問（Tongyi Qianwen）」を発表し、AIビジネスを開拓
SNS・アプリ	Tencent	中国最大のSNSアプリプラットフォーマで、「WeChat」を基盤に決済、ゲーム等を提供し、巨大のデジタルエコシステムを構築	スマートモビリティに特化したクラウドソリューション「車図雲ソリューション」を2022年11月30日に発表し、自動運転に必要な地図サービスを等を提供し、モビリティ分野に注力
通信機器・端末	Huawei	世界的なリーディング通信機器ベンダーで、テレコムネットワーク、IT、スマートデバイス、クラウドサービスの4つの主要分野に事業展開	2021年6月にデジタルエネルギー製品・ソリューションを提供する子会社Huawei Digital Power Technologiesを設立し、グリーン発電など、エネルギー分野に展開

（出典）各社公表資料を基に作成

関連データ

米中の主要プラットフォーマーの事業別売上高

出典：各社決算発表資料を基に作成

URL：https://www.soumu.go.jp/johotsusintokei/whitepaper/ja/r05/html/datashu.html#f00219（データ集）

第7節 ICTサービス及びコンテンツ・アプリケーションサービス市場の動向

1 SNS

世界のソーシャルメディア利用者数[*1]は、2022年の45億9,000万人から2028年には60億3,000万人に増加すると予測されており、コミュニケーションツールとしてだけではなく、SNSとeコマースを掛け合わせたソーシャルコマースとしての活用や、ライブコマースなどコロナ禍で拡大したeコマース需要が利用拡大を後押ししている。また、TikTokやInstagramのストーリーズ・リールなどショート動画コンテンツが流行しており、その延長でSNSにおけるAR・VRのコンテンツも普及していくと予想される（**図表4-7-1-1**）。

日本のソーシャルメディア利用者数は、2022年の1億200万人から2027年には1億1,300万人に増加すると予測されている（**図表4-7-1-2**）。

図表4-7-1-1 世界のソーシャルメディア利用者数の推移及び予測

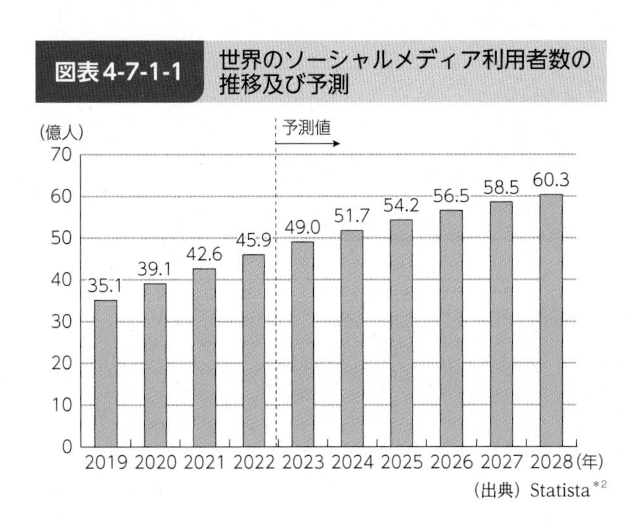

（出典）Statista[*2]

図表4-7-1-2 日本のソーシャルメディア利用者数の推移及び予測

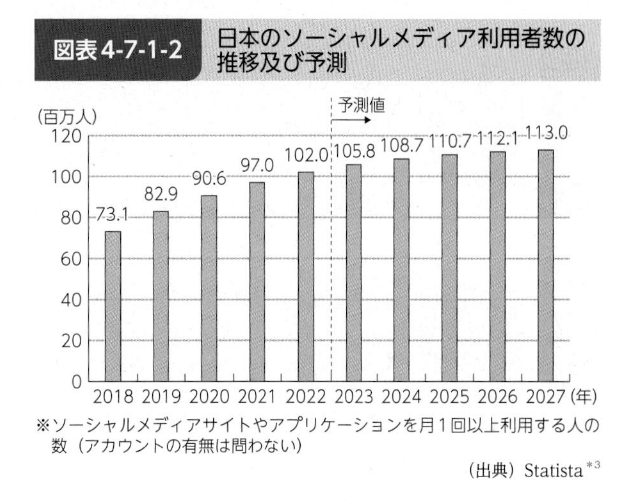

※ソーシャルメディアサイトやアプリケーションを月1回以上利用する人の数（アカウントの有無は問わない）

（出典）Statista[*3]

2 EC

世界のEC市場の売上高は増加傾向で推移し、2022年には751.8兆円（前年比31.4％増）まで拡大すると予測されている。

国別の2023年から2027年までの年平均成長率は、ブラジルやインドが高く、中国、米国、日本が続いている。欧州各国（英国、フランス、ドイツ）は8％台の成長が予測されており、韓国は3.5％程度の低い成長率が予測されている。

関連データ

世界のEC市場の売上高の推移及び予測
出典：Statista（eMarketer）
URL：https://www.soumu.go.jp/johotsusintokei/whitepaper/ja/r05/html/datashu.html#f00222
（データ集）

＊1　月に1回以上、何らかのデバイスを介してソーシャルネットワークサイトを利用するインターネットユーザー
＊2　https://www.statista.com/forecasts/1146659/social-media-users-in-the-world
＊3　https://www.statista.com/statistics/278994/number-of-social-network-users-in-japan/

関連データ

各国のEC市場の成長率（2023年～2027年）
出典：Statista「Statista Digital Market Insights」
URL：https://www.soumu.go.jp/johotsusintokei/whitepaper/ja/r05/html/datashu.html#f00223
（データ集）

3 検索サービス

デスクトップの検索エンジンの世界市場はGoogleが高いシェアを誇っているものの、近年は徐々に低下し2022年12月時点では84.1%となり、Bingのシェアが9.0%まで拡大している。また、モバイルの検索エンジンの世界市場はGoogleが非常に高いシェアを維持しており、他の検索エンジンはいずれも2%未満で推移している。

日本では、2022年9月時点のパソコン及び2022年12月時点のスマートフォン並びにタブレットにおいて、いずれもGoogleが7割以上を占め最も高いシェアを誇る。また、パソコンではBingのシェアが15%を超え、スマートフォンやタブレットではYahoo!のシェアが20%程度となるなど、端末毎の傾向の差も見られる。

関連データ

世界における検索エンジンのシェア（デスクトップ）の推移
出典：Statista（StatCounter）
URL：https://www.soumu.go.jp/johotsusintokei/whitepaper/ja/r05/html/datashu.html#f00226
（データ集）

関連データ

世界における検索エンジン（モバイル）のシェアの推移
出典：Statista（StatCounter）
URL：https://www.soumu.go.jp/johotsusintokei/whitepaper/ja/r05/html/datashu.html#f00227
（データ集）

関連データ

日本における検索エンジンのシェア
出典：Statista（StatCounter）
URL：https://www.soumu.go.jp/johotsusintokei/whitepaper/ja/r05/html/datashu.html#f00228
（データ集）

4 動画配信・音楽配信・電子書籍

世界の動画配信・音楽配信・電子書籍市場は、定額制サービスの普及や新型コロナウイルス感染症の感染拡大に伴う在宅時間の増加などにより取り込んだ需要を維持・拡大しており、2022年には合計で19兆865億円（前年比37.3%増）となっている。

関連データ

世界の動画配信・音楽配信・電子書籍の市場規模の推移及び予測
出典：Omdia、Statista　※動画配信、音楽配信はOmdia、電子書籍はStatista
URL：https://www.soumu.go.jp/johotsusintokei/whitepaper/ja/r05/html/datashu.html#f00229
（データ集）

また、2022年の日本の動画配信市場は5,305億円（前年比15.0%増）、音楽配信市場は1,050億円（前年比17.3%増）、電子書籍市場は5,013億円（前年比7.5%増）となっており（**図表4-7-4-1**）、世界の動向と同じく、いずれの市場も成長している。

図表4-7-4-1　日本の動画配信・音楽配信・電子書籍の市場規模の推移

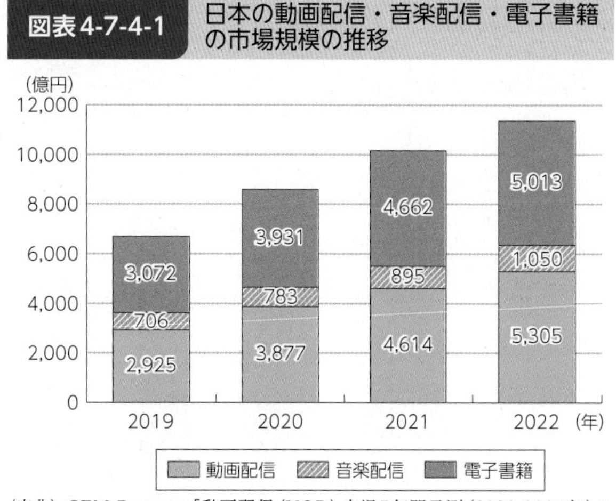

（出典）GEM Partners「動画配信（VOD）市場5年間予測（2022-2026年）レポート」[*4]、一般社団法人日本レコード協会「日本のレコード産業2023」[*5]、全国出版協会・出版科学研究所（2023）「出版月報」[*6]を基に作成

5　ICTサービス及びコンテンツ・アプリケーションサービス市場の新たな潮流

1　位置情報（空間情報）を活用したサービス

位置情報（空間情報）を活用したサービスは、地図アプリやカーナビゲーション、マーケティング、人流把握、タクシー配車アプリ、位置情報を活用したゲーム、家族や友人との位置情報共有アプリなど広く利用されている。

我が国の（屋外）位置・地図情報関連市場規模は、2020年度に1,527億円、2025年度には1,906億円まで拡大すると予測されている（**図表4-7-5-1**）。

また、屋内位置情報ソリューションの市場規模は、フリーアドレスの普及など働き方の見直しによるオフィス需要が牽引し、2024年度には約76億円まで拡大すると予測されており、屋外に比べると市場規模が小さいものの、2021年度以降は毎年20%程度の成長が期待されている（**図表4-7-5-2**）。

＊4　https://gem-standard.com/columns/674
＊5　https://www.riaj.or.jp/f/pdf/issue/industry/RIAJ2023.pdf
＊6　https://shuppankagaku.com/wp/wp-content/uploads/2023/01/%E3%83%8B%E3%83%A5%E3%83%BC%E3%82%B9%E3%83%AA%E3%83%AA%E3%83%BC%E3%82%B92301%E3%80%80.pdf

図表4-7-5-1　国内の（屋外）位置・地図情報関連市場規模の推移と予測

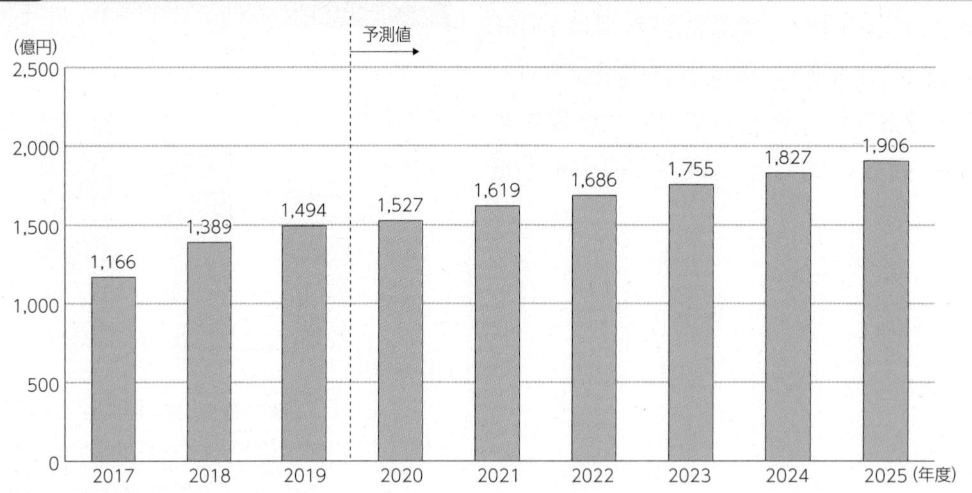

※1　事業者売上高ベース
※2　2020年度以降は予測値
※3　①地図DB、②GISエンジン、各種のGISアプリケーション（③交通関連位置情報アプリ、④店舗開発・位置情報広告、⑤スポット店舗情報・クーポン・チェックイン、⑥位置ゲームアプリ、⑦IoT位置情報アプリ、⑧配送／物流関連位置情報アプリ、⑨産業系位置情報アプリ、⑩インフラ整備向け位置情報アプリ、⑪渋滞対策位置情報アプリ、⑫防災対策位置情報アプリ）を対象として市場規模を算出した。

（出典）株式会社矢野経済研究所「位置・地図情報関連市場に関する調査（2020年）」（2020年11月5日発表）

図表4-7-5-2　国内の屋内位置情報ソリューション市場規模の推移と予測

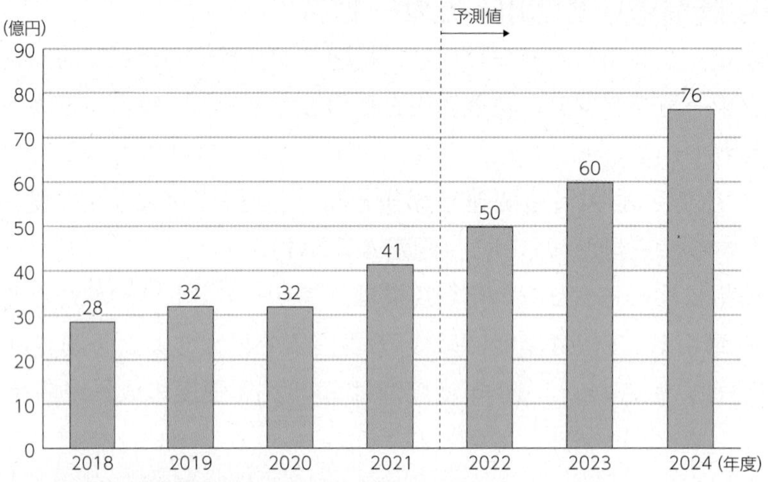

※1　屋内位置情報サービス/ソリューション提供事業者売上高ベース
※2　「屋内測位技術」および「屋内地図情報」を利用した屋内向けの位置情報活用サービス/ソリューションを対象として、市場規模を算出した。
※3　2021年度は見込値、2022年度以降は予測値

（出典）株式会社矢野経済研究所「屋内位置情報ソリューション市場に関する調査（2021年）」（2022年1月7日発表）

2　メタバース

通信の高速化、コンピューターの描画性能向上等に伴い、ユーザー間で「コミュニケーション」が可能なインターネット上の仮想空間である「メタバース」[*7]が普及し始め、メタバース上での商品購入などの経済活動が高い注目を集めている。

世界のメタバース市場（インフラ、ハードウェア、ソフトウェア、サービスの合計）は、2022年の8兆6,144億円から、2030年には123兆9,738億円[*8]まで拡大すると予想されている（**図表4-7-5-3**）。

日本のメタバース市場（メタバースプラットフォーム、プラットフォーム以外（コンテンツ、イ

*7　「Web3時代に向けたメタバース等の利活用に関する研究会」中間とりまとめ（これまでの議論の整理）
https://www.soumu.go.jp/main_content/000860618.pdf
*8　2023年1-3月の平均為替レートで計算している。

ンフラ)、XR（VR、AR、MR）機器の合計）は、2022年度に1,825億円（前年度比145.3%増）となる見込みで、2026年度には1兆42億円まで拡大すると予測されている（図表4-7-5-4）。新型コロナ禍の継続によって法人向けの仮想空間を利用したバーチャル展示会、社内イベント等のオンラインイベントや教育・トレーニング、インターネット通販での接客やショッピング体験などの用途での利用が拡大している。

図表4-7-5-3　世界のメタバース市場規模の推移と予測

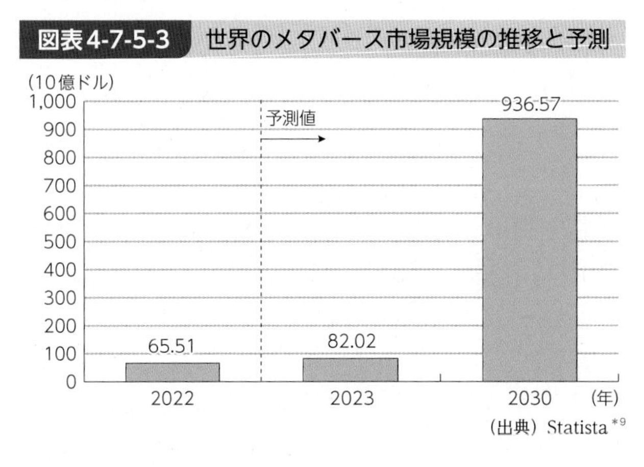

（出典）Statista＊9

図表4-7-5-4　日本のメタバース市場規模（売上高）の推移と予測

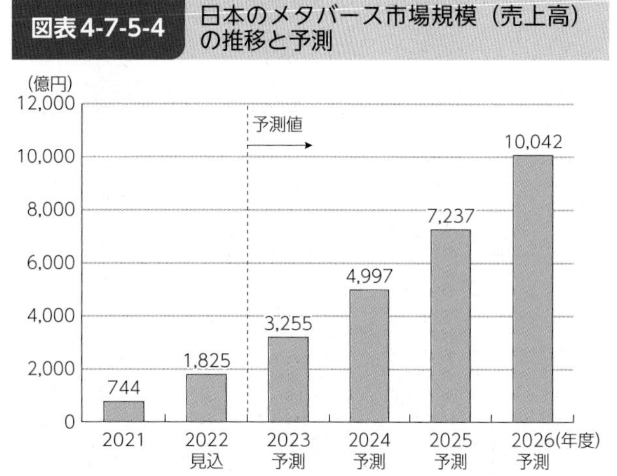

※1　事業者売上高ベース
※2　2022年度は見込値、2023年度以降は予測値
※3　市場規模はメタバースプラットフォーム、プラットフォーム以外（コンテンツ、インフラ等）、XR（VR/AR/MR）機器の合算値。なお、XR（VR/AR/MR）機器のみ、販売価格ベースで算出している。
（出典）株式会社矢野経済研究所「メタバースの国内市場動向調査（2022年）」（2022年9月21日発表）

3 デジタルツイン

デジタルツイン（Digital Twin）とは、現実空間の物体・状況を仮想空間上に「双子」のように再現したものである＊10。製造業やヘルスケアなど多様な分野でのシミュレーションや最適化及び効果・影響・リスクの評価などでの活用が進んでおり、世界のデジタルツインの市場規模は2020年の2,830億円から2025年には3兆9,142億円＊11に成長すると予測されている（図表4-7-5-5）。

＊9　https://www.statista.com/statistics/1295784/metaverse-market-size/
＊10「Web3時代に向けたメタバース等の利活用に関する研究会」中間とりまとめ（これまでの議論の整理）
https://www.soumu.go.jp/main_content/000860618.pdf
＊11　2023年1-3月の平均為替レートで計算している。

図表4-7-5-5　世界のデジタルツインの市場規模（産業別）

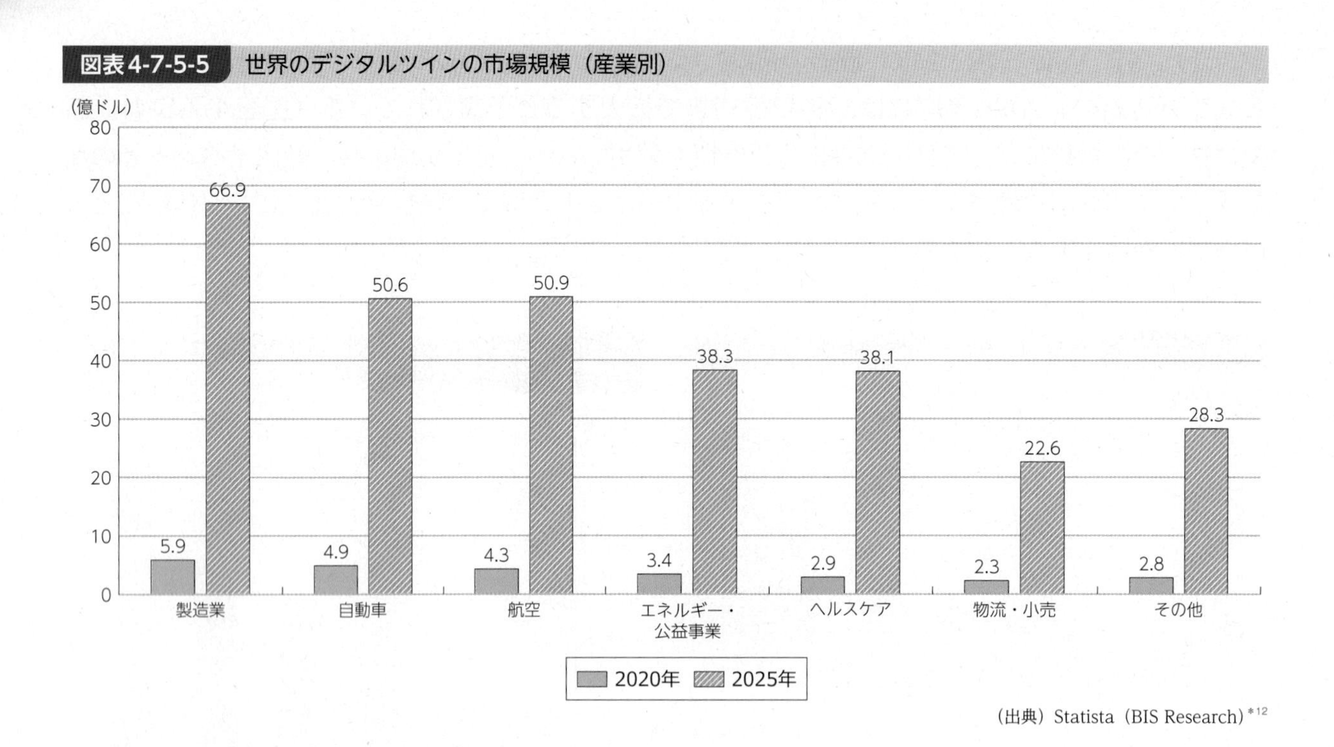

（出典）Statista（BIS Research）*12

*12 https://www.statista.com/statistics/1296187/global-digital-twin-market-by-industry/

第8節 データセンター市場及びクラウドサービス市場の動向

1 データセンター

世界の大規模データセンターの数は、2022年第2四半期末に800を超え[*1]、増加傾向が継続している。世界のデータセンター容量に占める割合は、米国が53%と過半数を超えており、次いで欧州・中東・アフリカ地域（16%）、中国（15%）、中国以外のアジア・太平洋地域（11%）となっている。

世界のデータセンターシステムの市場規模（支出額）は、2022年に27兆5,081億円（前年比32.3%増）となっている（**図表4-8-1-1**）。新型コロナウイルス感染症の感染拡大の影響で2020年は一時的に減少に転じたものの、その後は増加傾向で推移し、2023年には2019年を超える規模まで拡大すると予測されている。

日本のデータセンターサービスの市場規模（売上高）は、2022年に2兆275億円（前年比15.3%増）となり、初めて2兆円を超えると見込まれている（**図表4-8-1-2**）。

図表4-8-1-1 世界のデータセンターシステム市場規模（支出額）の推移及び予測

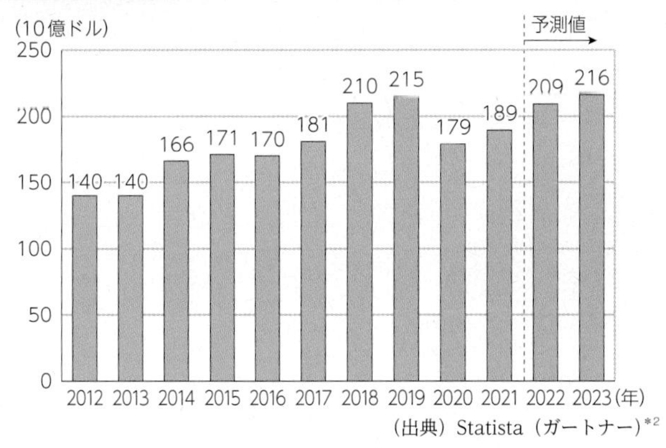

（出典）Statista（ガートナー）[*2]

図表4-8-1-2 日本のデータセンターサービス市場規模（売上高）の推移及び予測

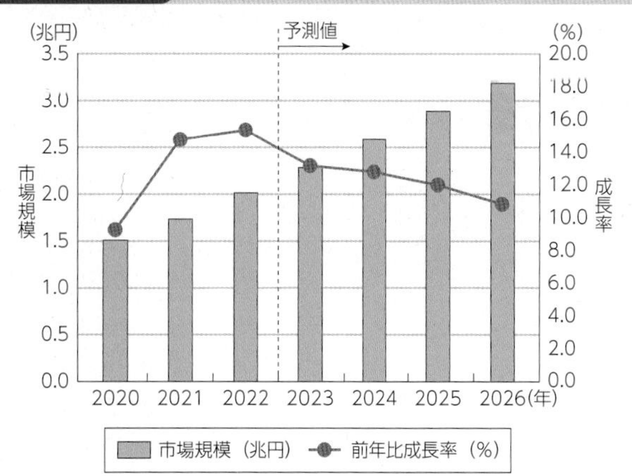

※2022年は見込、2023年以降は予測
（出典）IDC「国内データセンターサービス市場予測を発表」（2022年8月29日）[*3]

関連データ
世界の大規模データセンターの地域別シェア（データ容量）
出典：Synergy「Virginia Still Has More Hyperscale Data Center Capacity Than Either Europe or China」
URL：https://www.soumu.go.jp/johotsusintokei/whitepaper/ja/r05/html/datashu.html#f00245
（データ集）

2 クラウドサービス

世界のパブリッククラウドサービス市場[*4]は、2021年は45兆621億円（前年比28.6%増）と

＊1　https://www.srgresearch.com/articles/virginia-still-has-more-hyperscale-data-center-capacity-than-either-europe-or-china
＊2　https://www.statista.com/statistics/268938/global-it-spending-by-segment/
＊3　https://www.idc.com/getdoc.jsp?containerId=prJPJ49623222
＊4　パブリックあるいはプライベートのネットワークで、コンピューターなどのハードウェア、ソフトウェア、データベース、ストレージなどを第三者が提供するサービス。

なっている。例えばPaaSは、サービスプロバイダが利便性向上を進めており、またユーザーの継続的な利用傾向が強いことから、今後も高い成長が見込まれる（図表4-8-2-1）。市場シェアをみると、上位の米国5社（Microsoft、Amazon、IBM、Salesforce、Google）が全体の約半数を占めており、寡占化の状況にある（図表4-8-2-2）。

図表4-8-2-1　世界のパブリッククラウドサービス市場規模（売上高）の推移及び予測

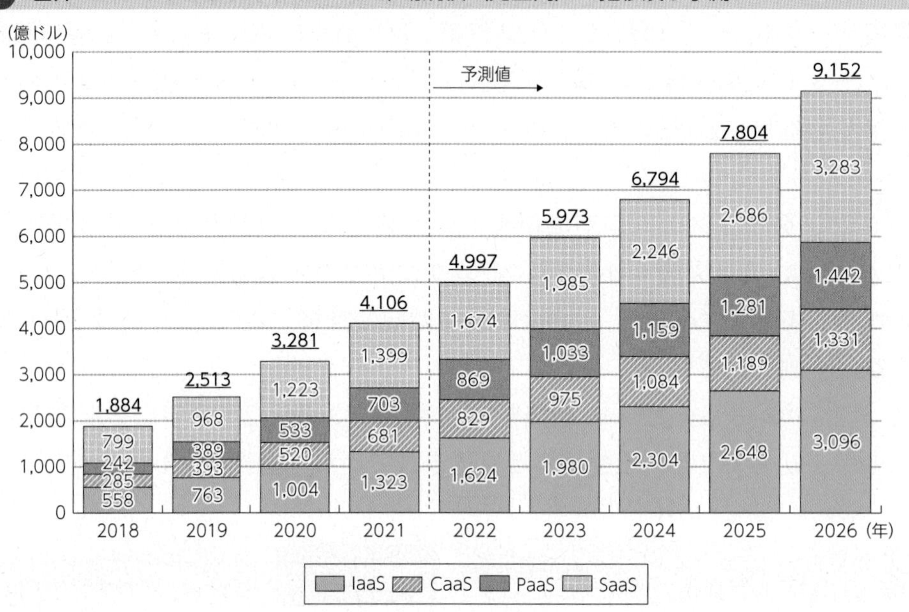

（出典）Omdia

図表4-8-2-2　世界のパブリッククラウドサービス市場のシェア

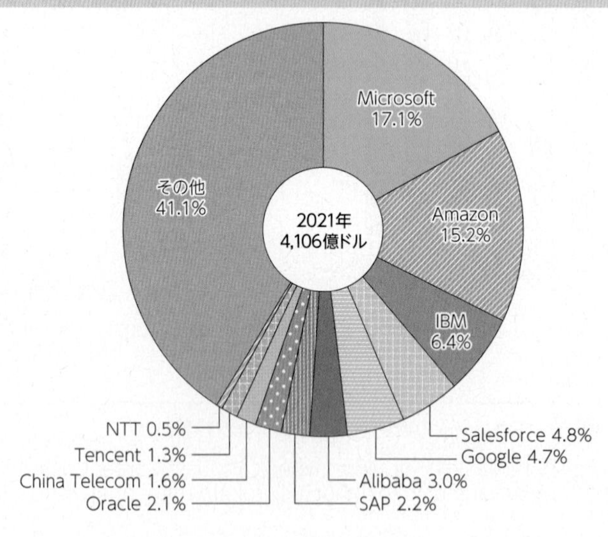

（出典）Omdia

日本のパブリッククラウドサービス市場[*5]は、新型コロナウイルス感染症の影響継続によりオンプレミス環境からクラウドへの移行が進んでいること等を背景に、2022年は2兆1,594億円（前年比29.8%増）にまで増加する見込みである（図表4-8-2-3）。

また、日本のPaaS市場、IaaS市場では、大手クラウドサービス（AWS（Amazon）、Azure（Microsoft）、GCP（Google））の利用率の高さが際立っている。特に、AWSは、PaaS／IaaS利用企業の半数以上を占めており、1年前と比較すると10ポイント以上増えている。

図表4-8-2-3　日本のパブリッククラウドサービス市場規模（売上高）の推移及び予測

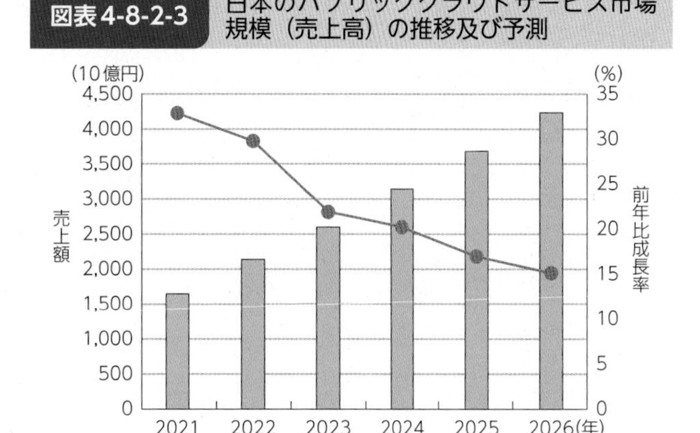

（出典）IDC「国内パブリッククラウドサービス市場予測を発表」(2022年9月15日)[*6]

関連データ

PaaS/IaaS利用者のAWS、Azure、GCP利用率

出典：MM総研「国内クラウドサービス需要動向調査」(2022年6月時点)

URL：https://www.soumu.go.jp/johotsusintokei/whitepaper/ja/r05/html/datashu.html#f00249（データ集）

3　エッジコンピューティング／エッジインフラ

世界のエッジコンピューティングの市場規模（収益）は、2020年時点で16.3兆円であり、2025年には36.0兆円まで拡大すると予測されている（図表4-8-3-1）。

日本のエッジインフラ（ハードウェア[*7]）市場規模（支出額）は、2021年に4,295億円であり、2026年には7,293億円まで拡大すると予測されている（図表4-8-3-2）。

企業のユースケースとしては、AR/VRやAIを活用した瞬時の意思決定を必要とする用途などが考えられ、例えば、製造業務における機械制御やモニタリング、映像配信、ドローン制御、自動運転、遠隔手術などが想定されるほか、データセンターまで物理的な距離がある地域においては大量のデータを一次処理する用途でも活用が期待されている。

また、近年、エッジコンピューティングでAI処理を行い、クラウドとの通信を極力減らす「エッジAI」と呼ばれる仕組が注目されている。これまでのAI処理は、オンプレミス環境又はクラウドにデータを送ってクラウド側で処理することが主流だったが、①通信コストの削減、②低遅延処理の実現、③プライバシーリスクの低減などのメリットがある。2021年度の国内エッジAI分野の製品・サービス市場（売上高）は前年比70.8%増の76億6,000万円、2022年度は前年比52.7%増の117億円に達する見込みであり、2026年度まで年率41.3%増で推移し、2026年度には431億円規模に達すると予測されている。

＊5　特別の規制や制限を設けずに幅広いユーザーに対して提供されるIT関連機能に特化したクラウドサービスを対象としている。
＊6　https://www.idc.com/getdoc.jsp?containerId=prJPJ49684222
＊7　サーバー、ストレージ、ゲートウェイ、ネットワーク機器が該当。

図表4-8-3-1　世界のエッジインフラ市場規模（収益）の推移及び予測

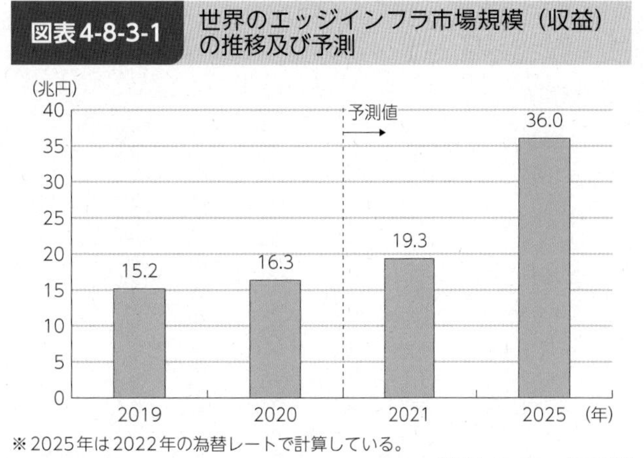

※2025年は2022年の為替レートで計算している。

（出典）Statista（IDC）*8

図表4-8-3-2　国内エッジインフラ市場規模（支出額）の推移及び予測

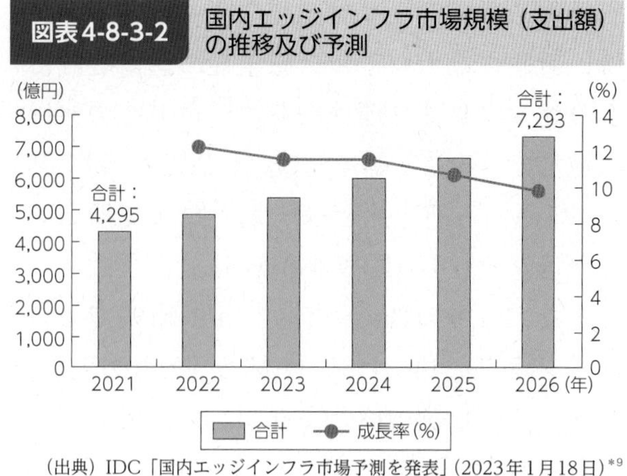

（出典）IDC「国内エッジインフラ市場予測を発表」（2023年1月18日）*9

関連データ

国内のエッジAIソリューションの市場規模（売上高）の推移及び予測

出典：デロイト トーマツ ミック経済研究所「エッジAIコンピューティング市場の実態と将来展望」（2022年10月24日）

URL：https://www.soumu.go.jp/johotsusintokei/whitepaper/ja/r05/html/datashu.html#f00255（データ集）

＊8　https://www.statista.com/statistics/1175706/worldwide-edge-computing-market-revenue/

＊9　https://www.idc.com/getdoc.jsp?containerId=prJPJ50045223

第9節　AIの動向

1　市場概況

世界のAI市場規模（売上高）は、2022年には前年比78.4%増の18兆7,148億円まで成長すると見込まれており、その後も2030年まで緩やかな加速度的成長が予測されている（**図表4-9-1-1**）。

日本のAIシステム[*1]市場規模（支出額）は、2022年に3,883億6,700万円（前年比35.5%増）となっており、今後も成長を続け、2027年には1兆1,034億7,700万円まで拡大すると予測されている（**図表4-9-1-2**）。

図表4-9-1-1　世界のAI市場規模（売上高）の推移及び予測

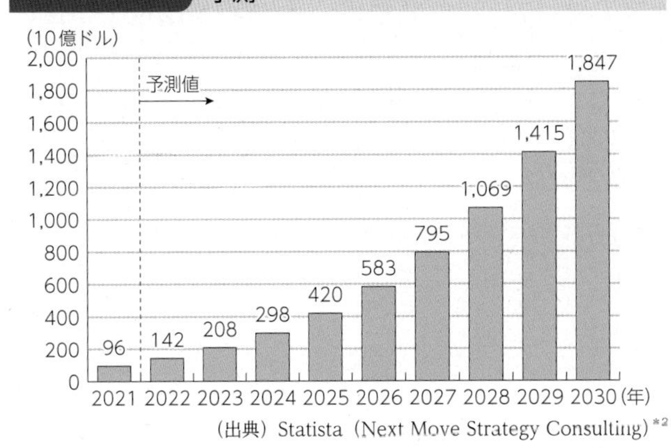

（出典）Statista（Next Move Strategy Consulting）[*2]

図表4-9-1-2　国内AIシステムの市場規模（支出額）及び予測

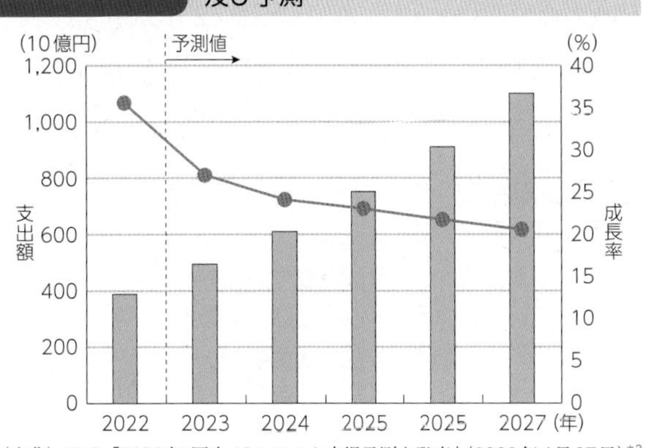

（出典）IDC「2023年 国内AIシステム市場予測を発表」（2023年4月27日）[*3]

2　AIを巡る各国等の動向

Thundermark Capitalが毎年公表しているAI Research Rankingでは、論文数などを基に研究をリードする国や企業・大学等が公表されている。国別では、2020年以降、米国、中国、英国の順となっており、日本は毎年Top10には入っているものの、年々順位が低下している。

組織別にみると、2022年は、Googleが世界各国の大学・企業を抑えてトップとなっており、Microsoft、Facebookも上位10位にランクインしている。上位10位以下の民間企業をみると、Amazon（米国）、IBM（米国）、Huawei（中国）、Alibaba（中国）、NVIDIA（米国）、Tencent（中国）、Samsung（韓国）、Baidu（中国）、NTT（日本）、Apple（米国）、OpenAI（米国）と続いており、ICT市場で売り上げの大きな企業が上位となっている中、AI専業のOpenAIが躍進している。

国別AIランキング（Top10）の推移

出典：Thundermark Capital「AI Research Ranking 2022」を基に作成
URL：https://www.soumu.go.jp/johotsusintokei/whitepaper/ja/r05/html/datashu.html#f00259
（データ集）

＊1　AI機能を利用するためのハードウェア、ソフトウェア・プラットフォーム及びAIシステム構築に関わるITサービス
＊2　https://www.statista.com/statistics/1365145/artificial-intelligence-market-size/
＊3　https://www.idc.com/getdoc.jsp?containerId=prJPJ50603323

関連データ

組織別AIランキング（Top10）の推移

出典：Thundermark Capital「AI Research Ranking 2022」を基に作成
URL：https://www.soumu.go.jp/johotsusintokei/whitepaper/ja/r05/html/datashu.html#f00260
（データ集）

関連データ

中国のAI市場支出予測

出典：IDC「China's Artificial Intelligence Market Will Exceed US$26.7 Billion by 2026, according to IDC」（2022年10月4日）
URL：https://www.soumu.go.jp/johotsusintokei/whitepaper/ja/r05/html/datashu.html#f00261
（データ集）

また、近年、AIの社会実装が進んでおり、ChatGPT、Stable Diffusion、CeVIO AI等の文章、画像、音声等を生成する、いわゆる生成AI（Generative AI）が注目されている。AI関連企業への投資も活発化しており、スタンフォード大学が公表した報告書「Artificial Intelligence Index Report 2023」によれば、2022年に新たに資金調達を受けたAI企業数は、米国が542社で1位、中国が160社で2位、日本が32社で10位となっている（**図表4-9-2-1**）。

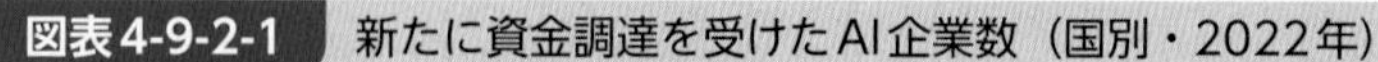

図表4-9-2-1　新たに資金調達を受けたAI企業数（国別・2022年）

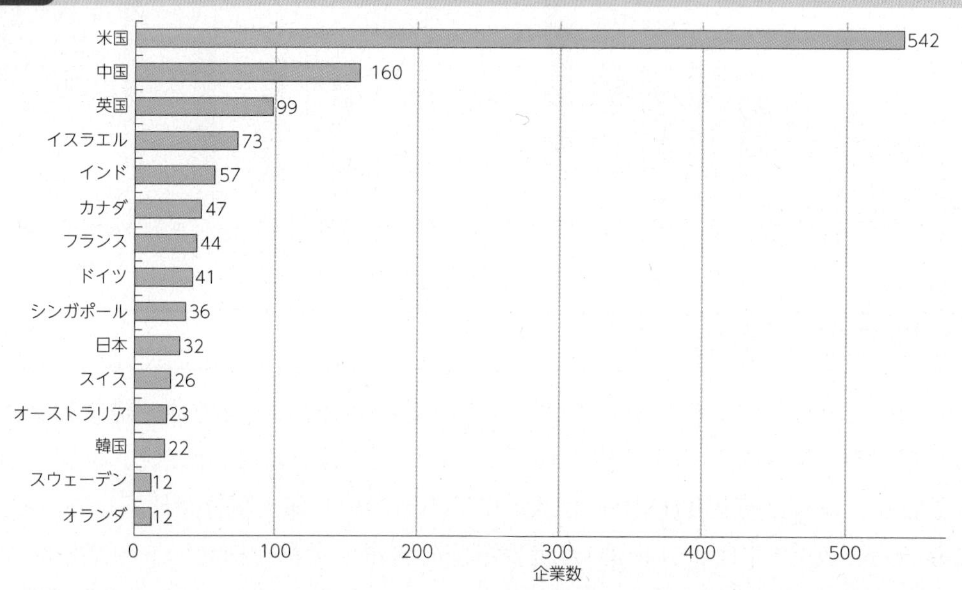

（出典）Stanford University「Artificial Intelligence Index Report 2023」＊4

＊4　https://aiindex.stanford.edu/wp-content/uploads/2023/04/HAI_AI-Index_Report_2023.pdf

第10節　サイバーセキュリティの動向

1　市場概況

世界のサイバーセキュリティの市場（売上高）は引き続き堅調で、2022年には9兆3,495億円38.7%増）になると予測されている（図表4-10-1-1）。セキュリティ製品カテゴリー別にみると、2022年第4半期時点では、ネットワークセキュリティへの支出が最も多く、全体の27.6%を占めている。

図表4-10-1-1　世界のサイバーセキュリティ市場規模（売上高）の推移

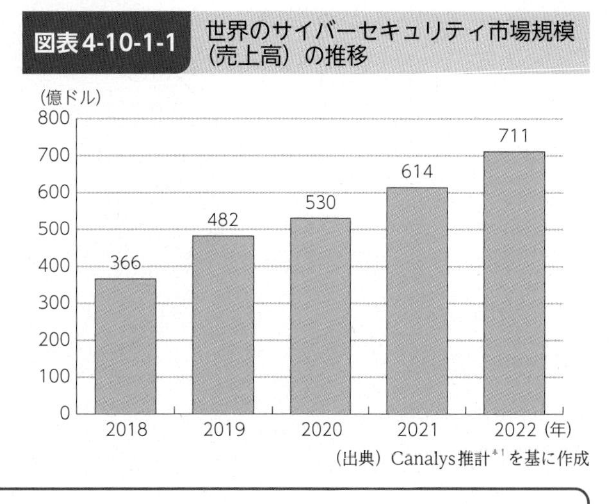

（出典）Canalys推計[*1]を基に作成

関連データ

世界のサイバーセキュリティ市場規模（製品カテゴリ別）
出典：Canalys "Strong channel sales propel the cybersecurity market to US$20 billion in Q4 2022" を基に作成
URL：https://www.soumu.go.jp/johotsusintokei/whitepaper/ja/r05/html/datashu.html#f00263（データ集）

サイバーセキュリティ市場の主要事業者として、Cisco、Palo Alto Networks、Check Point、Symantec、Fortinetの5社が2018年から2019年まで世界Top5の市場シェアを獲得していたが、2020年からはSymantecの代わりにTrellixが台頭し、2022年には3.1%のシェアを獲得している。また、シェア最大であるPalo Alto Networksでも8.2%のシェアしか占めておらず、世界のサイバーセキュリティ市場では、シェアが分散された状態が続いている。

関連データ

世界のサイバーセキュリティ主要事業者
出典：Canalysデータを基に作成
URL：https://www.soumu.go.jp/johotsusintokei/whitepaper/ja/r05/html/datashu.html#f00264（データ集）

2021年の国内の情報セキュリティ製品市場（売上高）は、前年より16%増の4,360億150万円となった。セキュリティ製品の機能市場セグメント別では、エンドポイントセキュリティソフトウェアやネットワークセキュリティソフトウェアなどを含む、セキュリティソフトウェア市場の2021年の売上額が3,159億4,200万円で全体の84.1%を占め、コンテンツ管理、UTMやVPNなどを含むセキュリティアプライアンス市場は3億4,900万円で全体の15.9%となった。

また、2020年及び2021年の国内情報セキュリティ製品のベンダー別シェア（売上額）について、2021年の市場全体のシェア率が2%以上の企業を「外資系企業」と「国内企業」に分類し、それら企業における2020年及び2021年の売上額を集計した結果、ともに外資系企業のシェアが

＊1　https://www.canalys.com/newsroom/cybersecurity-market-grows-9-in-2018-to-reach-us37-billion
https://canalys.com/newsroom/cybersecurity-investment-2020
https://canalys.com/newsroom/cybersecurity-market-2022

5割を超えており、国内のサイバーセキュリティ製品はその多くを海外に依存している状況が引き続いているといえる（**図表4-10-1-2**）。

図表4-10-1-2　国内情報セキュリティ製品市場シェア（売上額）　2020年～2021年

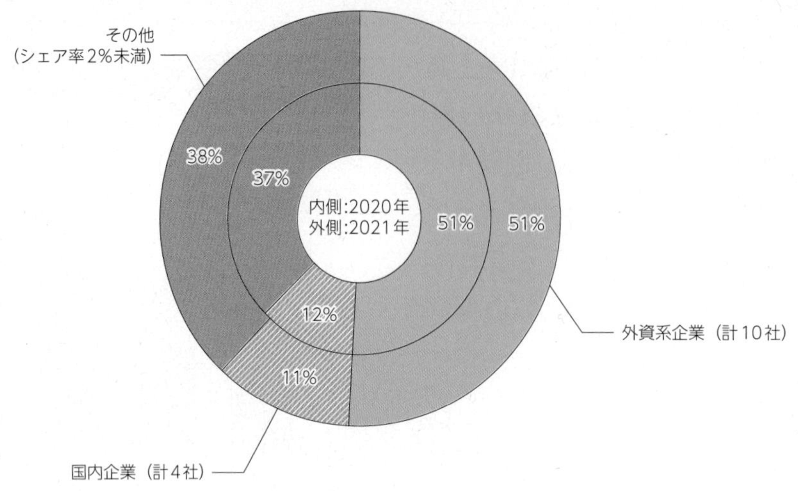

（出典）IDC Japan, 2022年7月「国内情報セキュリティ製品市場シェア、2021年：デジタルファーストで変化する市場」（JPJ47880222）を基に作成

2　サイバーセキュリティの現状

1　サイバーセキュリティ上の脅威の増大

NICTが運用している大規模サイバー攻撃観測網（NICTER）が2022年に観測したサイバー攻撃関連通信数（約5,226億パケット）は、2015年（約632億パケット）と比較して8.3倍となっているなど、依然多くの攻撃関連通信が観測されている状態である（**図表4-10-2-1**）。また、2022年に観測されたサイバー攻撃関連通信数は各IPアドレスに対して17秒に1回攻撃関連通信が行われていることに相当する。

なお、2020年から観測数が減少しているが、これは、2020年に観測された特異的な事象（大規模なバックスキャッタ[*2]や、特定の送信元からの集中的な大量の調査目的と思われる通信）が2022年には観測されなかったことなどが要因として挙げられる。

＊2　送信元IPアドレスが詐称されたDoS攻撃（SYN-flood攻撃）を受けているサーバーからの応答（SYN-ACK）パケットのこと。IPアドレスがランダムに詐称されている場合には、DoS攻撃を受けているサーバーから多くの応答パケットがダークネットにも到来するため、DoS攻撃の発生を検知できる。

図表4-10-2-1　NICTERにおけるサイバー攻撃関連の通信数の推移

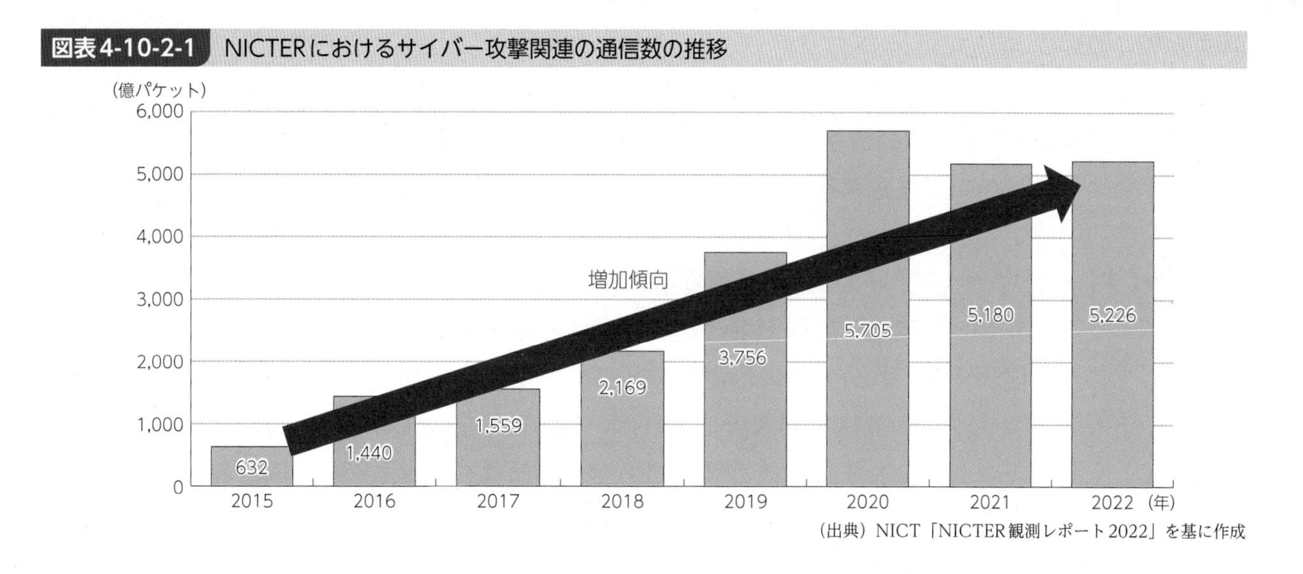

（出典）NICT「NICTER観測レポート2022」を基に作成

NICTERでのサイバー攻撃関連の通信内容をみると、2021年に比べIoT機器を狙った通信が大幅に増加し、サイバー攻撃関連通信全体の3割を占めている。また、HTTP・HTTPSで使用されるポートへの攻撃は昨年と同程度の割合で観測されている（図表4-10-2-2）。

図表4-10-2-2　NICTERにおけるサイバー攻撃関連の通信の内容

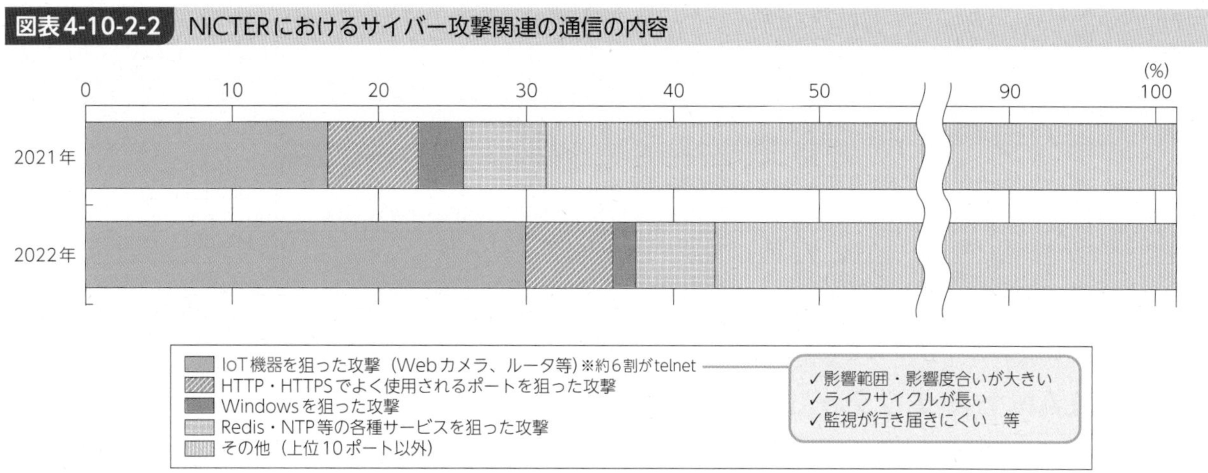

※NICTERで2021年・2022年に観測されたもの（調査目的の大規模スキャン通信を除く。）について、上位10ポートを分析。

（出典）国立研究開発法人情報通信研究機構「NICTER観測レポート2022」を基に作成

また、2022年中の不正アクセス行為の禁止等に関する法律（以下「不正アクセス禁止法」という。）違反事件の検挙件数は522件であり、前年と比べ93件増加した。

関連データ

不正アクセス禁止法違反事件検挙件数の推移

URL：https://www.soumu.go.jp/johotsusintokei/whitepaper/ja/r05/html/datashu.html#f00270
（データ集）

近年ではランサムウェアによるサイバー攻撃被害が国内外の様々な企業や医療機関等で続き、国民生活や社会経済に影響が出る事例も発生している。また、2023年3月には「Emotet（エモテット）」の活動再開が確認され、同月、独立行政法人情報処理推進機構（IPA）やJPCERT/CCより注意喚起が実施された。最近では日本の政府機関・地方自治体や企業のホームページ等を標的としたDDoS攻撃により、業務継続に影響のある事案も発生し、国民の誰もがサイバー攻撃の懸念に直面している。

こうした依然として厳しい情勢の下、直近では、大型連休がサイバーセキュリティに与えるリスクを考慮し、2023年4月に経済産業省、総務省、警察庁、NISCより春の大型連休に向けて実施いただきたい対策について注意喚起が実施された。

2 サイバーセキュリティに関する問題が引き起こす経済的損失

サイバーセキュリティに関する問題が引き起こす経済的損失について、様々な組織が調査・分析を公表している（図表4-10-2-3）。損失の範囲をどこまで捉えるかなどにより数値に幅があるが、例えば、トレンドマイクロが実施した調査によれば、日本では2021年度1年間で発生したセキュリティインシデントに起因した1組織あたり年間平均被害額は約3億2,850万円になると算出されている。

図表4-10-2-3 サイバーセキュリティに関する問題が引き起こす経済的損失

調査・分析の実施主体	対象地域	対象期間	経済的損失の概要	損失額
トレンドマイクロ	日本	2021年	セキュリティインシデントに起因した1組織あたり年間平均被害額	3億2,850万円
警察庁	日本	2022年上半期	ランサムウェア被害に関連して要した調査・復旧費用の総額	20%が100万円未満 14%が100万～500万円未満 10%が500万～1,000万円未満 37%が1,000万～5,000万円未満 18%が5,000万以上
FBI	米国	2021年	サイバー犯罪事件による被害報告総額	69億ドル
NFIB	英国	2022年	サイバー犯罪による被害報告総額	630万ポンド
Sophos	世界31か国	2021年	直近のランサムウェア攻撃の修復に要した1組織あたりの年間平均コスト	140万ドル
IBM	世界	2022年	組織における1回のデータ侵害にかかる世界平均コスト	435万ドル
Cybersecurity Ventures	世界	2023年【予測】	サイバー犯罪によるコスト	8兆ドル
McAfee、CSIS	世界	2020年	サイバー犯罪によるコスト	9,450億ドル

（出典）各種公開資料を基に作成

3 無線LANセキュリティに関する動向

無線LANの利用者のセキュリティ意識などを把握するために総務省が2022年11月に実施した意識調査によると、公衆無線LANの認知度は高い（約94%）が実際に利用している人はその半数程度にとどまっている。また、公衆無線LANを利用していない理由としては、「セキュリティ上の不安がある」が他の理由を引き離しトップとなっている。また、公衆無線LAN利用者のうち、9割程度の利用者がセキュリティ上の不安を感じているものの、そのうちの半数は「漠然とした不安」として挙げている。

4 送信ドメイン認証技術の導入状況

なりすましメールを防止するための「送信ドメイン認証技術」のJPドメインでの導入状況は、2022年12月時点で、SPFは約77.2%、DMARCは約2.7%となっており、いずれも微増傾向にある。

送信ドメイン認証技術のJPドメイン導入状況

URL：https://www.soumu.go.jp/johotsusintokei/whitepaper/ja/r05/html/datashu.html#f00277
（データ集）

第11節 デジタル活用の動向

1 国民生活におけるデジタル活用の動向

1 情報通信機器・端末

デジタルを活用する際に必要となるインターネットなどに接続するための端末について、2022年の情報通信機器の世帯保有率は、「モバイル端末全体」で97.5%であり、その内数である「スマートフォン」は90.1%である。また、パソコンは69.0%となっている（図表4-11-1-1)。

図表4-11-1-1 情報通信機器の世帯保有率の推移

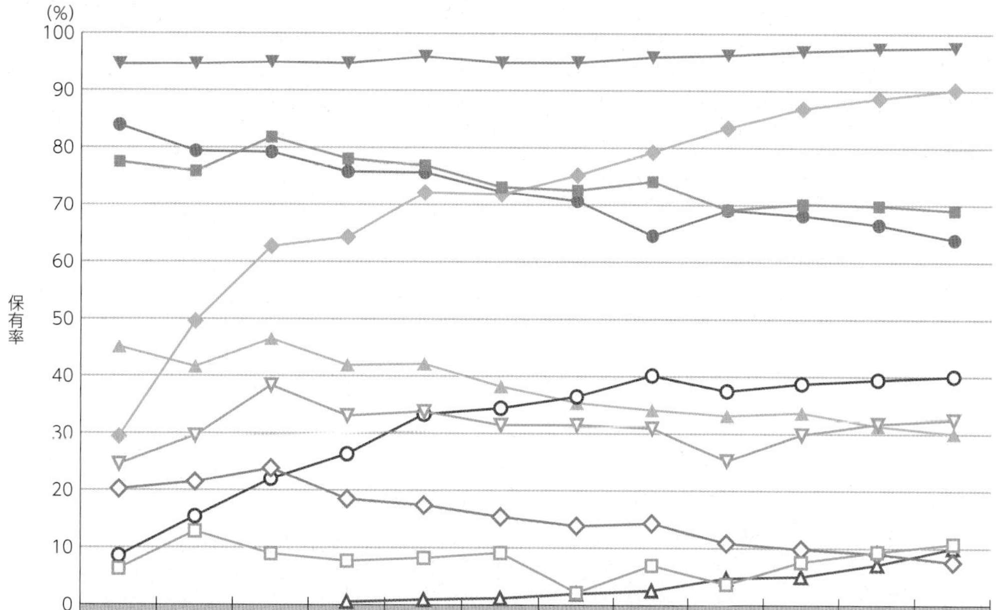

	2011 (n=16,530)	2012 (n=20,418)	2013 (n=15,599)	2014 (n=16,529)	2015 (n=14,765)	2016 (n=17,040)	2017 (n=16,117)	2018 (n=16,255)	2019 (n=15,410)	2020 (n=17,345)	2021 (n=17,365)	2022 (n=15,951)
固定電話	83.8	79.3	79.1	75.7	75.6	72.2	70.6	64.5	69.0	68.1	66.5	63.9
FAX	45.0	41.5	46.4	41.8	42.0	38.1	35.3	34.0	33.1	33.6	31.3	30.0
モバイル端末全体	94.5	94.5	94.8	94.6	95.8	94.7	94.8	95.7	96.1	96.8	97.3	97.5
スマートフォン	29.3	49.5	62.6	64.2	72.0	71.8	75.1	79.2	83.4	86.8	88.6	90.1
パソコン	77.4	75.8	81.7	78.0	76.8	73.0	72.5	74.0	69.1	70.1	69.8	69.0
タブレット型端末	8.5	15.3	21.9	26.3	33.3	34.4	36.4	40.1	37.4	38.7	39.4	40.0
ウェアラブル端末	–	–	–	0.5	0.9	1.1	1.9	2.5	4.7	5.0	7.1	10.0
インターネットに接続できる家庭用テレビゲーム機	24.5	29.5	38.3	33.0	33.7	31.4	31.4	30.9	25.2	29.8	31.7	32.4
インターネットに接続できる携帯型音楽プレイヤー	20.1	21.4	23.8	18.4	17.3	15.3	13.8	14.2	10.8	9.8	9.0	7.5
その他インターネットに接続できる家電（スマート家電）等	6.2	12.7	8.8	7.6	8.1	9.0	2.1	6.9	3.6	7.5	9.3	10.7

（出典）総務省「通信利用動向調査」[*1]

*1 https://www.soumu.go.jp/johotsusintokei/statistics/statistics05.html

2 インターネット

ア　利用状況

2022年のインターネット利用率（個人）は84.9%となっており（**図表4-11-1-2**）、端末別のインターネット利用率（個人）は、「スマートフォン」（71.2%）が「パソコン」（48.5%）を22.6ポイント上回っている。

図表4-11-1-2　インターネット利用率（個人）の推移[*2]

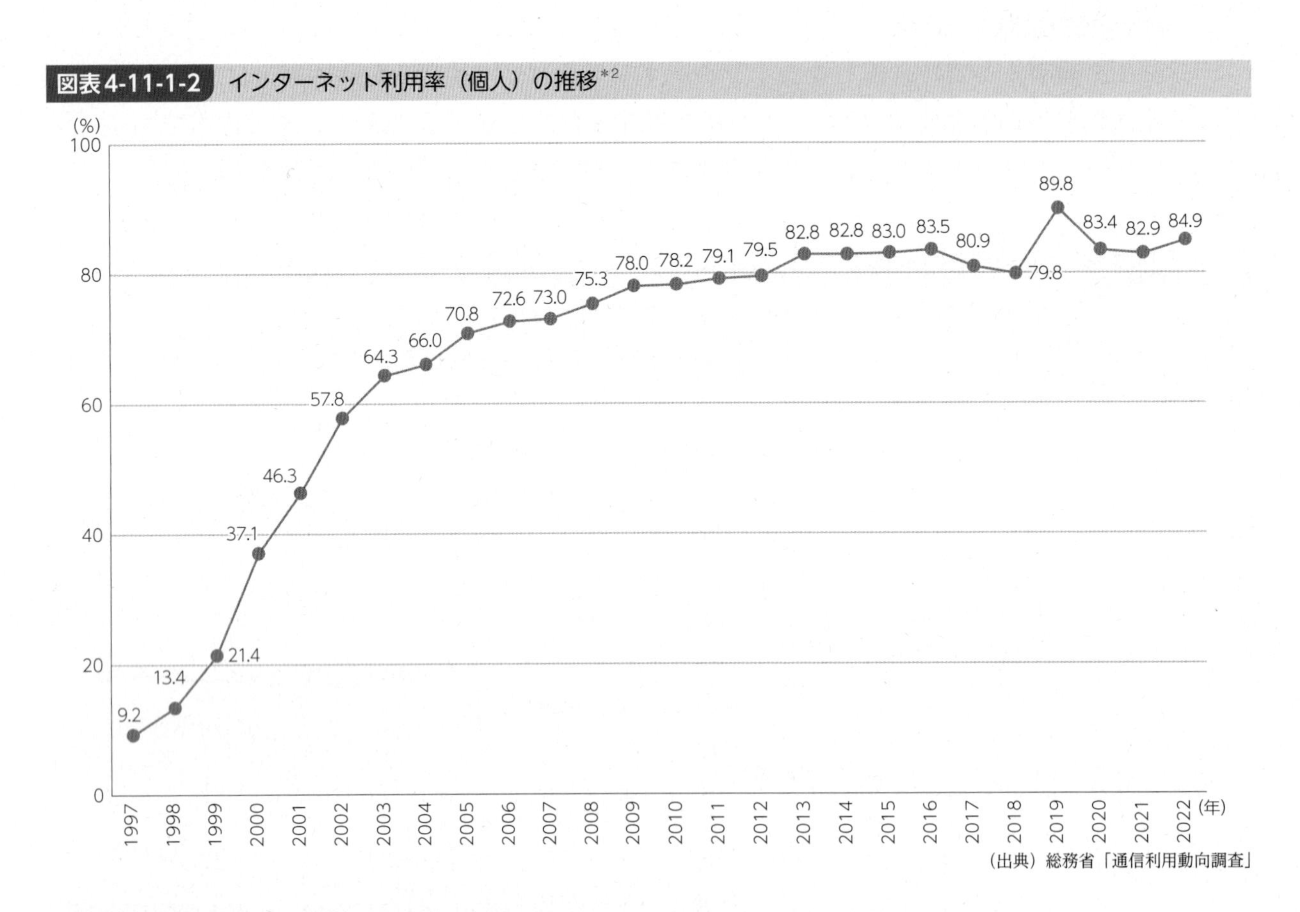

（出典）総務省「通信利用動向調査」

関連データ

インターネット利用端末の種類（個人）
出典：総務省「通信利用動向調査」
URL：https://www.soumu.go.jp/johotsusintokei/whitepaper/ja/r05/html/datashu.html#f00281
（データ集）

個人の年齢階層別にインターネット利用率をみてみると、13歳から59歳までの各階層で9割を超えている一方、60歳以降年齢階層が上がるにつれて利用率が低下する傾向にある（**図表4-11-1-3**）。また、所属世帯年収別インターネット利用率は、400万円以上の各階層で8割を超えている（**図表4-11-1-4**）。さらに、都道府県別にみると、インターネット利用率が80%を超えているのは34県となっており、すべての都道府県でスマートフォンでの利用率が50%を超えている。

＊2　令和元年調査の調査票の設計が一部例年と異なっていたため、経年比較に際しては注意が必要。

図表4-11-1-3　年齢階層別インターネット利用率

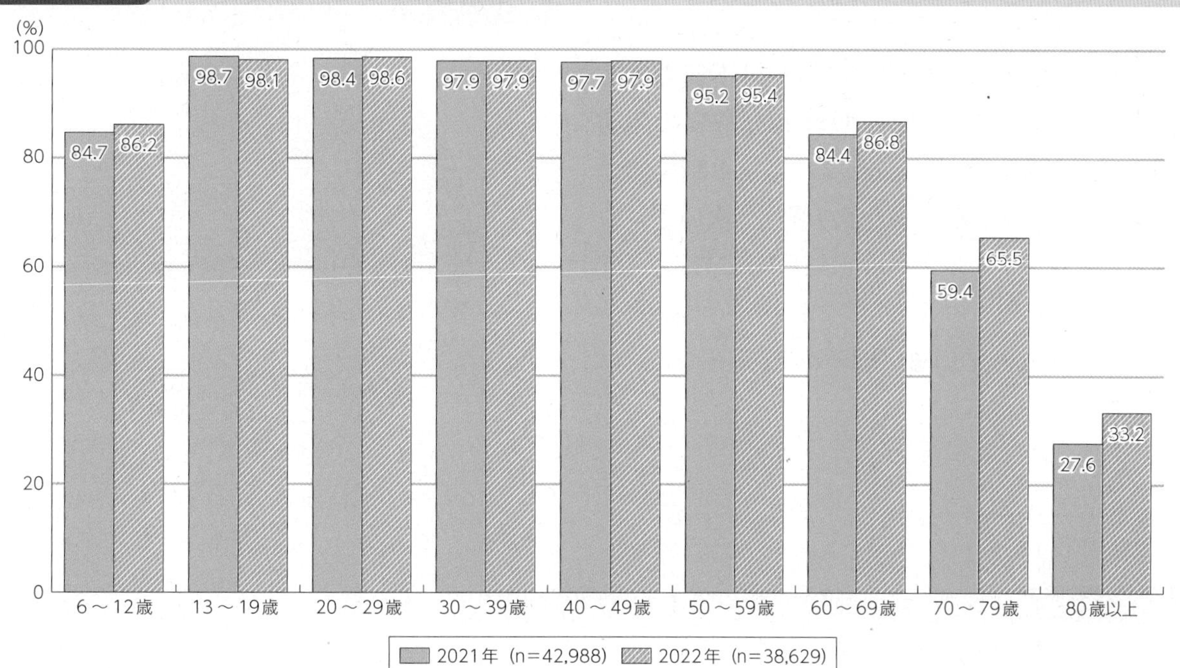

（出典）総務省「通信利用動向調査」

図表4-11-1-4　世帯年収別インターネット利用率

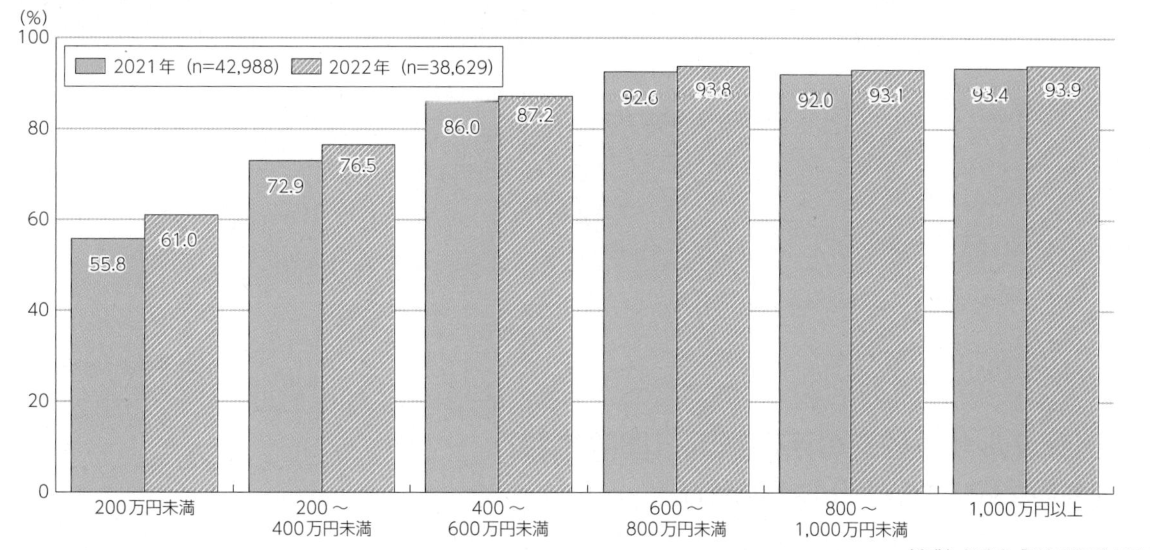

（出典）総務省「通信利用動向調査」

関連データ

都道府県別インターネット利用率及び機器別の利用状況（個人）（2022年）

出典：総務省「通信利用動向調査」
URL：https://www.soumu.go.jp/johotsusintokei/whitepaper/ja/r05/html/datashu.html#f00284
（データ集）

イ　インターネット利用への不安感

インターネットを利用している者の約70%がインターネットの利用時に何らかの不安を感じており（図表4-11-1-5）、具体的な不安の内容としては、「個人情報やインターネット利用履歴の漏洩」の割合が88.7%と最も高く、次いで「コンピューターウイルスへの感染」（64.3%）、「架空請求やインターネットを利用した詐欺」（53.8%）となっている（図表4-11-1-6）。

図表4-11-1-5　インターネット利用時に不安を感じる人の割合

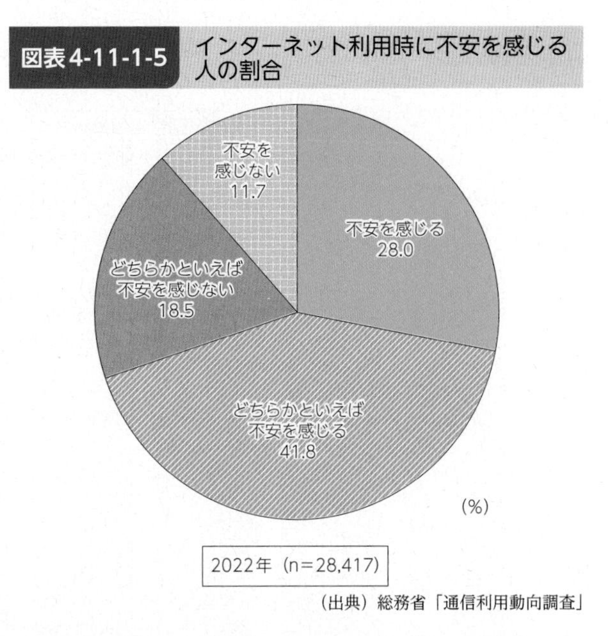

（出典）総務省「通信利用動向調査」

図表4-11-1-6　インターネット利用時に感じる不安の内容（複数回答）

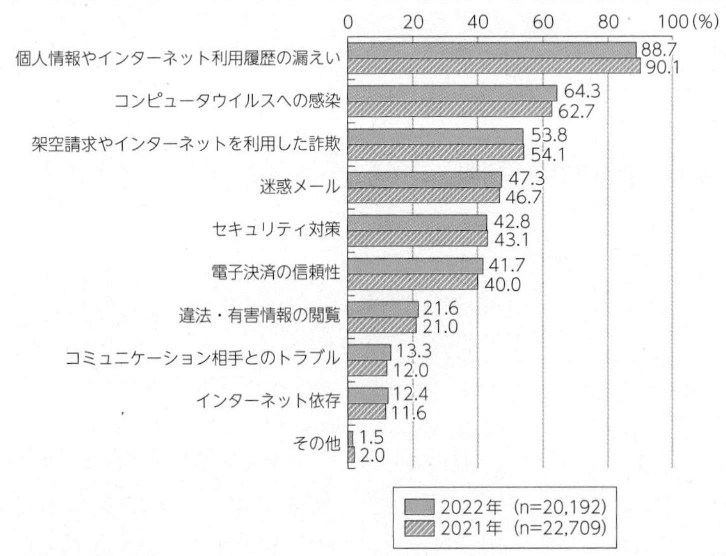

（出典）総務省「通信利用動向調査」

3　デジタルサービスの活用状況（国際比較）

ア　全般的なデジタルサービス利用状況

普段利用しているデジタルサービスについて、日本、米国、ドイツ、中国でアンケート調査を実施したところ、全体として中国の回答者は他の対象国と比べて各サービスの利用率が高かった。日本では「SNS」、「インターネットショッピング」、「情報検索・ニュース」といったサービスの利用者が60%以上と、他サービスと比較して高くなっている（図表4-11-1-7）。

図表4-11-1-7　全般的なデジタルサービス利用状況

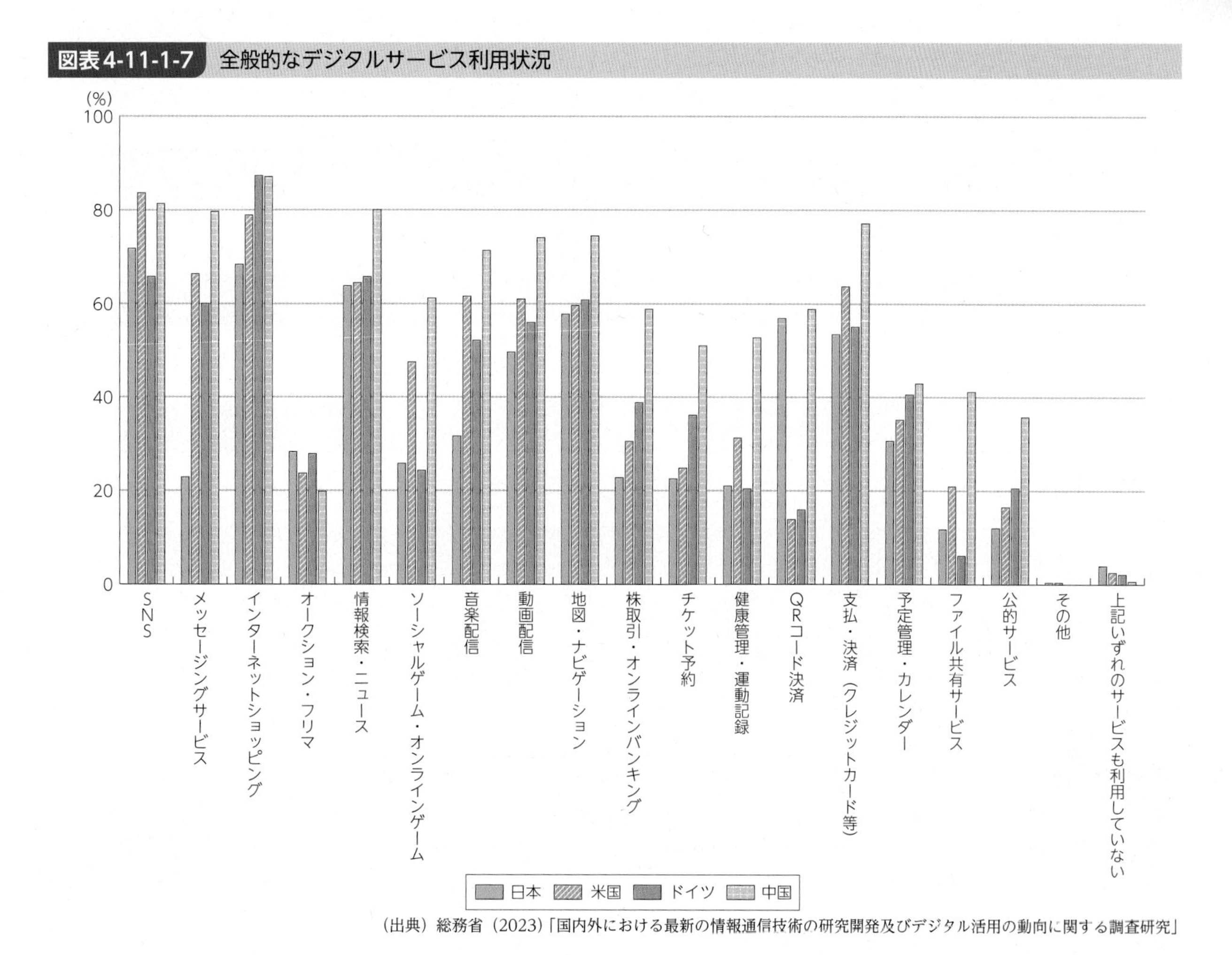

（出典）総務省（2023）「国内外における最新の情報通信技術の研究開発及びデジタル活用の動向に関する調査研究」

イ　仮想空間でのデジタルサービス利用状況（XRコンテンツ）

XRコンテンツ＊3を利用したことがあると回答した割合は、米国、ドイツで20%～30%、中国で50%を超える一方、日本では7.4%にとどまっている（**図表4-11-1-8**）。我が国での利用状況を年齢別にみると、20歳代の利用率が最も高く（12.6%）、「今後利用してみたい」と考えている割合も20歳代が最も高かった（30.6%）。

＊3　他者とリアルタイムかつインタラクティブな関係を持つサービスである、オンラインゲーム、バーチャルイベント等のXRコンテンツ（仮想空間上の体験型エンターテインメントサービス）を指す。

図表4-11-1-8　仮想空間上のエンターテインメントサービス利用状況（各国比較）

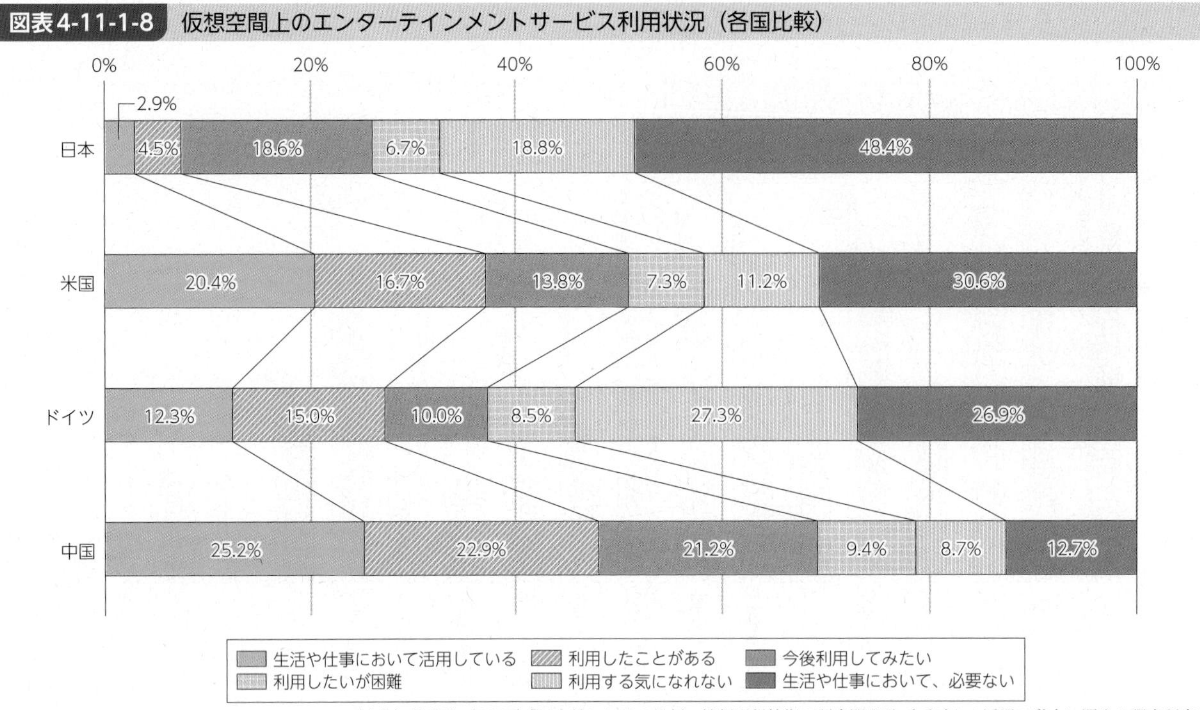

（出典）総務省（2023）「国内外における最新の情報通信技術の研究開発及びデジタル活用の動向に関する調査研究」

関連データ

仮想空間上のエンターテインメントサービス利用状況（年代別）

出典：総務省（2023）「国内外における最新の情報通信技術の研究開発及びデジタル活用の動向に関する調査研究」
URL：https://www.soumu.go.jp/johotsusintokei/whitepaper/ja/r05/html/datashu.html#f00289
（データ集）

関連データ

仮想空間上のエンターテインメントサービスが利用できない理由

出典：総務省（2023）「国内外における最新の情報通信技術の研究開発及びデジタル活用の動向に関する調査研究」
URL：https://www.soumu.go.jp/johotsusintokei/whitepaper/ja/r05/html/datashu.html#f00290
（データ集）

ウ　メディア利用時間

総務省情報通信政策研究所は、2012年から橋元 良明氏（東京女子大学現代教養学部教授）ほか[*4]との共同研究として、情報通信メディアの利用時間と利用時間帯、利用目的、信頼度などについて調査研究を行っている[*5]。以下、2022年度の調査結果[*6]を基に情報通信メディアの利用時間などについて概観する。

（ア）主なメディアの平均利用時間[*7]と行為者率[*8]

「テレビ（リアルタイム）視聴」[*9]、「テレビ（録画）視聴」、「インターネット利用」[*10]、「新聞閲読」及び「ラジオ聴取」の平均利用時間と行為者率を示したものが（図表4-11-1-9）である。

全年代では、平日、休日ともに、「テレビ（リアルタイム）視聴」及び「インターネット利用」

*4　東京経済大学コミュニケーション学部教授 北村 智氏及び東京大学大学院情報学環総合防災情報研究センター特任助教 河井 大介氏。
*5　「情報通信メディアの利用時間と情報行動に関する調査研究」：13歳から69歳までの男女1,500人を対象（性別・年齢10歳刻みで住民基本台帳の実勢比例。2022年度調査には2022年1月の住民基本台帳を使用）に、ランダムロケーションクォータサンプリングによる訪問留置調査で実施。
*6　2022年度調査における調査対象期間は2022年11月5日～11月11日。
*7　調査日1日あたりの、ある情報行動の全調査対象者の時間合計を調査対象者数で除した数値。その行動を1日全く行っていない人も含めて計算した平均時間。
*8　平日については、調査日2日間の1日ごとにある情報行動を行った人の比率を求め、2日間の平均をとった数値。休日については、調査日の比率。
*9　テレビ（リアルタイム）視聴：テレビ受像機のみならず、あらゆる機器によるリアルタイムのテレビ視聴。
*10　インターネット利用：機器を問わず、メール、ウェブサイト、ソーシャルメディア、動画サイト、オンラインゲームなど、インターネットに接続することで成り立つサービスの利用を指す。

の平均利用時間が長い傾向は変わらないが、「インターネット利用」が、「テレビ（リアルタイム）視聴」を平日は3年連続で超過し、休日は初めて超過する結果となっている。行為者率については、「テレビ（リアルタイム）視聴」の行為者率は、平日、休日ともに「インターネット利用」の行為者率を下回っている。

年代別にみると、「インターネット利用」の平均利用時間が、平日は30代を除き減少又はほぼ横ばいとなっており、休日は30代及び40代を除き増加となっている。行為者率については、平日は10代から50代、休日は10代から40代の「インターネット利用」の行為者率が「テレビ（リアルタイム）視聴」の行為者率を超過している。また、「新聞閲読」について、年代が上がるとともに行為者率が高くなっている。

図表4-11-1-9　主なメディアの平均利用時間と行為者率

＜平日1日＞

		平均利用時間（単位：分）					行為者率				
		テレビ（リアルタイム）視聴	テレビ（録画）視聴	ネット利用	新聞閲読	ラジオ聴取	テレビ（リアルタイム）視聴	テレビ（録画）視聴	ネット利用	新聞閲読	ラジオ聴取
全年代	2018年	156.7	20.3	112.4	8.7	13.0	79.3	18.7	82.0	26.6	6.5
	2019年	161.2	20.3	126.2	8.4	12.4	81.6	19.9	85.5	26.1	7.2
	2020年	163.2	20.2	168.4	8.5	13.4	81.8	19.7	87.8	25.5	7.7
	2021年	146.0	17.8	176.8	7.2	12.2	74.4	18.6	89.6	22.1	6.2
	2022年	135.5	18.2	175.2	6.0	8.1	73.7	17.5	90.4	19.2	6.0
10代	2018年	71.8	12.7	167.5	0.3	0.2	63.1	15.2	89.0	2.5	1.1
	2019年	69.0	14.7	167.9	0.3	4.1	61.6	19.4	92.6	2.1	1.8
	2020年	73.1	12.2	224.2	1.4	2.3	59.9	14.8	90.1	2.5	1.8
	2021年	57.3	12.1	191.5	0.4	3.3	56.7	16.3	91.5	1.1	0.7
	2022年	46.0	6.9	195.0	0.9	0.8	50.7	10.0	94.3	2.1	1.8
20代	2018年	105.9	18.7	149.8	1.2	0.9	67.5	16.5	91.4	5.3	0.7
	2019年	101.8	15.6	177.7	1.8	3.4	65.9	14.7	93.4	5.7	3.3
	2020年	88.0	14.6	255.4	1.7	4.0	65.7	13.6	96.0	6.3	3.1
	2021年	71.2	15.1	275.0	0.9	7.0	51.9	13.7	96.5	2.6	3.0
	2022年	72.9	14.8	264.8	0.4	2.1	54.4	11.8	97.7	2.8	2.3
30代	2018年	124.4	17.4	110.7	3.0	9.4	74.1	19.1	91.1	13.0	4.3
	2019年	124.2	24.5	154.1	2.2	5.0	76.7	21.9	91.9	10.5	2.2
	2020年	135.4	19.3	188.6	1.9	8.4	78.2	19.4	95.0	8.8	6.0
	2021年	107.4	18.9	188.2	1.5	4.8	65.8	20.9	94.9	5.9	3.2
	2022年	104.4	14.6	202.9	1.2	4.1	67.1	14.9	95.7	4.1	3.9
40代	2018年	150.3	20.2	119.7	4.8	16.6	79.2	18.8	87.0	23.1	7.4
	2019年	145.9	17.8	114.1	5.3	9.5	84.0	18.9	91.3	23.6	6.0
	2020年	151.0	20.3	160.2	5.5	11.7	86.2	23.0	92.6	24.1	6.0
	2021年	132.8	13.6	176.8	4.3	12.9	77.8	15.3	94.6	17.9	5.4
	2022年	124.1	17.2	176.1	4.1	5.5	75.7	18.0	91.5	16.5	6.3
50代	2018年	176.9	20.8	104.3	12.9	17.2	88.5	20.6	82.0	43.9	9.3
	2019年	201.4	22.5	114.0	12.0	18.3	92.8	21.9	84.2	38.5	12.2
	2020年	195.6	23.4	130.0	11.9	26.9	91.8	20.7	85.0	39.4	13.4
	2021年	187.7	18.7	153.6	9.1	23.6	86.4	20.9	89.4	33.8	11.1
	2022年	160.7	18.6	143.5	7.8	14.0	84.0	19.5	88.8	29.6	8.6
60代	2018年	248.7	27.3	60.9	23.1	22.8	91.6	19.7	59.0	52.8	11.7
	2019年	260.3	23.2	69.4	22.5	27.2	93.6	21.2	65.7	57.2	13.4
	2020年	271.4	25.7	105.5	23.2	18.5	92.9	22.3	71.3	53.7	12.1
	2021年	254.6	25.8	107.4	22.0	14.4	92.0	23.0	72.8	55.1	10.0
	2022年	244.2	30.5	103.2	17.7	16.7	92.8	25.2	78.5	46.1	9.9

＜休日1日＞

		平均利用時間（単位：分）					行為者率				
		テレビ（リアルタイム）視聴	テレビ（録画）視聴	ネット利用	新聞閲読	ラジオ聴取	テレビ（リアルタイム）視聴	テレビ（録画）視聴	ネット利用	新聞閲読	ラジオ聴取
全年代	2018年	219.8	31.3	145.8	10.3	7.5	82.2	23.7	84.5	27.6	5.1
	2019年	215.9	33.0	131.5	8.5	6.4	81.2	23.3	81.0	23.5	4.6
	2020年	223.3	39.6	174.9	8.3	7.6	80.5	27.6	84.6	22.8	4.7
	2021年	193.6	26.3	176.5	7.3	7.0	75.0	21.3	86.7	19.3	4.2
	2022年	182.9	30.2	187.3	5.6	5.5	72.2	22.7	88.5	17.7	4.1
10代	2018年	113.4	28.6	271.0	0.9	0.7	67.4	27.7	91.5	3.5	2.1
	2019年	87.4	21.3	238.5	0.1	0.0	52.8	17.6	90.1	0.7	0.0
	2020年	93.9	29.8	290.8	0.9	0.0	54.9	25.4	91.5	1.4	0.0
	2021年	73.9	12.3	253.8	0.0	0.0	57.4	14.9	90.8	0.0	0.0
	2022年	69.3	17.4	285.0	1.0	2.8	46.4	19.3	92.9	2.1	2.1
20代	2018年	151.0	32.8	212.9	2.1	2.1	66.5	24.9	95.7	6.2	2.4
	2019年	138.5	23.0	223.2	0.9	1.2	69.7	19.9	91.0	3.3	1.9
	2020年	132.3	26.5	293.8	2.0	1.9	64.3	20.2	97.7	6.6	2.3
	2021年	90.8	17.2	303.1	0.7	1.8	49.3	14.0	97.2	2.3	1.4
	2022年	89.6	25.1	330.3	0.5	1.0	48.4	16.1	96.8	2.3	1.4
30代	2018年	187.2	26.6	150.2	3.5	3.9	79.8	19.1	92.6	11.7	3.5
	2019年	168.2	31.0	149.5	2.5	2.0	78.3	23.3	90.1	9.9	2.0
	2020年	198.1	45.0	191.3	1.6	7.4	77.2	31.6	91.2	5.6	3.2
	2021年	147.6	30.3	212.3	1.5	3.2	69.6	22.7	92.3	4.0	1.2
	2022年	152.5	25.9	199.9	0.8	6.9	63.3	19.6	92.7	3.3	4.1
40代	2018年	213.9	39.0	145.3	6.4	8.2	82.7	25.9	90.4	25.3	3.4
	2019年	216.2	37.5	98.8	6.0	5.0	83.7	25.5	84.7	20.2	3.7
	2020年	232.7	41.5	154.5	5.2	4.2	85.3	28.5	89.3	19.9	3.1
	2021年	191.1	28.5	155.7	4.9	6.3	79.0	21.0	91.0	14.8	3.4
	2022年	191.0	29.7	157.5	4.6	4.8	76.5	22.9	89.0	16.3	2.8
50代	2018年	260.8	22.9	115.0	15.3	10.4	91.9	21.5	80.7	42.2	7.0
	2019年	277.5	48.0	107.9	12.9	6.6	90.3	30.6	77.3	37.4	6.5
	2020年	256.5	49.8	127.8	12.5	16.3	91.6	31.4	81.5	36.6	7.7
	2021年	242.6	28.9	119.0	9.2	14.2	84.8	24.9	82.2	29.6	8.1
	2022年	220.5	33.0	134.9	7.6	5.6	85.7	24.8	85.3	24.4	4.6
60代	2018年	315.3	34.6	64.3	26.1	14.1	93.0	24.4	63.2	56.9	10.0
	2019年	317.6	28.1	56.1	21.8	18.5	94.5	19.0	60.7	51.7	10.3
	2020年	334.7	37.2	83.7	22.0	10.9	91.8	25.9	63.1	50.4	9.2
	2021年	326.1	31.4	92.7	22.3	11.2	93.5	25.4	71.0	50.4	8.0
	2022年	291.4	42.2	105.4	15.0	10.1	92.3	29.8	78.7	45.2	8.5

（出典）総務省情報通信政策研究所「令和4年度情報通信メディアの利用時間と情報行動に関する調査」

(イ) メディアとしてのインターネットの位置付け

メディアとしてのインターネットの利用について、利用目的ごとに他のメディアと比較したものが（図表4-11-1-10）である。

「いち早く世の中のできごとや動きを知る」ために最も利用するメディアとしては、全年代では「インターネット」が最も高い。年代別では、10代から50代では「インターネット」、60代では「テレビ」を最も利用している。

「世の中のできごとや動きについて信頼できる情報を得る」ために最も利用するメディアとしては、全年代では「テレビ」が最も高く、年代別では20代を除き各年代で「テレビ」を最も利用している。「新聞」は60代では「インターネット」を上回る水準で利用している。

「趣味・娯楽に関する情報を得る」ために最も利用するメディアとしては、全年代及び各年代で「インターネット」が最も高くなっており、10代から30代で「インターネット」の割合が90%前後となっている。

図表4-11-1-10　目的別利用メディア（最も利用するメディア。全年代・年代別・インターネット利用非利用別）

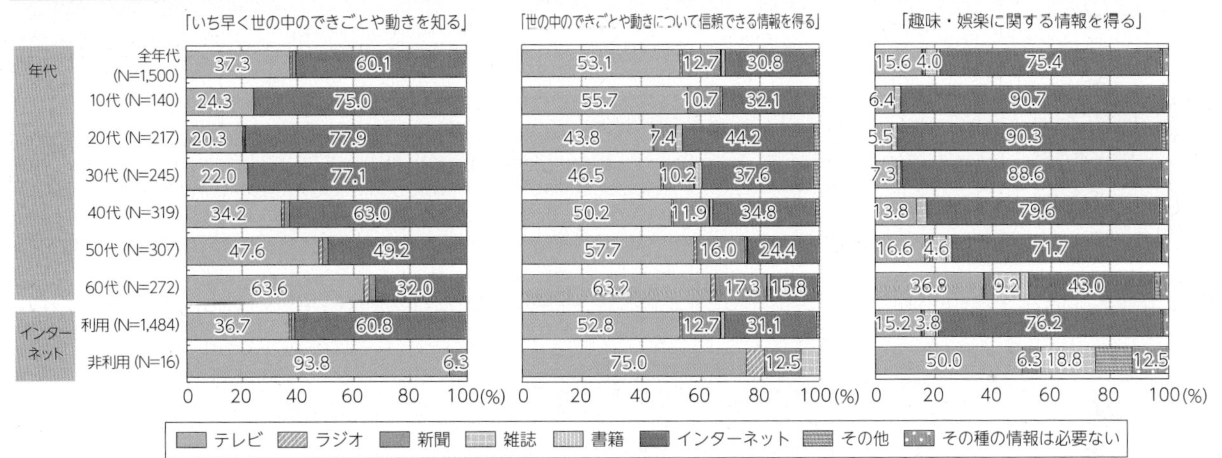

（出典）総務省情報通信政策研究所「令和4年度情報通信メディアの利用時間と情報行動に関する調査」

2　企業活動における利活用の動向

1　各国企業のデジタル化の状況

ア　デジタル化の実施状況

日本、米国、ドイツ、中国の企業にデジタル化の取組状況について尋ねたところ、日本では「未実施」と回答した企業が50%を超えており、他の3カ国と比較してデジタル化の実施が遅れていた。日本での取組状況を企業規模別にみると、大企業では約25%、中小企業では70%以上が「未実施」と回答しており、企業の規模によりデジタル化の取組状況に差異が生じている（図表4-11-2-1）。

デジタル化推進に向けて具体的に取り組んでいる事項については、日本では「業務プロセスの改善・改革」「業務の省力化」や「新しい働き方の実現」との回答が多かったのに対し、諸外国では働き方や業務の改革に加えて「顧客体験の創造・向上」や「既存製品・サービスの高付加価値化」との回答も多かった（図表4-11-2-2）。

図表4-11-2-1　デジタル化の実施状況（各国比較）

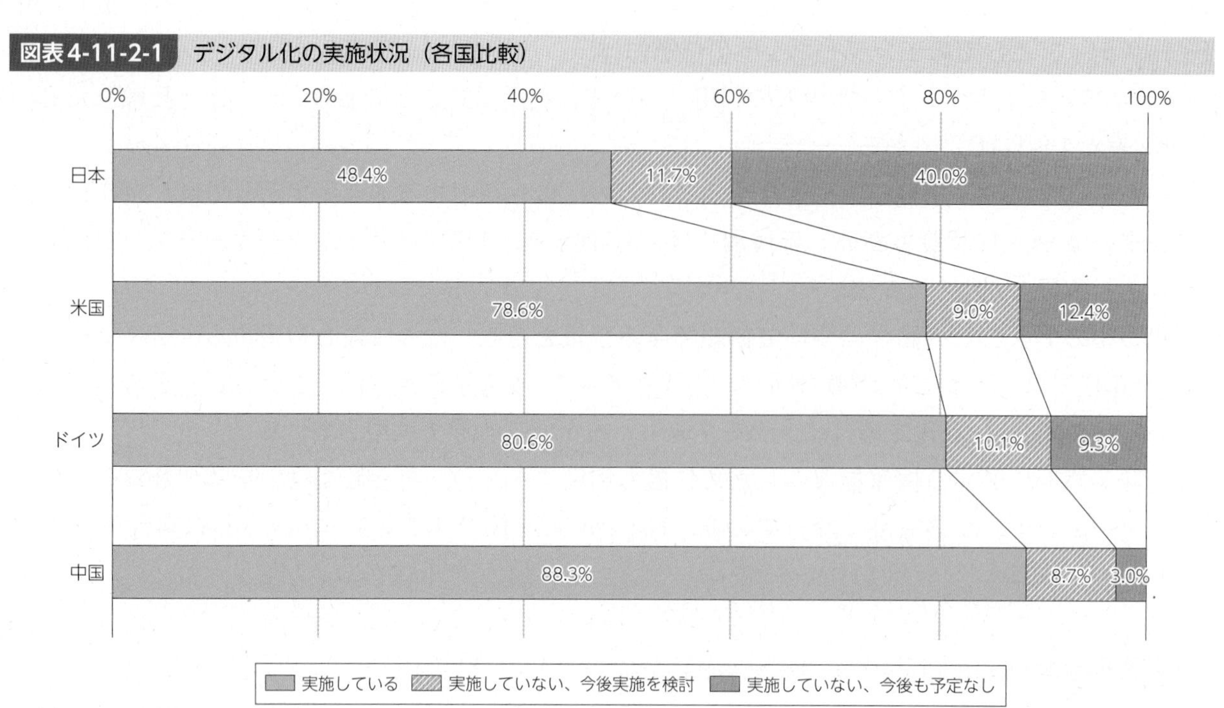

※デジタル化に取り組んでいる企業を抽出するためのスクリーニング調査の結果に基づく

（出典）総務省（2023）「国内外における最新の情報通信技術の研究開発及びデジタル活用の動向に関する調査研究」

関連データ

デジタル化の実施状況（日本：企業規模別比較）
出典：JUAS（日本情報システム・ユーザー協会）（2023）「企業IT動向調査2022」
URL：https://www.soumu.go.jp/johotsusintokei/whitepaper/ja/r05/html/datashu.html#f00304
（データ集）

図表4-11-2-2　デジタル化推進に向けて取り組んでいる事項（各国比較）

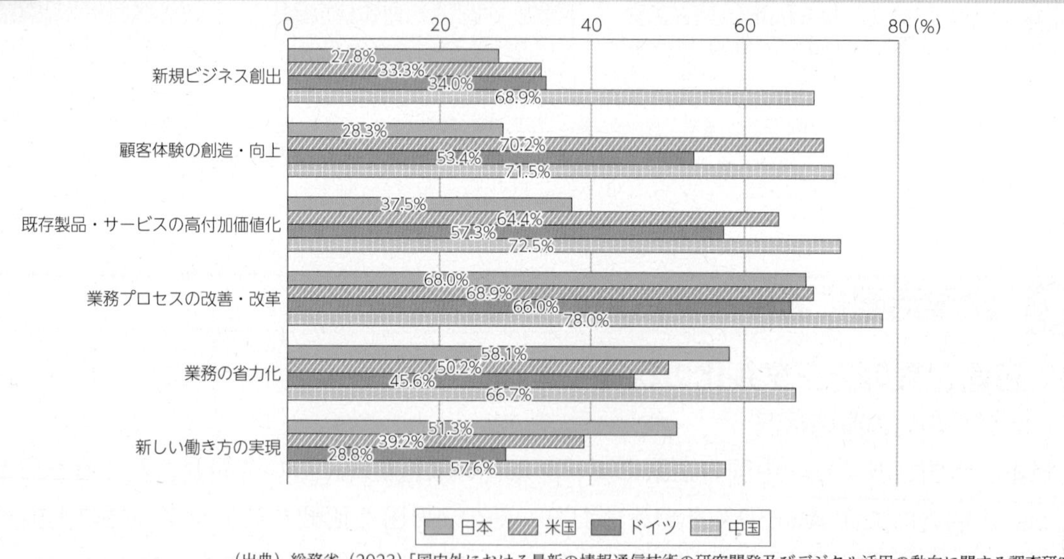

（出典）総務省（2023）「国内外における最新の情報通信技術の研究開発及びデジタル活用の動向に関する調査研究」

イ　デジタル化の効果

デジタル化の推進により得られた効果について、「新規ビジネス創出」、「顧客体験の創造・向上」、「既存製品・サービスの高付加価値化」、「業務プロセスの改善・改革」、「業務の省力化」、「新しい働き方の実現」の観点でそれぞれ調査したところ、日本では各観点に共通して「期待以上」の回答が最も少なく、「期待する効果を得られていない」との回答は4か国の中で最も多い。

新規ビジネス創出におけるデジタル化の効果

出典：総務省（2023）「国内外における最新の情報通信技術の研究開発及びデジタル活用の動向に関する調査研究」
URL：https://www.soumu.go.jp/johotsusintokei/whitepaper/ja/r05/html/datashu.html#f00306
（データ集）

関連データ

顧客体験の創造・向上におけるデジタル化の効果

出典：総務省（2023）「国内外における最新の情報通信技術の研究開発及びデジタル活用の動向に関する調査研究」
URL：https://www.soumu.go.jp/johotsusintokei/whitepaper/ja/r05/html/datashu.html#f00307
（データ集）

関連データ

既存製品・サービスの高付加価値化におけるデジタル化の効果

出典：総務省（2023）「国内外における最新の情報通信技術の研究開発及びデジタル活用の動向に関する調査研究」
URL：https://www.soumu.go.jp/johotsusintokei/whitepaper/ja/r05/html/datashu.html#f00308
（データ集）

業務プロセスの改善・改革におけるデジタル化の効果

出典：総務省（2023）「国内外における最新の情報通信技術の研究開発及びデジタル活用の動向に関する調査研究」
URL：https://www.soumu.go.jp/johotsusintokei/whitepaper/ja/r05/html/datashu.html#f00309
（データ集）

関連データ

業務の省力化におけるデジタル化の効果

出典：総務省（2023）「国内外における最新の情報通信技術の研究開発及びデジタル活用の動向に関する調査研究」
URL：https://www.soumu.go.jp/johotsusintokei/whitepaper/ja/r05/html/datashu.html#f00310
（データ集）

新しい働き方の実現におけるデジタル化の効果

出典：総務省（2023）「国内外における最新の情報通信技術の研究開発及びデジタル活用の動向に関する調査研究」
URL：https://www.soumu.go.jp/johotsusintokei/whitepaper/ja/r05/html/datashu.html#f00311
（データ集）

ウ　デジタル化を推進する上での課題

デジタル化を進める上での課題・障壁として、日本企業は「人材不足（41.7%）」の回答が米国・中国・ドイツの3か国に比べて非常に多く、次いで「デジタル技術の知識・リテラシー不足（30.7%）」と、令和4年版情報通信白書での調査時と同様、人材に関する課題・障壁が多い（図表4-11-2-3）。

図表4-11-2-3　デジタル化推進における課題（各国比較）

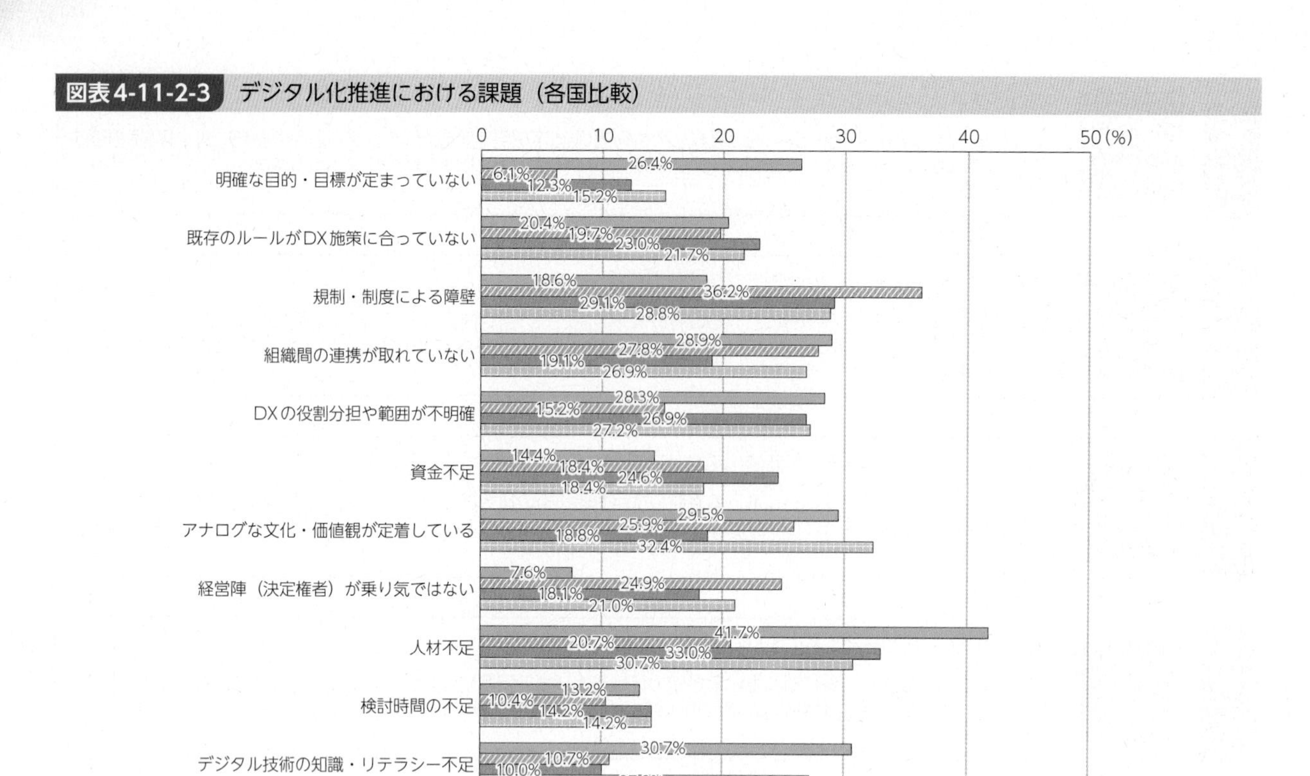

（出典）総務省（2023）「国内外における最新の情報通信技術の研究開発及びデジタル活用の動向に関する調査研究」

実際、我が国の企業は、諸外国の企業に比べて全体的にデジタル人材（「CIOやCDO等のデジタル化の主導者」等）が不足している状況にある。特に、「AI・データ解析の専門家」が在籍しているとする企業は21.2%にとどまり、60%を超えている他の3カ国と比べると不足状況が深刻である（**図表4-11-2-4**）。パーソナルデータ及びパーソナルデータ以外の情報を活用していると回答した企業においても、「AI・データ解析の専門家」が在籍しているとする企業はそれぞれ26.8%、29.2%と他の3か国と比べて不足状況が深刻であった。

図表4-11-2-4　専門的なデジタル人材の在籍状況

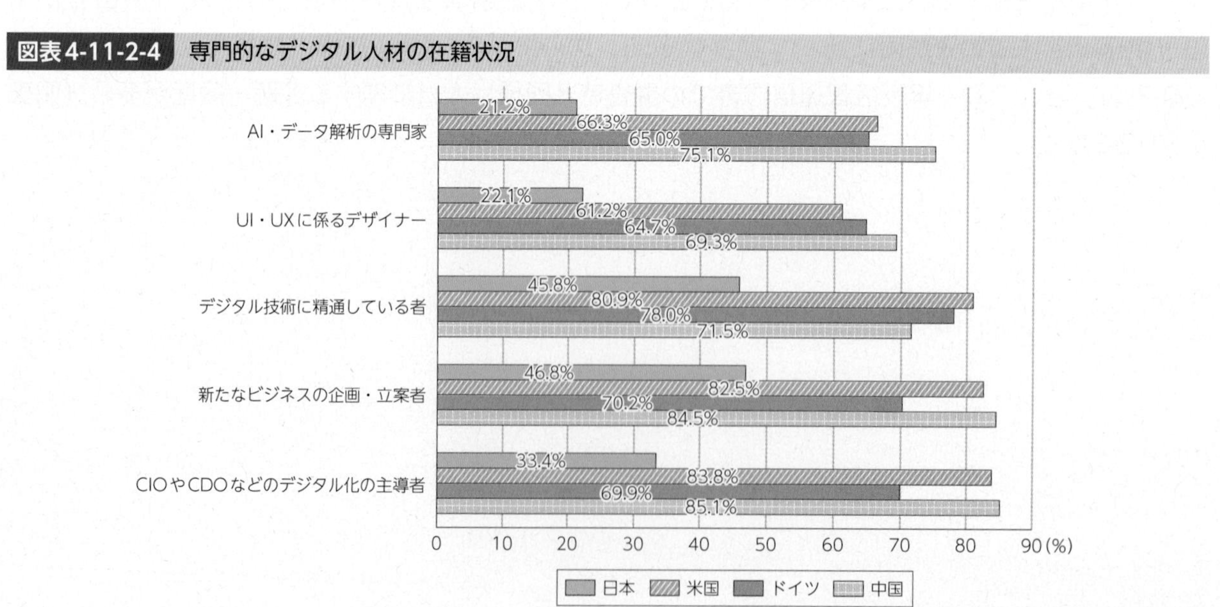

（出典）総務省（2023）「国内外における最新の情報通信技術の研究開発及びデジタル活用の動向に関する調査研究」

関連データ

パーソナルデータを活用している企業における「AI・データ解析の専門家」の在籍状況
出典：総務省（2023）「国内外における最新の情報通信技術の研究開発及びデジタル活用の動向に関する調査研究」
URL：https://www.soumu.go.jp/johotsusintokei/whitepaper/ja/r05/html/datashu.html#f00314
（データ集）

パーソナルデータ以外の情報を活用している企業における「AI・データ解析の専門家」の在籍状況
出典：総務省（2023）「国内外における最新の情報通信技術の研究開発及びデジタル活用の動向に関する調査研究」
URL：https://www.soumu.go.jp/johotsusintokei/whitepaper/ja/r05/html/datashu.html#f00315
（データ集）

デジタル人材の確保に向けた取組状況（国別・デジタル人材と事業部門の人材を融合させ、DXに取り組み体制を構築できる人材）
出典：総務省（2023）「国内外における最新の情報通信技術の研究開発及びデジタル活用の動向に関する調査研究」
URL：https://www.soumu.go.jp/johotsusintokei/whitepaper/ja/r05/html/datashu.html#f00320
（データ集）

デジタル人材の確保に向けた取組状況（国別・AI・データ解析の専門家）
出典：総務省（2023）「国内外における最新の情報通信技術の研究開発及びデジタル活用の動向に関する調査研究」
URL：https://www.soumu.go.jp/johotsusintokei/whitepaper/ja/r05/html/datashu.html#f00321
（データ集）

また、システム開発の内製化状況について尋ねたところ、日本では自社主導で開発を行っているのは約44%であるのに対し、諸外国では約80%と大きな差が生じている。令和元年版情報通信白書で述べたとおり、我が国では外部ベンダーへの依存度が高く、ユーザー企業では組織内でICT人材の育成・確保ができていないと考えられる。

システム開発の内製化状況（各国比較）
出典：総務省（2023）「国内外における最新の情報通信技術の研究開発及びデジタル活用の動向に関する調査研究」
URL：https://www.soumu.go.jp/johotsusintokei/whitepaper/ja/r05/html/datashu.html#f00316
（データ集）

2 テレワーク・オンライン会議

ア　我が国の企業のテレワークの導入状況

民間企業のテレワークは、2020年の新型コロナウイルス感染症の拡大後、急速に導入が進んだ。

総務省実施の令和4年通信利用動向調査によると、テレワークを導入している企業は50%を超えている（図表4-11-2-5）。

図表4-11-2-5　テレワーク導入率の推移

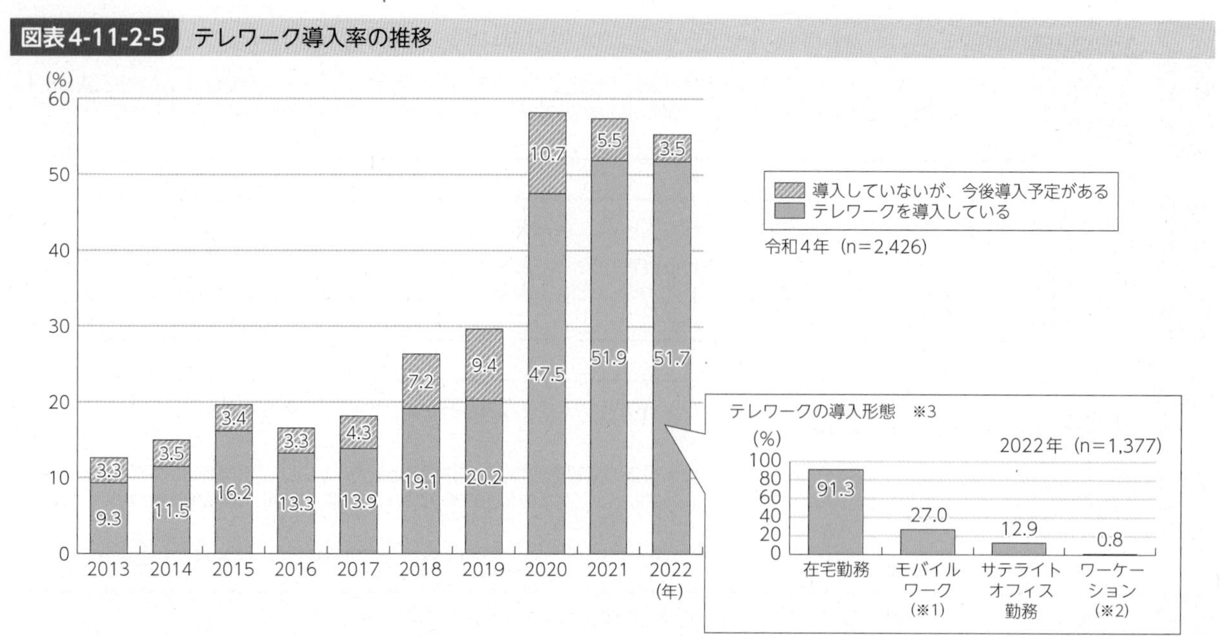

※1　営業活動などで外出中に作業する場合。移動中の交通機関やカフェでメールや日報作成などの業務を行う形態も含む。
※2　テレワークなどを活用し、普段の職場や自宅とは異なる場所で仕事をしつつ、自分の時間も過ごすこと。
※3　導入形態の無回答を含む形で集計。

（出典）総務省「通信利用動向調査」

関連データ

テレワークの導入目的（複数回答）
出典：総務省「通信利用動向調査」
URL：https://www.soumu.go.jp/johotsusintokei/whitepaper/ja/r05/html/datashu.html#f00323
（データ集）

関連データ

テレワークの導入にあたり課題となった点（複数回答）
出典：総務省「令和4年度 テレワークセキュリティに係る実態調査結果」を基に作成
URL：https://www.soumu.go.jp/johotsusintokei/whitepaper/ja/r05/html/datashu.html#f00328
（データ集）

イ　テレワーク・オンライン会議の利用状況（個人・国際比較）

テレワーク・オンライン会議（以下「テレワーク等」という。）の利用状況について、日本・米国・中国・ドイツの国民にアンケートを実施した。

テレワーク等を利用したことがあると回答した割合は、米国・ドイツでは50%強、中国では70%を超える一方、日本では30%程度にとどまっている（**図表4-11-2-6**）。また、テレワーク等の実施が困難な理由として、日本では社内での「使いたいサービスがない」ことが35.7%と最も多く挙げられている。

日本のテレワーク等の利用状況を年代別にみると、若い年代の方がテレワーク等の利用に積極的な傾向が強い。利用経験のある者の割合は20歳代が37.8%と最も高く、「生活や仕事において必要ない」と考えている人の割合も28.6%と最も低かった（**図表4-11-2-7**）。

図表4-11-2-6　テレワーク・オンライン会議の利用状況（国際比較）

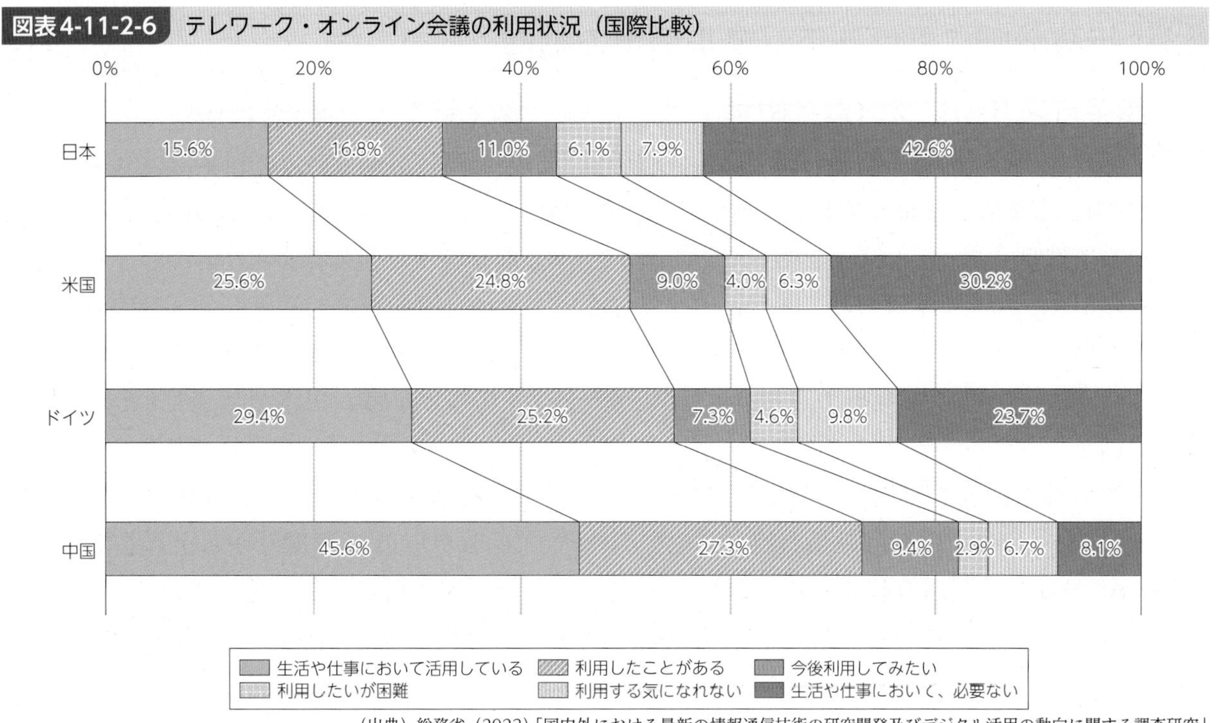

（出典）総務省（2023）「国内外における最新の情報通信技術の研究開発及びデジタル活用の動向に関する調査研究」

図表4-11-2-7　テレワーク・オンライン会議の利用状況（日本・年代別）

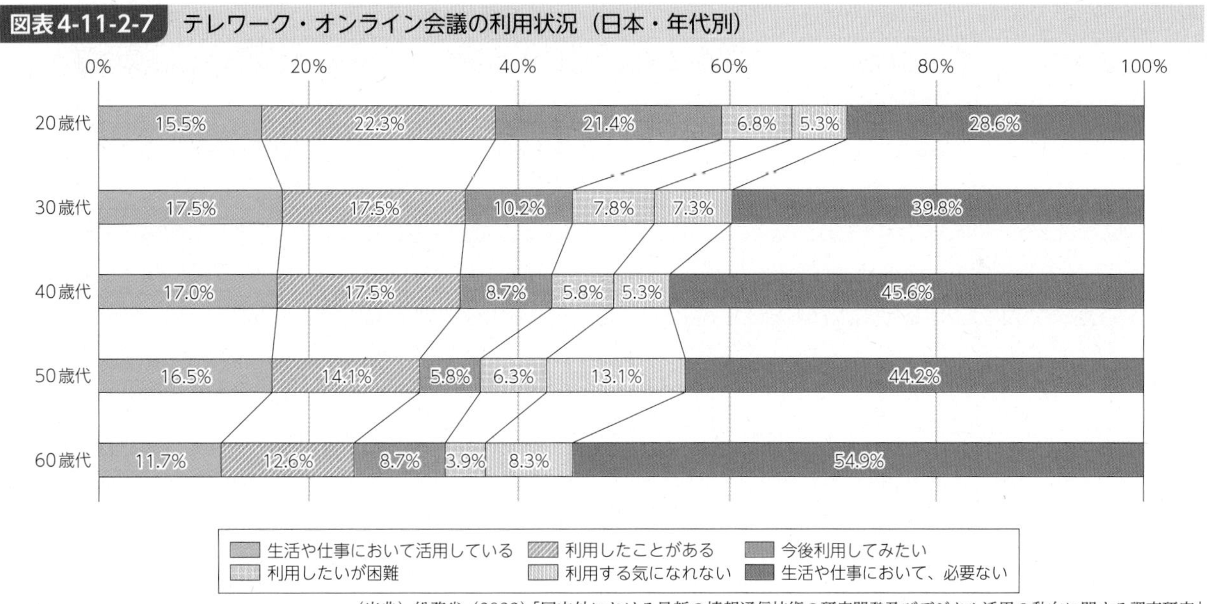

（出典）総務省（2023）「国内外における最新の情報通信技術の研究開発及びデジタル活用の動向に関する調査研究」

関連データ

テレワーク・オンライン会議が利用できない理由

出典：総務省（2023）「国内外における最新の情報通信技術の研究開発及びデジタル活用の動向に関する調査研究」
URL：https://www.soumu.go.jp/johotsusintokei/whitepaper/ja/r05/html/datashu.html#f00326
（データ集）

3 行政分野におけるデジタル活用の動向

1 電子行政サービス（電子申請、電子申告、電子届出）の利用状況

電子行政サービス（電子申請、電子申告、電子届出）の利用状況について、日本では利用経験のある者が約35%にとどまっており、前回の調査時（約24%）[*11]より上昇したものの、他の3カ国と比べて依然低くなっている（**図表4-11-3-1**）。利用しない理由としては、4カ国とも「セキュリティへの不安」が多く挙げられており、それに加え日本では「機器やアプリケーションの使い方が分からない」、「使いたいサービスがない」との回答が多かった。一方、他の3カ国で多く挙げられている「インターネット回線の速度や安定性が不十分」については、日本では9.2%と最も低くなっていた。

日本での利用状況を年代別にみると、電子行政サービスの利用経験のある者はすべての年代で30%から40%程度と、前回の調査時（すべての年代で20%から25%程度）から上昇していた。特に、60歳代では利用経験のある者の割合が41.7%と年代別で最多となっている一方、「生活や仕事において必要ない」と回答する割合も28.2%と最多となっていた（**図表4-11-3-2**）。

図表4-11-3-1 電子行政サービスの利用状況（国別）

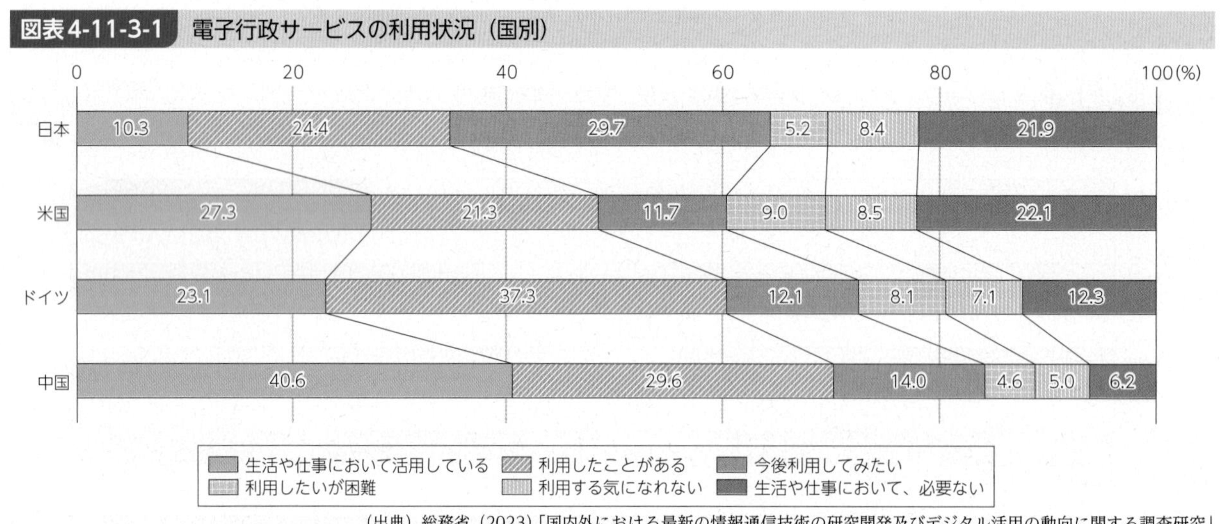

（出典）総務省（2023）「国内外における最新の情報通信技術の研究開発及びデジタル活用の動向に関する調査研究」

＊11　令和4年版情報通信白書。総務省（2022）「国内外における最新の情報通信開発及びデジタル活用の動向に関する調査研究」

図表4-11-3-2　電子行政サービスの利用状況（日本・年代別）

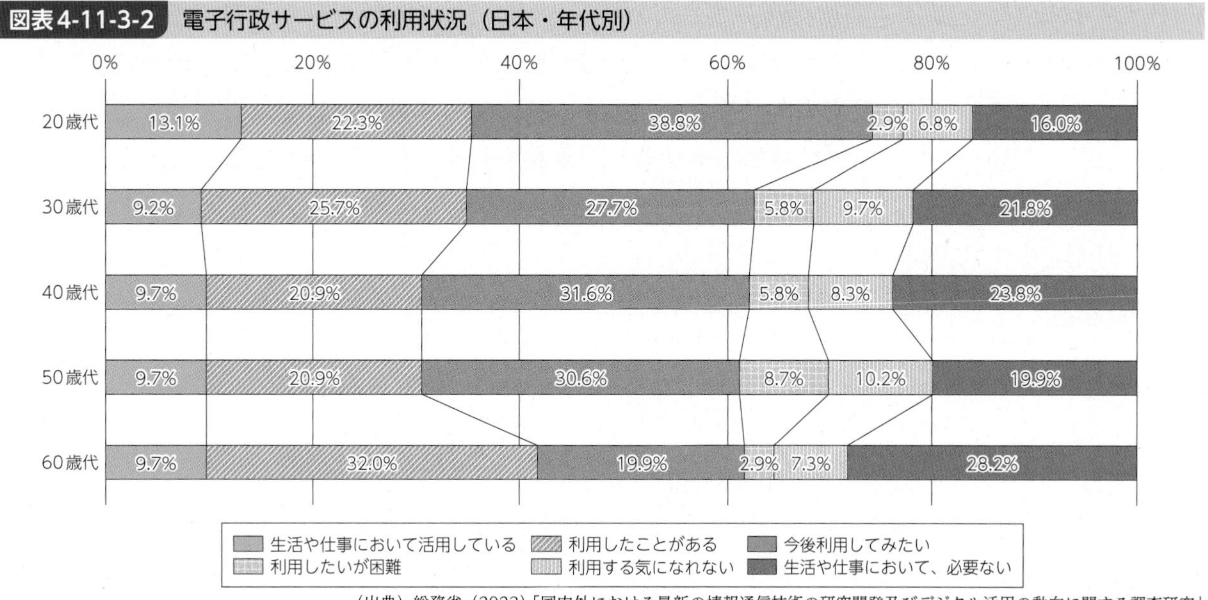

（出典）総務省（2023）「国内外における最新の情報通信技術の研究開発及びデジタル活用の動向に関する調査研究」

関連データ

公的なデジタルサービスが利用できない背景（国別）

出典：総務省（2023）「国内外における最新の情報通信技術の研究開発及びデジタル活用の動向に関する調査研究」
URL：https://www.soumu.go.jp/johotsusintokei/whitepaper/ja/r05/html/datashu.html#f00331
（データ集）

2 我が国のデジタル・ガバメントの推進状況

ア　国際指標

我が国の公的分野のデジタル化に関する世界での位置付けについて、国際指標に基づいて概観する。

（ア）国連経済社会局（UNDESA）「世界電子政府ランキング」

国連経済社会局（UNDESA）による電子政府調査は、国連加盟国におけるICTを通じた公共政策の透明性やアカウンタビリティを向上させ、公共政策における市民参画を促す目的で実施され、2003年から始まり、2008年以降は2年に1回の間隔で行われている。この調査では、オンラインサービス指標（Online Service Index）、人的資本指標（Human Capital Index）、通信インフラ指標（Telecommunications Infrastructure Index）の3つの指標を元に平均してEGDI（電子政府発展度指標）を出して順位を決めている。

2022年の世界電子政府ランキングでは、前回調査（2020年）に引き続きデンマークが1位であり、2位がフィンランド、3位が韓国、4位がニュージーランド、5位がスウェーデンと続く。日本は14位であり、前回と同順位であるが、スコアは前回調査より上昇した。過去からの推移をみると、日本はおおむね18位から10位の間で推移している（**図表4-11-3-3**）。

個別指標の順位をみると日本は「e-Participation Index（電子行政参加）」部門において、前回の4位から順位を上げ、1位を獲得した。e-Participation Indexでは、「e-information（情報提供）」「e-consultation（対話・意見収集）」「e-decision-making（意思決定）」という3つの分野の調査結果を基にスコアリングされるところ、日本はInformation　0.9818、Consultation　1.0000、Decision-making　1.0000と、すべてにおいて高い評価を受けている。

デジタル庁によれば[*12]、日本のオープンガバメントは、2011年の東日本大震災を機に急速に取組が進められ、これまでも2位から5位と高い評価を受けていた。今回、オープンデータに関する取組や、意見やアイデアを収集するプラットフォームを活用して国民の皆様と「対話」をする入口を作ったこと、リーダーシップの発揮、寄せられた意見を計画の中に反映したことなどが高い評価につながったという。

図表4-11-3-3　国連（UNDESA）「世界電子政府ランキング」における日本の順位推移

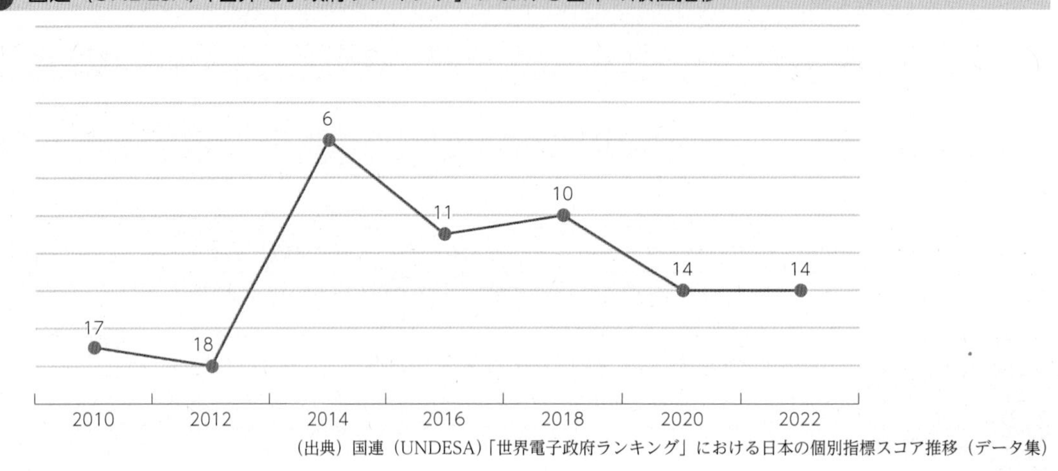

（出典）国連（UNDESA）「世界電子政府ランキング」における日本の個別指標スコア推移（データ集）

（イ）早稲田大学「世界デジタル政府ランキング」

早稲田大学電子政府・自治体研究所は、世界のICT先進国64か国を対象に、各国のデジタル政府推進について進捗度を主要10指標（35サブ指標）で多角的に評価する「世界デジタル政府ランキング」を、2005年から毎年公表している。2022年のランキング総合順位は上位から1位：デンマーク、2位：ニュージーランド、3位：カナダで、日本は前回から一つランクを下げ10位と評価されている。日本の課題と構造的弱点として、コロナ対応で露呈した官庁の縦割り行政、DX（デジタル変革）やスピード感の欠如、電子政府（中央）と電子自治体（地方）の法的分離による意思決定の複雑性、都道府県、市区町村の行財政・デジタル格差の拡大等が指摘されている。

早稲田大学「世界デジタル政府ランキング」における日本の順位推移
出典：早稲田大学電子政府・自治体研究所「世界デジタル政府ランキング」
URL：https://www.soumu.go.jp/johotsusintokei/whitepaper/ja/r05/html/datashu.html#f00334
（データ集）

イ　データ連携及び認証基盤の整備状況

（ア）マイナンバーカード

マイナンバーカードの普及に向けては、2022年6月の「経済財政運営と改革の基本方針2022（骨太方針2022）」及び「デジタル社会の実現に向けた重点計画」等において「2022年度末にほぼ全国民にマイナンバーカードが行き渡ることを目指す」こととされ、マイナンバーカードの活用拡大等の国民の利便性を高める取組や広報等の推進が行われてきた。2023年3月末時点のマイナンバーカードの交付率は67.0%であり、2022年3月末の42.4%から大きく向上している。

＊12 デジタル庁Data strategy team「日本はなぜ国連のe-Participation Indexで世界1位なのか」（2022年10月4日）（https://data-gov.note.jp/n/nb11a924f4f00）

マイナンバーカード交付状況

出典：総務省「マイナンバーカード交付状況について」
URL：https://www.soumu.go.jp/johotsusintokei/whitepaper/ja/r05/html/datashu.html#f00337
（データ集）

関連データ

マイナンバーカードの健康保険証としての登録状況推移

出典：デジタル庁「政策データダッシュボード（ベータ版）」を基に作成
URL：https://www.soumu.go.jp/johotsusintokei/whitepaper/ja/r05/html/datashu.html#f00338
（データ集）

関連データ

公金受取口座の登録状況推移

出典：デジタル庁「政策データダッシュボード（ベータ版）」を基に作成
URL：https://www.soumu.go.jp/johotsusintokei/whitepaper/ja/r05/html/datashu.html#f00339
（データ集）

ウ　地方自治体におけるデジタル化の取組状況

（ア）手続オンライン化の現状

「デジタル社会の実現に向けた重点計画」（令和4年6月7日閣議決定）において、地方公共団体が優先的にオンライン化を推進すべき手続とされている59手続におけるオンライン利用実績は、以下のとおりである（**図表4-11-3-4**）。

図表4-11-3-4　地方公共団体が優先的にオンライン化を推進すべき手続（59手続）のオンライン利用状況の推移

年度	年間総手続件数（万件）	オンライン利用件数（万件）	オンライン利用率（%）
2018	47,749	21,507	45.0
2019	47,635	24,007	50.4
2020	47,287	24,781	52.4
2021	50,595	27,810	55.0

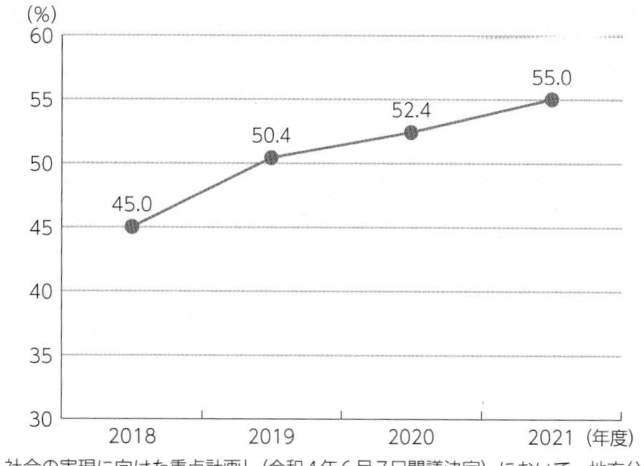

※1　2020年度、2019年度のオンライン利用状況の実績については、「デジタル社会の実現に向けた重点計画」（令和4年6月7日閣議決定）において、地方公共団体が優先的にオンライン化を推進すべき手続とされている59手続を対象として、再度調査し算出したもの。
※2　オンライン利用率（%）＝オンライン利用件数／年間総手続件数×100
年間総手続件数は、対象手続に関して既にオンライン化している団体における、総手続件数と人口を基に算出した全国における推計値である。
オンライン利用件数は、より精緻なオンライン利用率の算出を行うため、年間総手続件数と同様、推計値としている。
（出典）総務省「自治体DX・情報化推進概要～令和4年度地方公共団体における行政情報化の推進状況調査の取りまとめ結果～」を基に作成[*13]

（イ）AI・RPAの利用推進

AIの導入済み団体数は、2021年度時点で、都道府県・指定都市で100%となった。その他の市区町村は35%となり、実証中、導入予定、導入検討中を含めると約66%の地方自治体がAIの導入に向けて取り組んでいる（**図表4-11-3-5**）。機能別にみると、上位3分野（音声認識、文字認識、チャットボットによる応答）はすべての規模の地方自治体で導入が進んでいる。下位4分野（マッチング、最適解表示、画像・動画認識、数値予測）は都道府県レベルでも導入事例が少ないものの、調査開始以降一貫して増加してきている。

＊13 https://www.soumu.go.jp/denshijiti/060213_02.html

図表4-11-3-5 地方自治体におけるAI導入状況

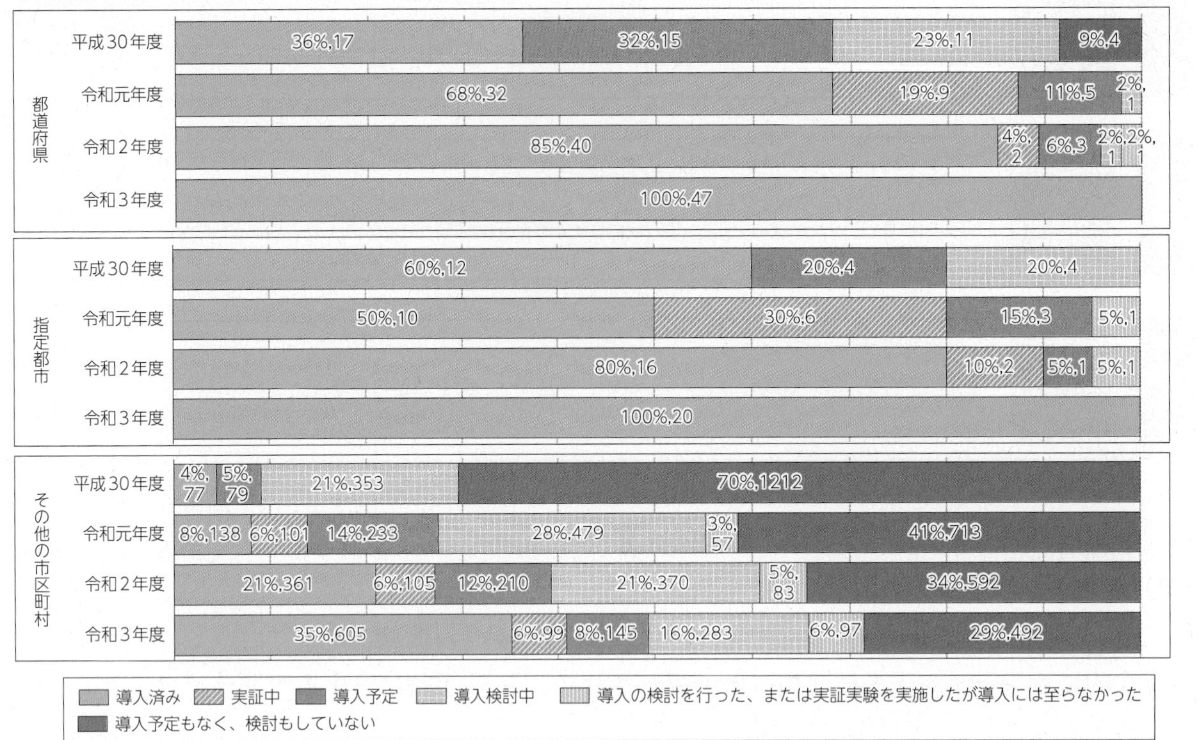

(出典)総務省「自治体におけるAI・RPA活用促進」(令和4年6月27日版)＊14

関連データ

地方自治体におけるAI導入状況(AIの機能別導入状況)
出典:総務省「自治体におけるAI・RPA活用促進」(令和4年6月27日版)
URL:https://www.soumu.go.jp/johotsusintokei/whitepaper/ja/r05/html/datashu.html#f00341
(データ集)

また、RPA導入済み団体数は、都道府県が91%、指定都市が95%まで増加した。その他の市区町村は29%となり、実証中、導入予定、導入検討中を含めると約62%の地方自治体がRPAの導入に向けて取り組んでいる(**図表4-11-3-6**)。分野別にみると、「財政・会計・財務」、「児童福祉・子育て」、「組織・職員(行政改革を含む)」への導入が多い。

＊14 https://www.soumu.go.jp/main_content/000822108.pdf

図表4-11-3-6　地方自治体におけるRPA導入状況

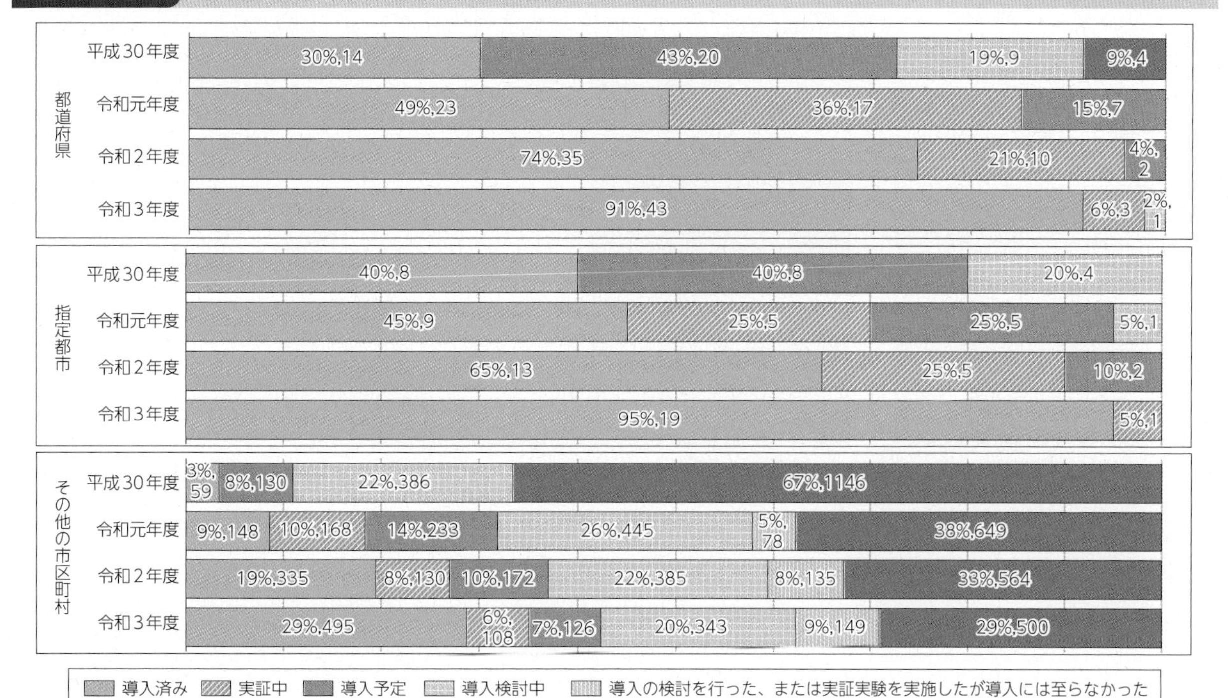

（出典）総務省「自治体におけるAI・RPA活用促進」（令和4年6月27日版）*15

関連データ　地方自治体におけるRPA導入状況（RPAの分野別導入状況）
出典：総務省「自治体におけるAI・RPA活用促進」（令和4年6月27日版）
URL：https://www.soumu.go.jp/johotsusintokei/whitepaper/ja/r05/html/datashu.html#f00343
（データ集）

（ウ）職員のテレワークの実施状況

2022年10月時点で、都道府県及び政令指定都市では全団体で導入済み、市区町村では1,083団体（62.9%）が導入しており、前年の849団体（49.3%）から着実に増加している（**図表4-11-3-7**）。導入していない理由は、「情報セキュリティの確保に不安がある」、「多くの職員がテレワークになじまない窓口業務等に従事している」との回答が多い。一方、テレワーク導入の効果としては、「非常災害時等における事業継続性の確保」が最も多く（76.5%）、次いで「職員の移動時間の短縮・効率化」、「仕事と家庭生活を両立させる職員への対応」があがった。

*15 https://www.soumu.go.jp/main_content/000822108.pdf

図表4-11-3-7　職員のテレワーク導入状況

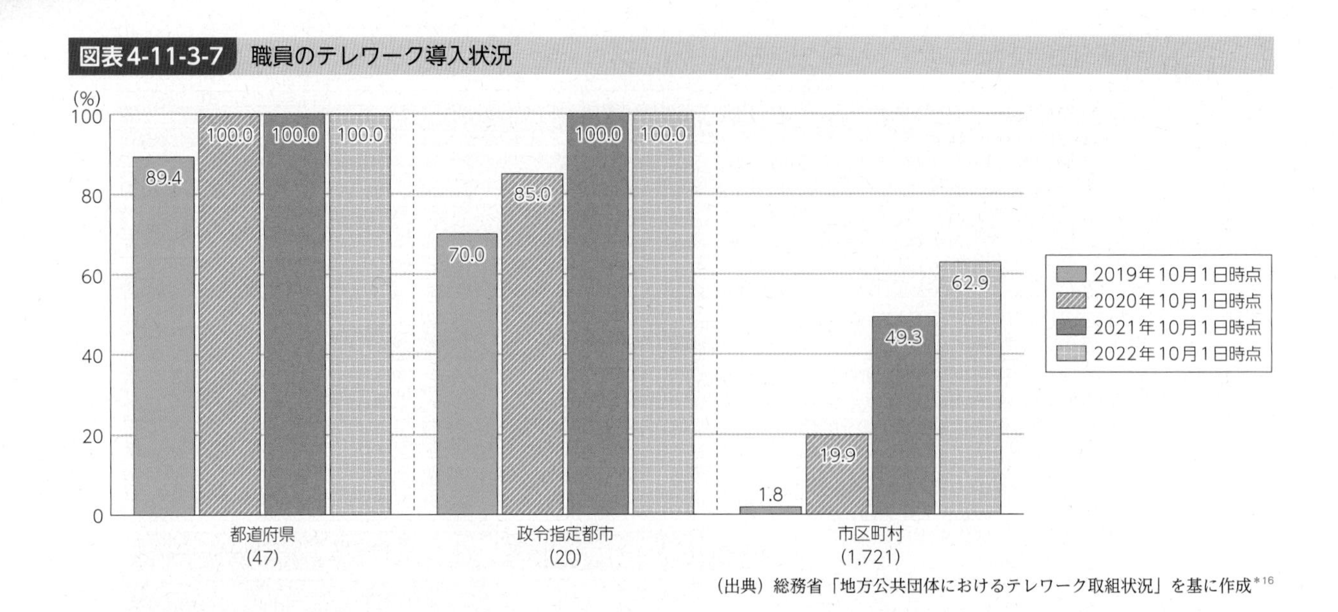

（出典）総務省「地方公共団体におけるテレワーク取組状況」を基に作成[*16]

＊16 総務省「地方公共団体におけるテレワーク取組状況」（令和元年10月1日時点、令和2年10月1日時点、令和3年10月1日時点、令和4年10月1日時点）(https://www.soumu.go.jp/main_content/000853597.pdf)

第12節 郵政事業・信書便事業の動向

1 郵政事業

1 日本郵政グループ

日本郵政グループは、2012年10月1日以降、日本郵政を持株会社とした4社体制となっている(図表4-12-1-1)。日本郵政は、日本郵便の発行済株式を100%保有するとともに、ゆうちょ銀行株式の議決権保有割合の60.6%、かんぽ生命株式の議決権保有割合の49.8%を保有している(2023年3月末時点)。

図表4-12-1-1 日本郵政グループの組織図

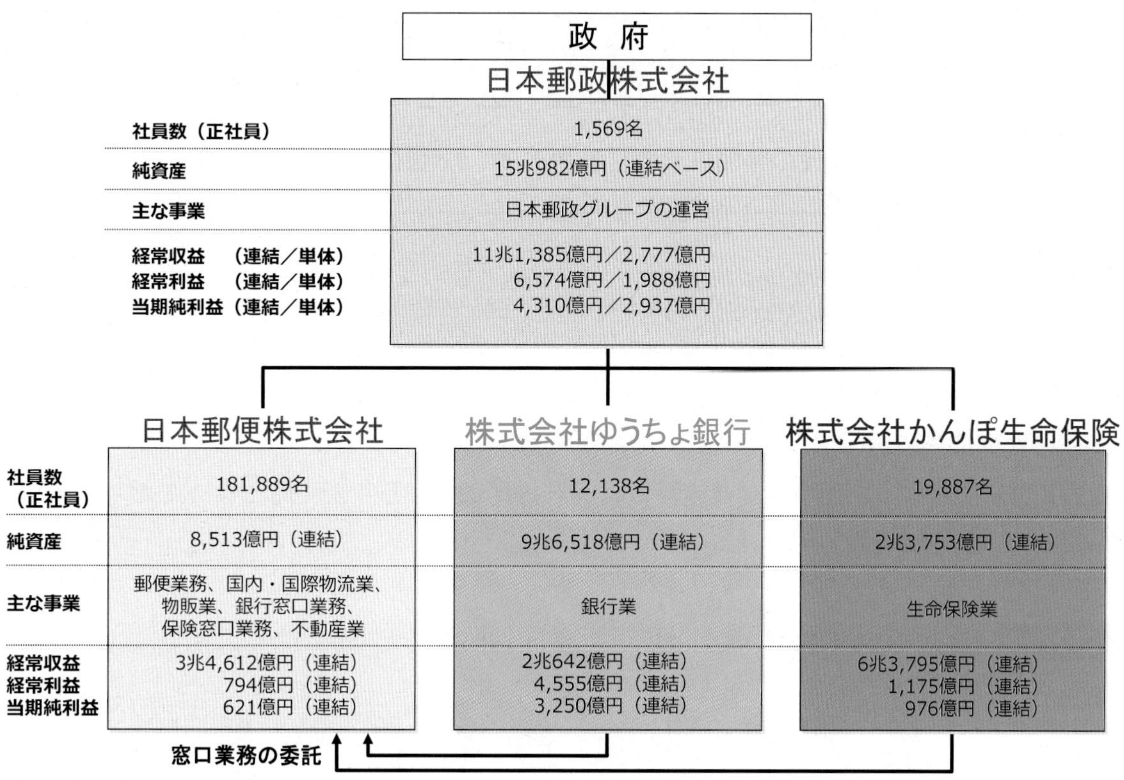

※1　社員数（正社員）は令和4年9月30日時点。
※2　各社の「当期純利益」は、「親会社株主に帰属する当期純利益」の数値。

（出典）令和5年3月期決算資料及びディスクロ誌（2022年）を基に作成

日本郵政グループの2022年度連結決算は、経常収益が約11.1兆円、当期純利益が4,310億円となっている（図表4-12-1-2）。

図表4-12-1-2 日本郵政グループの経営状況

（億円）

年度	2017	2018	2019	2020	2021	2022
経常収益	129,203	127,749	119,501	117,204	112,647	111,385
経営利益	9,161	8,306	8,644	9,141	9,914	6,574
当期純利益	4,606	4,794	4,837	4,182	5,016	4,310

（出典）日本郵政（株）「決算の概要」を基に作成

2 日本郵便株式会社

ア　財務状況

2022年度の日本郵便（連結）の営業収益は3兆4,515億円、営業利益は837億円、経常利益は794億円、当期純利益は621億円で、減収減益となっている。

事業別にみると、郵便・物流事業の営業収益は1兆9,978億円、営業費用は1兆9,649億円、営業利益は前期比693億円減の328億円、郵便局窓口事業の営業収益は1兆740億円、営業費用は1兆247億円、営業利益は前期比247億円増の493億円となっている（図表4-12-1-3）。

図表4-12-1-3　日本郵便（連結）の営業損益の推移

（億円）

年度	2017	2018	2019	2020	2021	2022
郵便・物流事業	419	1,213	1,475	1,237	1,022	328
郵便局窓口事業	397	596	445	377	245	493
国際物流事業	102	103	△86	35	287	107
日本郵便（連結）	865	1,820	1,790	1,550	1,482	837

※2022年3月期より、セグメント名称を「金融窓口事業」から「郵便局窓口事業」へ改称

（出典）日本郵政（株）「決算の概要」を基に作成

また、2021年度の日本郵便の郵便事業の営業利益は、78億円の黒字となっている。

関連データ

郵便事業の収支
出典：日本郵便㈱「郵便事業の収支の状況」を基に作成
URL：https://www.soumu.go.jp/johotsusintokei/whitepaper/ja/r05/html/datashu.html#f00348
（データ集）

イ　郵便事業関連施設数

2022年度末における郵便事業関連施設数は、郵便局数が2万4,251局となっており、横ばいで推移している（図表4-12-1-4）。

図表4-12-1-4　郵便事業の関連施設数の推移

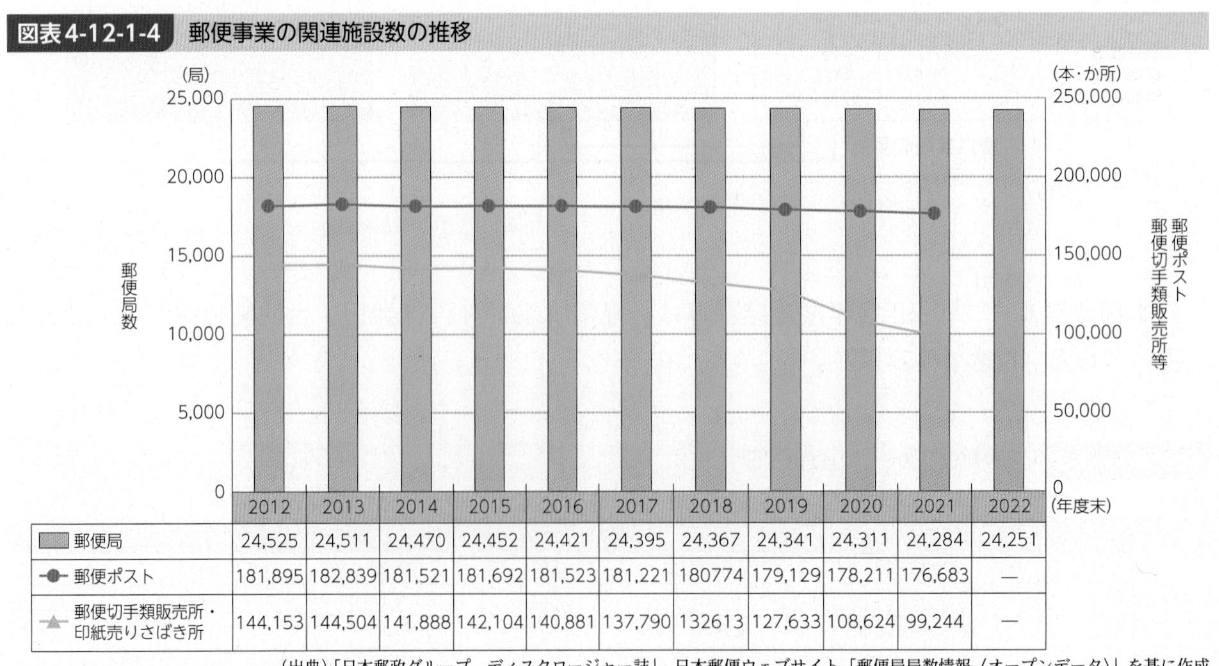

	2012	2013	2014	2015	2016	2017	2018	2019	2020	2021	2022
郵便局	24,525	24,511	24,470	24,452	24,421	24,395	24,367	24,341	24,311	24,284	24,251
郵便ポスト	181,895	182,839	181,521	181,692	181,523	181,221	180774	179,129	178,211	176,683	—
郵便切手類販売所・印紙売りさばき所	144,153	144,504	141,888	142,104	140,881	137,790	132613	127,633	108,624	99,244	—

（出典）「日本郵政グループ　ディスクロージャー誌」、日本郵便ウェブサイト「郵便局数情報〈オープンデータ〉」を基に作成

また、2022年度末の郵便局数の内訳をみると、直営の郵便局（分室及び閉鎖中の郵便局を含む）が2万142局、簡易郵便局（閉鎖中の簡易郵便局を含む）が4,109局となっている。

関連データ

郵便局数の内訳（2022年度末）
出典：日本郵便㈱ウェブサイト「郵便局局数情報〈オープンデータ〉」を基に作成
URL：https://www.soumu.go.jp/johotsusintokei/whitepaper/ja/r05/html/datashu.html#f00350
（データ集）

ウ　引受郵便物等物数

2022年度の総引受郵便物等物数は、185億3,832万通・個となっている（図表4-12-1-5）。

図表4-12-1-5　総引受郵便物等物数の推移

※ゆうパック及びゆうメールは、郵政民営化と同時に、郵便法に基づく小包郵便物ではなく、貨物自動車運送事業法などに基づく荷物として提供。

（出典）日本郵便資料「引受郵便物等物数」各年度版を基に作成

3　株式会社ゆうちょ銀行

ゆうちょ銀行は、直営店（233店舗）で業務を行うほか、郵便局（約2万局）に銀行代理業務を委託している。

ゆうちょ銀行の貯金残高（国営時代の郵便貯金を含む）は、2021年度末で193.4兆円であり、1999年度末のピーク時（260.0兆円）から、66.6兆円（25.6%）減少している（図表4-12-1-6）。

図表4-12-1-6　ゆうちょ銀行の預貯金残高の推移

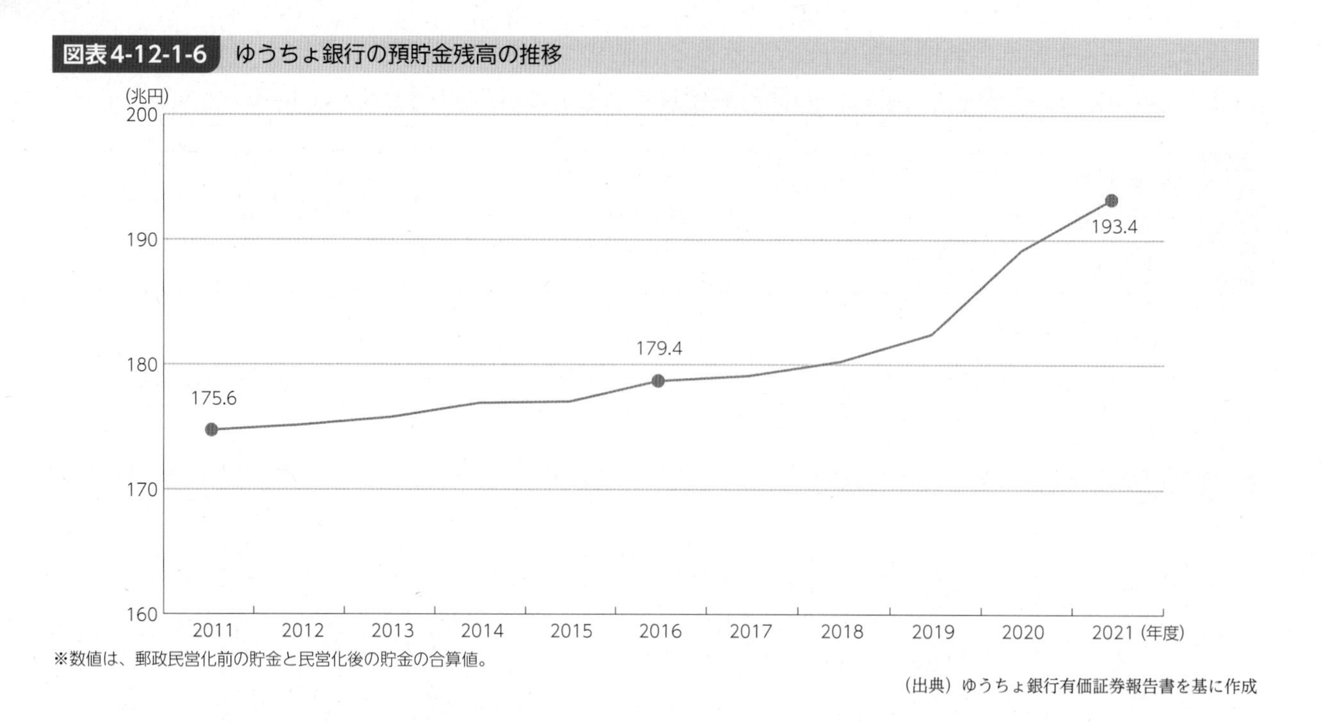

※数値は、郵政民営化前の貯金と民営化後の貯金の合算値。

（出典）ゆうちょ銀行有価証券報告書を基に作成

4　株式会社かんぽ生命保険

かんぽ生命は、支店（82支店）で業務を行うほか、郵便局（約2万局）へ保険募集業務を委託している。

かんぽ生命の保有契約件数（国営時代の簡易生命保険を含む）は、2021年度末で2,280万件であり、1996年度末のピーク時（8,432万件）から、6,152万件（72.9%）減少している。年換算保険料についても、2021年度末で3.5兆円であり、2008年度末（7.7兆円）と比較して、4.2兆円（54.5%）の減少となっている（**図表4-12-1-7**）。

図表4-12-1-7　かんぽ生命の保有契約件数、保有契約年換算保険料の推移

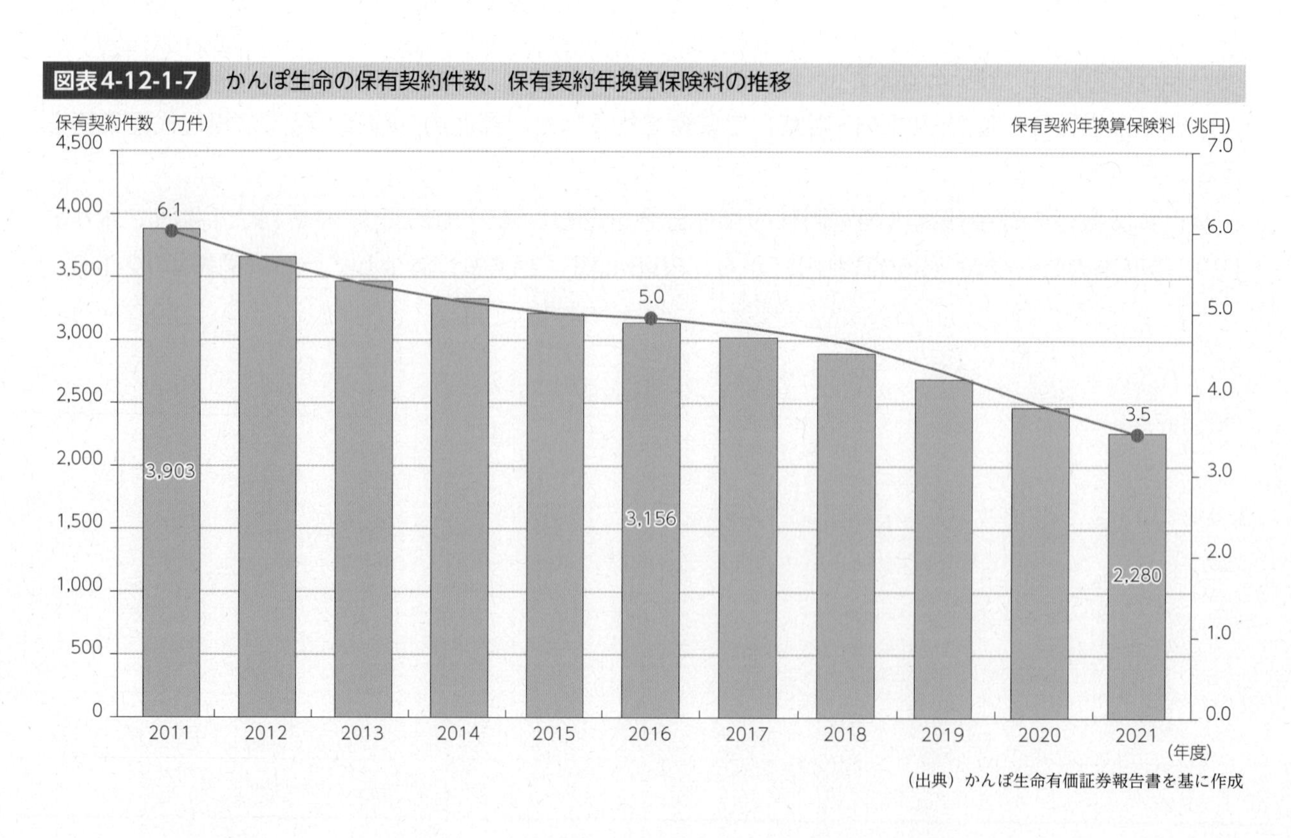

（出典）かんぽ生命有価証券報告書を基に作成

2 信書便事業

1 信書便事業の売上高

2021年度の特定信書便事業の売上高は、183億円となっており、前年度から7.6%の減少であった（図表4-12-2-1）。

図表4-12-2-1 信書便事業者の売上高の推移

2 信書便事業者数

2003年4月の民間事業者による信書の送達に関する法律（平成14年法律第99号）の施行後、一般信書便事業[*1]への参入はないものの、特定信書便事業[*2]へは、2022年度末現在で583者が参入している。また、提供役務の種類別にみると、1号役務への参入者が増加している。

特定信書便事業者数の推移
URL：https://www.soumu.go.jp/johotsusintokei/whitepaper/ja/r05/html/datashu.html#f00355
（データ集）

提供役務種類別・事業者数の推移
URL：https://www.soumu.go.jp/johotsusintokei/whitepaper/ja/r05/html/datashu.html#f00356
（データ集）

3 信書便取扱実績

2021年度の引受信書便物数は、2,006万通となっており、前年度から4.7%の減少であった。

引受信書便物数の推移
URL：https://www.soumu.go.jp/johotsusintokei/whitepaper/ja/r05/html/datashu.html#f00357
（データ集）

＊1　一般信書便役務を全国提供する条件で、全ての信書の送達が可能となる「全国全面参入型」の事業。
＊2　創意工夫を凝らした「特定サービス型」の事業。特定信書便役務（1号～3号）のいずれかをみたす必要がある。

第5章 総務省におけるICT政策の取組状況

第1節 総合的なICT政策の推進

1 現状と課題

1 少子高齢化、人口減少の進行

我が国では少子高齢化が進行しており、今後も人口減少が続くことが見込まれている。特に生産年齢人口（15歳～64歳人口）の減少は、労働供給の減少、将来の経済や市場規模の縮小による経済成長率の低下などに影響することが懸念されており、労働生産性の向上、労働参加の拡大などが急務となっている。ICTは、このような課題の解決に大きな役割を担っており、例えば、AIやロボットなどの活用により業務の効率化を図り労働資源を効率的に配分すること、テレワーク・サテライトオフィスなどの活用により場所の制約を受けずに就業する選択肢を広げることなどが期待されている。

2 災害の頻発化・激甚化、社会インフラの老朽化

近年、我が国では気候変動の影響等により激甚な気象災害が頻発しており、また、南海トラフ地震、日本海溝・千島海溝周辺海溝型地震、首都直下地震などの大規模地震の発生も切迫しているとされる。こうした災害発生時には、ICTを活用することにより災害関連情報の収集と避難情報等の提供を正確に行うとともに、迅速な通信の復旧、継続的な通信サービスの継続等が求められている。

また、高度経済成長期に集中的に整備されたインフラは、今後急速に老朽化することが懸念されており、インフラの維持管理・更新を戦略的に実施することが必要である。一方、少子高齢化の進行等により労働供給が減少している状況下においては、インフラの維持に人手をかけることも困難となっていることから、ICTを活用することでより効率的にインフラの維持管理・更新・マネジメント等を行うことが必要である。

3 国際情勢の複雑化

ロシアによるウクライナへの侵攻、重要インフラに対する国境を越えたサイバー攻撃や偽情報の拡散等、我が国を取り巻く国際情勢は複雑化している。このような中、令和4年（2022年）5月に成立した経済施策を一体的に講ずることによる安全保障の確保の推進に関する法律においては、特定社会基盤役務の安定的な提供確保に関する制度の対象となり得る事業分野として「電気通信事業」「放送事業」「郵便事業」が挙げられており、今後同制度の着実な施行に向け取り組むこととしている。今後も国際社会とも連携しつつ、強靱なICTインフラの構築、サイバーセキュリティやサプライチェーンの強化などに取り組んでいく必要がある。

また、気候変動問題が深刻化する中、我が国は、2020年（令和2年）10月、2050年までに温室効果ガスの排出を全体としてゼロにする、カーボンニュートラルの実現を目指すことを宣言しており、その後2021年（令和3年）6月に策定された「成長戦略実行計画」において、情報通信産

業のグリーン化について①デジタル化によるエネルギー需要の効率化・省CO_2化の促進（グリーンby ICT）と、②デジタル機器・情報通信産業自身の省エネ・グリーン化（グリーンof ICT）の二つのアプローチを両輪として推進するとされている。

我が国のインターネットトラヒック*1は、新型コロナウイルス感染症の感染拡大前（2019年（令和元年）11月）と比較して、2022年（令和4年）11月時点で約2.3倍に急増している。今後もトラヒック増大が見込まれるなか、ICT関連機器などの消費電力も増加傾向にあり、ICT自身のグリーン化が求められている。

2 総合的なICT政策の推進のための取組

1 デジタル田園都市国家構想の実現に向けた取組の推進

地方からデジタルの実装を進め、新たな変革の波を起こし、地方と都市の差を縮めていくことで、世界とつながる「デジタル田園都市国家構想」の実現に向け、構想の具体化を図るとともに、デジタル実装を通じた地方活性化を推進するため、2021年（令和3年）11月に内閣総理大臣を議長とする「デジタル田園都市国家構想実現会議」が設置された。同会議の議論を踏まえて、2022（令和4年）6月に「デジタル田園都市国家構想基本方針」、同年12月に構想の中長期的な基本的方向を提示する2023年度（令和5年度）から2027年度（令和9年度）までの5か年の「デジタル田園都市国家構想総合戦略」が閣議決定された。

総務省では、2021年（令和3年）11月に総務大臣を本部長とする「総務省デジタル田園都市国家構想推進本部」を設置し、構想の実現に向け、デジタル実装の前提となる「ハード・ソフトのデジタル基盤整備」、「デジタル人材の育成・確保」、「誰一人取り残されないための取組」を強力に推進するとともに、「デジタルの力を活用した地方の社会課題解決」に向けた取組を加速化・深化している。

特に、光ファイバ、5G等のデジタル基盤整備については、2022年（令和4年）3月に「デジタル田園都市国家インフラ整備計画」を総務省において策定*2し、本計画に沿って取組を強力に進めているところである。

関連データ

デジタル田園都市国家構想実現会議
URL：https://www.cas.go.jp/jp/seisaku/digital_denen/index.html

関連データ

総務省デジタル田園都市国家構想推進本部
URL：https://www.soumu.go.jp/main_sosiki/singi/denen_toshi/index.html

2 2030年頃を見据えた情報通信政策の在り方に関する検討

2021年（令和3年）9月、総務省は、今後の情報通信分野の市場や技術、利用等の動向を踏まえ、2030年頃を見据えてSociety5.0の実現及び経済安全保障の確保を図る観点から、「2030年頃

*1　固定系ブロードバンド契約者の総ダウンロードトラヒック
*2　令和5年4月改訂

を見据えた情報通信政策の在り方」について情報通信審議会に諮問し、2022年（令和4年）6月に一次答申が示された[*3]。

その後も、情報通信技術の急速な進展、社会情勢が著しく変化し続けていること等を踏まえ、2023年（令和5年）1月に情報通信審議会における議論が再開された。同審議会の下に開催された総合政策委員会では、「2030年の来たる未来の姿」からバックキャストする形で10年後の情報通信政策の在るべき方向性等について議論が行われ、同年6月に最終答申[*4]が示された。

＊3　「2030年頃を見据えた情報通信政策の在り方」一次答申（2022年（令和4年）6月30日）
https://www.soumu.go.jp/menu_news/s-news/01ryutsu06_02000319.html
＊4　最終答申の概要については、政策フォーカス「「2030年頃を見据えた情報通信政策の在り方」最終答申の概要」を参照。

政策フォーカス 「2030年頃を見据えた情報通信政策の在り方」最終答申の概要

1 検討の背景・経緯

コロナ禍でのデジタル化の進展等により、国民生活や経済活動における情報通信の果たす役割やその利用に伴うセキュリティの確保が一層重要なものとなっている。一方で、海外のプラットフォーム事業者等の存在感の高まり、近年の米中の緊張関係等の国際情勢の変化を背景とした情報通信分野のサプライチェーンリスクといった課題が顕在化している。

このような状況の中、総務省では、2021年9月、情報通信審議会に「2030年頃を見据えた情報通信政策の在り方」について諮問し、同審議会の下に設置した情報通信政策部会総合政策委員会においてSociety5.0の実現や経済安全保障の確保に向けた情報通信政策の在り方について議論を行い、2022年6月、一次答申が示された。

今後我が国は労働力不足や国内市場の縮小が見込まれており、ますますデジタルの活用が重要となる。しかしながら、我が国のデジタルの活用は、IMDデジタル競争力ランキング2022では63か国・地域中29位、データ利活用部門63位に低下しており、デジタルを使いこなせていない状況が続いている。一方、AIやロボット技術等の進展により、サイバー空間を取り巻く環境は新たな局面を迎えており、元来、我が国が得意だったハードウェア技術もサイバー・フィジカルシステムの実現にあたって重要性を高めている。

こうしたことから、我が国の情報通信産業が成長し続け、国際競争力を向上するとともに豊かな国民生活の実現に貢献し、また健全なインターネット環境を実現できるよう、今後の社会経済・技術の変化を見据えた情報通信政策の在り方を検討するため、2023年1月から、同委員会において審議が再開された。同委員会では、「2030年の来たる未来の姿」を描き、2030年の未来を迎え、デジタルの機能や能力を発揮できるよう、また、2030年の未来に備えて、安全に情報通信インフラの提供、安心して様々なサービスを享受できるよう、今後我が国がなすべき方向性等について審議が行われ、2023年6月、「2030年頃を見据えた情報通信政策の在り方」最終答申が示された。

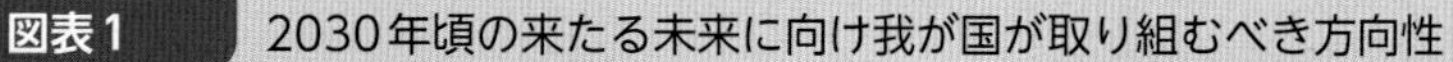

図表1　2030年頃の来たる未来に向け我が国が取り組むべき方向性

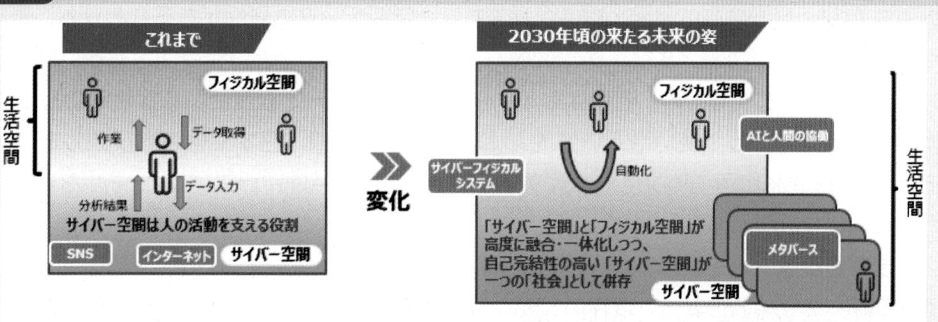

2 「2030年頃を見据えた情報通信政策の在り方」最終答申の概要

(1) 2030年頃の来たる未来の姿

少子高齢化による労働人口減少等の社会経済環境の変化、AIやロボット等の情報通信技術の進展を踏まえると、2030年頃には、サイバー空間とフィジカル空間とが高度に融合・一体化し、また、サイバー空間が新たな「社会」の一形態にもなり、これまでの生活空間が拡張される未来が予想され、人はより本質的な活動に集中でき、あるいは全国どこにいてもそれぞれのライフスタイルやニーズに合った豊かな暮らしを営むことができるといった、Society5.0の実現が期待される。

ア　AIと人間の協働（AIエージェント）

AIと人間、AIと環境、AIとAIなどの相互連携によって、フィジカル空間における生活、経済活動をサポートし、より豊かな生活を実現。

イ　サイバー・フィジカルシステムの高度な融合

① ロボット等を活用し、サイバー空間からフィジカル空間へフィードバック（反映）することで、安全性や効率性を向上。

② サイバー空間経由で遠隔のフィジカル空間の活動（生活、経済活動）に参加することで、足りない部分を相互に補う、あるいはフィジカル空間にある制約から解放されて社会経済活動に参加（存在の遠隔化）

ウ　新たな生活・経済活動の場の登場（メタバース等）

アバターを通じて、フィジカル空間ならではの様々な制約から解放されて、サイバー空間で生活あるいは社会経済活動を行う。

関連データ

2030年頃の来たる未来の姿

URL：https://www.soumu.go.jp/johotsusintokei/whitepaper/ja/r05/html/datashu.html#f00359
（データ集）

(2) 2030年頃を見据えた我が国が向き合う課題と今後の方向性

ア　AIの急速な進化への対応

現在の生成AIは、米国中心に開発・提供されており、学習データに偏りがあることから、予測精度の低下や地域的バイアス等が課題。また、「AIを使いこなす」ことが生活者の利便性、あるいは社会・経済活動における生産性を左右するため、若者はもとより全ての国民が一定程度使いこなせることが重要。

このため、日本人にとって使いやすい生成AIの利用環境の構築（日本文化等を反映した日本語によるAI基盤モデル（foundation Model））に資する取組や、国民がAI等のデジタルツールを巧みに活用する能力の習得に向けた取組が必要。

イ　ビジネス変革の促進・カーボンニュートラルへの対応

所有から利用への価値観の変化、既存のビジネス変革やカーボンニュートラルへ対応が求められる中、グローバル展開を前提にしたサイバー・フィジカルシステムの高度化によるDXやGXの実現等が必要となっている。サイバー・フィジカルシステムを本格的に実現させるためには、サイバー空間からフィジカル空間への接点となる「アクチュエータ」が重要。

我が国は、技術開発で先行するものの、製品化やサービス化で遅れを取ってビジネス展開で敗れるとの指摘がある。海外では、国家戦略として自国に有利なグローバル・スタンダードを普及させようとする動きも少なくなく、我が国でも能動的に官民が連携してルール形成を進めるなどの取組が必要。

また、サプライチェーンのグローバル化により、地域・業種・業態などの壁を越えたエコシステム実現のため、相互運用性の確保などの国際標準化も重要になるが、その際、何のために標準化するのかの戦略も必要。昨今、互換性や品質の確保といった製品にリンクした標準化活動だけではなく、環境などの社会課題やサービス水準などの上位レイヤーでの標準化も重要。

サイバー・フィジカルシステムの実現では、イノベーションを生み出すスタートアップが成長スピードを維持し続けることも重要。例えば、レイトステージにおける投資やスタートアップと技術や人材等をもったスピード感のある事業会社との連携などが有効。

ウ　情報通信インフラの環境変化への対応

2030年頃の社会基盤となるBeyond5Gの実現に向けた取組を強化・加速するため、我が国が強みを有する技術分野を中心として、社会実装・海外展開を目指した研究開発を戦略的に推進していくことが必要。

情報通信インフラを提供する事業者が多様化し、設備構造も複雑化する中で、情報通信インフラがディペンダブルであるよう、end to endで超高速・低遅延等のメリットをユーザが享受できるよう、ユーザ視点に立った将来の情報通信インフラの在り方についての検討が必要。

経済安全保障の観点からも、政府はステークホルダーの一員として、支援と規制の両面で主体的に関与していくことが必要。サイバーセキュリティ上のリスクや調達上のリスク等を低減・排除することも重要であり、サプライチェーンの強靭化を通じた自律性の向上に向け、経済合理性も配慮しつつ、サプライヤーの多様化を含め、信頼できる機器や部品などの調達方法についての検討が必要。

エ　新たな社会空間であるサイバー空間の整備への対応

メタバースが表現の自由やプライバシーが保護されたオンライン上の公共空間「Public Space」であり、その運営が民主的になされること等について、国際社会での共通認識とすることが必要。

また、メタバース内で適用されるルールやアバター等のポータビリティ等を把握・検証しつつ、国際的なルール形成を官民・省庁間で連携して推進していくことが必要。

我が国は、アバター等のコンテンツに関する技術や知的財産等が豊富にあることからも、メタバース関連のグローバル市場のルール形成に積極的に取り組むことが重要。

オ　健全なサイバー空間の確保への対応

国家による介入やビッグ・テック企業へのデータ集中、フィルターバブルやエコーチェンバー等によるネットの分断、「アテンション・エコノミー」等による偽・誤情報の流通等の懸念が深刻化。

表現の自由の確保などの観点から民間による自主的な取組を基本とし、プラットフォーム事業者による適切な対応や透明性・アカウタビリティの確保、既存メディア等が連携したファクトチェックの取組、国民のICTリテラシーの向上など、幅広い関係者による自主的な取組、さらに事業者からのエビデンスを含んだ説明を踏まえた国による対策といったように、ステークホルダー間、国際間での連携強化、社会全体による不断の努力が不可欠。また、偽・誤情報は、リテラシーの低い人が拡散する傾向にあるため、全世代に対するリテラシー向上に向けた取組が重要。

「2030年頃を見据えた情報通信政策の在り方」最終答申の概要
URL：https://www.soumu.go.jp/johotsusintokei/whitepaper/ja/r05/html/datashu.html#f00360
（データ集）

第2節　電気通信事業政策の動向

1 概要

1 これまでの取組

1985年（昭和60年）の通信自由化及び電気通信事業法（昭和59年法律第86号）の施行以降、これまで35年余りの間に多くの新規事業者が参入し、競争原理の下で、IP・デジタル化、モバイル・ブロードバンドなど様々な通信技術の進展と導入が行われ、料金の低廉化・サービスの多様化・高度化がめざましく進展してきた。これまで、総務省では、こうした電気通信サービスのイノベーションやダイナミズムを維持しながら、信頼できる電気通信サービスの提供を確保する観点から、様々な政策や制度についての不断の見直しを行ってきた。

例えば、近年、我が国の電気通信市場では、携帯電話やブロードバンドの普及、移動系通信事業者を主としたグループ単位での競争の進展などの大きな環境変化が起きており、そうした環境変化も踏まえた上で公正な競争環境を引き続き確保していくための制度整備や、今や生活必需品となっている携帯電話について、料金が諸外国と比較して高い、各社の料金プランが複雑で分かりづらいなどの課題があったことから、その課題を解決し、国民が低廉で多様な携帯電話サービスを利用できるよう、公正な競争環境の整備に向けた取組などを実施してきた。

また、利用者と事業者との間の情報格差や事業者の不適切な勧誘などによる電気通信サービスの利用を巡る様々なトラブルの増大やサイバー攻撃の複雑化・巧妙化などのグローバルリスクの深刻化などに対応するための制度整備なども実施してきた。

2 今後の課題と方向性

電気通信事業は、国民生活や社会経済活動に必要不可欠な電気通信サービスを提供する事業である。我が国の社会構造が「人口急減・超高齢化」へ向かう中で、地域の産業基盤の強化や地方移住の促進など、地方の創生のためにICTが果たすべき役割が今後増大していくことが見込まれるとともに、新事業の創出や生産性の向上など経済活動の活性化や、安心・安全な社会の実現、医療・教育・行政などの各分野における社会的課題の解決に当たり、ICTが果たすべき役割も増大していくと考えられ、電気通信サービスの重要性は、一層高まってきている。

このような中で、電気通信サービスの利用者利益を確保するとともに、我が国の社会全体のイノベーション促進、デジタル化・DX推進を支える基盤としてのデジタルインフラの整備は、一人ひとりの個人や我が国の社会経済にとって、極めて重要である。

今後、電気通信市場のみならず、我が国の社会構造が更に激変し、我々がこれまで前提としてきた社会・経済モデルが通用しない時代が到来することが予想される中で、先進的な情報通信技術を用いて社会的課題の解決や価値創造を図る必要性が高まっている。

また、電気通信サービスが国民生活や社会経済活動に必要不可欠となっており、自然災害や通信障害等の非常時においても継続的にサービスを提供することが求められている。

このため、我が国のありとあらゆる主体が安心・安全かつ確実な情報通信を活用していく環境の整備を図っていくことが必要である。

2 公正な競争環境の整備

1 電気通信市場の分析・検証

ア　電気通信市場の検証

総務省では、2016年度（平成28年度）から、市場動向の分析・検証及び電気通信事業者の業務の適正性などの確認を一体的に行う市場検証の取組を実施しており、客観的かつ専門的な見地から助言を得ることを目的として、学識経験者などで構成する「電気通信市場検証会議」を開催している。2021年（令和3年）10月には、電気通信市場の環境変化等を踏まえて「電気通信市場検証会議」の下に立ち上げられた「公正競争確保の在り方に関する検討会議」において、市場検証の強化の必要性に関する提言がなされた。同提言などを踏まえ同年12月に策定した、市場検証に関する基本的な考え方及び検証プロセスの全体像を示す「電気通信事業分野における市場検証に関する基本方針」に基づき、2021年度（令和3年度）以降、継続的に市場検証を行っている。

イ　モバイル市場における公正な競争環境の整備など

総務省では、事業者間の活発な競争を通じて低廉で多様なサービスの実現を図るべく、モバイル市場における公正な競争環境を整備するための取組を進めている。2019年（令和元年）には、通信料金と端末代金の分離や行き過ぎた囲い込みの禁止などを目的とした電気通信事業法の改正を行っており、この改正により講じた措置の効果やモバイル市場に与えた影響などについて、「電気通信市場検証会議」の下に立ち上げられた「競争ルールの検証に関するWG」において、2020年（令和2年）以降、継続的な検証を行っている。同WGにおいては、現在、2019年（令和元年）電気通信事業法改正法附則第6条（見直し条項）に基づく検討を進めており、その結果に基づき所要の措置を講じることとしている。

これまでの取組として、総務省では、2020年（令和2年）10月に、モバイル市場の公正な競争環境の整備に向けた具体的な取組をまとめた「モバイル市場の公正な競争環境の整備に向けたアクション・プラン」を公表した。また、「競争ルールの検証に関するWG」における検討や同アクション・プランを踏まえ、SIMロックの原則禁止（2021年（令和3年）8月）や既往契約の早期解消に向けた制度整備（2022年（令和4年）1月）などを行った。さらに、携帯電話事業者各社においても、違約金の撤廃、キャリアメール持ち運びサービスの開始、eSIMの導入等の取組が進展するなど、モバイル市場における公正な競争環境の整備が進んだ。

また、総務省では、利用者側の理解の促進に向けて消費者団体等を通じた周知広報に努めているほか、2020年（令和2年）12月には、利用者が自身に合ったプランを選択する一助となるよう中立的な情報を掲載した「携帯電話ポータルサイト」を総務省HPに開設した。2022年（令和4年）4月には、そのデザインを一新するとともに内容を大幅に拡充し、消費者の一層の理解促進を図っている。

関連データ

携帯電話ポータルサイト
URL：https://www.soumu.go.jp/menu_seisaku/ictseisaku/keitai_portal/

2 接続ルールなどの整備

ア　モバイル接続料の算定方法の見直し

2021年（令和3年）2月以降、携帯電話事業者各社からモバイル通信の低廉な料金プランの提供が順次開始されるなど、今後、モバイル市場におけるMNO・MVNOの競争により更なる料金の低廉化やサービスの高度化・多様化が期待される。

総務省では、「接続料の算定等に関する研究会」の「第六次報告書」（2022年（令和4年）9月）を踏まえ、モバイル接続料の届出において各社の設備運用方針を総務省に報告させ、総務省において各社による恣意的な設備運用がなされていないかについて確認するなど、モバイル接続料の適正性向上に向けた取組を進めている。

イ　卸電気通信役務に係る制度の見直し

MNOの音声通話料金（従量制）については長年値下げが行われていなかったところ、その背景として、MNOとMVNO間の協議が有効に機能せず、音声卸料金が長年高止まりしていたことが「競争ルールの検証に関する報告書2021」や「接続料の算定等に関する研究会」の「第五次報告書」等において指摘された。

同研究会の取りまとめ（2022年（令和4年）2月）を踏まえ、指定設備を用いて提供される卸電気通信役務について、卸元事業者が卸先事業者の求めに応じて、卸電気通信役務を提供する義務や協議の円滑化に資する情報を提示する義務などを新たに規定する電気通信事業法の一部を改正する法律が同年6月に成立した。総務省では、同研究会での議論を踏まえ、提供義務を課す役務の範囲や、卸先事業者に提示する義務を課す情報の内容等の制度の詳細を定めるため、電気通信事業法施行規則等の改正を行い、同法は2023年（令和5年）6月に施行された。

ウ　音声通信に係る接続制度の見直し

東日本電信電話株式会社・西日本電信電話株式会社の電話網のIP網への移行が2024年（令和6年）中に完了する見込みであることを踏まえ、「IP網への移行の段階を踏まえた接続制度の在り方」について、2020年（令和2年）4月に情報通信審議会に諮問し、同年9月に一部答申、2021年（令和3年）9月に最終答申を受けた。

最終答申を踏まえ、第一種指定電気通信設備制度において各電気通信事業者が設置する加入者回線の占有率を算定する範囲を都道府県単位から各事業者の業務区域に見直すことなどを内容とする電気通信事業法の一部を改正する法律が2022年（令和4年）6月に成立、2023年（令和5年）6月に施行された。

また、同最終答申を踏まえ、総務省では、IP網への移行過程における加入電話の音声接続料に係る規定を整備するために第一種指定電気通信設備接続料規則（平成12年郵政省令第64号）の改正を行うとともに、加入電話発－携帯電話着の通話などの料金設定権について電気通信事業法関係審査基準（平成13年総務省訓令第75号）の改正及び利用者料金の設定権に関する裁定方針の策定を行った。

総務省では、現在、IP網への移行後の音声接続料の在り方について、事業者間で相互に音声接続料を支払わない方式である「ビル&キープ方式」の採用も含めて検討を行っている。

3 デジタルインフラの整備・維持

1 光ファイバ整備の推進

光ファイバによるデジタルインフラについては、地域が抱える課題解決のために、テレワーク、遠隔教育、遠隔診療などを含むデジタル技術の利活用が強く期待されている中で、過疎地域や離島などの地理的に条件不利な地域では人口に比して財政的負担が大きいことから整備が遅れている[*1]。

こうした背景を踏まえ、総務省では、条件不利地域において、地方自治体や電気通信事業者などが5Gなどの高速・大容量無線通信の前提となる光ファイバを整備する場合に、その事業費の一部を補助する「高度無線環境整備推進事業」を実施しており、この事業において、地方自治体が行う離島地域の光ファイバなどの維持管理に要する経費についても補助対象としている。また、「デジタル田園都市国家インフラ整備計画」（令和4年3月策定、令和5年4月改訂）に基づき、2022年（令和4年）3月末に99.7%となっている光ファイバの整備率（世帯カバー率）を2028年（令和10年）3月末までに99.9%とすることを目標として取り組むこととしている。

また、「GIGAスクール構想」に資する通信環境の整備に向けて、通信環境が十分でない学校のうち、光ファイバの整備が2024年度以降となる学校には、各校の通信状況を踏まえつつ、2023年度中の5Gによる通信環境の整備を促進するとともに、地方自治体の要望を踏まえ、公設設備の民設移行を早期かつ円滑に進めることとしている。

2 データセンター、海底ケーブルなどの地方分散

コロナ禍下におけるインターネットの通信量の急増、DXの進展に伴うクラウドやAIの利用の進展等を背景とし、データセンターや海底ケーブルの需要は世界的に増加しており、これらのデジタルインフラは社会生活や経済活動を支えるものとして今後一層重要なものになる。我が国におけるデータセンターの立地状況を見ると、近年は大阪圏への投資が増加しているものの、6割程度が東京圏に集中しており、今後もこの状況が続くと見込まれている。海底ケーブルについては、国際海底ケーブルの終端である陸揚局が房総半島及びその周辺に集中するとともに、国内海底ケーブルについては日本海側が未整備（ミッシングリンク）となっている。このような状況では、東京圏・大阪圏が大震災等で被災した場合に通信サービスに全国規模の影響が生じる可能性があり、我が国のデジタルインフラの強靱化の観点からは、データセンターの分散立地や日本海側の海底ケーブルの整備等を推進する必要がある。また、我が国は北米・欧州とアジア・太平洋地域の中継点に位置していることから、我が国への国際海底ケーブルの敷設を一層促進し、国際的なデータ流通のハブとしての機能を強化していくことも必要である。更に、我が国を取り巻く安全保障環境等の複雑化など昨今の国際情勢の変化等に鑑み、国際海底ケーブルや陸揚局の安全対策を強化することも必要である。

総務省においては、令和3年度補正予算事業として、データセンターや海底ケーブルなどの整備を行う民間事業者を支援する補助金を創設し、東京圏以外に立地するデータセンターの整備事業に対する支援に着手したところである。また、「デジタル田園都市国家インフラ整備計画」（令和4年3月策定、令和5年4月改訂）においては、(1) データセンターについては当面は東京・大阪を補

*1　第4章第2節「電気通信分野の動向」を参照。

完・代替する第3・第4の中核拠点の整備を促進するとともに、経済産業省等関係省庁と連携してデータセンター等の更なる分散立地の在り方や拠点整備等に必要な支援の検討を進めることとし、(2) 海底ケーブルについては、現状ミッシングリンクとなっている日本海側の国内海底ケーブルの整備に取り組み、日本を周回する海底ケーブル（デジタル田園都市スーパーハイウェイ）を完成させるとともに、データセンターの分散立地に向けた取組と連動し、我が国の国際的なデータ流通のハブとしての機能強化に向けた海底ケーブル等の整備を促進することとしている。更に、国際海底ケーブルや陸揚局の安全対策の強化のため、国際海底ケーブルの断線等に備えた多ルート化の促進、国際海底ケーブルや陸揚局の防護、国際海底ケーブルの敷設・保守体制の強化に向けた取組を進めることとしている。

3 ブロードバンドサービスの提供確保

総務省では、テレワーク、遠隔教育、遠隔医療等のサービスを利用する上で不可欠な総務省令で定めるブロードバンドサービスを電気通信事業法上の基礎的電気通信役務の新たな類型（第二号基礎的電気通信役務）に位置付け、その適切、公平かつ安定的な提供を確保するため、当該役務を提供する事業者に対し、契約約款の届出義務、役務提供義務、技術基準適合維持義務等を課すとともに、あまねく全国での第二号基礎的電気通信役務の提供を確保するため、全国のブロードバンドサービス事業者が負担する負担金を原資とする交付金制度（ブロードバンドサービスに関するユニバーサルサービス制度）を新設する制度改正を行った（電気通信事業法の一部を改正する法律（令和4年法律第70号））。

本制度について政省令等で定める具体的な内容等について検討するため、2022年（令和4年）6月に情報通信審議会に「ブロードバンドサービスに係る基礎的電気通信役務制度等の在り方」を諮問し、2023年（令和5年）2月に答申を受けた。同答申においては、第二号基礎的電気通信役務の範囲をFTTH、CATVインターネットサービスのうちのHFC方式及びこれらに相当するワイヤレス固定ブロードバンド（専用型）[*2]とすることが適当とされ、ワイヤレス固定ブロードバンド（共用型）[*3]については、その位置付けについて引き続き検討を深める[*4]ことが適当とされたほか、事業者規律の在り方や交付金制度の在り方等について考え方が整理された。総務省では、同答申を踏まえ、政省令等の整備を行い、2023年（令和5年）6月に同法及び政省令等が施行された。

4 電気通信インフラの安全・信頼性の確保

1 電気通信設備の技術基準などに関する制度整備

通信ネットワークへの仮想化技術の導入やクラウドサービスの活用が進み、通信サービスの提供構造の多様化・複雑化等が進んでいる状況を踏まえ、2022年（令和4年）4月から2023年（令和5年）2月までの間、情報通信審議会情報通信技術分科会IPネットワーク設備委員会において、「仮想化技術等の進展に伴うネットワークの多様化・複雑化に対応した電気通信設備に係る技術的条件」について検討を行った。

＊2　固定通信サービス向けに専用の無線回線（例：地域BWAやローカル5G）を用いて提供するもの。
＊3　固定通信サービスと移動通信サービス共用の無線回線（携帯電話網）を用いて提供するもの。
＊4　一つの基地局で携帯電話の不特定の利用者もカバーすることになり、多数の端末が接続される場合、通信の品質が安定しない等の課題や、東日本電信電話株式会社・西日本電信電話株式会社が他者（携帯電話事業者）の無線設備を用いてワイヤレス固定ブロードバンドを提供するためには、日本電信電話株式会社等に関する法律第2条第5項の自己設置設備要件との関係に係る課題が指摘された。

2022年（令和4年）年9月に取りまとめられた第一次報告に基づく情報通信審議会の一部答申[*5]においては、音声伝送携帯電話番号の指定を受けることとなるMVNO等について、現在MNOの携帯電話用設備に課せられている技術基準と同等の基準を課すことが適当との方向性が示された。その後、情報通信行政・郵政行政審議会答申[*6]を経て、2023年（令和5年）2月に、音声伝送携帯電話番号の指定条件を緩和するための電気通信事業法施行規則等の一部を改正する省令等が施行された。

また、同委員会では、「仮想化技術等の進展を踏まえた電気通信設備に係る技術的条件」及び「重大な事故が生ずるおそれがあると認められる事態に係る技術的条件」について検討を行い、2023年（令和5年）2月に第二次報告として取りまとめた。当該報告に基づく情報通信審議会の一部答申[*7]を踏まえ、「重大な事故が生ずるおそれがあると認められる事態に係る技術的条件」に基づく改正を行った電気通信事業法施行規則等が2023年（令和5年）6月に施行された。今後、「仮想化技術等の進展を踏まえた電気通信設備に係る技術的条件」に基づく制度整備等についても、速やかに進めていく。

2 非常時における通信サービスの確保

ア　継続的な情報共有等の取組

近年、我が国では、地震、台風、大雨、大雪、洪水、土砂災害、火山噴火などの自然災害が頻発しており、停電による影響、通信設備の故障、ケーブル断などにより通信サービスにも支障が生じている。

こうした累次の災害対応における振り返りを行い、災害時における通信サービスの確保に向けて、総務省と指定公共機関などの主要な電気通信事業者との間で平時から体制を確認し、より適切な対応を行うことができるよう、2018年（平成30年）10月から「災害時における通信サービスの確保に関する連絡会」を開催しており、同連絡会では、災害時における通信サービスの確保について、即応連携・協力に関する体制、迅速な被害状況などの把握、復旧などの課題などに関する情報共有や意見交換を行っている。

イ 「総務省・災害時テレコム支援チーム（MIC-TEAM）」の取組

総務省では、情報通信手段の確保に向けた災害対応支援を行うため、「総務省・災害時テレコム支援チーム（MIC-TEAM）」を2020年（令和2年）6月に立ち上げた。MIC-TEAMは、大規模災害が発生し又は発生するおそれがある場合は、被災地の地方自治体に派遣され、情報通信サービスに関する被災状況の把握、関係行政機関・事業者等との連絡調整を行うほか、地方自治体に対する技術的助言や移動電源車の貸与等の支援を行っている。2022年（令和4年度）は、9月の台風第14号や12月22日からの大雪の際などに、被災した地方自治体に派遣された。

また、令和元年房総半島台風などを踏まえ、電力供給、燃料供給及び倒木処理などの連携協力に関する課題に対応するため、2022年度（令和4年度）には、宮城県多賀城市、千葉県、静岡県浜松市及び愛媛県との間で、通信事業者、電力・燃料関係事業者などの関係機関における初動対応に

*5 「仮想化技術等の進展に伴うネットワークの多様化・複雑化に対応した電気通信設備に係る技術的条件」に関する情報通信審議会からの一部答申（2022年（令和4年）9月16日）：https://www.soumu.go.jp/menu_news/s-news/01kiban05_02000253.html
*6 電気通信事業法施行規則等の一部改正に関する意見募集の結果及び情報通信行政・郵政行政審議会からの答申（2023年（令和5年）1月20日）：https://www.soumu.go.jp/menu_news/s-news/01kiban06_02000100.html
*7 「仮想化技術等の進展に伴うネットワークの多様化・複雑化に対応した電気通信設備に係る技術的条件」に関する情報通信審議会からの一部答申（2023年（令和5年）2月24日）：https://www.soumu.go.jp/menu_news/s-news/01kiban05_02000283.html

関する連携訓練などを実施している。

ウ　携帯電話事業者間のネットワークの相互利用等に関する検討

携帯電話サービスは、国民生活や経済活動に不可欠なライフラインであり、自然災害や通信障害等の非常時においても、携帯電話利用者が臨時的に他の事業者のネットワークを利用する「事業者間ローミング」等により、継続的に通信サービスを利用できる環境を整備することが課題となっている。これを踏まえ、総務省では、2022年（令和4年）9月から、「非常時における事業者間ローミング等に関する検討会」を開催し、非常時においても緊急通報をはじめ一般の通話やデータ通信、緊急通報受理機関からの呼び返しが可能なフルローミング方式による事業者間ローミングを、できる限り早期に導入することを基本方針とした第1次報告書を同年12月に取りまとめ、公表した。

3　電気通信事故の分析・検証

電気通信事故の防止に当たっては、事前の対策に加え、事故発生時及び事故発生後の適切な措置が必要である。総務省は、事故報告の検証を行うことにより、再発防止に向けた各種の取組に有効に活用するため、2015年（平成27年）から「電気通信事故検証会議」を開催し、主に電気通信事業法に定める「重大な事故」及び電気通信事業報告規則に定める「四半期報告事故」に係る報告の分析・検証を実施している。同会議では、2021年度（令和3年度）に発生した電気通信事故の検証結果などを取りまとめ、2022年（令和4年）11月に「令和3年度電気通信事故に関する検証報告」を公表した。

また、電気通信サービスが、国民生活や社会経済活動に欠かせない基盤として重要性を増し、通信障害が社会全体に与える影響が増大している中、電気通信事業者による通信障害が多発している。こうした通信障害発生時において、利用者への周知広報がないもの、周知広報を行っても利用者への初報に多くの時間を要するものなど、電気通信事業者による周知広報の在り方に課題が多く見られた。利用者の利益を適切に保護していくためには、電気通信分野における周知広報・連絡体制の在り方について、改めて検討していくことが急務であることから、2022年（令和4年）10月から電気通信事故検証会議周知広報・連絡体制ワーキンググループを開催し、2023年（令和5年）1月に報告書*8を取りまとめた。本取りまとめを踏まえ、2023年（令和5年）3月に、電気通信サービスにおける事故及び障害発生時の周知・広報等の在り方に関する考え方を、「電気通信サービスにおける障害発生時の周知・広報に関するガイドライン」として定めた。

さらに、通信障害が多発する背景には、リスク評価やリスクの洗い出しの不足、ヒューマンエラー防止や訓練面での課題、保守運用態勢に対するガバナンスの不足等、共通する課題が多いと考えられる。このため、個別の事故の背景にある組織・態勢面等の構造的問題及び構造的問題の検証を踏まえた技術基準や管理規程等の規律の見直し、安全対策に係る保守運用態勢に対するガバナンス強化の在り方等について、2022年（令和4年）12月から電気通信事故検証会議において検討を行い、2023年（令和5年）3月に、「電気通信事故に係る構造的な問題の検証に関する報告書」を取りまとめた。今後、総務省において、必要な制度改正の検討を進めていく。

*8　電気通信事故検証会議周知広報・連絡体制ワーキンググループ取りまとめ
https://www.soumu.go.jp/main_content/000858975.pdf

5 電気通信サービスにおける安心・安全な利用環境の整備

1 電気通信事業分野におけるガバナンスの確保

電気通信事業は、情報通信分野をはじめ様々な分野における革新的なイノベーションを促進するための不可欠な事業であり、デジタル技術の導入による革新的なサービスの提供や社会のDXを促進する観点から、利用者が安心でき、信頼性の高い電気通信サービスの提供を確保していくことが求められている。

総務省では、デジタル時代における安心・安全で信頼できる通信サービス・ネットワークの確保に向けて、電気通信事業者におけるサイバーセキュリティ対策とデータの取扱いなどに係るガバナンス確保の在り方を検証し、今後の対策の検討を行うため、2021年（令和3年）5月から「電気通信事業ガバナンス検討会」を開催した。同検討会の提言を踏まえ、大量の情報を取得・管理などする電気通信事業者を中心に、諸外国における規制などとの整合を図りつつ、利用者に関する情報の適正な取扱いを促進するため、情報取扱規程の策定・届出の義務付けなどの新たな規律を設けるほか、事業者間連携によるサイバー攻撃対策や事故報告制度等の電気通信役務の円滑な提供の確保を目的とした規律を整備することなどを内容とする電気通信事業法の一部を改正する法律が2022年（令和4年）6月に成立した。総務省では、その後、同年6月から9月まで「特定利用者情報の適正な取扱いに関するワーキンググループ」を開催し、特定利用者情報の取扱いに関する規律の詳細について検討を行い、電気通信事業法施行規則を改正して①情報取扱規程の項目、②情報取扱方針の項目、③特定利用者情報の取扱状況の評価項目、④特定利用者情報統括管理者の要件、⑤特定利用者情報の漏えい時の報告内容等について定めた。同法及び改正電気通信事業法施行規則は、2023年（令和5年）6月に施行された。

2 電気通信事業分野における消費者保護ルールの整備

ア　概要

電気通信サービスの高度化・多様化により、多くの利用者に利便性の向上や選択肢の増加がもたらされる一方で、利用者と事業者の間の情報格差や事業者の不適切な勧誘などにより、トラブルも生じている。こうしたトラブルを防止し、消費者が電気通信サービスの高度化・多様化の恩恵を享受できるようにするため、総務省では、電気通信サービスに係る消費者保護ルールを整備し、これを適切に執行するとともに、必要に応じてその見直しを行っている。

イ　消費者保護ルールの実効性確保

（ア）苦情・相談などの受付や関係者との連携、行政指導などの実施

総務省では、「総務省電気通信消費者相談センター」を設置し、消費者からの情報提供を受け付けている[*9]。また、電気通信消費者支援連絡会[*10]を全国各地域で毎年2回ずつ開催し、関係者の間で情報共有・意見交換を行う取組も実施している。このような取組を通じて得られた情報を踏まえ、必要に応じて行政指導などや消費者庁と連携しての対応などにより、電気通信サービスに係る消費者保護ルールの実効性の確保を図っている。

＊9　電話及びウェブにより18,289件（2021年度（令和3年度））の苦情相談などを受け付けている。
＊10　各地の消費生活センターや電気通信事業者団体などを構成員として、電気通信サービスに係る消費者支援の在り方についての意見交換を行う総務省主催の連絡会。

このほか、関係団体における消費者保護ルールの遵守に向けた自主的取組の促進も図っている。

（イ）モニタリングの実施

総務省では、「電気通信事業の利用者保護規律に関する監督の基本方針」を策定し、消費者保護ルールの運用状況についてモニタリングするとともに、有識者や関係の事業者団体が参加し、関係者の間で共有・評価などする「消費者保護ルール実施状況のモニタリング定期会合[*11]」を年2回開催している。

この会合では、電気通信事業分野の苦情・相談などについて、全体的な傾向だけでなくMNO、MVNO、FTTHといったサービス種別ごとの傾向についても分析した結果を共有・評価している。また、個別のテーマ[*12]についての分析結果や実地調査（覆面調査）の結果、個別事案の随時調査の結果、さらには事業者団体[*13]が受け付けた苦情・相談などの分析結果や事業者などによる改善に向けた取組の状況のフォローアップについても共有・評価している。

総務省では、この会合における評価を踏まえ、実地調査の対象となった電気通信事業者に対し、改善すべき点を指導するとともに、事業者団体などに対し、業界としての取組や会員への周知などの対応を要請している。また、この会合における分析結果や評価については、消費者保護ルールの見直しの検討や事業者の自主的な取組の推進に活用されている。

ウ　消費者保護ルールの見直し

総務省では、電気通信市場の変化や消費者トラブルの状況を踏まえ、消費者保護ルールを累次にわたり見直し、その拡充を図ってきた。2020年（令和2年）6月から、「消費者保護ルールの在り方に関する検討会」において制度の見直しについて集中的に検討が行われ、2021年（令和3年）9月に「消費者保護ルールの在り方に関する検討会報告書2021」が取りまとめられた。総務省では、同報告書を踏まえ、次のような消費者保護ルールの拡充などを行った。

①　電気通信事業法施行規則の改正

2022年（令和4年）2月に電気通信事業法施行規則を改正し、①電話勧誘における説明書面を用いた提供条件説明の義務化、②利用者が遅滞なく解約できるようにするための措置を講じることの義務化、③解約に伴い請求できる金額の制限について制度化した（同年7月1日施行）。

②　ガイドラインの改正

「電気通信事業法の消費者保護ルールに関するガイドライン」において、携帯電話事業者とその販売代理店との間の委託契約についても、消費者保護ルール違反を助長する可能性がある場合は業務改善命令の対象となり得る旨を具体的な事例を含めて明確化するとともに、消費者保護の観点から望ましい行為についての記載を拡充した。

③　苦情相談処理体制の在り方に関する検討

2021年（令和3年）10月に「苦情相談処理体制の在り方に関するタスクフォース」を設置し、個別の事業者との間では円滑に解決に至らない消費者トラブルを効果的に解決し得る体制の在り方についてスコープ、機能、体制、他機関との連携等の点について検討した。2022年（令和4年）6月に報告書を取りまとめ、事業者団体[*14]が行う試行的な取組として新たな苦情相談処理

＊11　消費者保護ルール実施状況のモニタリング定期会合：
https://www.soumu.go.jp/main_sosiki/kenkyu/shouhisha_hogorule/index.html
＊12　2023年（令和5年）2月に開催された第14回会合においては、①通信速度等に関する苦情相談、②高齢者の苦情相談、③FTTHの電話勧誘に関する苦情相談、④出張販売に関する苦情相談を扱った。
＊13　一般社団法人電気通信事業者協会及び一般社団法人全国携帯電話販売代理店協会
＊14　一般社団法人電気通信事業者協会及び一般社団法人日本ケーブルテレビ連盟

体制の運用を今後1年以内に開始し、その実施状況や効果・課題等について、「消費者保護ルールの在り方に関する検討会」等の場において継続的に検証することとした。なお、新たな苦情相談処理体制の運用は本年7月を目処に開始するよう検討を行っているところである。

また、「消費者保護ルールの在り方に関する検討会」において2022年（令和4年）7月に取りまとめられた「『消費者保護ルールの在り方に関する検討会報告書2021』を踏まえた取組に関する提言」を踏まえ、同年8月に関係事業者等に対して「販売代理店の業務の適正性確保に向けた指導等の措置の実施及び苦情相談の処理における体制の強化に向けた取組に係る要請」を行うとともに、上記の提言等を踏まえ、同年9月に「電気通信事業法の消費者保護ルールに関するガイドライン」の改正を行ったところであり、引き続き、モニタリングなどの取組を進め、消費者保護の充実を図っていくこととしている。

3 通信の秘密・利用者情報の保護

ア　概要

スマートフォンやIoTなどを通じて、様々なヒト・モノ・組織がインターネットにつながり、大量のデジタルデータの生成・集積が飛躍的に進展するとともに、AIによるデータ解析などを駆使した結果が現実社会にフィードバックされ、様々な社会的課題を解決するSociety 5.0の実現が指向されている。

この中で、様々なサービスを無料で提供するプラットフォーム事業者の存在感が高まっており、利用者情報が取得・集積される傾向が強まっている。また、生活のために必要なサービスがスマートフォンなど経由でプラットフォーム事業者により提供され、人々の日常生活におけるプラットフォーム事業者の重要性が高まる中で、より機微性の高い情報についても取得・蓄積されるようになってきている。

利用者の利便性と通信の秘密やプライバシー保護とのバランスを確保し、プラットフォーム機能が十分に発揮されるようにするためにも、プラットフォーム事業者がサービスの魅力を高め、利用者が安心してサービスが利用できるよう、利用者情報の適切な取扱いを確保していくことが重要である。

イ　利用者に関する情報の外部送信に係る規律等の創設

総務省で開催する「プラットフォームサービスに関する研究会」で、「プラットフォームサービスに係る利用者情報の取扱いに関するワーキンググループ」を設置して議論を行った結果を踏まえて取りまとめられた「中間とりまとめ」（2021年（令和3年）9月）では、電気通信事業法などにおける規律の内容・範囲などについて、EUにおけるeプライバシー規則（案）の議論も参考にしつつ、cookieや位置情報などを含む利用者情報の取扱いについて具体的な制度化に向けた検討を進めることが適当であると考えられるとされた。本取りまとめを踏まえ、電気通信事業者が利用者に電気通信サービスを提供する際に、情報を外部送信する指令を与える電気通信を送信する場合に利用者に通知・公表といった確認の機会を付与することの義務付けなど（以下「外部送信規律」という。）を内容とする電気通信事業法の一部を改正する法律が2022年（令和4年）6月に成立した。総務省では、その後、同年6月から9月まで同ワーキンググループを開催し、外部送信規律の詳細について検討を行い、電気通信事業法施行規則を改正し、規律対象者、通知・公表すべき事項、通知・公表の方法等について定めた。同法及び改正電気通信事業法施行規則は2023年（令和5年）

6月に施行された。

4 違法・有害情報への対応

ア　概要

インターネット上の違法・有害情報の流通は引き続き深刻な状況であり、総務省では、関係者と連携しつつ、誹謗中傷、海賊版、偽情報などの様々な違法・有害情報に対する対策を継続的に実施してきている。

イ　インターネット上の誹謗中傷への対応

総務省では、インターネット、特にソーシャル・ネットワーキング・サービス（SNS）をはじめとするプラットフォームサービス上における誹謗中傷に関する問題が深刻化していることを踏まえ、2020年（令和2年）9月に取りまとめ、公表した「インターネット上の誹謗中傷への対応に関する政策パッケージ」に基づき、関係団体などと連携しつつ、次のような取組を実施している。

① ユーザーに対する情報モラル及びICTリテラシー向上のための啓発活動
② プラットフォーム事業者の自主的な取組の支援及び透明性・アカウンタビリティの向上（プラットフォーム事業者に対する継続的なモニタリングの実施）
③ 発信者情報開示に関する取組（改正プロバイダ責任制限法[*15]の円滑な運用）
④ 相談対応の充実（違法・有害情報相談センターの体制強化、複数の相談機関間における連携強化及び複数相談窓口の案内図の周知）

特に、①の取組の一環として、総務省では、法務省、一般社団法人ソーシャルメディア利用環境整備機構及び一般社団法人セーファーインターネット協会と共同して「#NoHeartNoSNS（ハートがなけりゃSNSじゃない！）」というスローガンの下で特設サイトを開設し、SNS上のやり取りで悩む方に相談窓口などの役立つ情報を提供する、人気キャラクター『秘密結社 鷹の爪』とタイアップした特設サイトなどを作成するなど、政府広報を含む様々な媒体を通じて啓発活動を実施している（図表5-2-5-1）。

図表5-2-5-1　「#NoHeartNoSNS（ハートがなけりゃSNSじゃない！）」関連コンテンツ

左：「#NoHeartNoSNS（ハートがなけりゃSNSじゃない！）」ロゴ
右：「鷹の爪団の#NoHeartNoSNS大作戦」メインビジュアル

なお、この政策パッケージに基づき、「プラットフォームサービスに関する研究会」において、プラットフォーム事業者へのヒアリング等を行い、2022年（令和4年）8月、違法・有害情報へ

＊15 特定電気通信役務提供者の損害賠償責任の制限及び発信者情報の開示に関する法律の一部を改正する法律（令和3年法律第27号）

の対応について今後の方向性などを取りまとめた「第二次とりまとめ」を公表した。本取りまとめでは、プラットフォーム事業者による投稿の削除等の措置に関する透明性・アカウンタビリティの確保に向けて、透明性・アカウンタビリティの確保方策に関する行動規範の策定及び遵守の求めや法的枠組の導入等の行政からの一定の関与について、速やかに具体化することが必要であるとされている。また、誹謗中傷等の違法・有害情報の流通が引き続き深刻である実態を踏まえ、これらを実効的に抑止する観点から、専門的・集中的に検討するための有識者会合として、2022年（令和4年）12月から「誹謗中傷等の違法・有害情報への対策に関するワーキンググループ」を開催し、プラットフォーム事業者の投稿の削除等に関する透明性確保の在り方及び違法・有害情報の流通を実効的に抑止する観点からのプラットフォーム事業者が果たすべき役割の在り方等について検討を進めている。

ウ　インターネット上の海賊版への対策

総務省では、2020年（令和2年）12月、「インターネット上の海賊版対策に係る総務省の政策メニュー」を取りまとめた。この政策メニューに基づき、ユーザーに対する情報モラル及びICTリテラシーの向上のために啓発活動を行い、セキュリティ対策ソフトによるアクセス抑止機能の導入を進め、発信者情報開示制度に係る法改正を実施し、ICANNなどの国際的な場における議論を通じて国際連携を推進している。

また、2021年（令和3年）11月から「インターネット上の海賊版サイトへのアクセス抑止に関する検討会」を開催し、関係事業者等へのヒアリング等を行い、2022年（令和4年）9月、総務省の政策メニューや関係事業者等における取組の進捗を確認するとともに、より実効的な取組を実施するために海賊版サイトを支えるエコシステム全体に着目した対策の検討を行った「現状とりまとめ」を公表した。

エ　偽情報への対策

総務省では、近年問題となっているインターネット上の偽情報について、「プラットフォームサービスに関する研究会」において議論を行っている。同研究会を通じ、プラットフォーム事業者の取組とその透明性等に関するモニタリングを実施しており、2022年（令和4年）8月に当該モニタリングの結果や海外の動向に関する調査結果等を踏まえ、プラットフォーム事業者による適切な対応や透明性の確保のための今後の方策やICTリテラシー向上の推進等の取組の方向性を示した第二次取りまとめを公表した。

2023年（令和5年）3月、同研究会において、各ステークホルダーによる自主的な対応をまとめた「偽情報対策に係る取組集 Ver1.0」を公表。同年4月29日及び30日に開催されたG7群馬高崎デジタル・技術大臣会合の閣僚宣言において、偽情報対策に関する民間企業や市民団体を含む関係者によるプラクティス集（Existing Practices against Disinformation;「EPaD」）を作成することが宣言された。

また、利用者のリテラシーの向上推進のため、2022年（令和4年）6月に偽・誤情報に関する啓発教育教材「インターネットとの向き合い方～ニセ・誤情報に騙されないために～」を開発・公表したほか、同年11月に「ICT活用のためのリテラシー向上に関する検討会」を立ち上げ、これからのデジタル社会において求められるリテラシーの在り方や当該リテラシーを向上するための推進方策について検討を進めている。

5 青少年のインターネット利用環境の整備

ア　概要

国民の日常生活においてインターネットが必要不可欠になる中で、青少年が安心・安全にインターネットを利用できるようにするため、総務省では、携帯電話端末におけるフィルタリング利用の促進と啓発活動の推進を中心に取組を進めている。また、「青少年のICT活用のためのリテラシー向上に関するワーキンググループ」*16を開催し、青少年のICT活用に向けたリテラシーの向上を図るための方策及び青少年を保護するための手段であるフィルタリングサービスについて、携帯電話事業者、OS事業者、保護者等、各関係者の役割を踏まえた検討を行っている*17。

イ　フィルタリング利用の促進

スマートフォンやアプリ・公衆無線LAN経由のインターネット接続が普及し、フィルタリング利用率が大幅に低下したことを受け、携帯電話事業者及びその販売代理店に対して携帯電話端末の販売時にフィルタリングの設定（有効化）を義務付けることなどを内容とした、青少年が安全に安心してインターネットを利用できる環境の整備等に関する法律の一部を改正する法律（平成29年法律第75号）が2018年（平成30年）2月に施行された。これを受け、総務省では、携帯電話事業者及びその販売代理店におけるフィルタリング有効化措置の促進を図っている。

ウ　啓発活動の推進

（ア）インターネットトラブル事例集の作成・公表

青少年が安心・安全にインターネットを利用できるようにするためには、青少年自身だけでなく、その保護者、教職員などにおいても十分なメディア情報リテラシーを有する必要がある。総務省では、子育てや教育の現場での保護者や教職員の活用に資するため、2009年度（平成21年度）からインターネットに係るトラブル事例の予防法などをまとめた「インターネットトラブル事例集」を、毎年内容を更新して公表している。

2023年（令和5年）版では、著作権に関する問題やインターネット上の誹謗中傷などのトラブル事例のほか、スマートフォンのフィルタリングや時間管理機能、年齢に合ったインターネット利用環境などに関する情報を収録している。

（イ）啓発動画の作成・公表

総務省では、青少年やその保護者に効果的にアプローチするため、人気キャラクターを用いた動画などを作成し、関係事業者などの協力の下で啓発活動に活用している。例えば、現在は人気漫画「僕のヒーローアカデミア」と連携したフィルタリングなどに関する啓発動画が、関係府省や関係事業者などのホームページに掲載されるとともに全国の携帯ショップ・量販店の店頭、青少年の啓発現場などで活用されている（図表5-2-5-2）。

*16 「青少年の安心・安全なインターネット利用環境整備に関するタスクフォース」を改組する形で、2022年（令和4年）12月から開催。
*17 青少年のICT活用に向けたリテラシーの向上を図るための方策等については、第5章第6節「ICT利活用の推進」も参照。

図表5-2-5-2　青少年フィルタリング及び海賊版対策に係る啓発動画

（ウ）学校現場などにおける出前講座の実施

総務省では、青少年のインターネットの安全な利用に係る普及啓発を目的に、文部科学省、一般財団法人マルチメディア振興センター、通信事業者などの協力の下で、2006年度（平成18年度）から児童・生徒、保護者、教職員などに対する学校などの現場での無料の出前講座「e-ネットキャラバン」を全国で開催している。

2020年（令和2年）秋からは、新型コロナウイルス感染症の感染拡大を踏まえ、従来の集合形式に加えてリモート形式の講座も実施している。

（エ）集中的な取組実施期間の設定

総務省では、2014年（平成26年）から多くの青少年が初めてスマートフォンなどを手にする春の卒業・進学・新入学の時期に特に重点を置き、関係府省庁や関係事業者・団体と連携・協力し、青少年、保護者、学校などの関係者などに対し、スマートフォンやソーシャルメディアなどの安心・安全な利用のための啓発活動などの取組を集中的に行う「春のあんしんネット・新学期一斉行動」を実施している。

2023年（令和5年）は、ペアレンタルコントロール（保護者による管理）の普及促進や青少年のインターネットを適切に活用する能力の向上に資する啓発活動などの取組を集中的に展開した。

エ　インターネット利用を前提とした取組

近年、青少年のインターネット利用の低年齢化が進むとともに、特に新型コロナウイルス感染症の感染拡大を契機として、GIGAスクール構想による学校での端末整備の進展を含む社会全体のデジタル化が急速に進展している。こうした環境変化を踏まえ、2021年（令和3年）7月に「青少年の安心・安全なインターネット利用環境整備に関するタスクフォース」において今後の取組方針として「青少年の安心・安全なインターネット利用環境整備に関する新たな課題及び対策[*18]」が取りまとめられた。

総務省では、これに基づき、官民連携の下で、青少年による違法・有害情報への接触を回避させることを主眼とした従来の取組に加え、青少年の情報「発信」を契機としたトラブルを防止するための取組など青少年のインターネット利用を前提とした取組を進めている。

6　電気通信紛争処理委員会によるあっせん・仲裁など

1　電気通信紛争処理委員会の機能

電気通信紛争処理委員会（以下「委員会」という。）は、技術革新と競争環境の進展が著しい電気通信分野において多様化する紛争事案を迅速・公正に処理するために設置された専門組織であり、現在、総務大臣により任命された委員5名及び特別委員8名が紛争処理にあたっている。

委員会は、①あっせん・仲裁、②総務大臣からの諮問に対する審議・答申、③総務大臣に対する勧告という3つの機能を有している。

また、委員会事務局では通信・放送事業者等のための相談専用電話や相談専用メールによる相談窓口を設けており、電気通信事業者等の間の紛争に関する問合せ・相談などに対応しているほか、委員会専用ウェブサイトを開設し、円滑な紛争解決に資するよう上記①、②、③の各手続の解説や紛争事例を集成した「電気通信紛争処理マニュアル」やパンフレットなどを公開している。

関連データ

電気通信紛争処理委員会の機能の概要
URL：https://www.soumu.go.jp/main_sosiki/hunso/outline/about.html

ア　あっせん・仲裁

あっせんは、電気通信事業者間、放送事業者間などで紛争が生じた場合において、委員会が委員・特別委員の中から「あっせん委員」を指名し、あっせん委員が両当事者の歩み寄りを促すことにより紛争の迅速・公正な解決を図る手続である。必要に応じて、あっせん委員があっせん案を提示する。両当事者の合意により進められる手続のため、強制されることはないが、あっせん手続を経た上で両当事者の合意が成立した場合には、民法上の和解が成立したことになる。

仲裁は、原則として、両当事者の合意に基づき委員会が委員・特別委員の中から3名を「仲裁委員」として指名し、仲裁委員（仲裁廷）による仲裁判断に従うことを合意した上で行われる手続であり、仲裁判断には当事者間において、仲裁法の準用により確定判決と同一の効力が発生する。

イ　総務大臣からの諮問に対する審議・答申

電気通信事業者間、放送事業者間での協議が不調になった場合などに、電気通信事業法又は放送法の規定に基づき、当事者は総務大臣に対して協議命令の申立て、裁定の申請などを行うことができる。

総務大臣は、これらの協議命令、裁定などを行う際には、委員会に諮問しなければならないこととされており、委員会は、総務大臣から諮問を受け、これらの事案について審議・答申を行う。

＊18 青少年の安心・安全なインターネット利用環境整備に関するタスクフォース「青少年の安心・安全なインターネット利用環境整備に関する新たな課題及び対策」：https://www.soumu.go.jp/menu_news/s-news/01kiban08_03000356.html

ウ　総務大臣への勧告

あっせん・仲裁、諮問に対する審議・答申を通じて明らかになった競争ルールの改善点などについて、委員会は、総務大臣に対し勧告することができる。なお、総務大臣は、委員会の勧告を受けたときは、その内容を公表することになっている。

2 委員会の活動の状況

2022年度（令和4年度）は、卸電気通信役務の提供に関する紛争についてのあっせん3件を処理した。また、相談窓口において、11件の相談対応を行った。

なお、2001年（平成13年）11月の委員会設立から2023年（令和5年）3月末までに、あっせん72件、仲裁3件の申請を処理し、総務大臣からの諮問に対する答申11件、総務大臣への勧告3件を実施している。

あっせんの処理状況
URL：https://www.soumu.go.jp/main_sosiki/hunso/case/number.html

第3節　電波政策の動向

1 概要

1 これまでの取組

電波は、携帯電話や警察、消防など、国民生活にとって不可欠なサービスの提供などに幅広く利用されている有限・希少な資源であり、国民共有の財産であることから、公平かつ能率的な利用を確保することが必要である。具体的には、電波は、同一の地域で、同一の周波数を利用すると混信が生じる性質があるため、無秩序に利用することはできず、適正な利用を確保するための仕組が必要であるほか、周波数帯によって電波の伝わり方や伝送できる情報量などが異なるため、周波数帯ごとに適した用途で利用することが必要となる。さらに、その出力などによっては国境を越えて伝搬する性質を持つことから、電波利用にあたっては条約などの国際的な取決めや調整を行うことが必要である。

「無線電信及無線電話ハ政府之ヲ管掌ス」とされた旧無線電信法に代わり電波の公平かつ能率的な利用を確保することによって、公共の福祉を増進することを目的とする電波法が1950年（昭和25年）に制定されて以降、我が国では、国民共有の財産である電波の民間活用を推進してきており、今や電波は国民生活にとって不可欠なものになっている。

総務省では、国際協調の下での周波数の割当て、無線局の免許を行うとともに、混信・妨害や電波障害のない良好な電波利用環境のための電波監理、電波資源拡大のための研究開発や電波有効利用技術についての技術試験事務などの取組を行ってきている。

2 今後の課題と方向性

IoT、ビッグデータ、AIをはじめとした先端技術や「新たな日常」に必要なデジタル技術をあらゆる産業や生活分野に取り入れることにより、我が国の課題解決や一層の経済成長を目指すデジタル変革時代において、電波は必要不可欠なインフラである。

そのようなデジタル変革時代においては、電波利用産業が更に発展し、電波利用のニーズが飛躍的に拡大すると見込まれる一方、電波は有限希少な国民共有の財産であることに鑑みれば、今後、より一層電波の公平かつ能率的な利用の促進が求められる。

また、携帯電話をはじめとする陸上移動局の無線局のトラヒックの増加傾向が続いており、携帯電話などの電波利用環境を快適に維持するため、現在利用されている周波数の一層の有効利用に加えて、他の用途で使用されている周波数の共用化や、テラヘルツなどの未利用周波数の開拓など周波数の確保が大きな課題となっている。

さらに、電波利用をとりまく状況の変化に対応しつつ、良好な電波利用環境を維持していくことが重要である。そのためにも、新たな電波利用や無線設備の流通の変化などに対応した電波監視や無線設備試買テストなどの取組を進めることが必要である。

2 デジタル変革時代の電波の有効利用の促進

1 デジタル変革時代の電波の有効利用の促進に関する検討

総務省では、2020年（令和2年）11月から「デジタル変革時代の電波政策懇談会」（以下この節において「懇談会」という。）を開催し、今後の電波利用の将来像に加え、デジタル変革時代の電波政策上の課題並びに電波有効利用に向けた新たな目標設定及び実現方策について検討を行い、2021年（令和3年）8月に報告書が取りまとめられた。同報告書では、今後特に帯域を必要とする5G・Beyond 5Gなど携帯電話網システム、衛星通信・HAPSシステム、IoT・無線LANシステム、次世代モビリティシステムの4つの電波システムについて、2020年度（令和2年度）末を起点とした周波数の帯域確保の目標として、2025年度（令和7年度）末までに＋約16GHz幅、2030年代までに＋約102GHz幅を設定するとともに、デジタル変革時代の電波有効利用方策として、①デジタル変革時代に必要とされる無線システムの導入・普及、②周波数有効利用の検証及び割当ての方策、③公共用周波数の有効利用方策、④デジタル変革時代における電波の監理・監督、⑤電波利用料制度の見直しについて提言している。2022年（令和4年）には、懇談会フォローアップを2回開催し、同報告書における提言を踏まえた各取組の進捗状況の報告を行った。

2 電波の有効利用促進のための方策

ア　電波法の一部改正

懇談会の報告書の提言を踏まえ、電波の公平かつ能率的な利用を促進するため、電波監理審議会の機能強化、携帯電話などの周波数の再割当制度の創設、電波利用料制度の見直しなどを内容とする電波法及び放送法の一部を改正する法律が2022年（令和4年）6月に成立し、一部の規定を除き同年10月に施行された。このうち、電波法の主な改正内容は以下のとおりである。

○　電波監理審議会の機能強化

電波の有効利用の程度の評価（以下「有効利用評価」という。）について、これまで総務大臣が電波の利用状況調査の結果に基づき行ってきたところ、技術の進展などに対応したより適切な評価を行うため、広い経験と知識を有する委員から構成される電波監理審議会が行うこととした。

○　携帯電話などの周波数の再割当制度の創設など

携帯電話などの電気通信業務用基地局が使用している周波数について、電波監理審議会による有効利用評価の結果が一定の基準を満たさないときや、競願の申出を踏まえ、再割当審査の実施が必要と総務大臣が決定したときなどに再割当てができることとした。また、認定開設者に対する認定計画に記載した設置場所以外の場所における特定基地局開設の責務の創設や、電波の公平な利用の確保に関する事項の開設指針の記載事項への追加を行うこととした。

○　電波利用料制度の見直し

今後3年間（2022年度（令和4年度）～2024年度（令和6年度））の電波利用共益事務の総費用や無線局の開設状況の見込みなどを勘案した電波利用料の料額の改定を行うとともに、電波利用料の使途についてBeyond 5Gの実現などに向けた研究開発のための補助金の交付を可能とすることとした。

イ　再割当てに係る円滑な移行方法の検討

懇談会の報告書の提言を踏まえ、周波数の再割当てを行う際の課題について更なる検討を行うことを目的として、2022年（令和4年）2月から「携帯電話用周波数の再割当てに係る円滑な移行に関するタスクフォース」を開催し、同年12月に報告書が取りまとめられた。同報告書では、再割当て要望のあったプラチナバンドを念頭に、競願の申出が行われ開設指針を制定することが決定した場合の「移行期間の考え方」、「移行費用と負担の在り方」等を提言している。また、同報告書において示された事項に関する制度整備のため、令和5年3月に、開設指針の制定の要否の決定に当たって勘案する事項及び標準的な移行期間を超える場合の措置について、電波法施行規則等の一部改正が行われた。

ウ　公共用周波数の有効利用に向けた取組

懇談会の報告書の提言において、「公共用周波数の有効利用方策」として、国（関係府省庁）が運用する公共業務用無線局について、「廃止」、「周波数移行」、「周波数共用」又は「デジタル化」という周波数の有効利用に向けた取組の方向性が確認され、その進捗状況などについて当面の間フォローアップを毎年実施することが必要とされたことを踏まえ、懇談会の公共用周波数等ワーキンググループにおいて、2022年（令和4年）3月から6月にかけて、関係府省庁へのヒアリングを含むフォローアップを実施し、関係府省庁による取組は全般的に適切に進捗していることを確認した。

また、同年6月の電波法改正に伴い、関係府省庁の対象システムについて進捗状況を確認するために継続的な調査を行っていくとともに、電波監理審議会において有効利用評価を行っていくこととした。

3　5Gビジネスデザイン及び新たな割当方式の検討

我が国の新たな携帯電話用周波数の割当方式について検討を行うため、2021年（令和3年）10月から「新たな携帯電話用周波数の割当方式に関する検討会」を開催し、2022年（令和4年）11月に「新たな携帯電話用周波数の割当方式に関する検討会取りまとめ」を公表した。同取りまとめにおいては、ミリ波等の高い周波数帯等について、イノベーションや新サービスの創出につなげるため「条件付オークション」を選択可能とするよう検討を進めることが適当とされた。

同取りまとめの内容も踏まえて、2023年（令和5年）1月から、懇談会の下に「5Gビジネスデザインワーキンググループ」を開催し、今後の5Gへの割当ての中心となるミリ波等の高い周波数帯を活用した5Gビジネスを拡大していくための方策等（5Gビジネスデザイン）や、それに資する新たな割当方式としての「条件付オークション」の制度設計等について検討している。さらに、同年2月には、5G用周波数の割当方式（総合評価方式、条件付オークション）の選択条件、条件付オークションの具体的な制度設計について集中的な検討を行うことを目的とし、同ワーキンググループの下に「割当方式検討タスクフォース」を開催し、同年夏頃の取りまとめに向けて議論を進めている。

3 5G・B5Gの普及・展開

1 デジタル田園都市国家インフラ整備計画に基づく5Gの普及・展開

ア 「ICTインフラ地域展開マスタープラン」の策定等

5Gでは、4Gを発展させた「超高速」だけでなく、遠隔地でもロボットなどの操作をスムーズに行うことができる「超低遅延」、多数の機器が同時にネットワークにつながる「多数同時接続」などの特長を持つ通信が可能となる（**図表5-3-3-1**）。そのため、5Gは、あらゆる「モノ」がインターネットにつながるIoT社会を実現する上で不可欠なインフラとして大きな期待が寄せられている。実際に、トラクターの自動運転、AIを利用した画像解析による製品の検査、建設機械の遠隔制御など、様々な地域・分野において、5Gを活用した具体的な取組が進められているところである。

図表5-3-3-1　5Gの特長

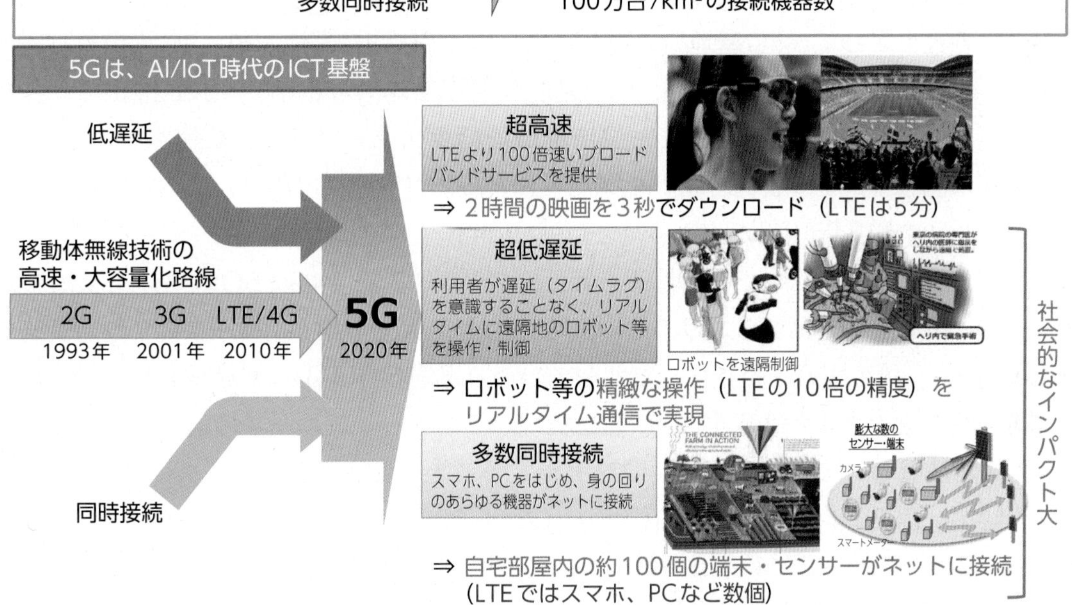

総務省では、5Gは経済や社会の世界共通基盤になるとの認識の下で、国際電気通信連合（ITU）の5Gの国際標準化活動に積極的に貢献するとともに、欧米やアジア諸国との国際連携の強化にも努めている（**図表5-3-3-2**）。また、5GをはじめとするICTインフラ整備支援策と5G利活用促進策を一体的かつ効果的に活用し、ICTインフラをできる限り早期に日本全国に展開するため、2023年度末を視野に入れた「ICTインフラ地域展開マスタープラン」を2019年（令和元年）6月に策定した（2020年（令和2年）7月及び12月にそれぞれ改定）。

図表5-3-3-2　各国・地域の5G推進団体

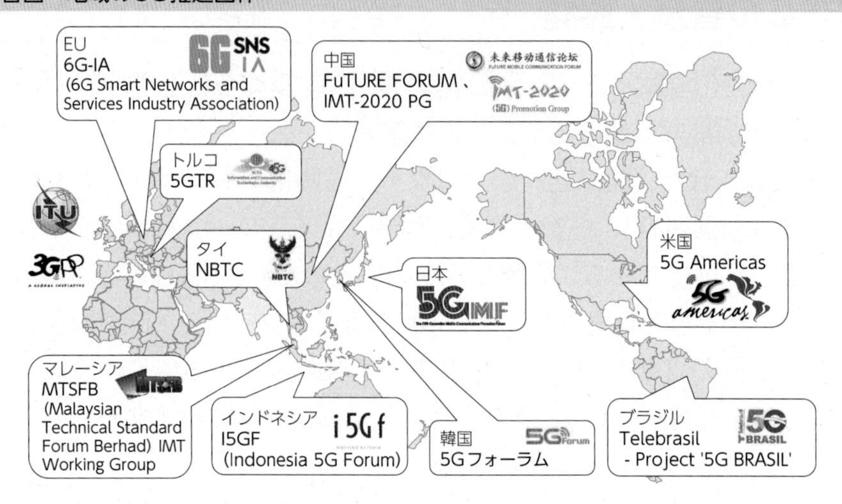

イ　「デジタル田園都市国家インフラ整備計画」の策定

2021年（令和3年）12月に岸田総理大臣がデジタル田園都市国家構想の実現に向けて5Gの人口カバー率を2023年度に9割に引き上げると表明したことを踏まえ、総務省では、同月末に、携帯電話事業者各社に対して、5G基地局の更なる積極的整備や5G基地局数・5G人口カバー率などの2025年度までの計画の作成・提出などを要請し、2022年（令和4年）3月29日に、各社から提出された計画などを踏まえ、「ICTインフラ地域展開マスタープラン」に続くものとして、「デジタル田園都市国家インフラ整備計画」を策定・公表した（同整備計画は、その後の社会情勢の変化などを勘案し、令和5年（2023年）4月25日に改訂）。

このインフラ整備計画では、5Gの整備方針として、5G基盤（4G・5G親局）を全国整備する第1フェーズ、子局を地方展開しエリアカバーを全国で拡大する第2フェーズの2段階戦略で、世界最高水準の5G環境の実現を目指すこととしている（**図表5-3-3-3**）。具体的には、第1フェーズで、すべての居住地で4Gを利用可能な状態を実現するとともに、ニーズのあるほぼすべてのエリアに5G展開の基盤となる親局の全国展開を実現することとし、第2フェーズでは、5Gの人口カバー率について、2023年度末までに全国95%（2020年度末実績：30%台）、全市区町村に5G基地局を整備、2025年度末までに全国97%、各都道府県90%程度以上を目指すこととしている。加えて、非居住地域の整備目標として、4G・5Gによる道路（高速道路・国道）カバー率を設定し、2030年度末までに99%（高速道路については100%）を目指すこととしている。また、この目標を達成するための具体的な施策として、2.3GHz帯等の新たな5G用周波数の割当て、基地局開設の責務を創設する電波法の改正、条件不利地域での5G基地局整備に対する「携帯電話等エリア整備事業」の補助金による支援、税制措置による後押し、インフラシェアリング推進などに取り組んできている（**図表5-3-3-4**）。さらに、地域のニーズに応じたワイヤレス・IoTソリューションを住民がその利便性を実感できる形で社会に実装させていくため、ローカル5Gをはじめとする様々なワイヤレスシステムを柔軟に組み合わせた地域のデジタル基盤の整備と、そのデジタル基盤を活用する先進的なソリューションの実用化を一体的に推進することとしている。具体的施策として、関係省庁や地方自治体等と連携して、早期の社会実装が期待される自動運転やドローンを活用したプロジェクトと連動する形で、デジタル基盤の整備を推進することとしている。

図表5-3-3-3　5G整備のイメージ

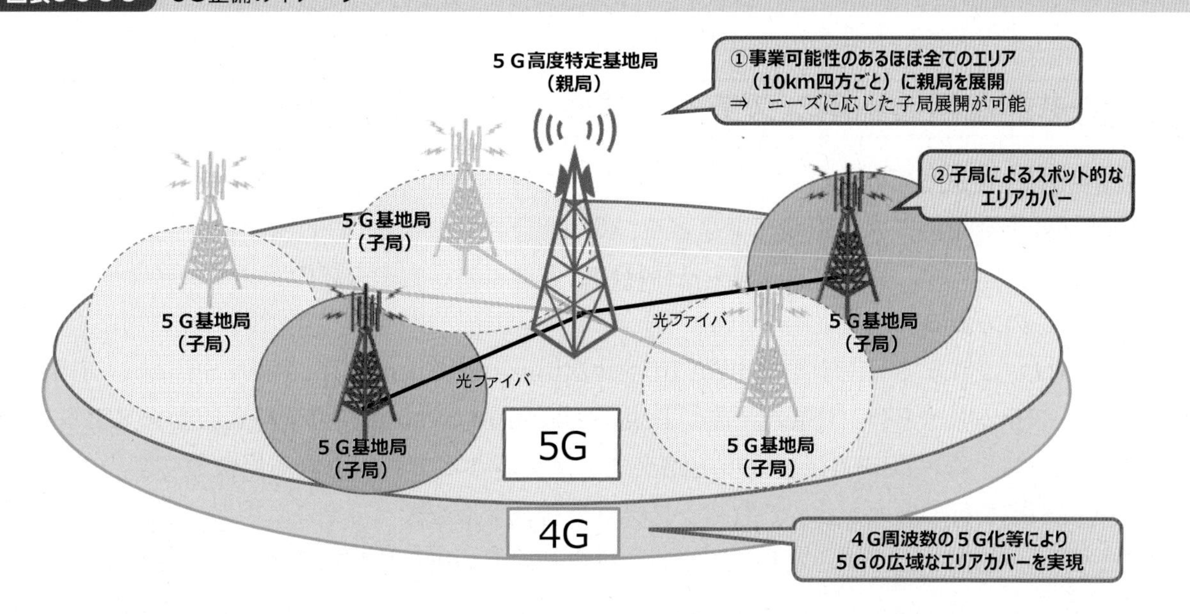

図表5-3-3-4　デジタル田園都市国家インフラ整備（ロードマップ）

	2023年度	2024年度	2025年度	2026年度	2027年度	2030年度
総合的な取組	通信事業者、地方自治体、社会実装関係者等からなる「地域協議会」を開催し、地域のニーズを踏まえた光ファイバ・基地局整備を推進					
（1）固定ブロードバンド（光ファイバ等）	（2021年度末：99.72%）　世帯カバー率：99.85%		99.90%（※）			光ファイバ網の維持
	補助金による整備支援、交付金制度による維持管理費の支援					
	「GIGAスクール構想」に資する通信環境の整備	通信状況に応じ、更なる通信環境の整備を目指す				
	公設設備の民設移行の促進					
（2）ワイヤレス・IoTインフラ（５G等）	全ての居住地で４Gが利用可能な状態を実現		※ 更に、必要とする全地域の整備を目指す			
	ニーズのあるほぼ全エリアに５G親局整備完了(基盤展開率：98%)	５G基盤の維持				
	人口カバー率：全国95%、全市区町村に５G基地局整備	全国97%、各都道府県90%程度以上		全国・各都道府県99%（※）		
	基地局数：28万局	30万局		60万局（※）		
	道路カバー率（高速道路・国道）：99%（※）、高速道路については100%					
	ローカル５Gをはじめとする様々なワイヤレスシステムを柔軟に組み合わせた地域のデジタル基盤の整備と、その基盤を活用する先進的なソリューションの実用化を一体的に推進					
	携帯電話用周波数を2021年度に比べて＋6GHz（3GHz幅 ⇒ 9GHz幅）					
	5G中継用基地局等の制度整備検討	検討結果に基づく所要の措置				
	補助金（インフラシェアリングを推進）や税制による整備支援					
	ローカル５G開発実証の成果を踏まえた制度化方針検討	検討結果に基づく所要の措置				
	ローカル５Gの柔軟化に向けた所要の措置	海上利用について更なる検討				
	非居住地域のエリア化及び鉄道・道路トンネルの電波遮へい対策について、補助金を活用しつつ整備促進					
	非常時における事業者間ローミングについて、導入スケジュール等を検討し、検討結果を踏まえ必要な措置			運用開始		
	地域のデジタル基盤の整備促進、先進的ソリューションの社会実装の推進					
		限定地域レベル４自動運転の社会実装の推進				
	携帯電話や無線LANの上空利用拡大に向けた検討	順次方向性を取りまとめ	検討結果に基づく所要の措置			
（3）データセンター/海底ケーブル等	データセンターの分散立地の推進（総務省・経産省）					
	東京・大阪を補完・代替する第３・第４の中核拠点の整備（総務省・経産省）　※補助金による整備支援			運用開始		
	グリーン化やMECとの連携等を注視しつつ、更なる分散立地の在り方や拠点整備等に必要な支援を検討（総務省・経産省）					
	日本海ケーブルの整備　※補助金による整備支援			運用開始（2026年度中）		
	我が国の国際的なデータ流通のハブとしての機能強化に向けた海底ケーブル等の整備促進、安全対策の強化に向けた国際海底ケーブルの多ルート化の促進、国際海底ケーブルや陸揚局の防護、国際海底ケーブルの敷設・保守体制の強化に向けた取組などの推進					
（4）非地上系ネットワーク（NTN）	HAPSの大阪・関西万博での実証・デモンストレーションに向けた準備等	HAPSの順次国内展開、高度化等				
	衛星通信の周波数確保、制度整備、我が国独自の衛星通信コンステレーション構築に向けた検討等					
（5）Beyond5G（6G）	革新的情報通信技術（Beyond 5G（6G））基金事業により、重点技術分野を中心として、社会実装・海外展開を目指した研究開発を重点的に支援、関連技術を確立					B5Gの運用開始
	国際標準化の推進や国際的なコンセンサス作り・ルール作り等の環境整備					
			大阪・関西万博での成果発信とともに、順次ネットワークに実装			

2 Beyond 5G

5Gの次の世代の情報通信インフラ「Beyond 5G（6G）」は、2030年代（令和12年）のあらゆる産業や社会活動の基盤となることが見込まれている。総務省では、2020年（令和2年）6月に、「Beyond 5G推進戦略－6Gへのロードマップ－」を取りまとめ、関係府省と連携しながら、本戦略を推進している[*1]。

4 先進的な電波利用システムの推進

1 高度道路交通システム

情報通信技術を用いて人や道路、車などをつなぐITS（Intelligent Transport Systems：高度道路交通システム）は、交通事故削減や渋滞緩和などにより、人やモノの安全で快適な移動の実現に寄与するものである。

総務省では、これまでVICS（Vehicle Information and Communication System：道路交通情報通信システム）やETC（Electronic Toll Collection System：電子料金収受システム）、車載レーダーシステム、700MHz帯高度道路交通システムなどで利用される周波数の割当てや技術基準などの策定を行うとともに、これらシステムの普及促進を図ってきた。

現在、欧州・米国などを中心として、世界的に自動運転の実現に向けた実証・実装が進められているところ、分合流支援などの高度な自動運転の実現には、カメラやレーダー等の車載センサーに加えて、周囲の車や路側インフラ等と情報交換するV2X（vehicle to everything）通信が重要な役割を担うことが見込まれている（図表5-3-4-1）。

図表5-3-4-1　V2X通信のイメージ

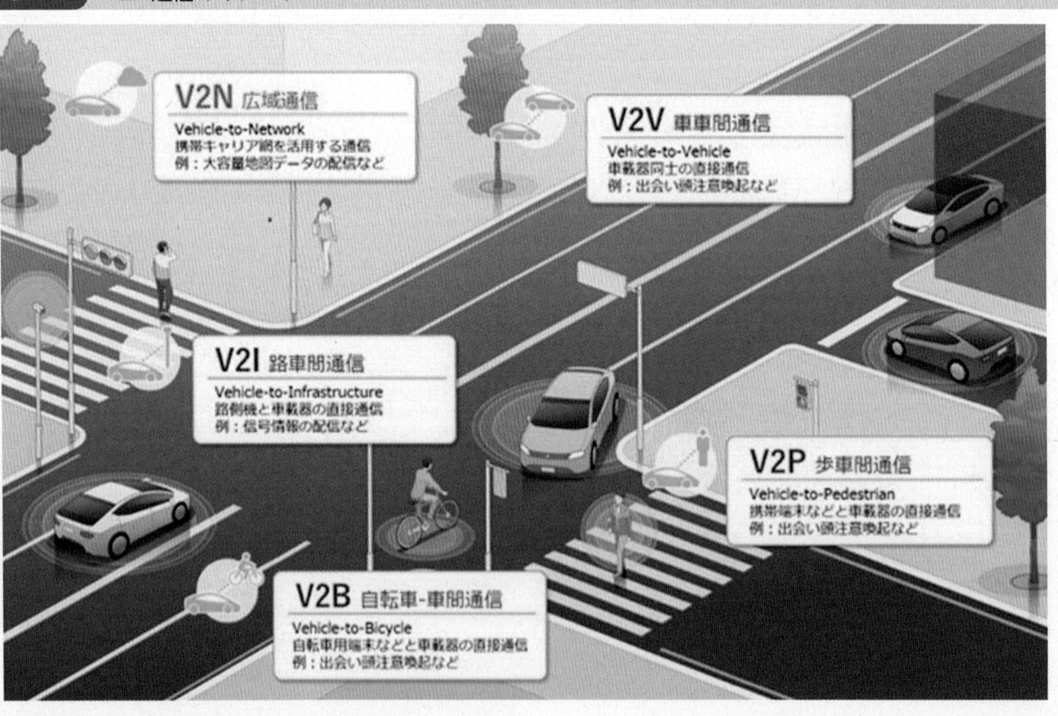

我が国では、V2X通信システムとして、世界に先んじて2015年に700MHz帯高度道路交通システムの実用化を進めてきた一方で、世界的には5.9GHz帯を活用したV2X通信システムの実証・実装が進められていることから、「周波数再編アクションプラン」（2022年（令和4年）11月公表）では、5.9GHz帯の追加割当てに向けた検討を進めることとされた。

これらを踏まえ、総務省では、2023年（令和5年）2月より「自動運転時代の“次世代のITS

*1　Beyond 5Gに関する取組については、政策フォーカス「Beyond 5G（6G）の実現に向けて」及び第5章第7節「ICT技術政策の動向」を参照。

通信”研究会」を開催し、自動運転に関係する府省庁・事業者・学識有識者を交えて、自動運転時代の次世代のITS通信の利用イメージ、それを支える通信の在り方などについて令和5年夏頃の中間取りまとめに向けて検討を進めている。

その他、我が国ITS技術の国際標準化・海外展開に資するため、国際電気通信連合無線通信部門（ITU-R）の報告・勧告案への寄書入力や、ITS世界会議等の国際会議における情報発信、インドをはじめとするアジア・中東地域における我が国技術の普及展開などに取り組んでいる。

2 公共安全LTE

我が国の主な公共機関は、各々の業務に特化した無線システムを個別に整備、運用しているため、機関の枠組を超えた相互通信が容易ではなく、また、そのシステムは割当可能な周波数や整備費用の制約などから、音声を中心としたものとなっている。

米国、英国などの諸外国では、消防、警察など公共安全業務を担う機関において、携帯電話で使用されている通信技術であるLTE（Long Term Evolution）を利用し、音声のほか、画像・映像伝送などの高速データ通信を可能とする共同利用型の移動体通信ネットワークの導入が進められている。このようなLTEを用いた公共安全（Public Safety）のためのネットワークは、「公共安全LTE（PS-LTE）」と呼ばれ、テロや大災害時には、公共安全機関の相互の通信を確保し、より円滑な救助活動に資すると期待されており、また、世界的に標準化された技術を利用することから、機器の低コスト化が可能となるなどのメリットがあるとされている。

そのため、総務省では、2019年度（令和元年度）より、我が国におけるPS-LTEの実現（図表5-3-4-2）に向けた取組を行っている。引き続き、関係機関と連携し、我が国におけるPS-LTEに求められる機能の検討、社会実装に向けた検討等を行い、PS-LTEの早期実現を目指す。

図表5-3-4-2　公共安全LTEの実現イメージ

PS-LTE

・携帯電話（LTE）技術を活用し、音声だけでなく、画像や映像等の送受も可能。

・商用の携帯電話網、汎用スマートフォン端末を利用でき、異なる機関間での相互接続の技術的ハードルも低い。

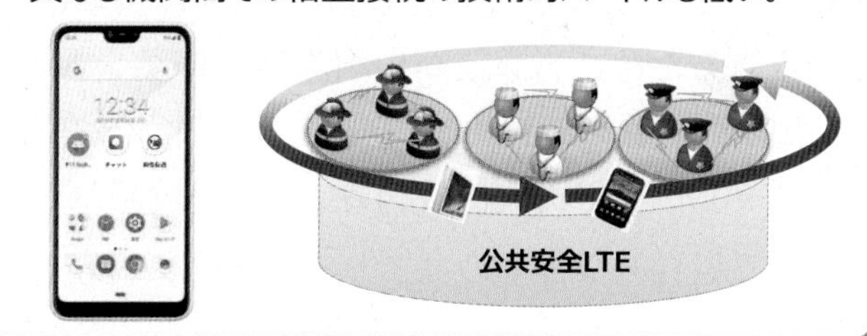

3 非地上系ネットワーク

HAPSや衛星通信等の非地上系ネットワーク（NTN）は、移動通信ネットワークについて、地上に限定せず、海や空、宇宙に至る全てを多層的につなげるものであり、離島、海上、山間部等の効率的なカバーや自然災害をはじめとする非常時等に備えた海底ケーブル等を含む地上系ネットワークの冗長性の確保に有用であることから、総務省は、「デジタル田園都市国家インフラ整備計画」（令和4年3月策定、令和5年4月改訂）に基づき、2025年度以降の早期国内展開等に向け、サービス導入促進のための取組を推進することとしている。

具体的には、HAPSについて、利用可能な周波数の拡大などの国際ルール策定や国内制度の整備等を進めるとともに、2025年の大阪・関西万博での実証・デモなどを通じて海外展開に取り組んでいくこととしている。また、衛星通信については、これまで、Ku帯非静止衛星通信システムの導入に必要な制度整備を行ってきたところ、引き続き周波数の確保や必要な制度整備等を推進することとしている。

4 空間伝送型ワイヤレス電力伝送システム

空間伝送型ワイヤレス電力伝送システムは、電波の送受信により数メートル程度の距離を有線で接続することなく電力伝送するものであり、工場内で利用されるセンサー機器への給電等に利用が見込まれている。本システムにより、充電ケーブルの接続や電池の交換を行うことなく、小電力の給電が可能となることから、利便性の向上とともに、センサー機器の柔軟な設置が可能となり、IoT活用によるSociety 5.0の実現に向けた寄与が期待されている。

総務省では、これまで、本システムの実用化に向けて、他の無線システムとの周波数の共用や電波の安全性、技術的条件、円滑な運用調整の仕組の構築等について検討を行ってきており、こうした検討を踏まえ、一定の要件を満たす屋内での利用について、920MHz帯、2.4GHz帯、5.7GHz帯の3周波数帯の構内無線局として、2022年（令和4年）5月に制度整備を行った。

5 電波システムの海外展開の推進

電波の安心・安全な利用を確保するため、電波監視システムをはじめとした技術やシステムの役割が大きくなっており、その重要性は、電波の利用が急速に拡大しつつある東南アジア諸国をはじめ、諸外国においても認識されている。そのため、我が国が優れた技術を有する電波システムを海外に展開することを通じ、国際貢献を行うとともに、我が国の無線インフラ・サービスを国際競争力のある有望なビジネスに育てあげ、国内経済の更なる成長につなげることが重要な課題となっている。

このような観点から、我が国が強みを有する電波システムについて、アジア諸国を中心としてグローバルに展開するため、官民協力して戦略的な取組を推進している。具体的には、我が国の周波数事情に合う周波数利用効率の高い技術に関し、国際的な優位性により国際標準として策定されるようにするため、当該技術の国際的な普及を促進する「周波数の国際協調利用促進事業」を実施し、国内外における技術動向などの調査、海外における実証実験、官民ミッションの派遣、技術のユーザーレベルでの人的交流などを行っている。また、安全・安心で信頼性の高いICTインフラに対する世界的な需要の高まりを踏まえ、総務省では、Open RAN、vRANによる我が国企業の5Gネットワーク・ソリューションの海外展開を今後3年間で集中的に実施することを予定しており、ローカル5Gを含む国内の5G展開の成果を活かし、ニーズに応じた5Gモデルの提案など、5Gのオープン化を進めている。

さらに、国内外でのOpen RANによる基地局仕様のオープン化促進にあたり、総務省では、異なるベンダーの基地局装置（RU、DU及びCU）から構成される基地局の相互接続性や技術基準等を検討するための技術試験を2022年度（令和4年度）まで実施した。また、海外展開を見据えた我が国におけるOpen RANエコシステムの促進を図る観点から、2022年（令和4年）12月に、国内の複数の通信事業者等により、O-RANアライアンスの規格に準拠した試験・認証を行う拠点「Japan OTIC」が横須賀テレコムリサーチパーク内に設置された。

6 電波利用環境の整備

1 生体電磁環境対策の推進

総務省では、安心・安全に電波を利用できる環境の整備を推進している。

具体的には、電波が人体に好ましくないと考えられる影響を及ぼさないようにするため、「電波防護指針[*2]」を策定するとともに、その一部を電波法令における電波の強さなどに関する安全基準として定めている。その内容は、国際的なガイドラインとの同等性が担保されているとともに、電波の安全性に関する長年の調査結果[*3]が反映されている。なお、これまでの調査・研究では、この安全基準を下回るレベルの電波と健康への影響との因果関係は、確認されていない。総務省では、電波の安全性について、電話相談、説明会の開催やリーフレットの配布などを通じて国民への周知啓発を継続的に行っている[*4]。

また、電波利用機器の電波が医療機器へ及ぼす影響を防止するため、「電波の医療機器等への影響の調査研究[*5]」を毎年行っている。2022年度（令和4年度）は、5G携帯電話端末などからの電波（3.7GHz帯、4.5GHz帯、28GHz帯）を対象として、在宅環境、介護施設又は医療機関で使用される医療機器への影響を測定した。これまでの調査の結果については、「各種電波利用機器の電波が植込み型医療機器等へ及ぼす影響を防止するための指針[*6]」として公表している。さらに、医療機関での電波利用が進む中で、安心・安全な電波利用に向けて、医用テレメータ、携帯電話、無線LANなどの注意点や電波管理の在り方について、説明会をオンデマンドで配信し、医療従事者などへの周知活動を行っている。これらに関連した取組として、2017年度（平成29年度）から「無線システム普及支援事業費等補助金」により医療施設向けに電波遮へい対策事業を実施しており、医療施設において携帯電話が安心・安全に利用できる環境を整備している（図表5-3-6-1）。

図表5-3-6-1　医療施設向け電波遮へい対策事業のスキーム図

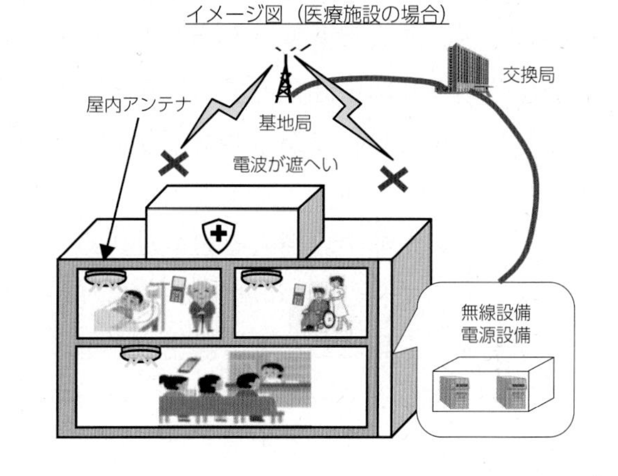

2 電磁障害対策の推進

各種電気・電子機器などの普及に伴い、各種機器・設備から発せられる不要電波から無線利用を守る対策が重要となっている。このため、情報通信審議会情報通信技術分科会に設置された「電波利用環境委員会[*7]」において電磁障害対策に関する調査・検討を行い、国際無線障害特別委員会（CISPR：Comité International Spécial des Perturbations Radioélectriques）における国際規格の審議に寄与している。総務省では、情報通信審議会の答申を受けて、国内における規格化の推進などを通じて、不要電波による無線設備への妨害の排除や電気・電子機器への障害の防止などを図っている。

CISPRに関する国際的な活動として、電気自動車（EV）、マルチメディア機器及び家電などで

*2　電波防護指針：https://www.tele.soumu.go.jp/j/sys/ele/medical/protect/
*3　総務省における電波の安全性に関する研究：https://www.tele.soumu.go.jp/j/sys/ele/seitai/index.htm
*4　電波の安全性に関する取組：https://www.tele.soumu.go.jp/j/sys/ele/index.htm
*5　電波の医療機器等への影響の調査研究：https://www.tele.soumu.go.jp/j/sys/ele/seitai/chis/index.htm
*6　各種電波利用機器の電波が植込み型医療機器等へ及ぼす影響を防止するための指針：https://www.tele.soumu.go.jp/resource/j/ele/medical/guide.pdf
*7　電波利用環境委員会：https://www.soumu.go.jp/main_sosiki/joho_tsusin/policyreports/joho_tsusin/denpa_kankyou/index.html

使用するワイヤレス電力伝送システムに関する国際規格の検討が本格化している中で、電気自動車用ワイヤレス電力伝送システムから発せられる漏えい電波が、既存の無線局などに混信を与えないようにするための技術の検討について、我が国が主体となって精力的に行っている。

CISPRに関する国内の活動として、CISPRの諸規格などの改定に係る国内規格化について検討を進め、情報通信審議会から「無線周波妨害波及びイミュニティ測定装置の技術的条件補助装置-伝導妨害波-」、「無線周波妨害波及びイミュニティ測定法の技術的条件　伝導妨害波の測定法」及び「無線周波妨害波及びイミュニティ測定法の技術的条件　放射妨害波の測定法」について2022年（令和4年）2月に一部答申を受けた。

3 電波の混信・妨害の予防

第5世代携帯電話（5G）等の新たな電波利用が拡大する中で、混信・妨害を排除し良好な電波利用環境を維持していくため、総務省では、電波の監視を行い、混信・妨害を排除するとともに、それらの原因となり得る無線と設備の流通に係る対応を強化している[*8]。

具体的には、一般消費者が技術基準に適合していない無線設備（基準不適合設備）を購入・使用した結果、電波法違反（無線局の不法開設）となること及び他の無線局に混信・妨害を与えることを未然に防止するため、周知啓発活動に取り組んでいる。2013年度（平成25年度）からは、インターネットの通信販売等、市場で広く販売されている無線設備を購入し、それらの電波の強さが電波法に定める基準に適合しているかどうかの測定を行い、結果を一般消費者の保護のための情報提供として毎年公表[*9]する「無線設備試買テスト」を実施している。

テストの結果、不適合と判定された無線設備の製造業者、販売業者又は輸入業者に対しては、技術基準に適合した無線設備のみを取り扱うことの徹底や、基準不適合設備の販売の自粛などを要請している。さらに、2020年度（令和2年度）には、「技術基準不適合無線機器の流通抑止のためのガイドライン」を策定し、無線設備の製造業者などに努力義務として求められる取組や、インターネットショッピングモール運営者が行う自主的な取組を明らかにすることにより、基準不適合設備の流通抑止に向けた取組を推進している。

＊8　総務省電波利用ホームページ　電波監視の概要：https://www.tele.soumu.go.jp/j/adm/monitoring/index.htm
＊9　無線設備試買テストの結果：https://www.tele.soumu.go.jp/j/adm/monitoring/illegal/result/

第4節　放送政策の動向

1　概要

1　これまでの取組

放送は、民主主義の基盤であり、災害情報や地域情報などの社会の基本情報の共有というソーシャル・キャピタルとしての役割を果たしてきた。

従来アナログで行われていたテレビ放送は、2012年（平成24年）3月末をもって完全デジタル化し、ハイビジョン画像の映像、データ放送の実現など、放送サービスの高度化が進展した。総務省では、ハイビジョンより高精細・高画質な4K・8K放送サービスを促進するため、2015年（平成27年）7月に改定されたロードマップに沿って放送事業者・家電メーカーなどと連携しながら、2021年（令和3年）に開催された東京オリンピック・パラリンピック競技大会を全国の多くの方々に4K・8Kの躍動感と迫力のある映像で楽しんでいただけるように必要な取組を進めてきた。

また、コンテンツの海外展開は、コンテンツを通じて我が国の魅力が海外に発信されることにより、訪日外国人観光客の増加や農林水産品・地場産品などの輸出拡大といった大きな波及効果が期待できるものである。総務省では、関係省庁・機関とも連携しながら、放送コンテンツの海外展開の取組を推進してきた。

さらに、震災時に特に有用性が認識されたラジオを中心に、今後とも放送が災害情報などを国民に適切に提供できるよう、ラジオの難聴対策、送信設備の防災対策などの放送ネットワークの強靱化に資する取組を推進してきたほか、放送を通じた情報アクセス機会の均等化を実現するため、民間放送事業者等における字幕番組、解説番組、手話番組等の制作費及び生放送番組への字幕付与設備の整備費に対する助成や放送事業者の字幕放送等の普及目標値を定める「放送分野における情報アクセシビリティに関する指針」の策定等の取組により、視聴覚障害者等向け放送の普及を促進してきたところである。

このほか、放送については、放送番組の「送り手」だけでなく「受け手」の存在も重要であることから、総務省では、特に小・中学生及び高校生を対象に放送メディアに対するリテラシーの向上に取り組んでおり、教材開発や普及活動、学習用教材の貸出し等を行っている。

2　今後の課題と方向性

ブロードバンドの普及やインターネット動画配信サービスの伸長、視聴デバイスの多様化などを背景に、視聴者の視聴スタイルが変化しテレビ離れが加速するなど、放送を取り巻く環境は大きく変化している。視聴者は情報を放送からのみならずインターネットから得ることが増え、地上テレビジョン放送の広告費は長期的には低下傾向が続く可能性があり、構造的な変化が迫られている。他方、インターネット空間においてはフェイクニュース等の問題も顕在化しており、インフォメーション・ヘルスの確保が課題となっているところ、放送は信頼性の高い情報発信、「知る自由」の保障、「社会の基本情報」の共有や多様な価値観に対する相互理解の促進といった役割を果たしており、むしろこのデジタル時代においてこそ、その役割に対する期待が増大している。

このような状況の変化に対応して、放送の将来像や放送制度の在り方について中長期的な視点で検討するとともに、放送事業の基盤強化、放送コンテンツの流通の促進、放送ネットワークの強靱化・耐災害性の強化等の課題に取り組む必要がある。

2 デジタル時代における放送制度の在り方に関する検討

総務省では、時代の変化に対応した放送の将来像や放送制度の在り方について、既存の枠組に囚われず、経営の選択肢を増やす観点から中長期的な視点で検討するため、2021年（令和3年）11月から「デジタル時代における放送制度の在り方に関する検討会」（以下「放送制度検討会」という。）を開催し、2022年（令和4年）8月に「デジタル時代における放送の将来像と制度の在り方に関する取りまとめ」を公表した*1（図表5-4-2-1）。本取りまとめでは、主に①放送ネットワークインフラの将来像、②放送コンテンツのインターネット配信の在り方、③放送事業者の経営基盤強化の3つの論点について提言されている。本取りまとめの提言等を踏まえ、複数の放送対象地域の国内基幹放送事業者が一定の条件の下で同一の放送番組の放送を同時に行うための制度を整備するとともに、一の放送対象地域において複数の特定地上基幹放送事業者が中継局設備を共同で利用することを可能とするなどの措置を講ずることを内容とする放送法及び電波法の一部を改正する法律が2023年（令和5年）5月に成立した（令和5年法律第40号）。総務省では、今後、その円滑な施行に向けて準備を進めていくとともに、引き続き、小規模中継局等のブロードバンド等による代替や放送コンテンツの政策・流通を促進するための方策の在り方等の検討を進めていく。

図表5-4-2-1　「デジタル時代における放送制度の在り方に関する検討会」取りまとめ（令和4年8月5日公表）概要

放送を取り巻く大きな環境変化
- ブロードバンドの普及、動画配信サービスの伸長
- 「テレビ離れ」、情報空間の放送以外への拡大
- 人口減少の加速

デジタル時代における放送の意義・役割
- 災害情報や地域情報等の「社会の基本情報」の共有
- 取材や編集に裏打ちされた信頼性の高い情報発信
- 情報空間におけるインフォメーション・ヘルスの確保

2030年頃の「放送の将来像」

設備コストの負担軽減
ブロードバンド基盤やデジタル技術を積極的に活用

① 放送ネットワークインフラ
○小規模中継局等の「共同利用型モデル」
　⇒ **柔軟な参入制度、NHKによるコスト負担等**
○小規模中継局等のブロードバンド等による代替
　⇒ **実証事業**
○マスター設備の効率化（IP化、クラウド化等）
　⇒ **安全・信頼性の要求条件**

放送の価値のインターネット空間への浸透

② 放送コンテンツのインターネット配信
○インターネット空間への放送コンテンツの価値の浸透
○放送同時配信等サービスの後押し
　⇒ **継続検討**
○NHKのインターネット活用業務の見直し
　⇒ **NHKによる社会実証も踏まえ、継続検討**

③ 経営基盤の強化
○安定的な経営環境の実現
○コンテンツ制作への注力
　⇒ **マスメディア集中排除原則の見直し**
　複数地域での放送番組の同一化

柔軟な制度見直しにより、経営の選択肢を拡大

＊1　「デジタル時代における放送の将来像と制度の在り方に関する取りまとめ」（2022年（令和4年）8月5日）：https://www.soumu.go.jp/menu_news/s-news/01ryutsu07_02000236.html

3 公共放送の在り方

放送制度検討会の報告書を踏まえ、2022年（令和4年）9月から「公共放送ワーキンググループ」を開催し、NHKのインターネット配信の在り方等について検討を行っている。具体的には、①インターネット時代における公共放送の役割、②公共放送のインターネット活用業務の在り方、③インターネット活用業務に関する民間放送事業者との協力の在り方、④インターネット活用業務の財源と受信料制度について議論が進められている。総務省では、ワーキンググループでの議論も踏まえ、時代の要請に応じた公共放送の在り方について検討を行っていく。

4 放送事業の基盤強化

1 AMラジオ放送に係る取組

民間AMラジオ放送事業者が使用しているAM送信設備には設置後50年以上が経過しているものが多く、老朽化が深刻な状況となっている。一方で、民間AMラジオ放送事業者においては、AMラジオ放送の難聴を解消することなどを目的として導入されたFM補完放送の開始によってAMとFMの両方の設備に係るコスト負担が発生しているほか、事業収入が減少傾向にあるため、AMラジオ放送設備の更新費用が経営上の課題となっている。

このような厳しい経営状況を踏まえ、民間AMラジオ放送事業者が、経営判断としてAM放送からFM放送への変更（FM転換）やFM転換を伴わないAM放送を行う中継局の廃止を検討するに当たって、総務省は6か月以上の期間AM局の運用休止を行うことを可能とする特例措置を、2023年（令和5年）11月に行われる放送事業者の一斉再免許の際に設けることとしている。総務省では、当該特例措置の内容やその要件、手続等を示す「AM局の運用休止に係る特例措置に関する基本方針」を2023年（令和5年）3月に公表しており、今後、特例措置の適用を踏まえたAM局の休止に伴う、住民や地方自治体への影響等の検証を行う予定である。

2 新4K8K衛星放送の普及に向けた取組の強化等

2021年（令和3年）10月に公表された「衛星放送の未来像に関するワーキンググループ報告書」（**図表5-4-4-1**）において、今後取り組むべき事項として、①新4K8K衛星放送の普及のための受信環境整備の推進や4Kコンテンツの充実、②周波数の有効利用の推進のためのBS右旋の空き帯域の活用やBS左旋の未使用帯域の活用、③経営環境変化への対応のためのインフラ利用料金の負担軽減や柔軟なプラットフォーム運営の実現などについて提言されている。

総務省は、この提言を踏まえ、2022年（令和4年）8月に「衛星放送の未来像に関するワーキンググループ報告書を踏まえたBS右旋の空き帯域の4K放送への割当てに関する基本的考え方」を公表し、

- 今後、BS右旋に一定の空き帯域が確保できた場合には、4K放送普及の観点から、当該帯域は4K放送に割り当てることが適当であること
- 右旋を左旋と同様に4K等の超高精細度テレビジョン放送の伝送路としても位置付けることが適当であること
- 事業者の選択により、自発的に2K放送の映像符号化方式の高度化が進められる可能性を念頭に、必要な検証を経た上で、同一トランスポンダにおいて2K放送と4K放送が共存できる環

境を整備することが考えられること
等の考え方を整理したところである。

総務省では、この基本的考え方等を踏まえて、2022年（令和4年）11月に基幹放送普及計画を改正し、2023年（令和5年）夏頃の認定に向けて同年3月にBS右旋で4K放送を行う衛星放送事業者の公募を開始（5月末締切）したところであり、引き続き、放送事業者、メーカー、関係団体等との連携の下、より一層の4K放送の拡充・普及に向けて取り組むこととしている。

図表5-4-4-1　衛星放送の未来像に関するワーキンググループ報告書概要

現状・課題

○ 平成30年12月の「新4K8K衛星放送」以降、視聴可能受信機は累計約1,003万台（※）に到達。一方、受信環境の整備、4Kコンテンツの充実、視聴者に対する周知広報の一層の推進が必要。 ※ 2021年8月末時点
○ 今後、BS右旋で一定の空き帯域が発生。また、BS及びCSの左旋においては、依然として多くの未使用帯域が存在。
○ インターネット動画配信の普及や新型コロナウイルス感染症拡大の影響により、放送事業者の経営環境は厳しさを増しており、衛星の中継器料等のインフラ利用料金の負担軽減といった新たな課題が発生。

今後取り組むべき事項

1. 新4K8K衛星放送の普及

(1) 受信環境整備の推進
産官が連携し、以下の取組を推進。
① 受信方法に関する周知広報強化
○右旋と左旋の受信環境の差異を踏まえた周知
○ケーブルテレビ及び光通信回線によるサービス活用の周知
② 設備改修支援策の実施
○衛星放送用受信環境整備事業
○ケーブルテレビネットワーク光化促進事業
③ 新たな技術を活用した簡便な改修方法の開発等
○プラスチックファイバー（POF）やローカル5Gの活用
(2) 4Kコンテンツの充実
① ピュア4Kコンテンツの質・量両面での充実が不可欠
② 訴求効果の高い周知広報の推進

2. 周波数の有効利用の推進

(1) BS右旋の空き帯域の活用
① 今後、一定の空き帯域が確保できた場合には、4K放送普及の観点から、当該帯域は4K放送に割当て。
② 割当ての際には、必要な制度を整備
○基幹放送普及計画の改正
○費用負担の考え方の整理
(2) 左旋の未使用帯域の活用
① 受信環境整備を着実に推進。
② 4K・8K放送以外の新たなサービスへの活用可能性についても検討。
○HEVC方式の2K放送への活用に資する技術的可能性の検証

3. 経営環境変化への対応

(1) インフラ利用料金の負担軽減
① インフラ事業者（B-SAT及びスカパーJSAT）は、コスト構造の見直しにより利用料金軽減に向けた取組を推進。
○システムのスリム化、運用コスト精査
○地球局設備等の統合運用・共同利用
○ハイブリッド衛星調達の可能性の検討
② インフラ事業者と放送事業者等との意見交換の場を設置。
(2) 柔軟なプラットフォーム運営の実現
○有料放送管理事業者（スカパーJSAT）が、「プラットフォームガイドライン」の改正を含め、市場環境の変化に迅速・柔軟に対応することが必要。

5　放送コンテンツ制作・流通の促進

1　放送コンテンツの制作・流通の促進

ア　放送コンテンツなどの効果的なネット配信に関する取組

放送制度検討会の取りまとめにおいて、ローカル局をはじめとする放送事業者の設備負担を軽減し、コンテンツ制作に注力できる環境を整備していくことが重要であると言及されている。

こうした環境を整備する観点からは、放送事業者によるコンテンツの制作の促進に加え、そうしたコンテンツがより幅広く視聴されるよう、放送やインターネット上における流通の一層の促進が重要となると考えられる。特に、地域情報の発信において、今後ローカル放送局には大きな役割が期待されている。

インターネット動画配信サービスの伸長や視聴スタイルの多様化など放送を取り巻く環境が変化する中、放送がこれまで果たしてきた社会基盤としての役割を引き続き果たし続けるためには、放送波に限らず、インターネットにおける多様なプラットフォームの活用促進によって、我が国の放送コンテンツが国内外で広く流通することが重要であると考えられる。

このような考えの下、放送制度検討会の下に開催される会合として、「放送コンテンツの制作・

流通の促進に関するワーキンググループ」を2022年（令和4年）12月より開催し、インターネット時代における、放送コンテンツの制作・流通を促進するための方策の在り方について、関係事業者等の協力を得つつ検討を行っている。

イ　放送分野の視聴データ活用とプライバシー保護の在り方

インターネットに接続されたテレビ受信機などから放送番組の視聴履歴などを収集・分析すれば、例えば、地域ごとの視聴者のきめ細かい視聴ニーズに寄り添った番組制作や災害情報の提供などに有効に活用することが可能となる一方で、個々の視聴者の政治信条や病歴のようなセンシティブな個人情報を推知することなども技術的には可能となってしまうという課題がある。

総務省では、放送分野の個人情報保護について、放送の公共性に鑑み、動画共有サイトの閲覧履歴などにも適用される個人情報保護法上の最低限のルールに加え、放送受信者等の個人情報を取り扱うすべての者が遵守するべき放送分野固有のルールを「放送受信者等の個人情報保護に関するガイドライン」で定めている。さらに、2021年（令和3年）4月から「放送分野の視聴データの活用とプライバシー保護の在り方に関する検討会」を開催し、2022年（令和4年）及び2023年（令和5年）に改正個人情報保護法を踏まえた同ガイドラインの改正を行ったところ、引き続きデータ利活用とプライバシー保護のバランスのとれたルール形成の観点から、放送に伴い収集される視聴履歴などの取扱いに関するルールの在り方に加えて、放送コンテンツのネット配信における配信履歴などの取扱いに関するルールの在り方についても検討を行っている。

ウ　放送番組の同時配信等に係る権利処理の円滑化

スマートデバイスの普及などに伴う視聴環境の変化を踏まえ、放送事業者は、放送番組のインターネットでの同時配信等（同時配信、追っかけ配信及び見逃し配信をいう。以下同じ。）の取組を進めている。これは、高品質なコンテンツの視聴機会を拡大させるものであり、視聴者の利便性向上やコンテンツ産業の振興・国際競争力の確保などの観点から重要な取組となっている。一方で、放送番組には多様かつ大量の著作物等が利用されており、同時配信等にあたって著作権等の処理ができないことにより「フタかぶせ」が生じる場合があるなど、権利処理上の課題が存在しており、同時配信等を推進するに当たっては、著作物等をより迅速かつ円滑に利用できる環境を整備する必要があった。

そこで、総務省において、同時配信等に係る権利処理の円滑化に向け、著作権法（昭和45年法律第48号）を所管する文化庁とともに関係者から意見を聴取するなど、制度改正の方向性を検討した結果、令和3年通常国会で著作権法の一部を改正する法律（令和3年法律第52号）が成立し、当該円滑化に関する措置が講じられた。改正後、2022年（令和4年）4月には民放5系列揃っての同時配信が実現するなど、本格化しつつある同時配信等について、権利処理の動向を注視しながら、更なる円滑化に向けた検討を行っている。

エ　放送コンテンツの適正な製作取引の推進

総務省では、放送コンテンツ分野における製作環境の改善及び製作意欲の向上などを図る観点から、有識者などで構成される「放送コンテンツの適正な製作取引の推進に関する検証・検討会議」を開催し、同会議での議論などに基づき、「放送コンテンツの製作取引適正化に関するガイドライン」（第7版）（以下「ガイドライン」という。）を策定し、放送事業者及び番組製作会社に対して、放送コンテンツの製作取引の適正化を促す取組を進めている。

具体的には、放送コンテンツの製作取引の状況を把握するため定期的にガイドラインのフォローアップ調査を実施するとともに、ガイドラインの遵守状況について放送事業者及び番組製作会社に対してヒアリングを行うなどの実態把握を進め、発覚した問題点について下請中小企業振興法（昭和45年法律第145号）第4条に基づく指導などを行うほか、ガイドラインの周知・啓発のための講習会を開催し、製作取引に関する個別具体的な問題について弁護士に無料で相談できる窓口「放送コンテンツ製作取引・法律相談ホットライン」を開設している。

2 放送コンテンツの海外展開

動画配信サービスの伸張等によって国境を越えたコンテンツの流通が進んでおり、我が国でも海外のコンテンツの存在感が高まりつつある。このような状況の中、我が国のコンテンツ産業が発展していくためには、世界を視野に入れて質の高いコンテンツを制作し、海外展開を積極的に図ることで拡大する市場の成長を取り込んでいく必要がある。

また、コンテンツの海外展開は、日本の魅力を海外に伝え、我が国の自然・文化への関心を高めることにつながり、訪日外国人観光客の増加や農林水産品・地場産品の販路拡大などの経済的な効果が見込まれるだけでなく、我が国に対するイメージ向上にも寄与し、ソフトパワーの強化が期待されるなど、外交的な観点からも極めて重要である。

総務省では、放送コンテンツの海外展開を推進する「一般社団法人放送コンテンツ海外展開促進機構」（BEAJ（ビージェイ））や関係省庁・機関などとも連携しながら、日本の放送事業者等が地方自治体等と連携し、日本の地域の魅力を発信する放送コンテンツを制作して海外の放送局等を通じて発信する取組を継続的に支援している。また、2022年（令和4年）10月のMIPCOM（フランス・カンヌ）及びTIFFCOM（東京）、同年12月のATF（シンガポール）などのコンテンツ国際見本市においては、我が国のコンテンツを広く海外展開していく契機とするため、官民が連携してセミナーを開催するなどのPR活動を実施したところである。2023年度（令和5年度）からは、海外展開に積極的に取り組む放送事業者や制作会社等との連携の下、海外に対して日本の放送コンテンツの情報を発信するオンライン基盤の整備等に着手している。

こうした取組等も含め、2025年度（令和7年度）までに海外売上高を1.5倍（対2020年度（令和2年度）比）に増加させることを目標に、コンテンツの海外展開を引き続き推進していく（**図表5-4-5-1**）。

図表5-4-5-1　放送コンテンツの海外展開の推進

（1）放送コンテンツによる情報発信力の強化

・地域の魅力を伝える放送コンテンツを制作し、海外において発信する取組を支援

（2）放送コンテンツの国際競争力の強化

・動画配信サービスの伸長等の環境の変化に対応する手法の習得支援等に係る調査や情報発信基盤の整備を実施

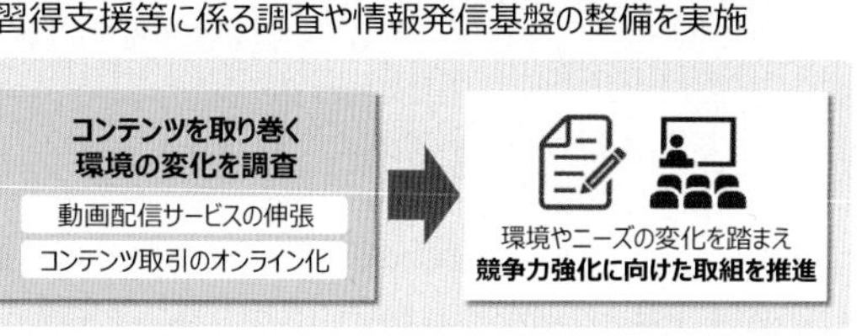

放送コンテンツによる情報発信を通じた地域経済の活性化
日本のソフトパワーや情報発信力の強化

地域経済の活性化
・日本の各地域の魅力（自然、文化、農産品・地場産品等）への関心・需要の喚起　等

ソフトパワーの強化
・日本文化・日本語の普及
・国際的なイメージの向上　等

6　視聴覚障害者等向け放送の普及促進

視聴覚障害者等がテレビジョン放送を通じて円滑に情報を入手することを可能にするため、総務省は字幕放送、解説放送及び手話放送の普及目標を定める「放送分野における情報アクセシビリティに関する指針」を2018年（平成30年）2月に策定し、放送事業者の自主的な取組を促している。また、2022年（令和4年）11月から有識者、障害者団体、放送事業者等から構成される「視聴覚障害者等向け放送の充実に関する研究会」において、直近の字幕放送等の実績や技術動向等を踏まえ、この指針の見直しをはじめ、視聴覚障害者等向け放送の充実に関する施策について議論を行っている。

また、身体障害者の利便の増進に資する通信・放送身体障害者利用円滑化事業の推進に関する法律（平成5年法律第54号）に基づき、字幕番組、解説番組、手話番組等の制作費に対する助成を行っている。また、生放送番組への字幕付与には多くの人手とコストがかかることに加え、特殊な技能を有する人材等を必要とすることから、2020年度（令和2年度）からは、最先端のICTを活用したシステムを含む生放送番組への字幕付与に係る機器の整備費に対する助成も行っている。

7　放送ネットワークの強靱化、耐災害性の強化

1　ケーブルネットワークの光化

総務省では、地域の情報通信基盤であるケーブルネットワークの光化による耐災害性の強化のため、2022年度（令和4年度）第2次補正予算及び2023年度（令和5年度）当初予算において、地域におけるケーブルテレビネットワークの光化等に要する経費を一部補助する「『新たな日常』の定着に向けたケーブルテレビ光化による耐災害性強化事業」を実施している（**図表5-4-7-1**）。本事業は、令和4年度第2次補正予算から、ケーブルテレビ事業者が既存サービスエリアの光化と同時に光化されていない共聴施設をケーブルテレビエリア化する場合に、これらを一体的に支援できるよう新たに措置したものである。

図表5-4-7-1　「新たな日常」の定着に向けたケーブルテレビ光化による耐災害性強化事業

事業イメージ

○事業主体
市町村、市町村の連携主体又は第三セクター
（これらの者から施設の譲渡を受ける等により、ケーブルテレビの業務提供に係る役割を継続して果たす者（承継事業者）を含む。）

○補助対象地域
以下の①～③のいずれも満たす地域
①ケーブルテレビが地域防災計画に位置付けられている市町村
②条件不利地域
③財政力指数が0.5以下の市町村その他特に必要と認める地域

○補助率
⑴市町村及び市町村の連携主体（承継事業者）：1/2
⑵第三セクター（承継事業者）：1/3

○補助対象経費
光ファイバケーブル、送受信設備、アンテナ　等
※光化と同時に行う辺地共聴施設（同軸ケーブル）のケーブルテレビエリア化に必要な伝送路設備等を含む（R4補正予算から拡充）。

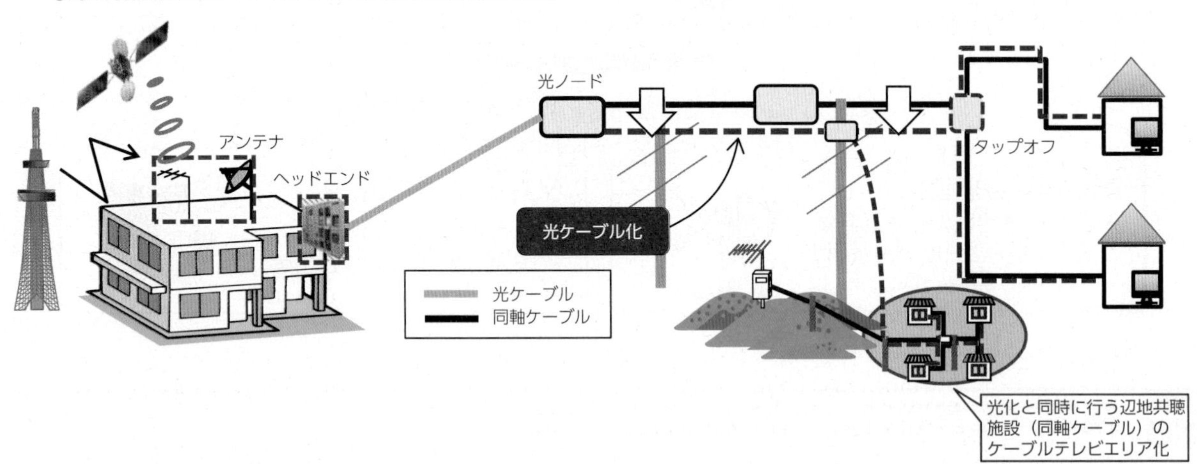

2　放送事業者などの取組の支援

総務省では、放送ネットワークの強靱化に向けた放送事業者や地方自治体などの取組を支援するため、2023年度（令和5年度）当初予算において、「放送ネットワーク整備支援事業（地上基幹放送ネットワーク整備事業及び地域ケーブルテレビネットワーク整備事業）」（**図表5-4-7-2**）や、「民放ラジオ難聴解消支援事業」及び「地上基幹放送等に関する耐災害性強化支援事業」を実施している。

図表5-4-7-2　放送ネットワーク整備支援事業

● 放送ネットワーク整備支援事業は、被災情報や避難情報など、国民の生命・財産の確保に不可欠な情報を確実に提供するため、以下の整備費用の一部を補助することにより、<u>災害発生時に地域において重要な情報伝達手段となる放送ネットワークの強靱化を実現</u>するもの。
　① ラジオ・テレビの新規整備に係る予備送信所設備、災害対策補完送信所等、緊急地震速報設備等
　② ケーブルテレビ幹線の2ルート化等

補助率

■ 地方公共団体（※）：1／2
■ 第三セクター（※）、民間放送事業者等（①に限る）：1／3
※②についてはこれらの者から施設の譲渡を受ける等により、ケーブルテレビの業務提供に係る役割を継続して果たす者（承継事業者）を含む。

事業名称・イメージ

①地上基幹放送ネットワーク整備事業

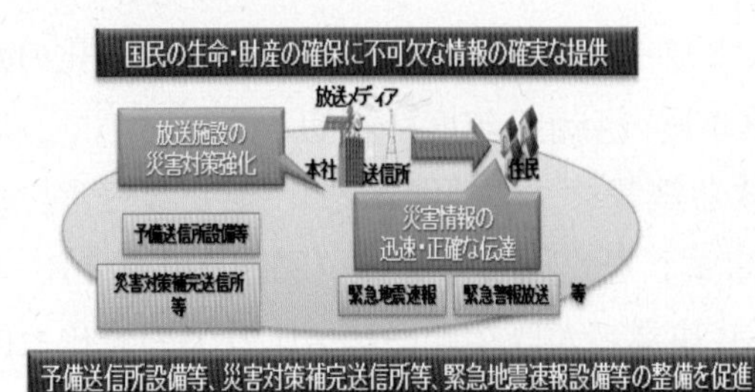

②地域ケーブルテレビネットワーク整備事業

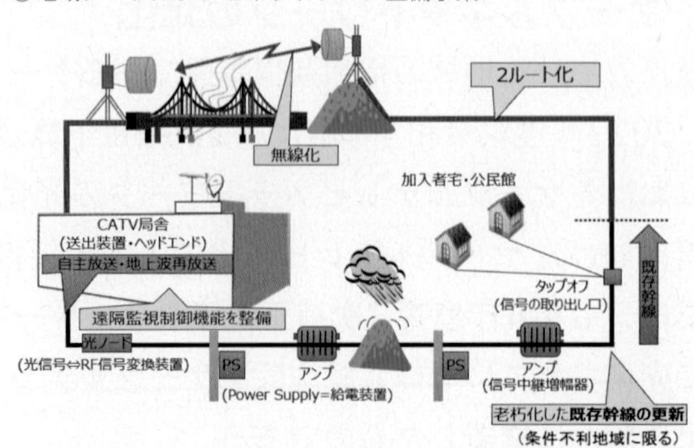

第5節　サイバーセキュリティ政策の動向

1　概要

1　これまでの取組

世界的規模で深刻化するサイバーセキュリティ上の脅威の増大を背景として、我が国におけるサイバーセキュリティ政策の基本理念等を定めたサイバーセキュリティ基本法（平成26年法律第104号）が2014年（平成26年）に成立し、2015年（平成27年）、同法に基づき、サイバーセキュリティ政策に係る政府の司令塔として、内閣の下にサイバーセキュリティ戦略本部が新たに設置された。それ以降、経済社会の変化やサイバーセキュリティ上の脅威の増大などの状況変化も踏まえつつ、諸施策の目標及び実施方針を定める「サイバーセキュリティ戦略」が3年ごとに累次決定されており、2021年（令和3年）9月には新しい「サイバーセキュリティ戦略[*1]」が閣議決定された。これに基づきサイバーセキュリティ政策が推進されてきている。

重要インフラ防護に係る基本的な枠組を定めた「重要インフラのサイバーセキュリティに係る行動計画[*2]」（2022年（令和4年）6月サイバーセキュリティ戦略本部決定）において、情報通信分野（電気通信、放送及びケーブルテレビ）は、その機能が停止、又は利用不可能となった場合に国民生活・社会経済活動に多大なる影響を及ぼしかねないものとして重要インフラ14分野の一つに指定されている。重要インフラ所管省庁として、総務省において、引き続き情報通信ネットワークの安全性・信頼性の確保に向けた取組を推進することが必要とされている。

総務省では、2017年（平成29年）から、セキュリティ分野の有識者で構成される「サイバーセキュリティタスクフォース」を開催している。同タスクフォースでは、これまで、様々な状況変化や東京オリンピック・パラリンピック競技大会、新型コロナウイルス感染症への対応等も踏まえつつ、総務省として取り組むべき課題や施策を累次取りまとめてきたところであり、直近では、情報通信ネットワークの安全性・信頼性の確保やサイバー攻撃への自律的な対処能力の向上に向けた対策を盛り込んだ「ICTサイバーセキュリティ総合対策2022[*3]」を2022年（令和4年）8月に策定した。また、IoT機器を狙ったサイバー攻撃が多く発生している状況等に対応するため、2023年（令和5年）1月から、同タスクフォースの下に「情報通信ネットワークにおけるサイバーセキュリティ対策分科会」を開催し、現在の取組状況や課題を踏まえた上で、端末側（IoT機器）、ネットワーク側の双方から必要となる総合的な対策について検討している。これらを踏まえ、ICT分野におけるサイバーセキュリティ対策の推進に向け、諸施策に取り組んでいるところである。

2　今後の課題と方向性

新型コロナウイルス感染症の感染拡大防止のために人の移動が制限され、テレワーク活用などが進展するなど、国民による社会経済活動全般のデジタル化の推進、すなわち、社会全体のデジタル・トランスフォーメーション（DX）の推進が、より一層重要な政策課題と認識されるようになった。

＊1　サイバーセキュリティ戦略：https://www.nisc.go.jp/active/kihon/pdf/cs-senryaku2021.pdf
＊2　重要インフラのサイバーセキュリティに係る行動計画：https://www.nisc.go.jp/pdf/policy/infra/cip_policy_2022.pdf
＊3　ICTサイバーセキュリティ総合対策2022：https://www.soumu.go.jp/main_content/000829941.pdf

また、近年、サイバー空間は、厳しい安全保障環境や地政学的緊張も反映しつつ国家間の争いの場となっており、各国では政府機関や重要インフラを狙ったサイバー攻撃が多く発生している。経済社会のデジタル化が広範かつ急速に進展する中、こうしたサイバー攻撃の増大により、情報通信ネットワークの機能停止や情報の漏洩等が生じると、国民の生活や我が国の経済社会活動に甚大な被害が発生するおそれがある。2022年（令和4年）12月には、我が国の国家安全保障戦略が改定され、サイバー安全保障分野における対応能力の向上のため「能動的サイバー防御」の導入が盛り込まれるなど、我が国のサイバーセキュリティ政策の転換点を迎えている。

サイバー空間が公共空間化する中で、IoTや5Gを含むICT（情報通信技術）に係るインフラやサービスは、その基盤となるものであり、社会全体のデジタル改革・DXを推進するためには、国民一人ひとりがその基盤となるICTを安心して活用できるよう、サイバーセキュリティを確保することが、いわば不可欠の前提としてますます重要になっている。

これらを踏まえ、以下で述べるとおり、情報通信ネットワークの安全性・信頼性の確保、サイバー攻撃への自律的な対処能力の向上、国際連携の推進、普及啓発の推進を行う必要がある。

2　情報通信ネットワークの安全性・信頼性の確保

1　IoTのセキュリティに関する取組

IoT化が進展し、社会・経済活動を支える様々なモノがインターネットにつながるなか、IoT機器は管理が行き届きにくい、機器の性能が限られ適切なセキュリティ対策ができないなどの理由から、サイバー攻撃の脅威にさらされることが多く、その対策強化の必要性が指摘されている。実際にIoT機器を悪用したサイバー攻撃が発生しているほか、NICTが運用するサイバー攻撃観測網（NICTER）が2022年（令和4年）に観測したサイバー攻撃関連通信についても、依然としてIoT機器（特にDVR/NVR）を狙ったものが最も多かったという結果が示されている。

こうした状況を踏まえ、IoT機器に対するサイバーセキュリティ対策を強化するため、2018年（平成30年）に情報通信研究機構法[*4]の一部改正を行った上で、総務省及びNICTでは、インターネット・サービス・プロバイダ（ISP）と連携し、2019年（平成31年）2月から「NOTICE（National Operation Towards IoT Clean Environment)」と呼ばれる取組を実施している。現行の取組では、①NICTがインターネット上のIoT機器に対して、例えば「password」や「123456」等の容易に推測されるパスワードを入力することなどにより、サイバー攻撃に悪用されるおそれのある機器を特定し、②特定した機器の情報をNICTからISPに通知し、③通知を受けたISPがその機器の利用者を特定し注意喚起を行う、という一連の取組を行っている。

また、NOTICEと並行して、2019年（令和元年）6月から、総務省、NICT、一般社団法人ICT-ISAC及びISP各社が連携して、既にマルウェアに感染しているIoT機器の利用者に対し、ISPが注意喚起を行う取組を実施している。この取組は、NICTが前述のNICTERで得られた情報を基にマルウェア感染を原因とする通信を行っている機器を検知し、ISPで当該機器の利用者を特定することにより行っている。

NOTICEの取組が2024年（令和6年）3月に期限を迎えることを踏まえ、情報通信ネットワークにおけるサイバーセキュリティ対策分科会において、NOTICEの現状や課題等について整理し、

＊4　国立研究開発法人情報通信研究機構法（平成11年法律第162号）

IoT機器を悪用したサイバー攻撃の脅威に対する観測能力の強化や効果的な対処の推進を含めた、今後のNOTICEの方向性について検討している。

関連データ

NOTICE及びNICTERに関する注意喚起の概要
URL：https://www.soumu.go.jp/johotsusintokei/whitepaper/ja/r05/html/datashu.html#f00375（データ集）

2 電気通信事業者による積極的セキュリティ対策に関する取組

今後、5Gの進展により様々な産業でIoT機器の利用が更に拡大することが予想される中で、IoT機器のセキュリティ対策をより実効的なものにするためには、これまでの端末機器側の対策に加え、通信トラヒックが通過するネットワーク側でもより機動的な対処を行う環境整備が必要と考えられる[*5]。

このため、2022年度（令和4年度）からは、大規模化・巧妙化・複雑化するサイバー攻撃・脅威に電気通信事業者がより効率的・積極的に対処できるようにするため実施している、①C&Cサーバ検知技術の実証、②フィッシングサイト等の悪性Webサイトの検知技術・共有手法の実証、③ネットワークセキュリティ対策手法の導入に係る実証を2023年度（令和5年度）も引き続き実施するとともに、C&Cサーバの検知精度の向上・検知情報の共有・利活用等の推進や、IoTボットネットの全体像の可視化を含む、情報通信ネットワークにおけるサイバーセキュリティ対策分科会における議論も踏まえて、電気通信事業者等と連携しながら、持続可能な仕組を検討する。

そのほか、DDoS攻撃等のサイバー攻撃の送信元情報のISP間での共有や調査研究等の業務を行う第三者機関である「認定送信型対電気通信設備サイバー攻撃対処協会」[*6]における情報共有や分析について、その対象が、これまではサイバー攻撃が発生した場合にのみ限られていたが、攻撃の発生前になされる一定の予兆行為（ポートスキャン）が発生した場合も含まれることを内容とする電気通信事業法の一部を改正する法律が2022年（令和4年）6月に成立するなど、DDoS攻撃等のサイバー攻撃への対処における電気通信事業者間の連携促進を図っている[*7]。

3 サプライチェーンリスク対策に関する取組

総務省では、2019年度（平成31年度）から2021年度（令和3年度）にかけて5Gネットワークにおけるセキュリティ確保に向けた調査検討を実施している。仮想化基盤・管理系を含む5Gネットワーク全体を考慮した技術的検証を通じて、オペレータが留意すべきセキュリティ課題やその対策を整理し、2022年（令和4年）4月、その成果の一部として「5Gセキュリティガイドライン第1版[*8]」を公表した。同ガイドラインは、2022年（令和4年）9月、ITU-T SG17において新規作業項目として採用され、現在、専門機関と連携して国際標準化に向けた取組を推進している。

また、通信分野においては、システムに求められる機能の高度化、多様化に伴いシステムの構成が複雑化しており、多様な商用ソフトウェアやオープンソースソフトウェア（OSS）[*9]がソフト

＊5　2021年（令和3年）に策定した「ICTサイバーセキュリティ総合対策2021」では、「サイバー攻撃に対する電気通信事業者の積極的な対策の実現」として、「インターネット上でISPが管理する情報通信ネットワークにおいても高度かつ機動的な対処を実現するための方策の検討が必要」としている。（https://www.soumu.go.jp/menu_news/s-news/02cyber01_04000001_00192.html）
＊6　電気通信事業法第116の2条第1項に基づき、認定送信型対電気通信設備サイバー攻撃対処協会として、2019年（平成31年）1月に一般社団法人ICT-ISACが認定されている。
＊7　電気通信事業法の一部を改正する法律（令和4年法律第70号）は2023年（令和5年）6月16日に施行。
＊8　5Gセキュリティガイドライン第1版：https://www.soumu.go.jp/main_content/000812253.pdf
＊9　ソースコードが無償で公開され、誰でも利用や改良、再配布が可能なソフトウェア。

ウェア部品として利用されるようになっている。このようなソフトウェア・サプライチェーンの変化に伴い、ソフトウェア部品への悪意のあるコードの混入やソフトウェア部品の脆弱性を標的としたサイバー攻撃が発生しているが、システム内のソフトウェア部品の構成を把握できていない場合、攻撃に対して迅速に対応することが困難となる。

このような状況を踏まえ、総務省では、SBOM[*10]を活用したソフトウェア・サプライチェーンの把握によるサイバーセキュリティの強化に資するように、2023年度（令和5年度）から、通信分野におけるSBOMの導入に向けた実証事業を実施している。

さらに、2023年度（令和5年度）からは、スマートフォンが広く普及している一方で、スマートフォンアプリがユーザーの意図に反してユーザー情報を送信しているのではないかなどの懸念が生じた場合にその実態を確認する手法が限られている現状を踏まえ、第三者によるアプリの技術的解析等を通じたアプリ挙動の実態把握に係る実証事業を実施している。

4 トラストサービスに関する取組

Society5.0においては、実空間とサイバー空間が高度に融合することから、実空間における様々なやりとりをサイバー空間においても円滑に実現することが求められる。その実現のためには、データを安全・安心に流通できる基盤の構築が不可欠であり、データの改ざんや送信元のなりすまし等を防止する仕組であるトラストサービス（**図表5-5-2-1**）の重要性が高まっている。

政府全体としては、デジタル社会推進会議令（令和3年政令第193号）に基づく「データ戦略推進ワーキンググループ」の下で、官民の様々な手続や取引についてデジタル化のニーズや必要なアシュアランスレベルの検討を行う「トラストを確保したDX推進サブワーキンググループ」が2021年（令和3年）11月に立ち上げられ、2022年（令和4年）7月に「トラストを確保したDX推進サブワーキンググループ報告書[*11]」を公表した。

総務省においては、2020年（令和2年）2月に公表された「トラストサービス検討ワーキンググループ」の最終取りまとめ[*12]を踏まえ、タイムスタンプとeシールについて、必要な制度整備や指針策定に向けた検討を進めている。

ア　国によるタイムスタンプ認定制度の整備

タイムスタンプについては、2020年（令和2年）3月に立ち上げた「タイムスタンプ認定制度に関する検討会」で更なる検討を行い、2021年（令和3年）4月に、時刻認証業務の認定に関する規程（令和3年総務省告示第146号）を制定し、国（総務大臣）による認定制度を整備した。さらに、2022年度（令和4年度）の税制改正により、税務関係書類に係るスキャナ保存制度等について、民間（一般財団法人日本データ通信協会）による認定制度に基づくタイムスタンプに代わり、国による認定制度に基づくタイムスタンプを位置付けることとされた[*13]。その後、2023年（令和5年）2月、初めての国による時刻認証業務の認定を行った。今後も引き続き、国による認定制度を適切かつ確実に運用するとともに、タイムスタンプの利用の一層の拡大に向け、必要な取組を行う。

＊10　Software Bill of Materials. ソフトウェア部品構成表。
＊11　トラストを確保したDX推進サブワーキンググループ報告書（https://www.digital.go.jp/councils/trust-dx-sub-wg/）
＊12　トラストサービス検討ワーキンググループ最終とりまとめhttps://www.soumu.go.jp/main_content/000668595.pdf
＊13　2022年（令和4年）4月1日から2023年（令和5年）7月29日までの間は、従前どおり一般財団法人日本データ通信協会が認定する業務に係るタイムスタンプを付すことを可能とする経過措置が講じられる。

イ 「eシールに関する指針」の策定

eシールについては、2020年（令和2年）4月に立ち上げた「組織が発行するデータの信頼性を確保する制度に関する検討会」において、我が国におけるeシールの在り方などについて検討を行った。その後、2021年（令和3年）6月に検討会の取りまとめを公表するとともに、我が国のeシールにおける信頼の置けるサービス・事業者に求められる技術上・運用上の基準などについて整理した「eシールに係る指針*14」を策定した。

図表5-5-2-1　トラストサービスのイメージ

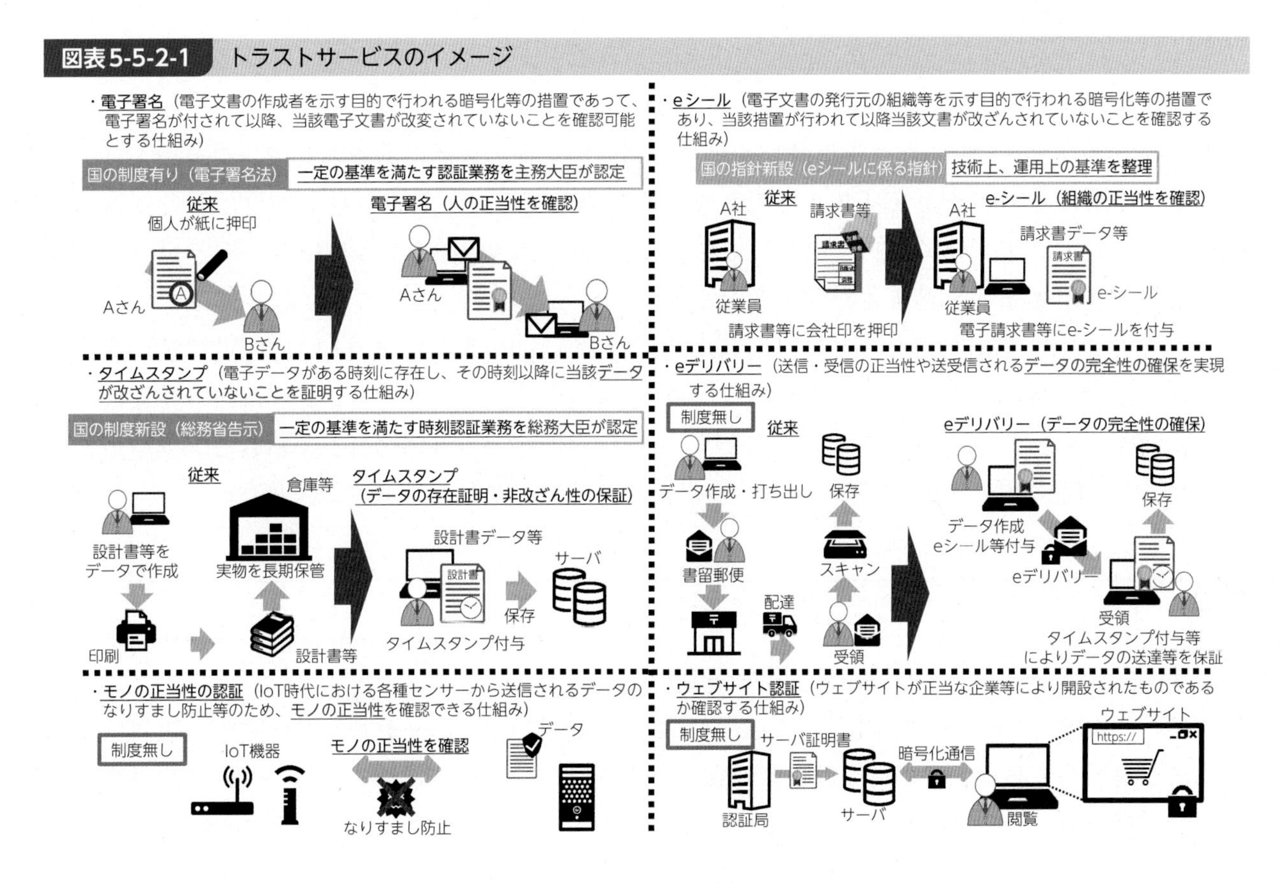

5 クラウドサービスの安全性確保に関する取組

ア 政府情報システムにおけるクラウドサービスの安全性評価

政府では、クラウド・バイ・デフォルト原則の下、クラウドサービスの安全性評価について、「クラウドサービスの安全性評価に関する検討会」で検討を行い、「政府情報システムにおけるクラウドサービスのセキュリティ評価制度の基本的枠組みについて」（令和2年1月30日サイバーセキュリティ戦略本部決定）で、制度の①基本的枠組、②各政府機関等における利用の考え方、③所管と運用体制が決定された。

基本的枠組を受け、2020年（令和2年）6月、有識者と制度所管省庁（内閣サイバーセキュリティセンター・デジタル庁・総務省・経済産業省）を構成員とするISMAP運営委員会で決定した各種規程等に基づき、「政府情報システムのためのセキュリティ評価制度」（英語名：Information system Security Management and Assessment Program（ISMAP））が立ち上げられた。2021年（令和3年）3月から、この制度で定められた基準に基づいたセキュリティ対策を実施していることが確認されたクラウドサービスの登録が始まり、2023年（令和5年）5月11日現在、

＊14 eシールに係る指針（https://www.soumu.go.jp/main_content/000756907.pdf）

合計44サービスがISMAPクラウドサービスリスト[*15]として公開されている。

2022年（令和4年）11月には、主に機密性2情報を扱うSaaSのうち、セキュリティ上のリスクの小さな業務・情報の処理に用いるものに対する仕組として、ISMAP for Low-Impact Use（通称：ISMAP-LIU）の運用を開始した。ISMAP-LIUは、SaaSのうち用途や機能が極めて限定的なサービスや、比較的重要度が低い情報のみを取り扱うサービスについて、監査全体として現行ISMAPよりも緩やかな設計とした仕組であり、ISMAPとともに、クラウド・バイ・デフォルトの更なる拡大を推進していく。

イ　クラウドセキュリティに関するガイドラインの策定

総務省では、安全・安心なクラウドサービスの利活用推進のための取組として、クラウドサービス事業者における情報セキュリティ対策を取りまとめた「クラウドサービス提供における情報セキュリティ対策ガイドライン」を策定しており、2021年（令和3年）9月には、クラウドサービスの提供・利用実態等を踏まえた改定版（第3版）を公表している。また、昨今では、クラウドサービス利用者が適切にクラウドサービスを利用できていないことに起因し、結果的に情報流出のおそれに至る事案も発生していることから、利用者の適切なクラウドサービスの利用促進について、提供者・利用者を含む幅広い主体で検討した上で、2022年（令和4年）10月、「クラウドサービス利用・提供における適切な設定のためのガイドライン」として策定・公表した。

3　サイバー攻撃への自律的な対処能力の向上

1　セキュリティ人材の育成に関する取組

サイバー攻撃が巧妙化・複雑化している一方で、我が国のサイバーセキュリティ人材は質的にも量的にも不足しており、その育成は喫緊の課題である。このため、総務省では、NICTの「ナショナルサイバートレーニングセンター」を通じて、サイバーセキュリティ人材育成の取組（CYDER、CIDLE及びSecHack365）を積極的に推進している。

ア　情報システム担当者等を対象とした実践的サイバー防御演習（CYDER）

CYDERは、国の機関、地方公共団体、独立行政法人及び重要インフラ事業者などの情報システム担当者等を対象とした実践的サイバー防御演習である。受講者は、チーム単位で演習に参加し、組織のネットワーク環境を模した大規模仮想LAN環境下で、実機の操作を伴って、インシデントの検知から対応、報告、回復まで、サイバー攻撃への一連の対処方法を体験する（**図表5-5-3-1**）。

2022年度（令和4年度）は、従来から実施している初級・中級・準上級の集合演習コース及びオンライン標準コースに加え、インシデント対応の「はじめの一歩」を学べるオンライン入門コースを新たに実施するとともに、地理的・時間的要因による地方公共団体の未受講解消のためにNICTが現地まで赴く「出前CYDER」、複数会場を結んで同時開催することで講師・スタッフの効率化を図る「CYDERサテライト」を実施した（**図表5-5-3-2**）。

CYDER集合演習の受講者は、2017年度（平成29年度）からの合計で1万7千人超となった。

＊15 ISMAPクラウドサービスリスト：https://www.ismap.go.jp/csm?id=cloud_service_list

図表5-5-3-1　実践的サイバー防御演習（CYDER：CYber Defense Exercise with Recurrence）

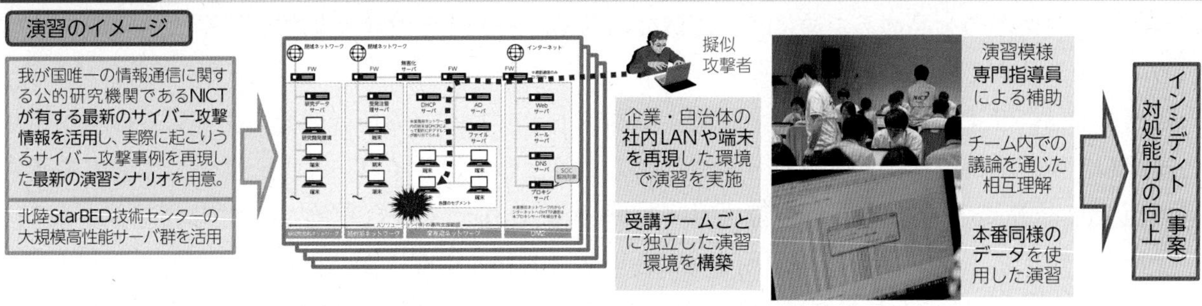

図表5-5-3-2　2022年度CYDER実施状況

コース名	演習方法	レベル	受講想定者（習得内容）	受講想定組織	開催地	開催回数	実施時期
A	集合演習	初級	システムに携わり始めた者 （事案発生時の対応の流れ）	全組織共通	47都道府県 ※出前、サテライト形式も試行	72回	7月～翌年2月
B-1		中級	システム管理者・運用者 （主体的な事案対応・セキュリティ管理）	地方公共団体	全国11地域	20回	10月～翌年1月
B-2				地方公共団体以外	東京・大阪・名古屋・つくば	13回	翌年1月～2月
C		準上級	セキュリティ専門担当者 （高度なセキュリティ技術）	全組織共通	東京	3回	10月～翌年2月

コース名	演習方法	レベル	受講想定者（習得内容）	受講想定組織	開催地	開催回数	実施時期
オンライン標準	オンライン演習	初級相当	システムに携わり始めた者 （事案発生時の対応の流れ）	全組織共通	（受講者職場等）	随時	5/24～7/19
オンライン入門		入門					翌年1/17～2/24

イ　万博向けサイバー防御講習（CIDLE）

CIDLEは、2025年日本国際博覧会（大阪・関西万博）に向けて万全のセキュリティ体制を確保することを目的とした、公益社団法人2025年日本国際博覧会協会の情報システム担当者等対象のサイバー防御講習である。東京2020オリンピック・パラリンピック競技大会のレガシーを活用し、2023年度（令和5年度）中に講義・演習プログラムの提供を予定している。

ウ　若手セキュリティ人材の育成プログラム（SecHack365）

SecHack365は、日本国内に居住する25歳以下の若手ICT人材を対象として、新たなセキュリティ対処技術を生み出しうる最先端のセキュリティ人材（セキュリティイノベーター）を育成するプログラムである。NICTの持つ実際のサイバー攻撃関連データを活用しつつ、第一線で活躍する研究者・技術者が、セキュリティ技術の研究・開発などを1年かけて継続的かつ本格的に指導する。2022年度（令和4年度）は40名が修了し、2017年度（平成29年度）からの合計で252名が修了している。

2　サイバーセキュリティ統合知的・人材育成基盤（CYNEX）の構築

我が国のセキュリティ事業者は、海外のセキュリティ製品を導入・運用する形態が主流である。このため、我が国のサイバーセキュリティ対策は、海外製品や海外由来の情報に大きく依存しており、国内のサイバー攻撃情報などの収集・分析などが十分にできていない。また、海外のセキュリティ製品を使用することで、国内のデータが海外事業者に流れ、我が国のセキュリティ関連の情報が海外で分析される一方で、分析の結果として得られる脅威情報を海外事業者から購入する状況が継続している。

その結果、国内のセキュリティ事業者では、コア部分のノウハウや知見の蓄積ができず、また、グローバルレベルの情報共有における貢献や国際的に通用するエンジニアの育成を効果的に実施することが難しくなっている。利用者側企業でも、セキュリティ製品やセキュリティ情報を適切に取り扱える人材が不足している。サイバーセキュリティ人材の育成を含めて我が国のサイバー攻撃への自律的な対処能力を高めるためには、国内でのサイバーセキュリティ情報生成や人材育成を加速するエコシステムの構築が必要である。

総務省では、サイバーセキュリティに関する国内トップレベルの研究開発を実施しているNICTと連携し、NICTが培ってきた技術・ノウハウを中核として、サイバーセキュリティに関する産学官の巨大な結節点となる先端的基盤「サイバーセキュリティ統合知的・人材育成基盤」（通称CYNEX（サイネックス）の試験運用を2022年度（令和4年度）から開始しており、2023年度（令和5年度）からは、大学や民間企業等との連携を拡大しながら、情報分析、製品検証、人材育成事業の本格運用を開始する予定である。

関連データ

サイバーセキュリティ統合知的・人材育成基盤（CYNEX）
URL：https://www.soumu.go.jp/johotsusintokei/whitepaper/ja/r05/html/datashu.html#f00380
（データ集）

また2023年度（令和5年度）より、「政府端末情報を活用したサイバーセキュリティ情報の収集・分析に係る実証事業（CYXROSS）」について、一部の府省庁に国産セキュリティソフトを導入し、得られたマルウェア情報等をNICTのCYNEXへ集約・分析することで、我が国のセキュリティ対策を強化する取組を開始する予定である。

関連データ

政府端末情報を活用したサイバーセキュリティ情報の収集・分析に係る実証事業（CYXROSS）
URL：https://www.soumu.go.jp/johotsusintokei/whitepaper/ja/r05/html/datashu.html#f00381
（データ集）

この先端的基盤の構築により、我が国のサイバーセキュリティ情報を幅広く収集・分析し、更にその情報を活用して国産セキュリティ製品の開発を推進するとともに、高度なセキュリティ人材の育成や民間・教育機関などでの人材育成支援を行うことが可能となる。これにより、我が国におけるサイバーセキュリティ対策のより一層の強化を目指している。

4　国際連携の推進

サイバー空間はグローバルな広がりをもつことから、サイバーセキュリティの確立のためには諸外国との連携が不可欠である。このため、総務省では、サイバーセキュリティに関する国際的合意形成への寄与を目的として、各種国際会議やサイバー協議などでの議論や情報発信・情報収集を積極的に実施している。

また、世界全体のサイバーセキュリティのリスクを減らすためには、開発途上国に対するサイバーセキュリティ分野における能力構築支援の取組も重要である。総務省では、ASEAN地域において、日ASEANサイバーセキュリティ能力構築センター（AJCCBC：ASEAN Japan Cybersecurity Capacity Building Centre）を通じた人材育成プロジェクトを推進するなど、ASEAN地域を中心に、サイバーセキュリティ能力の向上に資する取組を行っている[*16]。

加えて、通信事業者などによる民間レベルでの国際的なサイバーセキュリティに関する情報共有

＊16　日ASEANサイバーセキュリティ能力構築センターでの取組については、第5章第8節「ICT国際戦略の推進」も参照。

を推進するために、ASEAN各国のISPが参加するワークショップ、日米・日EU間でのISAC(Information Sharing and Analysis Center）との意見交換会などを開催している。

5 普及啓発の推進

1 テレワークのセキュリティに関する取組

テレワーク導入企業に対して実施したアンケート*17では、セキュリティ確保がテレワーク導入に当たっての最大の課題とされており、総務省では、こうしたセキュリティ上の不安を払拭し、企業が安心してテレワークを導入・活用できるようにするため、2004年（平成16年）から「テレワークセキュリティガイドライン」を策定・公表している。

新型コロナウイルス感染症の感染拡大を契機として、テレワークを取り巻く環境が大きく変化しているほか、クラウド活用の進展やサイバー攻撃の高度化などセキュリティ動向の変化も生じていることから、総務省では、2021年（令和3年）5月に、実施すべきセキュリティ対策や具体的なトラブル事例などを全面的に見直すガイドライン改定を行った。

併せて、中小企業などではセキュリティの専任担当がいない場合や担当が専門的な仕組を理解していない場合も想定されるため、最低限のセキュリティを確実に確保することに焦点を絞った「中小企業など担当者向けテレワークセキュリティの手引き（チェックリスト)」を策定したが、2022年（令和4年）5月に、ユニバーサルデザインを意識して読みやすいデザイン・文言となるよう改定を行うとともに、従業員が実際に活用可能な「従業員向けハンドブック」等を付録として新たに作成した。

2 地域に根付いたセキュリティコミュニティ（地域SECUNITY）の形成促進

我が国の情報通信サービス・ネットワークの安全性や信頼性の確保の観点からは、全国規模や首都圏でサービスを提供している事業者だけでなく、地域単位で情報通信サービスを提供している事業者におけるサイバーセキュリティの確保も重要な課題である。他方、地域の企業や地方自治体では、首都圏や全国規模で展開する企業と比較してサイバーセキュリティに関する情報格差が存在するほか、経営リソースの不足などの理由により、単独で十分なセキュリティ対策を取ることが難しかったり、セキュリティ対策の必要性を認識するに至らなかったりするおそれがある。

総務省では、このような関係者間でのセキュリティに関する「共助」の関係を構築したコミュニティ（「地域SECUNITY」）について、2022年度（令和4年度）までに、総合通信局等の管区を基準とした全11地域での設立を完了した。今後は、大規模な地域横断的なイベントの開催や、幅広い層への普及啓発の取組の拡大に向けて、2023年度（令和5年度）も同様に引き続きイベント開催などの支援を実施していく*18。

各地域におけるセキュリティコミュニティ
URL：https://www.soumu.go.jp/johotsusintokei/whitepaper/ja/r05/html/datashu.html#f00382
（データ集）

*17 テレワークセキュリティに係る実態調査：https://www.soumu.go.jp/main_sosiki/cybersecurity/telework/
*18 最新のイベントの詳細等は以下のURLに掲載している
https://www.soumu.go.jp/main_sosiki/cybersecurity/localsecunity/index.html

3 サイバー攻撃被害に係る情報の共有・公表の適切な推進

サイバー攻撃の脅威が高まる中、サイバー攻撃の被害を受けた組織がサイバーセキュリティ関係組織と被害に係る情報を共有・公表することは、攻撃の全容解明や対策強化を図る上で、被害組織・社会全体の双方にとって有益である一方、自組織に対する評判等の懸念から、被害組織は、情報の共有・公表に慎重であるケースが多い。

そこで、2022年（令和4年）4月、官民の多様な主体が連携する協議体である「サイバーセキュリティ協議会」の運営委員会の下に「サイバー攻撃被害に係る情報の共有・公表ガイダンス検討会」を開催し、サイバー攻撃被害を受けた組織において実務上の参考となる「サイバー攻撃被害に係る情報の共有・公表ガイダンス」について検討を行った。同ガイダンスについては、パブリックコメントを経て、2023年（令和5年）3月に同検討会において取りまとめ、公表している*19。

今後、関係省庁が連携して同ガイダンスの普及啓発に努めるとともに、サイバー攻撃の被害を受けた組織が同ガイダンスを活用した際のフィードバック等を踏まえ、同ガイダンスの改定の必要性等について検討していく。

4 無線LANセキュリティに関する取組

無線LANは、自宅や職場での利用に加え、街なかの公衆無線LANサービスなど幅広く利用が進んでいるが、適切なセキュリティ対策をとらなければ、無線LAN機器を踏み台とした攻撃や情報窃取などが行われるおそれがある。このため、総務省では、無線LANのセキュリティ対策に関して、利用者・提供者のそれぞれに向けたガイドラインを策定しており、2020年（令和2年）5月に、最新のセキュリティ動向や技術動向に対応させるための改定を行った。

無線LANの利用者に向けた「Wi-Fi利用者向け 簡易マニュアル」では、利用者が留意すべきセキュリティ対策として、①接続するアクセスポイントをよく確認、②正しいURLでHTTPS通信をしているか確認、③自宅に設置している機器の設定を確認、の3つのポイントを示した上で、それぞれに解説を加えている。

無線LANの提供者に向けた「Wi-Fi提供者向け セキュリティ対策の手引き」では、飲食店や小売店をはじめとする幅広い無線LAN提供者が、提供に当たりどのようなセキュリティ上のリスクが存在し、どのようなセキュリティ対策を講じればよいかを確認できるようにしている。

また、無線LANのセキュリティ対策に関する周知啓発を目的として、サイバーセキュリティ月間（2/1～3/18）に合わせて、無線LANに関する最新のセキュリティ対策等を学ぶことが出来る無料のオンライン講座を、毎年度開講している*20。2022年度（令和4年度）は、2023年（令和5年）3月1日から同年3月26日までオンライン講座「今すぐ学ぼうWi-Fiセキュリティ対策」を開講した。

＊19 サイバー攻撃被害に係る情報の共有・公表ガイダンス（令和5年3月8日策定）：
https://www.soumu.go.jp/menu_news/s-news/01cyber01_02000001_00160.html
＊20 無線LAN（Wi-Fi）のセキュリティ対策に係るオンライン講座：https://www.soumu.go.jp/main_sosiki/cybersecurity/wi-fi/index.html

第6節　ICT利活用の推進

1 概要

1 これまでの取組

2000年（平成12年）に情報通信技術戦略本部が設置され、高度情報通信ネットワーク社会形成基本法（平成12年法律第144号）[*1]が制定されて以降、我が国では、e-Japan戦略をはじめとした様々な国家戦略を掲げ、ICTの利活用を推進してきた。これらの方針を踏まえ、総務省では、少子高齢化とそれに伴う労働力の不足、医療・介護費の増大、自然災害の激甚化など、我が国が抱える社会・経済問題の解決に向け、医療・健康、地域活性化など様々な分野におけるICTの利活用を推進してきた。

2 今後の課題と方向性

生産年齢人口の減少や地域経済の縮小など様々な社会的・経済的課題が深刻化する中、ICTを活用しこれら課題の解決を図ることが一層求められており、例えば、テレワークなどの活用による場所や時間にとらわれない働き方の実現、ローカル5Gなどの新たな通信技術の活用による生産性の向上などが期待されている。特に、2020年（令和2年）の新型コロナウイルス感染症の発生以降は、非接触・非対面での生活様式を可能とするICTの重要性が改めて認識されたところであり、これを機に社会全体におけるICTの利活用の更なる推進を図ることが重要である。

また、企業などでのAIやメタバースなどの活用により我々の生活の利便性の向上や我が国の経済活性化につながることが期待される中、これらが社会に対して与える影響や生じうる課題を把握し、安心・安全な社会実装を実現することが必要である。

社会全体でのICTの利活用が進展する一方で、第4章第11節で見たとおり、年齢などによってインターネット利用率には一定の差異が見られるところである。「誰一人取り残さない」デジタル化を実現するために、高齢者を含む国民のデジタル化への不安感・抵抗感を解消し、デジタル活用能力の向上に向けた取組を進めるなど、デジタル格差を是正することが必要である。

さらに、幅広い世代において、SNSや動画配信サービスなど様々なインターネットサービスの普及が進む中、インターネット上で流通する情報には違法有害情報や偽・誤情報も含まれることから、批判的に情報を受容することや他者に配慮しながら情報発信をすることなど、適切にICTを活用するためのリテラシーを全世代が身に付けることが重要である。

2 社会・経済的課題の解決につながるICTの利活用の促進

1 ローカル5Gの推進

ア　ローカル5Gの概要

ローカル5Gは、携帯電話事業者による5Gの全国サービスと異なり、地域や産業の個別ニーズに応じて、地域の企業や地方自治体などの様々な主体が自らの建物内や敷地内でスポット的に柔軟

＊1　同法は、デジタル社会形成基本法（令和3年法律第35号）により廃止された。

に構築できる5Gシステムであり、様々な課題の解決や新たな価値の創造などの実現に向け、多様な分野、利用形態、利用環境で活用されることが期待されている。

イ　課題解決型ローカル5G等の実現に向けた開発実証

ローカル5G普及のための取組として、総務省では、2020年度（令和2年度）から、現実の様々な利用場面を想定した多種多様な利用環境下で電波伝搬などに関する技術的検討を実施するとともにローカル5G等を活用したソリューションを創出する「課題解決型ローカル5G等の実現に向けた開発実証」に取り組み、2020年度（令和2年度）は19件、2021年度（令和3年度）は26件、2022年度（令和4年度）は20件の実証を実施した[*2]。

また、工場、農地、交通、医療、建設現場、災害現場など様々な場面でのローカル5Gの導入を推進していく観点から、関係団体などから構成される「ローカル5G普及推進官民連絡会」を2021年（令和3年）1月に設立し、ローカル5Gの普及に向けた情報発信等を行っている。

ウ　税制による整備促進

安全で信頼できる5Gの導入を促進し、5Gを活用して地域が抱える様々な社会課題の解決を図るとともに、我が国経済の国際競争力を強化することを目的として2020年度（令和2年度）に5Gの導入を促進する税制が創設された。令和4年度税制改正では、「デジタル田園都市国家構想」の実現に向け、地方での基地局整備促進に向けた見直しを行った上で、法人税・所得税の税額控除又は特別償却を認める特例措置は2024年度（令和6年度）末まで、固定資産税の特例措置は2023年度（令和5年度）末まで適用期限が延長された。

2　テレワークの推進

ア　テレワークの概要

テレワークは、ICTを利用し、時間や場所を有効に活用できる柔軟な働き方であり、子育て世代やシニア世代、障害のある方も含め、一人ひとりのライフステージや生活スタイルに合った多様な働き方を実現するとともに、災害や感染症の発生時における業務継続性を確保するためにも有効である。また、収入を維持しながら、住みたい地域で働くことが可能となるため、都市部から地方への人の流れの創出など、社会全体に対しても様々なメリットをもたらし得る働き方である。2020年（令和2年）以降、新型コロナウイルス感染症の拡大に伴い、出勤抑制の手段として、テレワークは都市部を中心に広く利用されるようになったものの、感染拡大防止のイメージが浸透しており、感染状況と連動し、実施率が下がってしまう側面がある。株式会社東京商工リサーチが企業を対象に実施した調査では、1回目の緊急事態宣言時には25.3%から55.9%にまで上昇し、その後、31.0%まで低下。2回目の宣言時には38.4%まで再上昇したものの、2022年（令和4年）以降は30%前後[*3]で推移している。

このような状況の中、総務省では、テレワークの更なる拡大や確実な定着に向け、2021年（令和3年）4月に、「『ポストコロナ』時代におけるテレワークの在り方検討タスクフォース」を立ち上げ、今後日本が目指していくべきテレワークの在り方について、専門家の意見を聞きながら検討

---

*2　Go! 5G　https://go5g.go.jp/
*3　第22回「新型コロナウイルスに関するアンケート」調査（株式会社東京商工リサーチ）：https://lp.tsr-net.co.jp/rs/483-BVX-552/images/20220622_TSRsurvey_CoronaVirus.pdf

を行った。同年8月に出した提言書では、日本の雇用慣行、業務スタイルの良さを維持しながらも、ICTツールの活用等によりコミュニケーションを充実させるなどといった「日本型テレワーク」こそ、今後の日本が目指していく姿であるべきだとしている。

テレワークに関する機運醸成の観点から、テレワーク月間実行委員会（内閣官房内閣人事局、内閣府地方創生推進室、デジタル庁、総務省、厚生労働省、経済産業省、国土交通省、観光庁、一般社団法人日本テレワーク協会、日本テレワーク学会）の主唱により、毎年11月をテレワークの集中取組期間である「テレワーク月間」として、テレワークの実施に際しての効果測定（働き方改革寄与、業務効率化等）の調査や、関係府省庁等によるイベントやセミナーを開催している。また、先進事例の選定・公表を通じて企業などのテレワーク導入のインセンティブを高め、テレワークの導入を検討する企業にとっての参考事例の蓄積にもつなげるため、総務省では、2015年（平成27年）から、テレワークの十分な利用実績が認められる企業を表彰する「テレワーク先駆者百選」を実施しており、その中でも、経営成果やICTの利活用、地方創生への貢献といった観点から特に優れた取組を行っている企業には、「総務大臣賞」を授与している。

イ　テレワーク普及に対する支援

総務省では、実施率が依然低水準な中小企業や地方でのテレワーク導入を支援するため、地域の商工会議所や社会保険労務士会と連携し、テレワークに係る地域窓口（テレワーク・サポートネットワーク）を全国的に整備し、総合通信局等とも連携して周知広報等を実施している。さらに、テレワークの導入や改善を検討している企業などを対象として、専門家（テレワークマネージャー）による無料の個別コンサルティングも実施し、より良質なテレワークの普及に向けて取り組んでいる。これらの支援は、2022年度（令和4年度）からは厚生労働省の労務系のテレワーク相談事業と一体的に運用し、「テレワーク・ワンストップ・サポート事業」として実施している。

そのほか、総務省では、テレワーク導入の課題として多く挙げられる情報セキュリティ上の不安を取り除くため、企業などがテレワークを実施する際に参照できるよう、「テレワークセキュリティガイドライン」や「中小企業など担当者向けテレワークセキュリティの手引き（チェックリスト）」を策定しており、2022年度（令和4年度）には、チェックリストを改定するとともに、「従業員向けハンドブック」等を作成した。

2022年度（令和4年度）からは、地方部におけるテレワークの普及・定着を促進するため、地方部が抱える複数分野にまたがる政策課題について、テレワークを活用し、横断的に解決するモデルを構築するための実証等を実施している。

テレワークにおけるセキュリティ確保
URL：https://www.soumu.go.jp/main_sosiki/cybersecurity/telework/index.html

3 スマートシティ構想の推進

総務省では、2017年度（平成29年度）から、都市が抱える多様な課題をデジタル技術やデータの活用によって解決し、地域活性化につなげるため、スマートシティを推進している。スマートシティサービスの基盤となる「都市OS（データ連携基盤）」を活用したスマートシティの実装に取り組む地方自治体等を支援する「地域課題解決のためのスマートシティ推進事業」を関係府省と連携して実施しており、2022年度（令和4年度）は12団体の事業を支援した。

併せて、地域におけるスマートシティの取組事例を紹介する動画やインタビュー記事、スマートシティサービスの事例集の作成・公開等を通じて、スマートシティの普及促進に取り組んだ[*4]。

4 教育分野におけるICT利活用の推進

総務省では、教育分野でのICTの利活用を推進するため、文部科学省と連携し、2017年度（平成29年度）から2019年度（令和元年度）にかけて、教職員が利用する「校務系システム」と児童生徒も利用する「授業・学習系システム」におけるデータを活用し両システムの安全かつ効果的・効率的なデータ連携方法などについて検証する「スマートスクール・プラットフォーム実証事業」を実施したほか、2020年度（令和2年度）は実証成果である「スマートスクール・プラットフォーム技術仕様」をホームページに公開の上、普及・促進するための取組を行った。また、2021年度（令和3年度）から2022年度（令和4年度）にかけて、学校外で事業者が保有するデジタル学習システム間でのデータ連携を可能とする基盤である「デジタル教育プラットフォーム」の実現に向け、必要な技術仕様（参照モデル）の検討を実施した。

5 医療分野におけるICT利活用の推進

我が国は超高齢化社会に突入しており、医療・介護費の増大や医療資源の偏在などの課題に直面している。このため、総務省では、医療・介護・健康データを利活用するための基盤を構築・高度化することにより、医療・健康サービスの向上・効率化を図るべく、主に「遠隔医療の普及」と「PHR[*5]データの活用」を推進している。

具体的には、国立研究開発法人日本医療研究開発機構（AMED：Japan Agency for Medical Research and Development）による研究事業として、医師の偏在対策の有力な解決策と期待される遠隔医療の普及に向けて、2022年度（令和4年度）から8K内視鏡システムの開発・実証を行うとともに、遠隔手術の実現に必要な通信環境やネットワークの条件について整理を進めている。また、2023年度（令和5年度）からは、医療の高度化や診察内容の精緻化を図るため、各種PHRサービスから医師が求めるPHRデータを取得するために必要なデータ流通基盤を構築するための研究開発を実施している。

このほか、「医療情報を取り扱う情報システム・サービス提供事業者における安全管理ガイドライン」（総務省・経済産業省）及びその関連文書について、医療情報を取扱う情報システム・サービスの複雑化・多様化や、ランサムウェア攻撃をはじめとする新たな脅威によって被害が出ていることに鑑み、実務での活用状況も踏まえつつ、2023年度（令和5年度）中に改定することとしている。

6 防災情報システムの整備

我が国は世界有数の災害大国であり、大規模な自然災害が発生する都度、社会・経済的に大きな損害を被ってきた。今後も南海トラフ地震をはじめとする大規模な自然災害の発生が予測される中

＊4　事例紹介動画・インタビュー記事　https://www.mlit.go.jp/scpf/efforts/index.html
スマートシティサービスの事例集　https://www.soumu.go.jp/main_content/000808085.pdf

＊5　Personal Health Recordの略語。一般的には、生涯にわたる個人の保健医療情報（健診（検診）情報、予防接種歴、薬剤情報、検査結果等診療関連情報及び個人が自ら日々測定するバイタル等）である。電子記録として本人等が正確に把握し、自身の健康増進等に活用することが期待される。

で、ICTを効率的に活用し災害に伴う人的・物的損害を軽減していくことが重要である。

ア　災害に強い消防防災通信ネットワークの整備

被害状況などに係る情報の収集及び伝達を行うためには、災害時にも通信を確実に確保できる通信ネットワークが必要である。このため、現在、国、消防庁、地方自治体、住民などを結ぶ消防防災通信ネットワークを構成する主要な通信網として、①政府内の情報の収集及び伝達を行う中央防災無線網、②消防庁と都道府県を結ぶ消防防災無線、③都道府県と市町村などを結ぶ都道府県防災行政無線、④市町村と住民などを結ぶ市町村防災行政無線、⑤国と地方自治体又は地方自治体間を結ぶ衛星通信ネットワークなどが構築されている。また、衛星通信ネットワークについては、高性能かつ安価な次世代システムの導入に関する取組などを進めている。

イ　災害対策用移動通信機器の配備

総務省では、携帯電話などの通信が遮断した場合でも被災地域における通信が確保できるよう、地方自治体などに、災害対策用移動通信機器を貸し出している（2023年（令和5年）2月現在、衛星携帯電話417台、MCA無線179台、簡易無線1,065台を全国の総合通信局等に配備）。これらの機器を活用することにより、初動期における被災情報の収集伝達から応急復旧活動の迅速かつ円滑な遂行までの一連の活動に必要不可欠な情報伝達の補完を行うことが期待されている。

ウ　災害時の非常用通信手段の確保

災害時などに公衆通信網による電気通信サービスが利用困難となるような状況などに備え、総務省が研究開発したICTユニット（アタッシュケース型）を2016年度（平成28年度）から全国の総合通信局等に配備し、地方自治体などの防災関係機関からの要請に応じて貸し出し、必要な通信手段の確保を支援する体制を整えている（2023年（令和5年）4月現在、25台を全国の総合通信局等に配備）。

エ　全国瞬時警報システム（Jアラート）の安定的な運用

消防庁では、弾道ミサイル情報、緊急地震速報、大津波警報など、対処に時間的余裕のない事態に関する情報を、携帯電話などに配信される緊急速報メール、市町村防災行政無線などにより、国から住民まで瞬時に伝達するシステムである「全国瞬時警報システム（Jアラート）」を整備している。Jアラートによる緊急情報を迅速かつ確実に伝達するため、Jアラート関連機器に支障が生じないよう正常な動作の確認の徹底を市町村に対し呼びかけるとともに、Jアラートの情報伝達手段の多重化を推進している。

オ　Lアラートの活用の推進

総務省では、地方自治体などが発出する避難指示などの災害関連情報を多数の放送局やインターネット事業者など多様なメディアに対して一斉に送信する共通基盤（Lアラート）の活用を推進している。Lアラートは、全47都道府県での運用が実現するなど全国的な普及が進み、災害情報インフラとして一定の役割を担うに至っている。

総務省では、Lアラートの更なる普及・利活用の促進のために、Lアラートを介して提供される災害関連情報を地図化し、来訪者などその地域に詳しくない者であっても避難指示などの発令地区などを容易に理解することを可能にするための実証に取り組んだほか、地方自治体職員などの利用者を対象としたLアラートに関する研修などを行ってきた。

3 データ流通・活用と新事業の促進

1 情報銀行の社会実装

個人情報を含むパーソナルデータの適切な利活用を推進する観点から、総務省及び経済産業省は、情報信託機能の認定スキームの在り方に関する検討会（以下、「検討会」という。）を立ち上げ、2018年（平成30年）6月に、民間団体などによる情報銀行の任意の認定の仕組に関する「情報信託機能の認定に係る指針ver1.0」を取りまとめた。この指針は、利用者個人を起点としたデータの利活用に主眼を置いて作成されており、①認定基準、②モデル約款の記載事項、③認定スキームから構成されている。この指針に基づき、認定団体である一般社団法人日本IT団体連盟が、2018年（平成30年）6月に第一弾となる「情報銀行」認定を決定し、2023年（令和5年）2月時点で、4社が「情報銀行」認定を受けている。

その後も継続的に指針の見直しを行っており、直近では、情報銀行における健康・医療分野の要配慮個人情報の取扱いについて、2022年（令和4年）11月から検討会の下に設置した要配慮個人情報WGで検討を進め、2023年（令和5年夏頃に「情報信託機能の認定に係る指針Ver3.0」を公表予定である。また、2023年度（令和5年度）からは、地域における新たなサービスの創出や行政の効率化の実現など地域のDXを促進させるべく、地方自治体の保有するパーソナルデータを含む地域の多様なデータの連携・利活用を促進するため、スマートシティにおける情報銀行の在り方について検討を行っている。

2 キャッシュレス決済の推進

2019年（令和元年）6月に閣議決定された「成長戦略フォローアップ」で、2025年（令和7年）6月までにキャッシュレス決済比率を倍増し4割程度とすることを目指し、キャッシュレス化推進を図ることとされた。

キャッシュレス決済手段のうち、コード決済については、サービスが多数併存している現状では、店舗にとっては複数導入するとオペレーションが煩雑になるという課題がある。そのため、関係団体・事業者などによる推進団体として設立された「一般社団法人キャッシュレス推進協議会」（オブザーバー：総務省、経済産業省など）で、2019年（平成31年）3月に「コード決済に関する統一技術仕様ガイドライン」が策定され、同ガイドラインに基づいた統一コードを「JPQR」と呼称することとなった。その後、主に飲食、小売、理美容、タクシーなどJPQRと親和性の高い業界や、住民票などの各種書類発行手数料などのやり取りが発生する地方自治体窓口などへの普及活動を行い、2022年度（令和4年度）末までの累計で約1万4千店舗がJPQRを導入している。また、2023年度（令和5年度）から地方税統一QRコードを活用した地方税の納付が開始されることとなり、同QRコードの規格もJPQRの統一規格となっている。

3 安全で信頼性のあるクラウドサービスの導入促進

ASP・SaaS、PaaS及びIaaSなどのクラウドサービスの普及に伴い、サービスの選択肢が広がる中、利用者がクラウドサービスの比較・評価・選択などに十分な情報を得られる環境の整備が必要となっている。総務省では、こうした観点から、2011年（平成23年）（2022年（令和4年）一部改定）から「クラウドサービスの安全・信頼性に係る情報開示指針」と呼ばれる合計8つの指針を策定・公表しており、2022年（令和4年）にも「AIを用いたクラウドサービスの安全・信頼性に係る情報開示指針（ASP・SaaS編）」を追加するなど、クラウドサービスの多様化に対応して指針の追加・改定を行っている。これを基に、一般社団法人日本クラウド産業協会（ASPIC）では、クラウド事業者が上記指針に即した対応を講じているかを第三者が認定する制度を設けて運用しており、これまでに300サービス以上が認定を受けている。

また、クラウドサービスの一層の普及に向け、業界団体等とも連携しつつ、クラウドサービスの優良事例の周知・広報等に取り組んでいる。

4 ICTスタートアップの発掘・育成

我が国では、2022年（令和4年）をスタートアップ創出元年と位置付け、スタートアップへの投資額を5年10倍増とする目標を掲げる「スタートアップ育成5か年計画」（令和4年11月28日）を決定し、スタートアップを産み育てるエコシステムの創出に取り組んでいる。

総務省では、2023年度（令和5年度）から、先端的なICTの創出・活用による次世代の産業の育成のため、官民の役割分担の下、芽出しの研究開発から事業化までの一気通貫での支援を行う「スタートアップ創出型萌芽的研究開発支援事業」を実施する予定である。

また、総務省及びNICTでは、地域発ICTスタートアップの創出による地域課題の解決や経済の活性化を目的に、起業を目指す学生やスタートアップ企業による優れたビジネスプランを表彰・支援する「起業家甲子園」及び「起業家万博」を開催している。

5 AIの普及促進

AIは、インターネットなどを介して他のAI、情報システムなどと連携し、ネットワーク化されること（AIネットワーク化）により、その便益及びリスクの双方が飛躍的に増大するとともに、空間を越えて広く波及することが見込まれている。

総務省では、2016年（平成28年）10月に「AIネットワーク社会推進会議」を立ち上げ、AIネットワーク化の推進に向けて、社会的・経済的・倫理的・法的課題について検討を行ってきた。同推進会議では、2017年（平成29年）7月にAIの開発で留意することが期待される事項を整理した「国際的な議論のためのAI開発ガイドライン案[*6]」を、2019年（令和元年）8月にAIの利活用で留意することが期待される事項を整理した「AI利活用ガイドライン[*7]」を取りまとめ、公表している。その後は、企業等におけるAIに関する意欲的な取組等を取りまとめた報告書を2020年から毎年公表しており[*8]、引き続き、「人間中心のAI社会原則」（平成31年3月29日統合イノベーション戦略推進会議決定）の下、「安心・安全で信頼性のあるAIの社会実装」の推進に向けて取り組むこととしている。

さらに、総務省は、G7、OECDなどの国際会議の場におけるAIに関する国際的な議論に積極的に参画している。特に、2020年（令和2年）6月に創設された「人間中心」の考えに基づく責

＊6　国際的な議論のためのAI開発ガイドライン案　https://www.soumu.go.jp/main_content/000499625.pdf
＊7　AI利活用ガイドライン　https://www.soumu.go.jp/main_content/000809595.pdf
＊8　「報告書2020」　https://www.soumu.go.jp/menu_news/s-news/01iicp01_02000091.html
「報告書2021」　https://www.soumu.go.jp/menu_news/s-news/01iicp01_02000097.html
「報告書2022」　https://www.soumu.go.jp/menu_news/s-news/01iicp01_02000110.html

任あるAIの開発と利用に取り組む国際的なイニシアティブ「AIに関するグローバルパートナーシップ」(Global Partnership on AI：GPAI) については、3回目の年次総会となるGPAIサミット2022が、2022年（令和4年）11月21日から11月22日にかけて、ホテル椿山荘東京で開催された。また、GPAIサミット2022において、日本が2022年11月から1年間議長国を務めることが決定され、引き続き、GPAIに係る取組を通じて情報発信を行うとともに、国際的な議論への貢献に積極的に取り組んでいくこととしている。

6 メタバース等の利活用に関する課題整理

近年の通信の高速化、コンピューターの描画性能向上等に伴い、ユーザー間で「コミュニケーション」が可能な、インターネット等のネットワークを通じてアクセスできる仮想的なデジタル空間である「メタバース」が新たに普及し始め、全国の様々な地域がメタバース上で再現されたり、メタバース上で経済活動が行われたりするなど高い注目を集めている。メタバースは、サイバー空間において距離や時間、活動範囲など様々な制約から解放されるため、今後の我が国の発展に向け、社会の変革に大きな可能性を有しており、今後も市場の拡大が見込まれている。

総務省では、メタバースに係るイノベーションの促進に取り組むとともに、普及の過度な制約にならないよう留意しつつ、安全・安心なサイバー空間の確保に向けた対応を進めることが必要であるという認識の下、将来的にメタバースがより一般に普及することを見据え、サイバー空間に関する新たな課題について、様々な問題として顕在化してから検討を始めるのではなく、まずは、どのような課題が存在する・しうるのか把握・整理すべく、2022年（令和4年）8月から「Web3時代におけるメタバース等の利活用に関する研究会*9」を開催している。

同研究会では、メタバース等の仮想空間の利活用に関して、利用者利便の向上、その適切かつ円滑な提供及びイノベーションの創出に向け、ユーザーの理解やデジタルインフラ環境などの観点から、様々なユースケースを念頭に置きつつ情報通信行政に係る課題の整理に取り組んでおり、2023年（令和5年）2月にはこれまでの議論を整理した中間取りまとめを公表*10した。その後も引き続き検討を進めており、同年夏頃に報告書を取りまとめる予定である。

4 誰もがICTによる利便性を享受できる環境の整備

総務省では、障害や年齢によるデジタルディバイドを解消し、「誰一人取り残さない」デジタル化を実現するため、様々な情報バリアフリー関連施策を積極的に推進するとともに、高齢者等のデジタル活用に対する支援を実施している。

1 情報バリアフリーに向けた研究開発への支援

総務省では、障害や年齢によるデジタルディバイドの解消を目的に、通信・放送分野における情報バリアフリーの推進に向けた助成を実施している。具体的には、障害者や高齢者向けの通信・放送役務サービスに関する技術の研究開発を行う企業などに対して必要な資金の一部を助成する「デジタルディバイド解消に向けた技術等研究開発」を行っており、2022年度（令和4年度）は、3

*9 「Web3時代に向けたメタバース等の利活用に関する研究会」の開催（報道資料）
https://www.soumu.go.jp/menu_news/s-news/01iicp01_02000109.html
*10 https://www.soumu.go.jp/main_content/000858216.pdf

者に対して助成を行った。

また、身体障害者の利便の増進に資する通信・放送身体障害者利用円滑化事業の推進に関する法律（平成5年法律第54号）に基づき、NICTを通じて、身体障害者向けの通信・放送役務サービスの提供や開発を行う企業などに対して必要な資金の一部を「情報バリアフリー通信・放送役務提供・開発推進助成金」として交付しており、2022年度（令和4年度）は、3者に対して助成を行った。

2 公共インフラとしての電話リレーサービスの提供

「電話リレーサービス」とは、手話通訳者などが通訳オペレータとして、聴覚障害者等（聴覚、言語機能又は音声機能の障害のため、音声言語による意思疎通を図ることに支障がある者）による手話・文字を通訳し、電話をかけることにより、聴覚障害者などと聴覚障害者など以外の方との意思疎通を仲介するサービスである。

「電話リレーサービス」の適正かつ確実な提供を確保するため、聴覚障害者等による電話の利用の円滑化に関する法律（令和2年法律第53号）が2020年（令和2年）12月に施行され、2021年（令和3年）7月から、電話リレーサービス提供機関の指定を受けた一般財団法人日本財団電話リレーサービスにより、公共インフラとしての電話リレーサービスの提供が開始されている。電話リレーサービスの更なる普及促進を図るため、総務省は関係省庁と連携して周知広報を実施しているほか、電話リレーサービス提供機関が全国各地で実施する電話リレーサービスの講習会や利用登録会などに協力しており、2022年度末（令和4年度末）の利用登録者数は1万2,307人となっている。

3 公共機関のホームページのアクセシビリティの向上

総務省では、高齢者・障害者を含む誰もが公的機関のホームページなどを利用しやすくなるよう、2016年（平成28年）4月に、国及び地方自治体など公的機関のウェブアクセシビリティ対応を支援するためのガイドラインとして「みんなの公共サイト運用ガイドライン（2016年版）」を作成した。2022年度（令和4年度）には、公的機関におけるウェブアクセシビリティ確保の取組状況に関するアンケート調査及び公的機関ホームページのJIS対応状況調査及び全国3か所での公的機関向け講習会を開催した。

4 高齢者等のデジタル活用に対する支援

総務省では、社会全体のデジタル化が進む中で、デジタルディバイドを解消し、誰もがデジタル化の恩恵を受けられる環境を整備していくため、デジタル活用に不安のある高齢者などを対象として、スマートフォンを利用したオンライン行政手続等に関する助言・相談などについて、講習会形式で支援を行う「デジタル活用支援推進事業」に、2021年度（令和3年度）から取り組んでいる。2022年度（令和4年度）は、携帯電話ショップなどを中心に全国4,804か所で講習会を実施した。

5 ICT活用に向けたリテラシー向上の推進

1 青少年のインターネット・リテラシーを可視化するテストの実施

総務省では、2011年度（平成23年度）に青少年のインターネット・リテラシーを可視化するテストとして「青少年がインターネットを安全に安心して活用するためのリテラシー指標（ILAS: Internet Literacy Assessment indicator for Students）」[*11]を開発した。これは、特にインターネット上の危険・脅威に対応するための能力を測るためのものであり、違法情報リスク、不適切利用リスク、プライバシーリスクといった7つのリスクについてテストを実施している。2012年度（平成24年度）より毎年度、全国の高等学校1年生相当を対象に青少年のインターネット・リテラシーを測るテストを実施しており、2022年度（令和4年度）には100校、15,333名を対象に行ったところ、全体の正答率は71.1%となった。不適切利用リスク（歩きスマホ、マナー違反等）に関する正答率は79.7%と他のリスクと比較して高かった一方、不適正取引リスク（フィッシング、ネット上の売買によるトラブル等）に関する正答率は60.3%と他のリスクと比較して低い結果となった。

2 地域ICTクラブの普及促進

総務省では、地域で子供たちがプログラミングなどのICT活用スキルを学ぶ機会を提供するとともに、地域課題をテーマ設定するなどして、地域人材の育成にも資するものである「地域ICTクラブ」について、これまでの実証事業（2018年度（平成30年度）・2019年度（令和元年度））を通じて全国各地で取り組まれた活動などについてホームページにまとめて情報提供などを行うとともに、2022年度（令和4年度）には、オンラインによる地域の学びの好事例の創出等による「地域ICTクラブ」の普及促進を目指し、オンライン環境下での地域の学びの在り方の調査や、「地域ICTクラブ」等が情報共有・意見交換等を行うことを目的としたオンライン交流会や地域交流会等を実施した。

3 ICT活用に向けたリテラシー向上のための周知啓発

総務省では、子供たちのインターネットの安全な利用に係る普及啓発を目的に、児童・生徒、保護者・教職員等に対する学校等の現場での無料の出前講座である「e-ネットキャラバン」を開催するほか、インターネットに係るトラブル事例の予防法などをまとめた「インターネットトラブル事例集」を作成・公表している。

さらに、安心・安全なインターネット利用に関する啓発を目的としたサイト「上手にネットと付き合おう！～安心・安全なインターネット利用ガイド～[*12]」を2021年（令和3年）に開設した。本サイトでは、未就学児・未就学児の保護者、青少年、保護者・教職員、シニアに向けたコンテンツを掲載し、各世代に応じた内容としている。また、「SNS等の誹謗中傷」、「インターネット上の海賊版対策」、「偽・誤情報」といった「旬」のトピックも特集として掲載し、リテラシー向上に取り組んでいる[*13]。

4 「デジタル・シティズンシップ」の考え方を踏まえたリテラシーの向上推進

総務省では、幅広い世代でのICTの利用機会の拡大や、インターネット上での偽・誤情報の流通の問題の顕在化といったICTを取り巻く環境の変化に対応するため、2022年（令和4年）11月

*11 https://www.soumu.go.jp/use_the_internet_wisely/special/ilas/
*12 上手にネットと付き合おう！～安心・安全なインターネット利用ガイド～https://www.soumu.go.jp/use_the_internet_wisely/
*13 第5章第2節「電気通信事業政策の動向」も参照

から「ICT活用のためのリテラシー向上に関する検討会*14」及び12月から「青少年のICT活用のためのリテラシー向上に関するワーキンググループ」を開催し、自分たちの意思で自律的にデジタル社会と関わっていくという「デジタル・シティズンシップ」の考え方を踏まえつつ、これからのデジタル社会において求められるリテラシーの在り方やリテラシー向上施策の推進方策についての検討を進めている。同検討会やワーキンググループでの議論も踏まえ、2023年（令和5年）夏頃を目途に、取るべき施策の柱を整理するためのロードマップを策定し、リテラシーの習熟度を測る指標の策定や、リテラシーを向上するためのコンテンツ開発に向けた検討を進めていく予定である。

＊14「ICT活用のためのリテラシー向上に関する検討会」の開催（報道資料）
https://www.soumu.go.jp/menu_news/s-news/01ryutsu02_02000348.html

第7節　ICT技術政策の動向

1　概要

1　これまでの取組

総務省では、次世代の基幹的な情報通信インフラとして、あらゆる産業や社会活動の基盤となり、国境を越えて活用されていくことが見込まれるBeyond 5G（6G）に向けた取組を中心として、情報通信分野の技術政策を推進している。

具体的には、総務省において、2020年（令和2年）6月に「Beyond 5G推進戦略」を策定し、Beyond 5G（6G）の実現に必要な要素技術の確立等のための研究開発を実施しており、その後、Beyond 5G（6G）に向けた国際競争力の強化や経済安全保障の確保等が重要との認識の下、情報通信審議会において、国内の関係組織や主要な関係者の取組や知見を共有しながら審議を重ね、2022年（令和4年）6月に「Beyond 5Gに向けた情報通信技術戦略の在り方」中間答申が取りまとめられる等の取組が進展している。

また、2021年（令和3年）3月に閣議決定された「第6期科学技術・イノベーション基本計画」における国民の安全と安心を確保する持続可能で強靱な社会等の実現に向け、量子、AI、宇宙等の先端分野の研究開発等の取組を関係府省が連携・協力して推進している。

さらに、国立研究開発法人情報通信研究機構（NICT）においては、第5期中長期計画期間（2021年（令和3年）4月～2026年（令和8年）3月）において、重点5分野（電磁波先進技術、革新的ネットワーク、サイバーセキュリティ、ユニバーサルコミュニケーション、フロンティアサイエンス）についての基礎的・基盤的な研究開発等を推進している。

2　今後の課題と方向性

Beyond 5G（6G）については、従来、我が国の情報通信産業は、国際的に優れた技術を確立しても必ずしも大きな事業・ビジネス成果に繋げることができなかった等の教訓を踏まえ、また、我が国の経済安全保障の確保の観点からも、グローバル市場での競争力発揮が課題であることから、研究開発成果がグローバルな視点に立って世界で活用されること（いわゆる「グローバル・ファースト」）を念頭に置いた取組が必要である。

その他、量子、AI、宇宙等の先端分野の研究開発については、超高信頼な量子通信技術の実現や、大阪・関西万博を見据えた同時通訳の実現、高度な宇宙ネットワーク技術の実現など、各種課題に向けた早期の社会実装が課題とされている。

2　Beyond 5G（6G）

1　Beyond 5G（6G）を取り巻く国内外の動向

現状、5G基地局の国際的な市場シェアにおいて、海外の主要企業が高い割合を占めており、日本企業の国際競争力は比較的低い状況にある。

一方で、基地局やスマートフォンにも組み込まれている電子部品の市場では、日本企業が世界シェアの約3割を占めているなど、潜在的な競争力は有している状況にある（**図表5-7-2-1**）。

図表5-7-2-1　通信インフラ市場における国際競争力

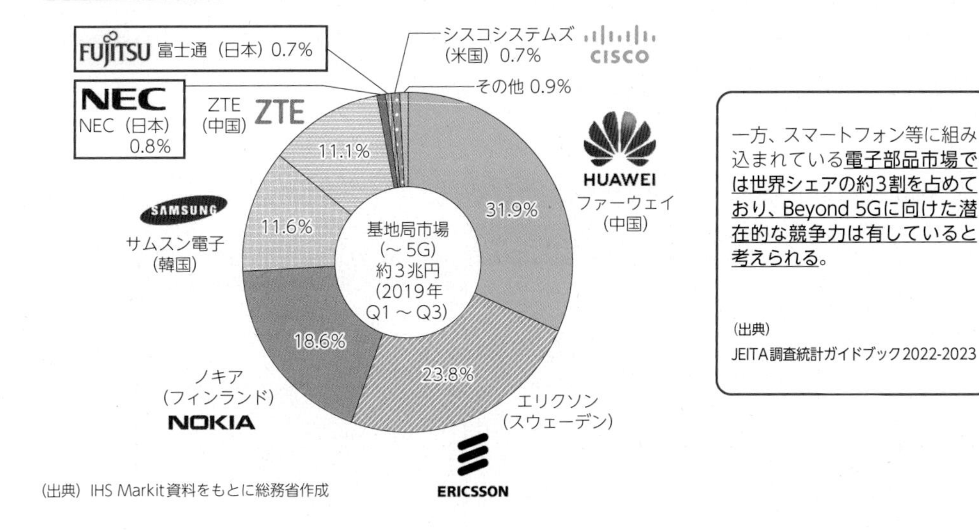

諸外国では、Beyond 5G（6G）における技術優位性を確保するため、大規模な政府研究開発投資や研究開発計画の具体化について公表しているなど、世界的な開発競争が激化している状況にある。

例えば、米国では、2022年（令和4年）8月に成立した「半導体・科学法2022」において、Beyond 5G（6G）のほか、AI・量子コンピューター等を含む先端技術開発に、今後5年間で200億ドル（約3兆円）の予算を充てることとしており、欧州では、欧州連合（EU）が、Beyond 5G（6G）関連の研究開発プロジェクトに対し、2021年（令和3年）から2027年（令和9年）までの7年間に9億ユーロ（約1,200億円）の予算を投じる予定であるなど、各国が様々な取組を進展しており、今後も積極的にBeyond 5G（6G）の研究開発などを推進していくと思われる（**図表5-7-2-2**）。

図表5-7-2-2　諸外国におけるBeyond 5G（6G）の政府研究開発の状況

米国	●半導体の生産・研究開発に527億ドル（約7兆円）、AI・量子コンピュータ・**次世代通信規格（6G）などの先端技術開発に200億ドル（約3兆円）の支援**を行う「半導体・科学法2022」が成立（2022年8月）
欧州	欧州（EU、ドイツ、フィンランド）**で18.5億ユーロ（約2,400億円）の政府研究開発投資**（2022年3月現在）
EU	●次期研究開発プログラムHorizon Europe（2021－2027年）で6G研究開発に9億ユーロ（約1,200億円）の投資を決定（2021年3月） ●SNS JUが上記9億ユーロを含め官民合計で20億ユーロ（約2,600億円）の資金を確保（2022年3月）
ドイツ	●6G技術の研究開発（2021-2025）に総額7億ユーロ（約910億円）の投資を決定（2021年4月）
フィンランド	●6Genesis Flagship Programを開始。2019-2026年の8年間で2.5億ユーロ（約330億円）の6G研究開発予算を計上（2018年5月）
ロシア	●スコルコボ財団が、スコルコボ科学技術大学（Skoltech）と無線通信研究所（NIIR）において**2023年から2025年にかけて国家予算300億ルーブル（約644億円）**を投じるロシア製6G通信機器開発プロジェクトの実施を表明（2022年7月）
中国	●**第14次五カ年計画**の一環として**6G研究開発を強化するとのデジタル経済プランを発表**（2022年1月）
韓国	●科学技術情報通信部（MSIT）が**6G研究開発実行計画を発表**。**2025年までに2,200億ウォン（約210億円）の投資**を計画（2021年6月）

※円換算は発表当時の為替レートを使用。

また、我が国の通信トラヒックはDXの進展等もあり増加傾向にあるところ、これに伴い、このまま技術革新がなければ、情報通信ネットワークの消費電力の大幅な増大が懸念されている（**図表5-7-2-3**）。

そうした中で、我が国では、国際公約として「2050年のカーボンニュートラル実現」を目指すことを宣言しており、政府全体の方針においても、グリーン・デジタル社会の実現や2040年の情報通信産業のカーボンニュートラル達成などが位置付けられているなど、情報通信分野における低消費電力化に向けた取組の必要性が高まっている。そのため、次世代の情報通信インフラに向けた技術開発やネットワーク構築に当たっては、世界的な課題であるグリーン化への抜本的な対応が不可避な状況になっている。

図表5-7-2-3　通信トラヒックとICT分野のエネルギー消費の動向

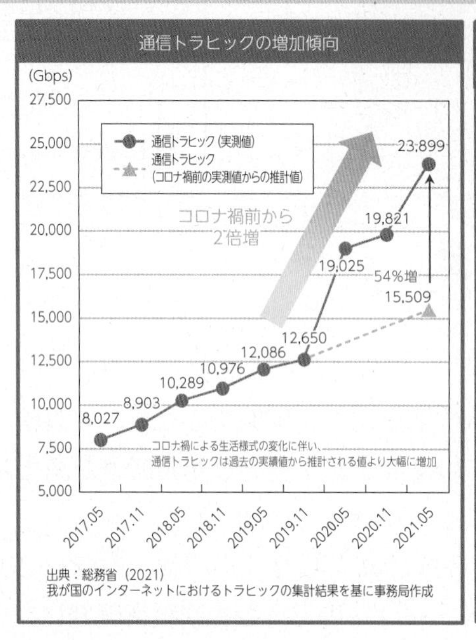

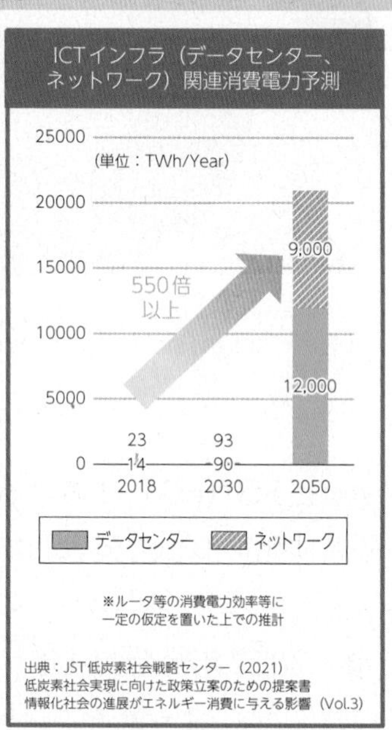

2　政府全体の政策動向

岸田内閣では、「新しい資本主義」や「デジタル田園都市国家構想」の実現等を政策の柱に位置づけ、ICTをはじめとするデジタル分野への大胆な投資を加速していく方針が示されている。

具体的には、「新しい資本主義実現会議」や「デジタル田園都市国家構想実現会議」等の政策会議の場で、関係府省の連携・協力の下、検討・具体化が進められ、「新しい資本主義のグランドデザイン及び実行計画2023改訂版（2023年（令和5年）6月閣議決定）」や「デジタル田園都市国家構想総合戦略（2022年（令和4年）12月閣議決定）」等が策定されている。その中で、Beyond 5G（6G）に向けた技術戦略や研究開発を強力に推進することが示されている。

また、「デジタル田園都市国家構想」推進の一環として、総務省では、光ファイバ、5G、データセンター／海底ケーブルといったインフラ整備とともに次世代インフラBeyond 5G（6G）の早期運用開始に向けた研究開発の加速等を盛り込んだ「デジタル田園都市国家インフラ整備計画」を2022年（令和4年）3月に公表した。その後、同計画を改訂した「デジタル田園都市国家インフラ整備計画（改訂版）」を2023年（令和5年）4月に公表し、革新的情報通信技術（Beyond 5G（6G））基金事業等を通じて、社会実装・海外展開を目指したBeyond 5G（6G）の研究開発を強力に推進することとしている。

また、政府全体の科学技術・イノベーション政策においても、サイバー空間とフィジカル空間の融合や、Beyond 5G（6G）、宇宙システム、量子技術、半導体等の次世代インフラ・技術の整備・開発、カーボンニュートラルに向けた研究開発等の取組を国家戦略として推進する方針が示されている。

3 新たな情報通信技術戦略の検討・策定

2020年（令和2年）6月の「Beyond 5G推進戦略」策定以降、国際的な開発競争は激化しており、国際競争力の強化や経済安全保障の確保、環境・エネルギー分野など社会課題が顕在化している。Beyond 5G（6G）に向けて、我が国が進めるべき研究開発や知財・国際標準化等の戦略を具体化し、産学官が一体で戦略的に取り組む必要性が高まっている。

このため、総務省では、2021年（令和3年）9月30日に「Beyond 5Gに向けた情報通信技術戦略の在り方」について情報通信審議会に諮問し、同審議会の情報通信技術分科会技術戦略委員会において、「Beyond 5G推進コンソーシアム」など産学官の活動、主要な企業、大学、国立研究開発法人など、様々な関係者の取組や知見を共有しながら、研究開発や知財・標準化などの技術戦略について審議を重ね、2022年（令和4年）6月30日に中間答申が取りまとめられた。

同答申では、「Beyond 5G推進戦略」の研究開発戦略等を大幅にアップデートしている。我が国が、先端技術開発等を主導し、グローバルな通信インフラ市場でゲームチェンジャーとなり、勝ち残るための戦略的な取組が必要であるとされており、「日本の強み」「技術的難易度」「自律性確保」「国家戦略上の位置付け」「先行投資を踏まえた加速化の必要性」の観点から、我が国が注力すべきBeyond 5G（6G）の重点技術分野を特定した上で、研究開発の加速化、予算の多年度化を可能とする枠組の創設を一体で取り組むことなどの「研究開発戦略」、重点研究開発プログラムの成果を、2025年以降順次、国内ネットワークに実装し市場投入していく「社会実装戦略」、オープン・クローズ戦略を中心とした「知財・標準化戦略」、いち早く世界に発信し、グローバルデファクト化を推進する「海外展開戦略」の4つの戦略を一体で進める新たな技術戦略について提言している（**図表5-7-2-4**）。

図表5-7-2-4　Beyond 5G（6G）に向けた研究開発・社会実装の加速化戦略

研究開発戦略

●国が注力すべき「重点研究開発プログラム」を特定

・日本に強みがあり、そのかけ合わせにより世界をリードできる技術（右記①②③を重点対象に）
・国の集中投資による研究開発の強力な加速化が必要
・予算の多年度化を可能とする枠組みの創設が望ましい

①オール光ネットワーク技術
通信インフラの超高速化と省電力化を実現

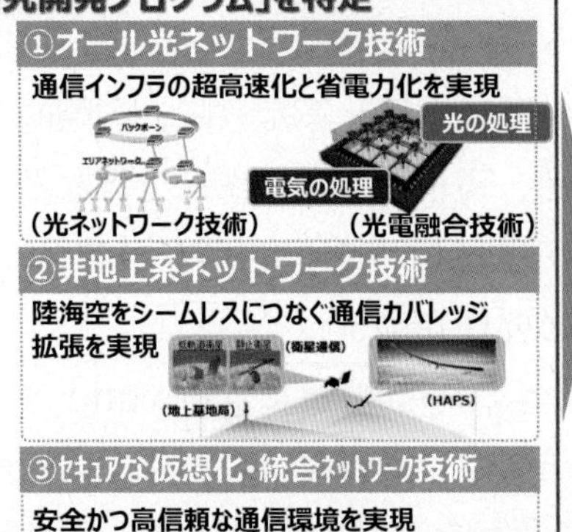

（光ネットワーク技術）　（光電融合技術）

②非地上系ネットワーク技術
陸海空をシームレスにつなぐ通信カバレッジ拡張を実現

③セキュアな仮想化・統合ネットワーク技術
安全かつ高信頼な通信環境を実現

一体で推進

社会実装戦略

●社会実装開始時期の前倒しと順次のネットワーク実装

［2024年度～］
・公的機関を含む先進ユーザ・エリアでの技術検証（①、③）

［2025年度～］
・大阪・関西万博でグローバル発信

［2026年度～］
・①③技術の機能拡充と段階的なエリア拡大
・②技術を組み合わせた全国・グローバルへのエリア拡大

知財・標準化戦略

●我が国が目指すネットワークアーキテクチャと重点研究開発プログラムの成果のオープン＆クローズ戦略を推進

【オープン（協調）領域】
・ネットワークアーキテクチャとキーテクノロジーのITUや3GPP等での国際標準化を有志国と連携して主導

【クローズ（競争）領域】
・研究開発プログラムの成果からコア技術を特定し、権利化・秘匿化等を行い、我が国の競争力の源泉として囲い込み

海外展開戦略

●重点研究開発プログラムの成果を「世界的なBeyond 5Gキーテクノロジー」に位置づけ、海外通信キャリアへの導入促進

・「社会実装戦略」（早期・順次の国内社会実装）により、その有用性を世界にいち早く発信してグローバルなデファクト化を推進

・主要なグローバルベンダとも適切に連携しながら、研究開発成果の世界の通信キャリアへの導入を促進

4　Beyond 5G（6G）研究開発の強化に向けた新たな基金の設置

総務省では、これまで、Beyond 5G（6G）の実現に必要な要素技術を確立するため、2021年（令和3年）2月「国立研究開発法人情報通信研究機構法の一部を改正する法律」に基づきNICTに設置した時限の研究開発基金（令和2年度第3次補正予算）等により、企業や大学等への研究開発支援を実施するとともに、テストベッドなどの共用施設・設備の整備に取り組んできている。

こうした中、Beyond 5G（6G）を巡る国際的な開発競争の更なる激化、Beyond 5G研究開発促進事業の進捗状況、2022年（令和4年）6月の情報通信審議会中間答申等も踏まえNICTに恒久的な基金（情報通信研究開発基金）を設置し、電波利用料財源も同基金に充てることを可能とする「国立研究開発法人情報通信研究機構法及び電波法の一部を改正する法律」（令和4年法律第93号）が2022年（令和4年）秋の臨時国会で成立し、同年12月19日に施行された（**図表5-7-2-5**）。

図表5-7-2-5　国立研究開発法人情報通信研究機構法及び電波法の一部を改正する法律

【補正予算関連、令和4年12月2日成立】

● 将来における我が国の経済社会の発展の基盤となる、革新的な情報通信技術の創出を推進するため、NICTに、研究開発に係る基金の設置等を行う。

※NICT（エヌ・アイ・シー・ティー）：National Institute of Information and Communications Technology

1．改正の概要

（1）国立研究開発法人情報通信研究機構法の改正

革新的な情報通信技術の創出のための公募による研究開発等の業務に要する費用に充てるための基金（情報通信研究開発基金）をNICTに設けること等を規定。

※主な改正事項：○基金設置　○基金業務の区分経理　○毎事業年度の国会報告　○現行時限基金の廃止

（2）電波法の改正

電波利用料を財源とする電波の有効利用に資する研究開発のための補助金を基金に充てることができる旨を明確化するとともに、基金の残余額その他当該基金の使用状況を、毎年度、調査・公表することを規定。

2．施行期日

公布の日（令和4年12月9日）から起算して一月を超えない範囲内で政令で定める日（令和４年12月19日）。
ただし、現行時限基金の廃止に係る改正は、令和６年４月１日から起算して六月を超えない範囲内で政令で定める日。

（執行イメージ）

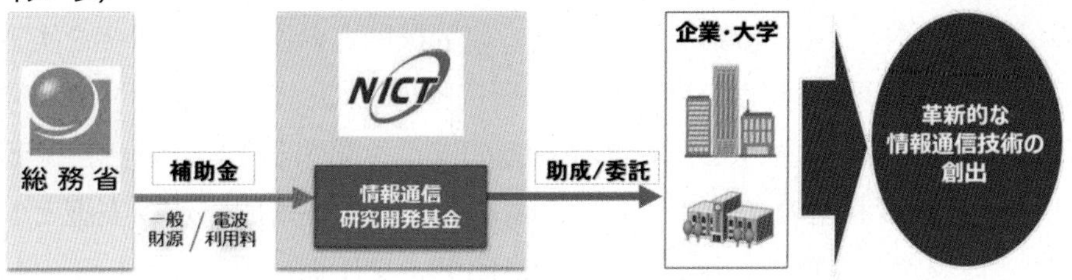

5 革新的情報通信技術（Beyond 5G（6G））基金事業の実施

上記基金により新たに実施する革新的情報通信技術（Beyond 5G（6G））基金事業を通じて、前述の情報通信審議会中間答申を踏まえた以下の重点技術分野を中心として、社会実装・海外展開を目指した研究開発を強力に推進し、その開発成果について2025年以降順次の社会実装を目指す。

①通信インフラの超高速化・超低遅延化・超省電力化等を実現するためのオール光ネットワーク技術

②陸海空をシームレスにつなぐ通信カバレッジの拡張を実現するための衛星・HAPS等の非地上系ネットワーク（NTN）技術

③利用者にとって安全で高信頼な通信環境を確保するためのセキュアな仮想化・統合ネットワーク技術

上記基金事業の実施に当たっては、従来の研究開発を主目的とする発想や国内市場中心の発想から脱却して、グローバルな視点に立って世界で活用されること（いわゆる「グローバル・ファースト」）を念頭に置き、企業の自己投資も含む思い切った開発投資を行い、社会実装・海外展開を強く意識した戦略的な研究開発プロジェクトを重点的に支援する。

この基金事業を実効性のある形で推進するため、情報通信審議会（情報通信技術分科会技術戦略委員会）に主として経営やビジネスを専門とする外部有識者により構成される「革新的情報通信技術プロジェクトWG」を新たに設置し、研究開発プロジェクトについての事業面から見た適切な評価やモニタリングの在り方等について検討を行い、2023年（令和5年）3月10日に「革新的情報通信技術（Beyond 5G（6G））基金事業に係る事業面からの適切な評価の在り方等について」を取りまとめた。

総務省では、上記WG取りまとめを踏まえて、適切なモニタリングを行いつつ、今後5年程度の期間で関連技術を確立することとしている。また、研究開発成果の円滑な海外展開に向けた国際標準化の推進や国際的なコンセンサス作り・ルール作りなど、グローバル市場で競争していく我が国の企業を後押しするための環境整備に努めることとしている。

6 Beyond 5G（6G）の知財・国際標準化の推進

産学官一体となって知財の取得や国際標準化を戦略的に推進することを目的として、2020年（令和2年）12月に「Beyond 5G新経営戦略センター」を設立し、新ビジネス戦略セミナーなどを通じた情報発信や、企業の若手幹部候補生に向けたワークショップ等を通じた人材育成を推進している。また、知財取得状況を分析するIPランドスケープの構築など、今後の標準化策定等を検討するための情報基盤整備に取り組んでいる。今後、中間答申（令和4年6月30日）において公表したIPランドスケープ等を活用し、Beyond 5G（6G）の知財・国際標準化の推進に向けた分析を深めていく。

また、国際標準化活動を研究開発の初期段階から推進するため、信頼でき、かつ、シナジー効果も期待できる戦略的パートナーである国・地域の研究機関との国際共同研究を実施している。具体的には、2016年度（平成28年度）からは米国研究機関との、2019年度（令和元年度）からはドイツ研究機関との共同研究に対する研究開発資金の支援を開始している。2023年度（令和5年度）には、5Gの更なる高度利用のユースケース創出につながる技術開発及び実証として、日米共同研究においては「無線リンク技術」及び「3次元空間データ圧縮技術」について、日独共同研究においては「製造分野におけるワイヤレス通信技術」について、合計3件の国際共同研究を実施中である。

さらに、2020年（令和2年）12月に設立した、産学官で連携しBeyond 5G（6G）を強力かつ積極的に推進する「Beyond 5G推進コンソーシアム」では、Beyond 5Gの利用方法や性能目標をまとめた「Beyond 5Gホワイトペーパー」を2022年（令和4年）3月に作成し、2023年（令和5年）3月には、様々な業界へのヒアリング等を追加で実施し、アップデートした2.0版を公表している。ホワイトペーパーで取りまとめたIMTの将来の技術動向及び展望に係る検討結果に基づき、ITU-R SG5 WP5D第38回会合以降、継続して寄与文書を入力するなど国際標準化活動を推進している。また、我が国のOpen RANの普及・推進や国内企業の海外進出を目的に、Open RANに関する各種課題に関して議論を行う「Open RAN推進分科会」を2022年（令和4年）3月に設置した。さらに、国内外の関係者間の連携強化を目的とする「Beyond 5G国際カンファレンス」を2022年（令和4年）10月に開催するとともに、2022年度（令和4年度）に新たに3団体と協力覚書を締結[*1]している。

3 量子技術

1 量子セキュリティ・ネットワーク政策の動向

量子技術は、将来の社会・経済を飛躍的・非連続的に発展させる革新技術であるとともに、経済安全保障上も極めて重要な技術であり、米国、欧州、中国などを中心に、諸外国において研究開発投資を大幅に拡充するとともに、研究開発拠点形成や人材育成などの戦略的な取組が展開されてい

＊1　2022年（令和4年）5月に6G Smart Networks and Services Industry Association（欧州）及びNext G Alliance（米国）と、同年11月にノースイースタン大学（米国）との間でそれぞれ締結。

る。

政府全体として、「量子技術イノベーション戦略」（令和2年1月統合イノベーション戦略推進会議決定）、及び「量子未来社会ビジョン～量子技術により目指すべき未来社会ビジョンとその実現に向けた戦略～」（令和4年4月統合イノベーション戦略推進会議決定）、及び「量子未来産業創出戦略」（令和5年4月統合イノベーション戦略推進会議決定）を踏まえ、各技術分野（量子コンピューター、量子ソフトウェア、量子セキュリティ・ネットワーク、量子計測・センシング／量子材料など）における研究開発の強化や事業化に向けた活動支援を行うとともに、基礎研究から技術実証、人材育成などに至るまで産学官で一気通貫に取り組む拠点形成などのイノベーション創出に向けた基盤的取組を推進することとしている。

2 量子暗号通信技術等に関する研究開発

現代暗号の安全性の破綻が懸念されている量子コンピューター時代においては、いかなる計算機でも原理的に解読不可能な量子暗号が必要とされている。総務省では、NICTと連携し、量子暗号通信技術（量子鍵配送技術）等の研究開発を推進するとともに、政府全体の戦略を踏まえ、量子セキュリティ・ネットワークに関する技術分野について、量子技術イノベーション戦略に基づく拠点として「量子セキュリティ拠点」を2021年度（令和3年度）にNICTに整備し、テストベッドの構築・活用などを通じた社会実装の推進、人材育成などに幅広く取り組んでいる。

ア　量子暗号通信の長距離化・ネットワーク化の研究開発

量子暗号通信の社会実装を実現するためには、通信距離の長距離化が大きな課題の一つとなっている。そこで、総務省では、長距離化の課題を克服し、グローバル規模での量子暗号通信網の実現を目指し、2020年度（令和2年度）から、地上系を対象とした量子暗号通信の長距離リンク技術及び中継技術の研究開発に取り組んでいる。また、安全な衛星通信ネットワークの構築に向け、2018年度（平成30年度）から、量子暗号通信を超小型衛星に活用するための研究開発に取り組んでいる。さらに、2021年度（令和3年度）から、地上系及び衛星系ネットワークを統合したグローバル規模の量子暗号通信網構築に向けた研究開発を開始している。

イ　量子暗号通信のテストベッド整備と社会実装の推進

我が国では、NICTが早期より量子暗号通信の要素技術の研究開発に取り組んでおり、量子暗号通信の原理検証を目的として、2010年（平成22年）に量子暗号通信テストベッド「東京QKDネットワーク」を構築し、長期運用を行っている。東京QKDネットワークの長期運用実績に基づき策定された量子暗号通信機器の基本仕様は、2020年（令和2年）に国際標準（ITU-T Y.3800シリーズ）として採用されており、国際的にも高い競争力を有している。

また、量子暗号通信は、機微情報を取り扱う公的機関での利活用に加え、金融・医療などの商用サービスへの展開も期待されており、早期の実用化が強く求められている。そこで、総務省では、2021年度（令和3年度）から、実環境での利用検証を通じた社会実装の加速化を目的として、複数拠点間を接続した構成で経路制御などのネットワーク構成実証を実施可能な量子暗号通信の広域テストベッドの整備に取り組んでいる。

ウ　量子インターネット実現に向けた研究開発

量子状態を維持した通信を可能とする量子ネットワークの究極の形である量子インターネットは、セキュアな通信、複数の量子コンピューターの接続による量子ビット数の大規模化による計算能力の向上・分散量子コンピューティング、量子センサーのネットワーク接続など様々な量子技術の利活用の基盤をなす通信技術として期待されている。そこで、総務省では、2023年度（令和5年度）から量子インターネット実現に向けて、量子状態を維持し、安定した長距離量子通信を実現するための要素技術の研究開発を開始している。

関連データ

グローバル規模の量子暗号通信網のイメージ
URL：https://www.soumu.go.jp/johotsusintokei/whitepaper/ja/r05/html/datashu.html#f00387
（データ集）

4　AI技術

AI技術は、2006年に深層学習（ディープラーニング）が提唱されて以降、第3次AIブームが到来し、画像認識や自然言語処理等の分野で飛躍的な技術革新が進んできた。さらに、2022年には、生成AI（ジェネレーティブAI）と呼ばれる、学習データを基に自動で画像や文章等を生成できるAI[*2]が本格的に流行し始め、広範な産業領域に大変革をもたらす兆しを見せている。

総務省では、「AI戦略2022」（令和4年4月統合イノベーション戦略推進会議決定）等を踏まえ、AI関連中核センター群に属するNICTと連携し、自然言語処理技術や多言語翻訳・音声処理技術、分散連合型機械学習技術、脳の認知モデル構築などに関する研究開発や社会実装に幅広く取り組んでいる。

例えば、総務省では、NICTとともに、世界の「言葉の壁」を解消し、グローバルで自由な交流を実現するための多言語翻訳技術の研究開発に取り組んでおり、NICTが開発する多言語翻訳技術では、最新のAI技術を活用することにより、訪日・在留外国人、外交への対応を想定した17言語について実用レベルの翻訳精度を実現している。また、総務省及びNICTでは、多言語翻訳技術の社会実装も推進しており、NICTでは個人旅行者を想定した研究用アプリとして「VoiceTra（ボイストラ）」を提供しているほか、技術移転を通じて30を超える民間サービスが展開[*3]され、官公庁のほか防災・交通・医療などの幅広い分野で活用されている。

多言語翻訳技術
URL：https://www.soumu.go.jp/johotsusintokei/whitepaper/ja/r05/html/datashu.html#f00388
（データ集）

2025年（令和7年）の大阪・関西万博も見据え、NICTの多言語翻訳技術の更なる高度化のため、総務省は、2020年（令和2年）3月に「グローバルコミュニケーション計画2025」を策定した。総務省では、同計画に基づいて、NICTに世界トップレベルのAI研究開発を実施するための計算機環境を整備するとともに、従来は短文の逐次翻訳にとどまっていた技術を、ビジネスや国際

*2　2022年には、自動で画像を生成できるAIである「Stable Diffusion」や、自動で文章を生成できるAIである「ChatGPT」などが登場した。
*3　グローバルコミュニケーション開発推進協議会　国立研究開発法人情報通信研究機構（NICT）の多言語翻訳技術を活用した民間企業の製品・サービス事例https://gcp.nict.go.jp/news/products_and_services_GCP.pdf

会議における議論の場面にも対応した「同時通訳」が実現できるよう高度化するための研究開発を2020年度（令和2年度）から実施している。

関連データ

多言語翻訳技術の更なる高度化に向けた取組
URL：https://www.soumu.go.jp/johotsusintokei/whitepaper/ja/r05/html/datashu.html#f00389
（データ集）

また、対応言語についても、多言語同時通訳に関する研究開発と合わせて訪日・在留外国人、ウクライナ避難民への対応等を念頭に4言語を追加する予定としている。

5 リモートセンシング技術

NICTでは、線状降水帯やゲリラ豪雨に代表される突発的大気現象の早期捕捉や発達メカニズムの解明への貢献、災害時の被害状況の迅速な把握等を目的として、降雨・水蒸気・風・地表面などの状況を高い時間空間分解能で観測するリモートセンシング技術の研究開発を実施している。

高速かつ高精度に雨雲の三次元観測が可能な二重偏波フェーズドアレイ気象レーダー（MP-PAWR）の展開及びそのデータ利活用促進に関する研究開発のほか、大気中の水蒸気量を地上デジタル放送波の伝搬遅延を用いて推定する技術や上空の風速が観測可能なウインドプロファイラ技術、水蒸気と風を同時に観測可能なアイセーフ赤外パルスレーザーを用いた地上設置型水蒸気・風ライダー技術などの研究開発等を進めている。

関連データ

線状降水帯の水蒸気観測網を展開－短時間雨量予測の精度向上への挑戦－
URL：https://www.nict.go.jp/press/2022/06/29-1.html

6 宇宙ICT

宇宙基本法（平成20年法律第43号）に基づく宇宙基本計画とその工程表に基づき、総務省では、次のような宇宙開発利用に関する研究開発などを推進している。

① 周波数資源を有効に活用し、将来の超広帯域衛星通信システムを実現するための、小型衛星コンステレーション向け電波・光ハイブリッド通信技術や宇宙ネットワーク向け未利用周波数帯活用型無線通信技術の研究開発
② 衛星通信における量子暗号の基盤技術を確立し、衛星ネットワークなどによるグローバルな量子暗号通信網の実現に向けた研究開発
③ 米国提案の国際宇宙探査計画（アルテミス計画）に資する、テラヘルツ波を用いた月面の水エネルギー資源探査技術の研究開発
④ 技術試験衛星9号機のための衛星通信システムや10Gbps級の地上・衛星間光データ伝送を可能とする光通信技術の研究開発
⑤ 電離圏や磁気圏、太陽活動を観測、分析し、24時間365日の有人運用による宇宙天気予報や、静止気象衛星ひまわりの後継機に搭載予定の宇宙環境モニタリングセンサーの技術開発

なお、宇宙天気予報の重要性は、特に電力・通信・放送・航空など社会インフラの安定運用に責

任を持つ企業にとって高まりつつあり、今後、太陽活動の活発化が予想されていることも踏まえ、総務省では、「宇宙天気予報の高度化の在り方に関する検討会」（2022年（令和4年）1月～6月）を開催し、警報に関する体制強化や、社会インフラへの影響と効果的な対処等に関する提言についての報告書を取りまとめた。同報告書を踏まえ、社会的影響を考慮した新たな予報・警報基準の検討・導入等を進めている。

関連データ

太陽フレアの地球への影響

出典：総務省　宇宙天気予報の高度化の在り方に関する検討会（第1回）資料

URL：https://www.soumu.go.jp/johotsusintokei/whitepaper/ja/r05/html/datashu.html#f00390（データ集）

政策フォーカス　Beyond 5G（6G）の実現に向けて

1 Beyond 5G（6G）への期待と実現する社会像

(1) Beyond 5G（6G）とは

我が国における移動通信システムは、第1世代（1G）から第5世代（5G）まで約10年周期で世代交代が行われてきた。現在は、商用サービスとして4Gが幅広く使用されているとともに、2020年（令和2年）より5Gの商用サービスが開始され、サービスの普及が進みつつある段階にある。Beyond 5G（6G）は、5Gの次の世代の情報通信インフラとして、2030年代のあらゆる産業・社会活動の基盤となることが見込まれており、これまでの無線通信の延長上として捉えるのではなく、有線・無線や陸・海・空・宇宙等を包含したネットワーク全体と考えられている。

Beyond 5G（6G）の特徴
URL：https://www.soumu.go.jp/johotsusintokei/whitepaper/ja/r05/html/datashu.html#f00391（データ集）

(2) 2030年代の社会像

Beyond 5G（6G）の実現が期待される2030年代の社会像として、国民生活や経済活動が円滑に維持される「強靱で活力のある社会」の実現を目指し、具体的には、①誰もが活躍できる社会（Inclusive）、②持続的に成長する社会（Sustainable）、③安心して活動できる社会（Dependable）の3つを掲げている。これらの社会像については、政府の国家戦略や我が国の社会課題に照らして、図表1のとおり整理・具体化している。

また、この社会像の実現を目指して、情報通信分野に限らず幅広い業界における2030年代に向けた課題や将来像を把握し、多くの産業や利用にかかわる広範囲な情報通信の利用シーンを洗い出し、図表2のとおり整理している。

図表1　Beyond 5G（6G）が実現する2030年代の社会ビジョン

図表2　Beyond 5G（6G）ユースケース

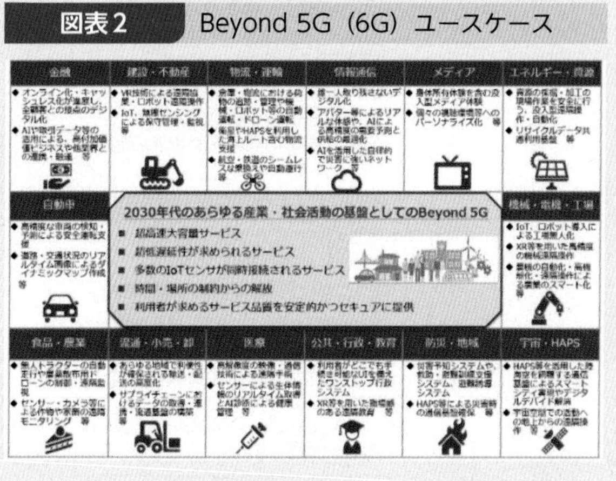

これらのユースケースを実現し、様々な社会課題の解決や活力ある社会の実現を図るためには、今後あらゆる産業や社会の基盤になると見込まれるBeyond 5G（6G）の技術開発が必須である。具体的には、5Gの特長である「高速・大容量」、「低遅延」、「多数同時接続」の機能を更に高度化することに加え、新たに「超低消費電力」、「通信カバレッジの拡張性」、「自律性」、「超安全・信頼性」などの機能が期待されている（図表3）。

図表3　Beyond 5G（6G）が実現する機能・利用シーン（イメージ）

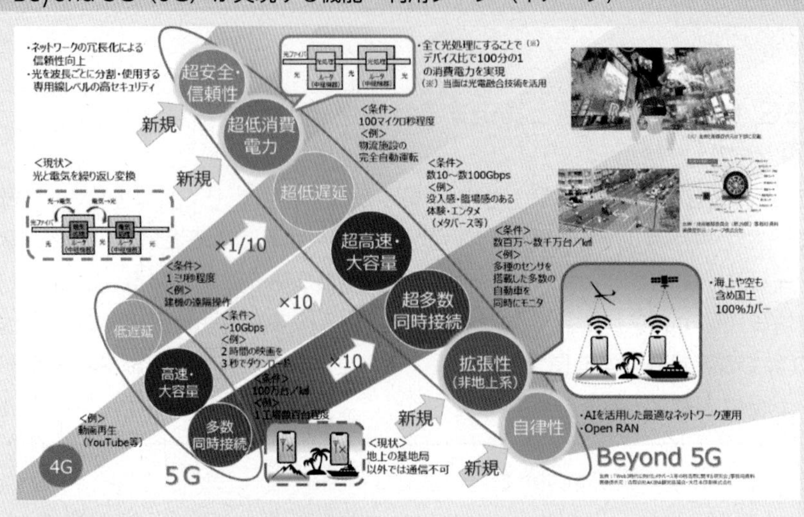

2　Beyond 5G（6G）に向けた課題意識

現状、5G基地局の国際的な市場シェアにおいて、海外の主要企業が高い割合を占めており、日本企業の国際競争力は低い状況にある。そうした中で、諸外国では、Beyond 5G（6G）における技術優位性を確保するため、大規模な政府研究開発投資や研究開発計画の具体化について公表しているなど、世界的な開発競争が激化している状況にある。

また、我が国の通信トラヒックは増加傾向にあり、このまま技術革新がなければ、情報通信ネットワークの消費電力は将来的に激増していく見込みであることが大きな懸念となっている。

さらに国家戦略として、誰もが活躍でき、誰一人取り残さないデジタル化の実現に向け、Beyond 5G（6G）の恩恵を国民に届けることが重要である（図表4）。

図表4　Beyond 5G（6G）の主な課題認識

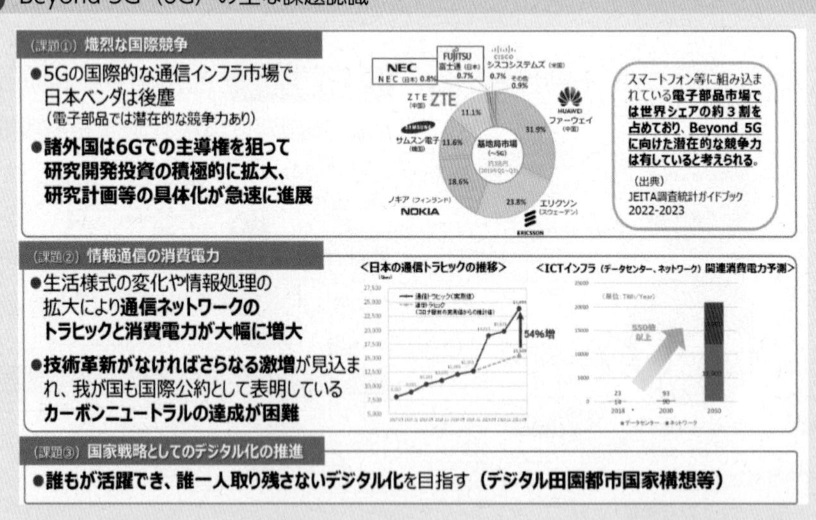

3　目指すべきBeyond 5G（6G）ネットワークの姿

Beyond 5G（6G）は、現行の移動通信（無線通信）の技術やシステムの延長上として捉えるのではなく、有線・無線、光・電波、陸・海・空・宇宙などを包含し、データセンター、デバイス、端末なども含めたネットワーク全体として統合的に捉えることが重要である。

具体的には、光電融合技術を広く活用しつつ、オール光ネットワーク（固定網）と移動網を密に結合させることで革新的な高速大容量・低遅延・高信頼・低消費電力の次世代通信インフラを実現する。また、衛星やHAPSなどの非地上系ネットワークともシームレスに結合させ、通信カバレッジを大幅に拡張する。さらに、仮想化技術等も活用して、これらをセキュアに最適制御できる統合的なネットワークを実現する。

こうしたBeyond 5G（6G）ネットワークの姿を目指すことにより、我が国が世界市場をリードし、通信ネットワーク全体の省電力化によりカーボンニュートラルに貢献し、陸海空を含め国土を広くカバーできるデジタル田園都市国家インフラの実現を達成していく。そのためにも、我が国がグローバルな通信インフラ市場でゲームチェンジャーとなり、勝ち残るための戦略的な取組が必要である。

関連データ

目指すべきBeyond 5G（6G）ネットワークの姿

URL：https://www.soumu.go.jp/johotsusintokei/whitepaper/ja/r05/html/datashu.html#f00396（データ集）

4　Beyond 5G（6G）実現のための取組

（1）Beyond 5G（6G）の研究開発の重点化と社会実装・海外展開に向けた技術戦略

Beyond 5G（6G）の実現に向けた取組の推進にあたり、総務省は、2021年（令和3年）9月に「Beyond 5Gに向けた情報通信技術戦略の在り方」について情報通信審議会に諮問を行い、2022年（令和4年）6月に中間答申が取りまとめられた。同答申では、「研究開発戦略」、「社会実装戦略」、「知財・標準化戦略」、「海外展開戦略」の4つの戦略が示されている。

ア　研究開発戦略

同答申では、目指すべきBeyond 5G（6G）ネットワークの姿や日本の強み等を踏まえ、図表5のとおり産学官で取り組むべきBeyond 5G（6G）研究開発の10課題を整理した上で、「日本の強み」「技術的難易度」「自律性確保」「国家戦略上の位置付け」「先行投資を踏まえた加速化の必要性」の観点から、オール光ネットワーク関連技術、非地上系ネットワーク関連技術、セキュアな仮想化・統合ネットワーク関連技術を重点技術分野と位置付けている。これらの重点技術分野を中心に国費を集中投下し、予算の多年度化を可能とする枠組みの創設に一体で取り組むことにより、研究開発を戦略的に推進していく。

図表5　産学官で取り組むべきBeyond 5G（6G）研究開発10課題

イ　社会実装戦略

社会実装戦略として、上記の重点技術分野の成果を2025年（令和7年）以降順次、国内ネットワークに実装し市場投入していく。Beyond 5G（6G）のマイグレーションシナリオを具現化し、大阪・関西万博なども含め成果を産学官一体でグローバルに発信していく。

第5章　総務省におけるICT政策の取組状況

ウ　知財・標準化戦略

重点技術分野を中心に、オープン＆クローズ戦略により国際標準化と知財取得を推進していく。オープン（協調）領域については、多様なビジネス創出につながるオープンアーキテクチャの促進を基本として、ネットワークアーキテクチャとキーテクノロジーの国際標準化を有志国とも連携して推進する一方、クローズ（競争）領域については、コア技術の権利化・秘匿化等を図り、我が国の競争力の源泉としていく。

エ　海外展開戦略

重点技術分野の成果を「世界的なBeyond　5Gキーテクノロジー」とし、早期に国内社会実装を進め、技術の有用性をいち早く世界に発信してグローバルデファクト化を推進する。主要なグローバルベンダとも戦略的に連携していくことにより、世界の通信キャリアへの導入も促していく。

この4つの戦略を一体で進めることで、Beyond 5G（6G）に向けた研究開発や社会実装を強力に加速化していく。

関連データ

Beyond 5G（6G）に向けた研究開発・社会実装の加速化戦略
URL：https://www.soumu.go.jp/johotsusintokei/whitepaper/ja/r05/html/datashu.html#f00398（データ集）

（2）産学官による推進体制の構築

産学官による「Beyond 5G推進コンソーシアム」が2020年（令和2年）12月に設立され、活動が進展している。同コンソーシアムでは、Beyond 5G（6G）のユースケース、ビジョン、技術課題等を検討してホワイトペーパーを作成する取組や、国際カンファレンスを通じて国際的な連携や発信を強化する取組が行われている。

また、産学官による知財・標準化戦略を推進する枠組みとして、「Beyond 5G新経営戦略センター」が2020年（令和2年）12月に設立された。上記の情報通信審議会答申においては、同センターにおける検討結果の報告を踏まえて、Beyond 5Gに関する国際標準化ロードマップ及びIPランドスケープが盛り込まれた。また、同センターは、セミナーを通じた情報発信、知財・標準化をリードする人材育成のためのワークショップ等を実施している。

（3）国際的なビジョンの共有（G7デジタル・技術大臣会合）

Beyond 5G（6G）の技術開発に当たっては、社会実装や海外展開を目指した研究開発を重点的に支援することとしているが、特に、海外展開を見据えた場合、我が国が開発する技術が広く国際的に受け入れられる環境整備を図ることが重要である。

このため、我が国が目指すBeyond 5G（6G）のビジョンについて、広く国際社会の理解・賛同を得られるよう、米国、EU、ドイツ、シンガポールといった国々との政府間対話を通じて、発信に努めてきている。特に、DXに加えて、GXの実現にも資する、極めてエネルギー効率の高い光電融合技術や、オープンで相互運用可能なネットワーク構成の推進といった分野で、我が国が世界で主導的な立場を確保することを目指し対話を進めてきている。

2023年（令和5年）4月に開催された「G7群馬高崎デジタル・技術大臣会合」においては、議長国として「安全で強靱なネットワークインフラ構築」等について議論を行い、各国の理解・賛同を得て、「G7デジタル・技術閣僚宣言」が採択された。本宣言において、我が国が目指すBeyond 5G（6G）のビジョンを踏まえた形で無線のみならず有線も含めた次世代ネットワークの将来ビジョンを策定し、安全で強靭なデジタルインフラの構築に向けたG7アクションプランの合意を得た。

総務省としては、Beyond 5G（6G）の開発及びその成果の社会実装・海外展開に向けて、官民が一丸となって必要な取組を着実に講じていく。

第8節　ICT国際戦略の推進

1　概要

1　これまでの取組

総務省では、政府全体のインフラ海外展開戦略である「インフラシステム海外展開戦略2025」（令和2年12月10日経協インフラ戦略会議決定）や総務省で策定した「総務省海外展開行動計画2025」（令和4年7月21日総務省策定）に基づき、ICTインフラシステムの海外展開について、案件発掘、案件提案、案件形成などの展開ステージに合わせ、人材育成・メンテナンス・ファイナンスなどを含めたトータルな企業支援を通じて精力的に取り組んできた。

また、米国をはじめとした二国間での政策対話やG7、G20などの多国間の場を活用し、国際ルール形成に向けたデジタル経済に関する議論や国際的なルール形成に関する議論などに積極的に関与し、国際的な枠組作りに貢献してきた。

さらに、光海底ケーブルや5Gネットワークなどのデジタルインフラが国民生活や経済活動を支える基幹的なインフラとなるなかで、経済安全保障の観点からも、国際連携などを通じ、それらの安全性・信頼性の確保等に取り組んできた。

2　今後の課題と方向性

新型コロナウイルス感染症の世界的流行を契機として社会・経済のデジタル化が加速しており、通信ネットワークの整備・高度化や課題解決に効果的なデジタルソリューションへのニーズが増大している。また、経済安全保障に関する議論が活発化するなかで質の高いインフラの重要性がクローズアップされている。こうした中、二国間、多国間での枠組を活用し、我が国の有する質の高いインフラを海外に展開することは、各国の社会課題のみならず、気候変動等の世界的な課題の解決に寄与し、更にはSDGsの実現に貢献するものである。また、我が国のデジタル技術の普及、開発の土壌の整備により国際競争力を高めてプレゼンスを示していくことは、我が国の経済の発展のためにも重要である。

このような状況の下、総務省では、我が国のデジタル技術の国際競争力強化及び世界の社会課題解決の推進を目的に、国際協調などを通じて、デジタル分野などの海外展開、国際的な枠組作りなどの活動を行っていくこととしている。特に、海外展開については、「総務省海外展開行動計画2025」の推進の一環として、5G・光海底ケーブルなどのICTインフラシステムに加え、医療・農業分野などにおけるワンストップのICTソリューションの展開に重点をおくこととしており、我が国の技術と経験を活用しながら世界の経済発展と社会課題解決に貢献していくことが必要である。また、デジタル分野における国際的なルール形成を先導していくため、国際会議などの場を活用し、国際的議論に積極的に参画していくことが重要である。

2　デジタルインフラなどの海外展開

社会・経済のデジタル化が進む中で通信インフラ・サービスへのニーズが世界的に増大していることを踏まえ、総務省では、我が国のデジタル産業の国際競争力強化及びデジタル技術を活用した世界的な課題解決の推進を目的に、デジタルインフラなどの海外展開支援などを推進している。

1 総務省における海外展開支援ツール

総務省では、我が国の質の高いデジタルインフラなどの海外展開について、基礎調査から実証事業までのそれぞれのフェーズに応じた支援を通じ、各国の事情・課題を踏まえた取組を実施している。

また、2021年（令和3年）2月には、総務省主導で日本のICT海外展開を支援するための官民連携の枠組である「デジタル海外展開プラットフォーム」を設立した（**図表5-8-2-1**）。この枠組には、2023年（令和5年）1月現在、我が国のICT企業などを中心に100を超える会員や関係省庁・機関などが参加し、データベースによる世界各国・地域（51カ国・1機関）に関する情報共有、ワークショップの開催、チーム組成や具体的プロジェクトの検討を進めている。

図表5-8-2-1 デジタル海外展開プラットフォーム

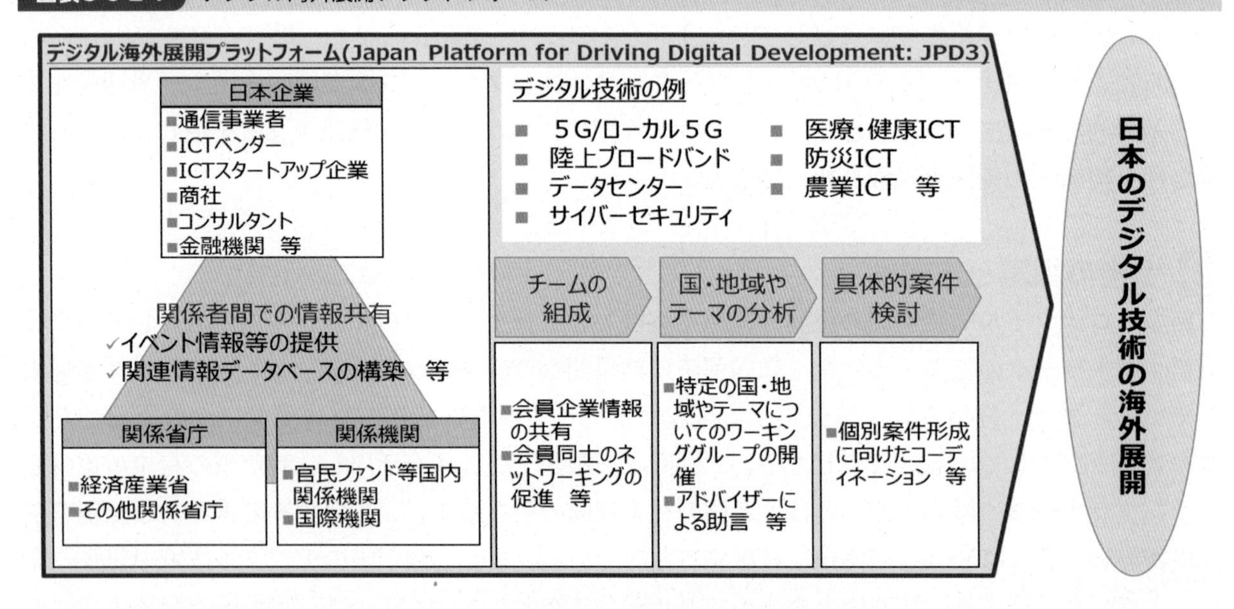

2 株式会社海外通信・放送・郵便事業支援機構（JICT）

総務省所管の官民ファンドである株式会社海外通信・放送・郵便事業支援機構（JICT）では、海外において通信・放送・郵便事業を行う者やそれを支援する者に対して投資やハンズオンなどの支援（**図表5-8-2-2**）を実施しており、2023年（令和5年）3月末現在、累計約1,029億円の出融資について支援決定済みである。

また、近年のICTの発展やニーズ、世界各国の政策動向などを踏まえ、2022年（令和4年）2月にJICTの支援基準を改正し（令和4年総務省告示第34号）、JICTによるハードインフラ整備を伴わない事業（ICTサービス事業）に対する支援やファンドへのLP出資が可能となったことで、大企業のみならず中堅・中小・地方企業に対しても海外展開支援をしやすい体制が整い、2022年度（令和4年度）には5件の新規支援決定を行った。

図表5-8-2-2　株式会社海外通信・放送・郵便事業支援機構（JICT）を通じた支援

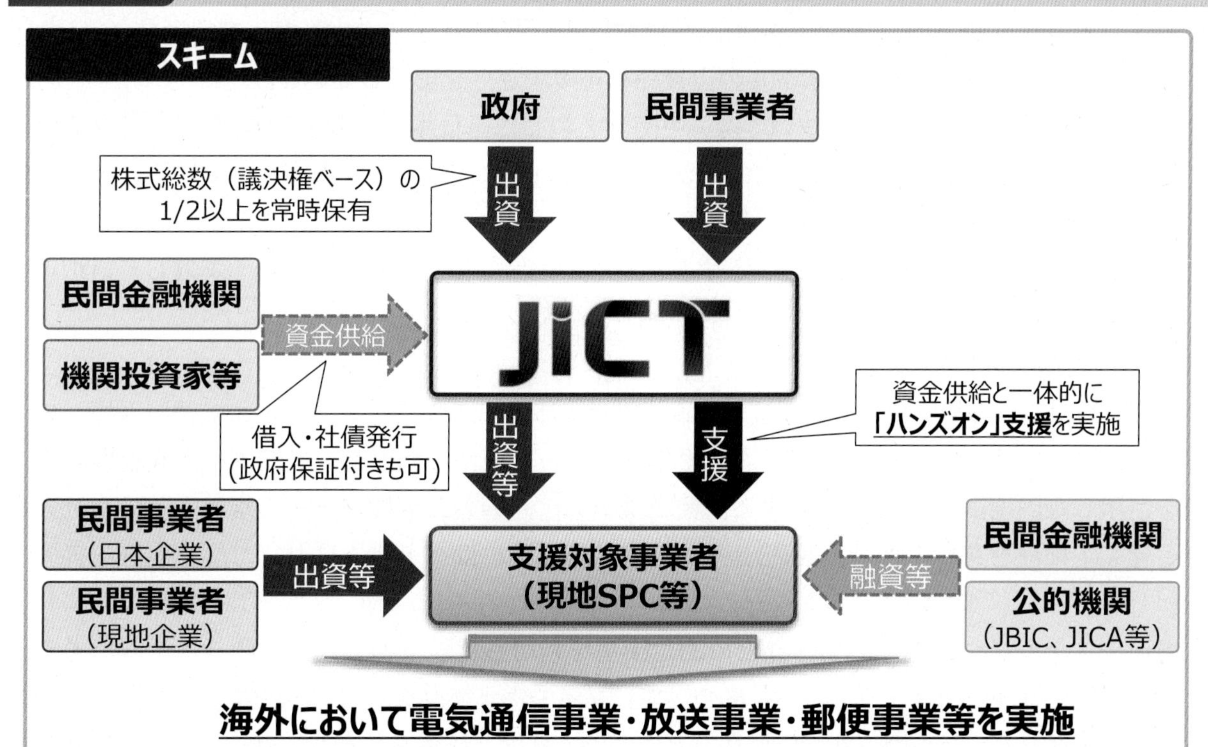

3 分野ごとの海外展開に向けた取組

ア 基幹通信インフラ

モバイル通信網については、2021年（令和3年）、エチオピア政府から、同国の携帯電話事業について我が国企業を含む国際コンソーシアムへライセンスの付与が承認され、2022年（令和4年）10月に商用通信サービスを開始した。これを契機として、同国及びアフリカ地域へのデジタルソリューションの展開を推進する予定である（図表5-8-2-3）。

光海底ケーブルについては、JICTを通じて東南アジアを中心とした地域における光海底ケーブル事業（総事業費約400百万米ドルのうち最大78百万米ドルの出資等を支援決定）を支援しているほか、2020年（令和2年）8月にインドのモディ首相から発表されたインド洋における光海底ケーブル敷設計画について、2021年（令和3年）9月から同地域のプロジェクトに我が国企業が参画している。さらに、通信環境が比較的整っていない太平洋島嶼国の通信環境の改善についても、有志国や関係省庁・機関とも連携し取り組んでいる。

5G/ローカル5Gについては、国際場裡で安心・安全な5Gネットワークの重要性が議論される中で、オープンでセキュアなネットワークを実現する技術として注目される「Open RAN」やそれを活用したシステムの海外展開に取り組んでいる。例えば、2021年度（令和3年度）から、タイ及びチリで、現地通信キャリアと共働でOpen RAN準拠の5G無線設備を活用したローカル5Gネットワークの構築及びローカル5Gアプリケーションの実証実験を通じて海外展開可能性の検証を行っている。2022年度（令和4年度）からは、英国においてOpen RANに関する試験環境整備や、RAN機器におけるO-RANアライアンスが定めるインターフェース仕様への適合性の確認試験等を実施し、またベトナム・フィリピンにおいてはOpen RAN展開可能性について調査を行っている。

データセンターについては、2021年（令和3年）3月から、ウズベキスタンにおいて、同国の通信環境の改善に向け、データセンターなどの通信インフラ整備に係るプロジェクトに我が国企業が参画しているほか、JICTを通じてインドにおけるデータセンターの整備・運営事業（2022年（令和4年）10月に最大86百万米ドルの出資等を支援決定）を支援している。

地上デジタル放送日本方式については、中南米を中心に、日本を含む20か国が同方式を採用しており、2022年（令和4年）10月にはボツワナにおいて、海外での採用国として初めて全土でアナログ放送停波が完了し、2023年（令和5年）1月にはコスタリカにおいても全土でアナログ放送停波が完了した。今後も引き続きデジタル放送への円滑な移行にかかる支援を実施していく。

イ　デジタル技術の利活用モデル

医療分野における利活用については、中南米地域を中心にスマートフォンによる遠隔医療システムを受注するとともに、2020年度（令和2年度）からは東南・南西アジア諸国への高精細映像技術を活用した内視鏡及び医療AIによる診断支援システムの普及展開に向け、現地病院における実証も通じて検討を進めており、2022年度（令和4年度）にはベトナムにおいて調査実証を実施した。

電波システムについては、GPSなどの測位衛星を利用した航空機の進入着陸システムである地上型衛星航法補強システム（GBAS）について、タイで実証実験を行う準備を進めている。このような取組を通じて、我が国の技術優位性などについて各国と認識を共有し、我が国の周波数利用効率の高い無線技術の国際的な利用の促進と周波数の国際的な協調利用を図っている。

図表5-8-2-3　ICT海外展開の具体的な事例

具体的な事例

デジタルインフラ

光海底ケーブル
- 大手3社中1社が日本企業。
- 日米豪連携で、米国とシンガポール間の海底ケーブル（本線）からパラオへ接続。日本企業が受注

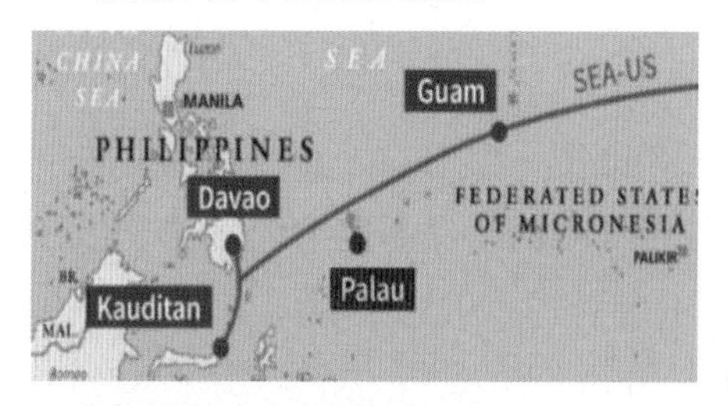

Open RANをはじめとした5G
- オープンでセキュアなネットワークを実現するOpen RAN対応機器を展開
- アジアや南米といった途上国を中心に実証

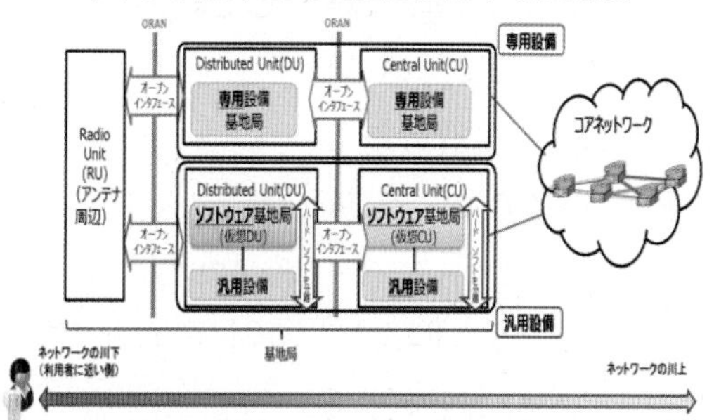

デジタルの利活用

遠隔医療にICTを活用
- 病気の早期発見・予防医療等を実現するモバイルやクラウド技術等を活用した医療ICTの実証を実施
- チリ、ブラジル等で受注

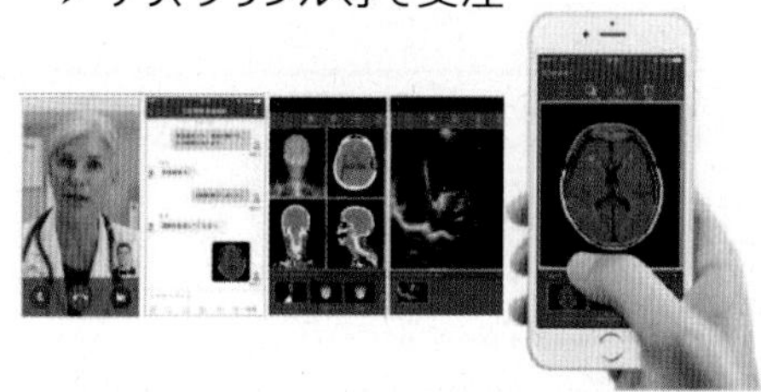

農業の改善をＩＣＴを活用
- 農作業効率化を促進するICT利活用モデルの実証を中南米、アフリカを中心に実施
- コロンビア等で受注

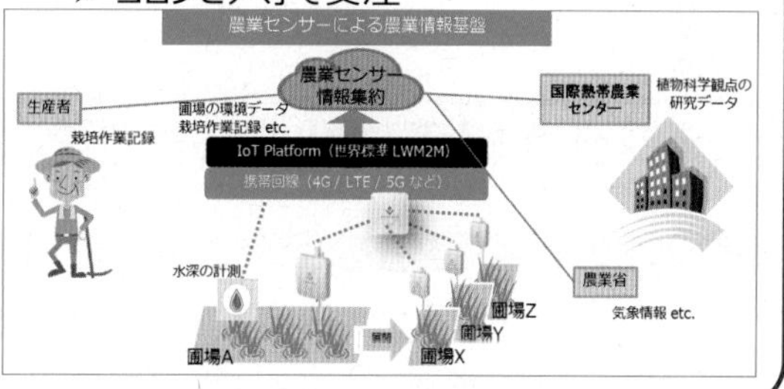

ウ　放送コンテンツ

我が国の放送事業者等が、地方自治体等と連携し日本の魅力を発信する放送コンテンツを制作して海外の放送局等を通じて発信する取組や、国際見本市を通じた放送コンテンツの海外展開を継続的に支援してきており、地域産品の販路開拓などの経済波及効果や日本の魅力の浸透など、様々な効果が生まれている。令和5年度からは、海外に対して日本の放送コンテンツの情報を発信する共通基盤の整備等に着手しており、放送コンテンツ関連海外売上高を令和7年度までに1.5倍（対2020年度（令和2年度）比）に増加させることを目標に、引き続き放送コンテンツの海外展開の推進及びそれを通じたソフトパワーの強化を図っていく。

エ　その他

（ア）消防分野

2018年（平成30年）10月8日にベトナムとの間で「日本国総務省とベトナム社会主義共和国公安省との消防分野における協力覚書」を締結して以来、予防政策や消防用機器等の基準等についての意見交換等を行うことで、日本の消防用機器等の品質の高さをPRしてきた。また、令和5年2月には火災予防技術に関する基礎研修を実施したところである。引き続き、ベトナムをはじめ幅広く東南アジア諸国等に対し働き掛けていくことで、日本の規格に適合する消防用機器等の海外展開を推進していく。

（イ）郵便分野

アジア、東欧などの主に新興国・途上国を対象に、郵便業務の効率化・近代化に関する機会及び課題を特定し、その解決などに資する我が国の知見や経験を共有するアプローチを通じて、官民一体となって国際協力及び海外展開の取組を推進している。これまで、ベトナム郵便やスロベニア郵便を対象に、業務効率化のためのコンサルテーションの実施や区分機などの受注を実現してきており、これらの取組に加えて、ICTの活用を通じて郵便事業体におけるビジネス機会の拡大を図るような取組も新たに進めている。

（ウ）行政相談・統計分野

行政相談分野では、各国の公的オンブズマンとの連携・協力などが行われており、ベトナム、ウズベキスタン、イラン、タイの4か国とは、行政苦情救済に係る協力の覚書をそれぞれ締結している。これに基づき、例えば、ベトナムから研修生を計約280人受け入れるなどの取組が実施されてきた。

統計分野では、信頼性の高い電子政府・統計システムの構築に関する知見を活かして、政府のデジタル化支援を推進しており、例えば、ベトナムでは、中央省・地方省間の情報連携用システム構築を支援した。

3　デジタル経済に関する国際的なルール形成などへの貢献

1　信頼性のある自由なデータ流通（DFFT）

DFFT（Data Free Flow with Trust（信頼性のある自由なデータ流通））については、DFFTを促進する協力のためのG7アクションプランが2022年（令和4年）5月に開催されたG7デジタル大臣会合で策定され、同年6月に開催されたG7サミットで承認された。また、同年9月に開催されたG20デジタル大臣会合でも、DFFTに関する議論が行われた。

これらを踏まえ、総務省では、G7・G20、OECD、二国間協議などの場を活用し、DFFTの具体的推進のためのルール形成に向けた国際的議論に積極的に参画している。

2　サイバー空間の国際的なルールに関する議論への対応

ア　サイバー空間の国際ルールづくり

総務省では、サイバー空間の国際的なルールづくりに関し、①民主主義を支えるだけでなく、イノベーションの源泉として経済成長のエンジンとなる情報の自由な流通に最大限配慮すること、②サイバーセキュリティを十分に確保するためには、実際にインターネットを利用し、ネットワークを管理している民間企業や学術界、住民社会などあらゆる関係者の参画（マルチステークホルダーの枠組）が不可欠であることの2点を重視していることを踏まえ、インターネットエコノミーに関する日米政策協力対話（日米IED）及び日EU・ICT戦略ワークショップなど二国間対話において関連の議題を取り上げ、同志国との連携を強化することに加えて、2022年（令和4年）4月には、コアメンバー国（日本、米国、オーストラリア、カナダ、EU、英国）及び有志国において、「未来のインターネットに関する宣言」を立ち上げるなど、多国間会合における議論にも積極的に参加している。

イ　サイバーセキュリティに関する二国間・多国間対話

サイバーセキュリティに関する二国間の政府の議論については、日インド間で2022年（令和4年）6月に第4回「日・インド・サイバー協議」、日仏間で同年7月に第6回「日仏サイバー協議」、日英間で2023年（令和5年）2月に第7回「日英サイバー協議」が開催され、情勢認識、両国における取組、国際場裡における協力、能力構築支援などについて議論を行うなど、各国との連携強化を進めている。

サイバーセキュリティに関する多国間の議論については、日ASEANサイバーセキュリティ政策会議などにおいて、各国の取組状況やASEAN地域に対する能力構築支援の状況などに関する意見・情報交換が行われている。また、日米豪印4か国のいわゆるクアッドの取組の下で、サイバーセキュリティに関する協力について合意されており、政府一体となって同志国との連携強化に向けた議論が行われ、2022年（令和4年）5月の首脳会合共同声明にて「日米豪印サイバーセキュリティ・パートナーシップ：共同原則*1」が公表された。

3 ICT分野における貿易自由化の推進

世界貿易機関（WTO：World Trade Organization）を中心とする多角的自由貿易体制を補完し、二国間の経済連携を推進するとの観点から、我が国は経済連携協定（EPA：Economic Partnership Agreement）や自由貿易協定（FTA：Free Trade Agreement）の締結に積極的に取り組んでいる。

具体的には、2018年（平成30年）以降、環太平洋パートナーシップに関する包括的及び先進的な協定（TPP11：Comprehensive and Progressive Agreement for Trans-Pacific Partnership）、日EU経済連携協定（日EU・EPA）、日米デジタル貿易協定、日英包括的経済連携協定（日英EPA）、地域的な包括的経済連携（RCEP）協定について議論し、署名・発効に至ったほか、現在も日中韓FTAなどの交渉を継続して行っている。なお、いずれのEPA交渉においても、電気通信分野については、WTO水準以上の自由化約束を達成すべく、外資規制の撤廃・緩和などの要求を行うほか、相互接続ルールなどの競争促進的な規律の整備に係る交渉や、締結国間での協力に関する協議も行っている。

4 戦略的国際標準化の推進

情報通信分野の国際標準化は、規格の共通化を図ることで世界的な市場の創出につながる重要な政策課題であり、国際標準の策定において戦略的にイニシアティブを確保することが、国際競争力強化の観点において極めて重要であることから、国際標準化活動を戦略的に推進している。

具体的には、デジュール標準*2に加えフォーラム標準*3に関する動向調査、国際標準化人材の育成、標準化活動の重要性について理解を深める取組などを実施するとともに、国際標準の獲得を目指したEU、米国、ドイツとの共同研究や、社会実装への期待が大きい分野（ワイヤレス工場など）に係る研究開発や実証実験などを実施している。

*1　https://www.mofa.go.jp/mofaj/files/100347891.pdf
*2　国際電気通信連合（ITU：International Telecommunication Union）などの公的な国際標準化機関によって策定された標準
*3　複数の企業や大学などが集まり、これらの関係者間の合意により策定された標準

4 デジタル分野の経済安全保障

総務省では、5Gなどの通信分野の経済安全保障上の重要性に鑑み、通信をはじめとするデジタル分野において、例えば、2021年（令和3年）4月の日米首脳会談を契機として立ち上げられた「グローバル・デジタル連結性パートナーシップ」（GDCP：Global Digital Connectivity Partnership）や2022年（令和4年）5月の日米豪印（クアッド）首脳会合の機会に署名された「5Gサプライヤ多様化及びOpen RANに関する協力覚書」などを踏まえて、米国をはじめとした同志国と連携しながら、グローバルなデジタルインフラの安全性・信頼性確保に向けた取組を進めているところである。

また、2022年（令和4年）に成立した経済施策を一体的に講ずることによる安全保障の確保の推進に関する法律により創設された4つの制度のうち、「特定社会基盤役務の安定的な提供の確保に関する制度」においては、同制度による規制の対象となり得る事業として、電気通信事業、放送事業及び郵便事業が列挙されており、同制度の施行に向けて下位法令の整備を含む準備を進めているところである。

5 多国間の枠組における国際連携

総務省では、G7/G20、APEC、APT、ASEAN、ITU、国際連合、WTO、OECDなどの多国間の枠組で政策協議を行い、情報の自由な流通の促進、安心・安全なサイバー空間の実現、質の高いICTインフラの整備、国連持続可能な開発目標（SDGs）の実現への貢献などのICT分野に関する国際連携の取組を積極的にリードしている。

1 G7・G20

社会経済活動のグローバル化・デジタル化により国境を越えた情報流通やビジネス・サービスが進展する中で、我が国が議長国を務めた2016年（平成28年）4月のG7香川・高松情報通信大臣会合が発端となり、G7の枠組でもデジタル経済の発展に向けた政策などについて活発な議論が行われている。

また、中国、インドなどを含むG20の枠組でも、デジタル経済に関する議論が継続的に行われるようになっている。具体的には、2019年（令和元年）6月、総務省、外務省、経済産業省が、茨城県つくば市において「G20茨城つくば貿易・デジタル経済大臣会合」を開催し、AIについて、G20ではじめて「人間中心」の考えを踏まえたAI原則に合意し、G20大阪サミットでは首脳レベルでも合意された。また、信頼性のあるデータの自由な流通の促進（DFFT）の理念についても首脳レベルで支持され、2020年（令和2年）G20デジタル経済大臣会合（サウジアラビア）で重要性を再確認された。

さらに、2022年（令和4年）5月には、G7デジタル大臣会合（ドイツ）が開催され、インターネットの遮断やネットワーク制限を含む、デジタル時代における民主主義的価値を損なう可能性のある措置への反対を表明するとともに、DFFT促進のためのアクションプランを策定し、アクションプラン内で①証拠基盤の強化、②将来の相互運用性促進のための共通性の構築、③規制協力の継続、④デジタル貿易の文脈におけるDFFTの促進、⑤国際データスペースの展望に関する知識の共有の5分野での行動に共同でコミットすることが提案され、同年6月のG7サミットで承認された。

2023年（令和5年）には我が国がG7の議長国を務め、同年4月のG7群馬高崎・デジタル技術大臣会合においては、①「越境データ流通及び信頼性あるデータの自由な流通の促進」、②「安全で強靭なデジタルインフラ構築」、③「自由でオープンなインターネットの維持・推進」、④「経済社会のイノベーションと新興技術の推進」、⑤「責任あるAIとAIガバナンスの推進」、⑥「デジタル市場における競争政策」の6テーマに関して議論を行った。その成果として、5つの附属書を含む「G7群馬高崎デジタル・技術閣僚宣言」が採択されるなど、DFFTの促進をはじめとしたデジタル経済に関するルールづくりに向けた国際的議論に貢献した[*4]（図表5-8-5-1）。

図表5-8-5-1　G7/G20における情報通信・デジタルの議論の経緯（概要）

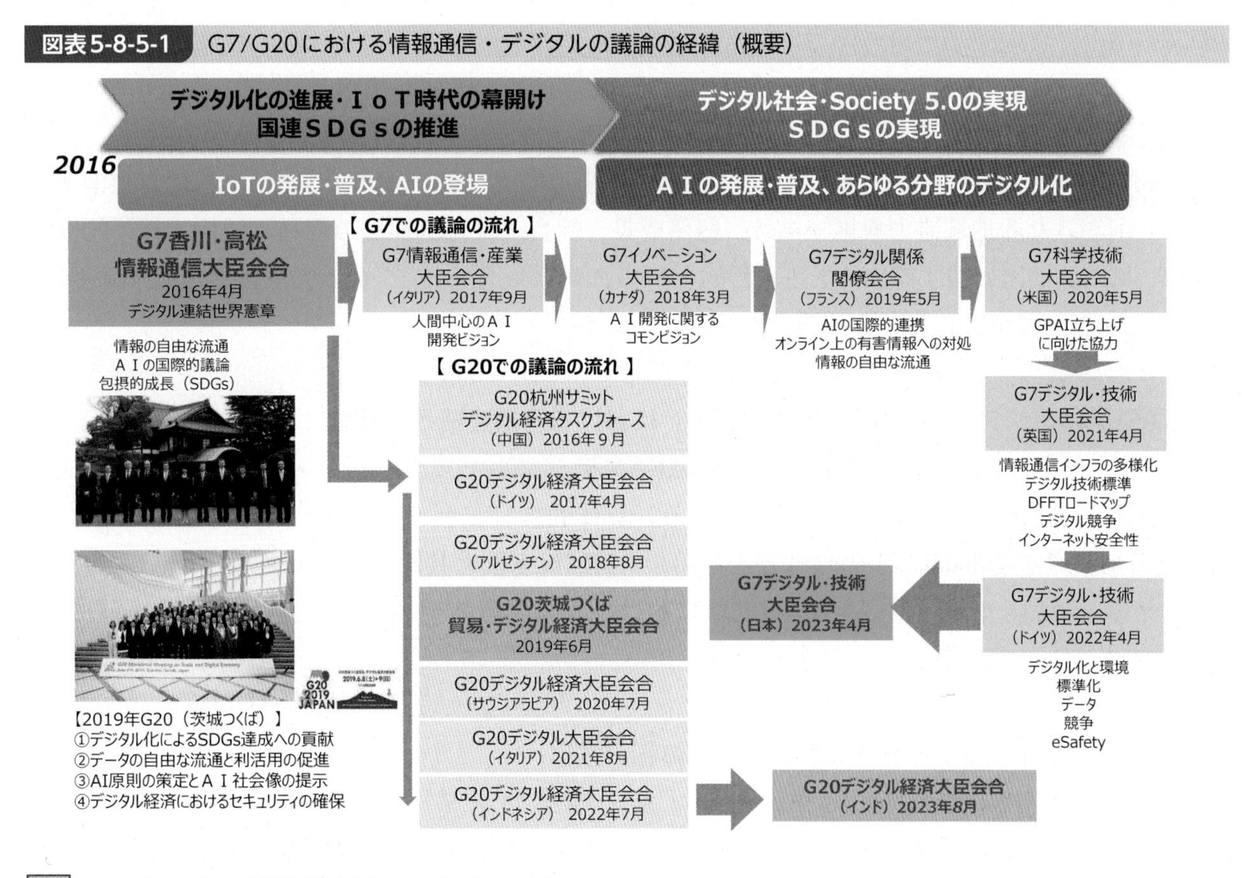

2　アジア太平洋経済協力（APEC）

アジア太平洋経済協力（APEC：Asia－Pacific Economic Cooperation）は、アジア・太平洋地域の持続可能な発展を目的とし、域内の主要国・地域が参加する国際会議である。電気通信分野に関する議論は、電気通信・情報作業部会（TEL：Telecommunications and Information Working Group）及び電気通信・情報産業大臣会合（TELMIN：Ministerial Meeting on Telecommunications and Information Industry）を中心に行われている。

2021年（令和3年）のAPEC首脳会議で「アオテアロア行動計画」が採択されたことに伴い、TELでは、現在、同行動計画の中で経済的推進力の一つとして掲げられている「イノベーションとデジタル化」の分野について実施促進のための検討を進めている。

総務省も、年2回開催されるTELにおける議論への参加、デジタル政府に関するプロジェクトの推進や我が国におけるICT政策の周知などの活動を通じ、TELの運営に積極的に貢献している。

＊4　2023年4月に行われたG7群馬高崎デジタル・技術大臣会合の概要・結果については、政策フォーカス「G7群馬高崎デジタル・技術大臣会合」を参照。

3 アジア・太平洋電気通信共同体（APT）

アジア・太平洋電気通信共同体（APT：Asia-Pacific Telecommunity）は、1979年（昭和54年）に設立されたアジア・太平洋地域における情報通信分野の国際機関で、同地域における電気通信や情報基盤の均衡した発展を目的として、研修やセミナーを通じた人材育成、標準化や無線通信などの地域的政策調整などを行っており、現在、我が国の近藤勝則氏（総務省出身）が事務局長を務めている。

総務省では、APTへの拠出金を通じて、ブロードバンドや無線通信など我が国が強みを有するICT分野で研修生の受け入れ、ICT技術者／研究者交流などの活動を支援している。2022年度（令和4年度）は、8件の研修、4件の国際共同研究及び2件のパイロットプロジェクトの実施を支援した。

4 東南アジア諸国連合（ASEAN）

東南アジア諸国連合（ASEAN：Association of South‐East Asian Nations）は、東南アジア10か国からなる地域協力機構であり、経済成長、社会・文化的発展の促進、政治・経済的安定の確保、域内諸問題に関する協力を主な目的としており、「ASEANデジタル大臣会合（ADGMIN）」においてデジタル分野における政策が協議されている。

ア 「ASEANデジタルマスタープラン2025」における目標達成への貢献

2021年（令和3年）1月に策定された「ASEANデジタルマスタープラン2025」の目標達成に向けて、我が国は様々な協力を実施している。具体的には、我が国拠出金により設立された日ASEAN情報通信技術（ICT）基金などを活用しASEAN各国と共同プロジェクトを実施しており、2022年度（令和4年度）は、ASEAN地域における災害関連のデータ情報交換の標準の確立に向けた取組を実施している。

イ サイバーセキュリティ分野における協力体制の強化

現在、日ASEANサイバーセキュリティ能力構築センター（AJCCBC：ASEAN Japan Cybersecurity Capacity Building Centre）*5で、ASEAN各国の政府機関及び重要インフラ事業者のサイバーセキュリティ担当者を対象として、実践的サイバー防御演習（CYDER）をはじめとするサイバーセキュリティ演習などをオンライン形式又は実地形式にて継続的に実施している。また、2022年（令和4年）10月からの演習では対面演習を再開し、当初の目標である4年間で700人を越える受講生を輩出した。2018年（平成30年）より約4年間実施してきた本活動はASEANからも認められ、2023年（令和5年）から2026年（令和8年）まで新たな演習コンテンツを追加しながら活動が継続される予定となっている。

また、総務省では、ASEAN各国のISP事業者を対象とした日ASEAN情報セキュリティワークショップを定期的に開催するなど、関係者間の情報共有の促進及び連携体制の構築・強化を図っている。2023年（令和5年）1月に、3年ぶりとなる対面会合を実施するとともに、日本のサイバーセキュリティ製品・サービスの展示会を併せて実施した。

＊5　AJCCBC：https://www.ajccbc.org/index.html

ウ　日ASEAN50周年

2023年（令和5年）は、日本ASEAN友好協力50周年を迎える重要な節目の年であり、日ASEAN関係の更なる強化が求められると同時に、我が国のデジタル技術のASEAN地域への一層の展開を図る好機でもある。2023年（令和5年）12月16日から18日の日程で東京での開催を予定している日ASEAN友好協力50周年特別首脳会議を見据え、日ASEANデジタル大臣会合（2023年2月、フィリピン）にて承認された「日ASEANデジタルワークプラン2023」等を踏まえ、日ASEAN ICT基金の活用等により、ASEAN地域のデジタル政策の目標と整合的な形で支援を行いながら、日ASEAN関係やASEAN諸国との二国間関係の深化に貢献する。

5 国際電気通信連合（ITU）

国際電気通信連合（ITU：International Telecommunication Union（本部：スイス（ジュネーブ）。193の国と地域が加盟））は、国際連合（UN）の専門機関の一つで、電気通信の改善と合理的利用のため国際協力を増進し、電気通信業務の能率増進、利用増大と普及のため、技術的手段の発達と能率的運用を促進することを目的とし、次の3部門からなり、周波数の分配、電気通信技術の標準化及び開発途上国における電気通信分野の開発支援などの活動を行っている（**図表5-8-5-2**）。

① 無線通信部門（ITU-R：ITU Radiocommunication Sector）
② 電気通信標準化部門（ITU-T：ITU Telecommunication Standardization Sector）
③ 電気通信開発部門（ITU-D：ITU Telecommunication Development Sector）

2022年（令和4年）9月に全権委員会議において選挙が実施され、我が国の尾上誠蔵氏（元日本電信電話株式会社CSSO：Chief Standardization Strategy Officer）が電気通信標準化局長として選出され、2023年（令和5年）1月に就任している（任期は1期間4年、最大2期まで可能）。

図表5-8-5-2　国際電気通信連合（ITU）の組織

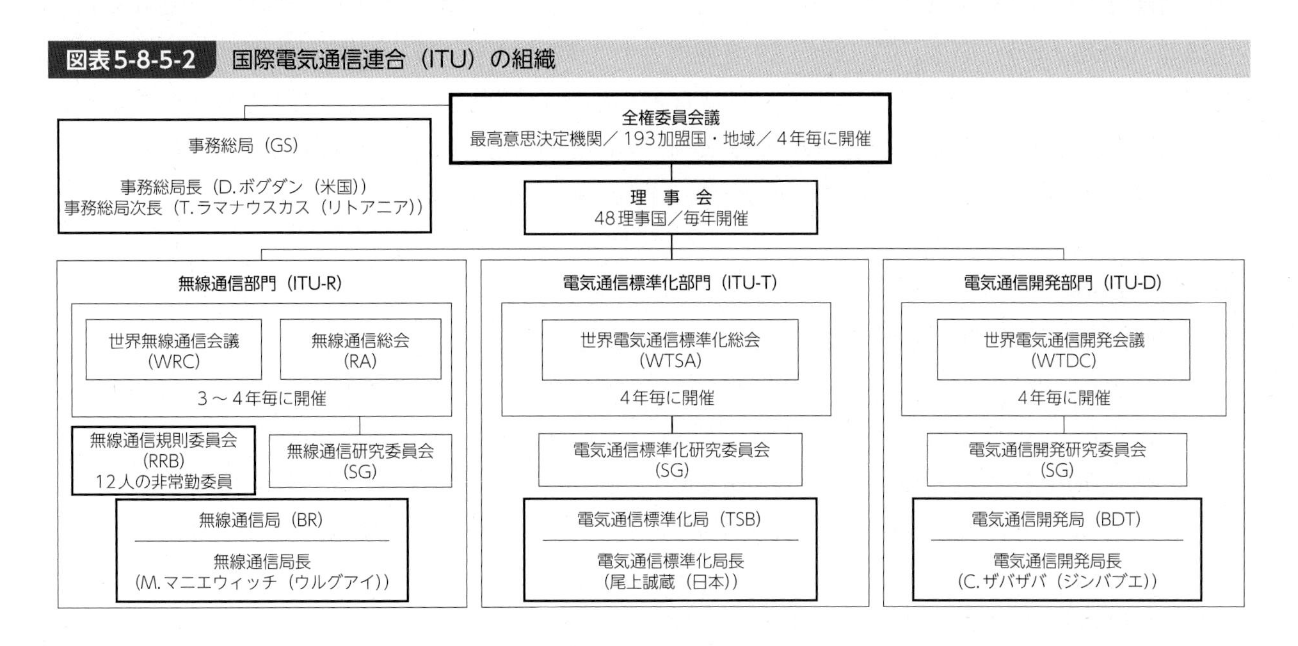

ア　ITU-Rにおける取組

ITU-Rでは、あらゆる無線通信業務による無線周波数の合理的・効率的・経済的かつ公正な利用を確保するため、周波数の使用に関する研究を行い、無線通信に関する標準を策定するなどの活動を行っている。その中でも、各研究委員会（SG：Study Group）から提出される勧告案の承認、次期研究会期における課題や体制などの審議などを目的とする無線通信総会（RA：Radiocommunication Assembly）及び国際的な周波数分配などを規定する無線通信規則の改正を目的とする世界無線通信会議（WRC：World Radiocommunication Conferences）は、3～4年に一度開催されるITU-R最大級の会合であり、総務省も積極的に議論に貢献してきた。

イ　ITU-Tにおける取組

ITU-Tでは、通信ネットワークの技術、運用方法に関する国際標準や、その策定に必要な技術的な検討を行っている。

ITU-Tの最高意思決定会合として、4年に一度世界電気通信標準化総会（WTSA：World Telecommunication Standardization Assembly）が開催されており、次回は2024年（令和6年）10月から12月の間に開催される予定である。WTSAの決議やITU-Tの各研究委員会（SG）の標準化活動等に対し助言を行う役割等を担っている電気通信標準化諮問委員会（TSAG：Telecommunication Standardization Advisory Group）では、今会期の初回会合が2022年12月に開催され、前会期の議論で特定したデータ指標を分析することでITU-Tの再構築の可能性について議論するためのプロジェクトプランが作成・合意された。

また、ITUメンバー外でも参加が可能なフォーカスグループ（FG）の活動として、2022年度（令和4年度）にはFG-MV（メタバース）が設置されるなど、新たな検討が開始されている。

ウ　ITU-Dにおける取組

ITU-Dでは、途上国における情報通信分野の開発支援を行っている。

ITU-Dの最高意思決定会議として、4年に一度世界電気通信開発会議（WTDC：World Telecommunication Development Conference）が開催されている。直近では2022年（令和4年）6月にルワンダのキガリでWTDC-22が開催された[*6]。今研究会期（2022年（令和4年）～2025年（令和7年））では、WTDC-22で採択された戦略目標及び行動計画などに基づき、ICT開発支援プロジェクトの実施、ICT人材育成などの活動を推進している。個別プロジェクトとしては、ITUと総務省が協力して、デジタルインフラのレジリエンスの強化等を図るため、Connect2Recoverイニシアティブを2022年（令和4年）から継続して実施している[*7]。

6　国際連合

ア　国連総会第二委員会・経済社会理事会（ECOSOC）

経済と金融を扱っている国連総会第二委員会では、経済社会理事会（ECOSOC：Economic and Social Council）に設置されている「開発のための科学技術委員会」（CSTD：Commission on Science and Technology for Development）を中心に包摂的なデジタル社会に向けたグローバルなデジタル協力の推進、インターネットの公共性などの論点を中心に議論されており、我が国は毎年開催されるCSTD年次会合への参加などを通じ、インターネットガバナンスをはじめとした情報通信分野に関する国際的な議論の推進に貢献している。

---

*6　COVID-19の世界的な蔓延により当初2021年の開催予定であったが、1年遅らせての開催となった。
*7　当初はインターネット接続率の低いアフリカ地域を支援対象としていたが、プロジェクトを支援する国も増加し、アジア太平洋島しょ国、中南米、欧州と全世界を支援対象とするプロジェクトに拡大している。

イ　インターネット・ガバナンス・フォーラム（IGF）

インターネット・ガバナンス・フォーラム（IGF：Internet Governance Forum）は、インターネットに関する様々な公共政策課題について対話を行うための国際的なフォーラムである。

2022年（令和4年）11、12月には、エチオピアで第17回会合が開催され、我が国はインターネット・シャットダウンに関するオープンフォーラムを主催したほか、閉幕セッションに、松本総務大臣がビデオレター形式で登壇し、自由で開かれた安全で分断のないインターネットの維持・発展に向けて、2023年（令和5年）にIGFを京都市で開催することを発信するなど、同会合への積極的な貢献を果たした。

7　世界貿易機関（WTO）

電気通信分野については、2001年（平成13年）から始まったドーハ・ラウンド交渉の停滞に伴い、1997年（平成9年）に合意した基本電気通信交渉以降の進捗は見られない状況にある。一方、昨今のインターネット上のデータ流通を取り扱う電子商取引分野への注目の高まりを踏まえ、WTOにおける有志国の取組として、2019年（平成31年）より電子商取引交渉が正式に開始され、我が国は、オーストラリア及びシンガポールとともに共同議長国として議論を主導している。

8　経済協力開発機構（OECD）

経済協力開発機構（OECD：Organisation for Economic Co-operation and Development）のデジタル経済政策委員会（CDEP：Committee on Digital Economy Policy）では、ICT分野について先導的な議論が行われており、総務省は、OECD事務局への人材や財政面の支援を行うほか、CDEP議長（2020年（令和2年）1月～）や、作業部会副議長を総務省職員から輩出するなど、OECDにおける政策議論に積極的に貢献している。

CDEPは、2016年（平成28年）からAIに関する取組を進めており、AIに携わる者が共有すべき原則や政府が取り組むべき事項などを示し、AIに関する初の政府間の合意文書となる「AIに関する理事会勧告」を2019年（令和元年）5月に採択・公表した。その後も、AIに関するオンラインプラットフォーム「AI政策に関するオブザーバトリー（OECD.AI）」の立ち上げ（2020年（令和2年）1月）や、AIガバナンス作業部会（AIGO）の設置（2022年（令和4年）5月）など、積極的な取組を進めている。

2022年（令和4年）12月には、スペイン・グランカナリアでデジタル経済に関する閣僚会合が開催され、DFFTや信頼できるAI、次世代インフラ開発に向けた課題認識や方向性を取りまとめた「信頼性のある、持続可能で、包摂的なデジタルの未来」に関する閣僚宣言を採択した。

2023年（令和5年）3月には、フランス・パリで総務省とOECDの共催で第4回OECDデジタルセキュリティ・グローバルフォーラム（OECD Global Forum on Digital Security for Prosperity）が開催され、IoT製品のデジタルセキュリティ、AIのデジタルセキュリティ及び政策立案者と技術者の交流という3つのテーマを柱に、パネルディスカッションが行われた[*8]。

9　GPAI

GPAI（Global Partnership on Artificial Intelligence）は、人間中心の考え方に立ち、「責任

＊8　https://www.oecd.org/digital/global-forum-digital-security/

あるAI」の開発・利用を実現するため設立された国際的な官民連携組織である。2019年（令和元年）ビアリッツサミット（フランス）においてGPAIの立ち上げが提唱され、2020年（令和2年）5月のG7科学技術大臣会合において立ち上げに関するG7の協力に合意した後、同年6月に創設された。

2022年（令和4年）11月、創設以来3回目の年次総会としてGPAIサミット2022を開催し、同月から我が国が議長国を務めている。閣僚理事会において、議長国である日本のイニシアティブによりGPAIサミットでは初となる閣僚宣言が採択され、人間中心の価値に基づくAIの利用促進、AIの違法かつ無責任な使用への反対、持続可能で強靱かつ平和な社会への貢献等について各国で合意した。

10 ICANN

インターネットの利用に必要不可欠なIPアドレスやドメイン名というインターネット資源については、重複割当ての防止など全世界的な管理・調整を適切に行うことが重要である。現在、インターネット資源の国際的な管理・調整は、1998年（平成10年）に非営利法人として発足したICANN（Internet Corporation for Assigned Names and Numbers）が行っており、IPアドレスの割当てやドメイン名の調整のほか、ルートサーバー・システムの運用・展開のための調整やこれらの業務に関連する方針等の策定を行っている。

総務省は、ICANNの政府諮問委員会（各国政府の代表者などから構成）の日本代表として、その活動に積極的に貢献している。例えば、DNSの不正利用については、ICANN第70回から第77回までの会合において、ICANNの中の他の組織と連携した対応策の検討やICANNとレジストラの間で締結する契約の条項の改定に向けた提案等を行っている。

6 二国間関係における国際連携

1 米国との政策協力

2021年（令和3年）4月16日の日米首脳会談後に発出された「日米競争力・強靱性（コア）パートナーシップ」[*9]を踏まえ、安全な連結性及び活力あるデジタル経済を促進するため、同年5月、「グローバル・デジタル連結性パートナーシップ（GDCP）」[*10]を立ち上げた（**図表5-8-6-1**）。GDCPの立上げに伴い、「インターネットエコノミーに関する日米政策協力対話（日米IED）」は新たにGDCPの推進枠組みとして位置付けられている。

その後、2022年（令和4年）5月23日に行われた岸田内閣総理大臣とバイデン米国大統領との間での日米首脳会談の成果文書の一部として、「日米競争力・強靱性（コア）パートナーシップ」のファクトシートが公表され、オープンな無線アクセスネットワーク（Open RAN）やサイバーセキュリティに係る具体的協力等を確認した。

第13回日米IEDの政府間会合及び官民会合は、2023年（令和5年）3月6日及び7日に、対面とオンラインのハイブリッドで開催された。同会合では、5G及びBeyond 5G（6G）、越境プライバシールール（CBPR）、信頼性のある自由なデータ流通（DFFT）、国際場裡における協力、今後の日米協力など幅広い議題について議論し、会合の成果文書として「第13回インターネットエ

*9　https://www.mofa.go.jp/mofaj/na/na1/us/page1_000951.html
*10　https://www.soumu.go.jp/menu_news/s-news/01tsushin08_02000119.html

コノミーに関する日米政策協力対話に係る共同声明」を公表[*11]した。同成果文書において、日米IEDを「デジタルエコノミーに関する日米対話」と改称することに合意した。

また、2023年（令和5年）4月にも第5回GDCP専門家レベル作業部会が実施され、上記会合の結果も踏まえ、日米の第三国連携の更なる推進等について意見交換を行った。

図表5-8-6-1　グローバル・デジタル連結性パートナーシップ（GDCP）

GDCPのコンセプト

GDCPは、日米で協力してグローバルに安全な連結性や活力あるデジタル経済を促進することを目的とし、①第三国連携を中心に、②多国間連携、③グローバルを視野に入れた二国間連携（特に5G、Beyond 5G）を推進していく。

第三国連携	第三国向けのICTインフラ展開や人材育成に係る協力等（対象地域はインド太平洋を中心としつつ他の地域を含む）
多国間連携	ITU、G7/G20、OECD、APEC等のマルチの枠組みにおけるさらなる協力
二国間連携	5G、Beyond5G(6G)に係る研究開発環境への投資等

2 欧州との協力

ア　欧州連合（EU）との協力

総務省は、欧州委員会通信ネットワーク・コンテンツ・技術総局との間で、ICT政策に関する情報交換・意見交換の場として「日EU・ICT政策対話」（直近は2023年（令和5年）2月の第28回会合）を、デジタル分野における官民の連携・協力を推進するため「日EU・ICT戦略ワークショップ」（直近は2022年（令和4年）4月の第13回会合）をそれぞれ開催している。

第28回日EU・ICT政策対話では、スマートシティ、5G/Beyond 5G（6G）、サイバーセキュリティ、安全で公平なオンライン環境、AIについて議論を行い、特にBeyond 5G（6G）に関しては、Beyond 5Gが実現する社会像やユースケース、目指すべきネットワークの姿等を説明するとともに、最新の取組として新たな研究開発基金の設立やBeyond 5G推進コンソーシアムの活動状況について紹介し、EU側からは、研究開発プロジェクト予算を説明し、今後の連携について意見交換を行った。

また、2022年（令和4年）5月、日本とEUの間で、日EUデジタルパートナーシップが立ち上げられた。日本側はデジタル庁、総務省、経済産業省、EU側は欧州委員会通信ネットワーク・コンテンツ・技術総局が中心となり、日EUのデジタル分野における共同の優先事項を扱う。

イ　欧州諸国との二国間協力

（ア）英国

総務省は、2022年（令和4年）5月に、デジタル庁、経済産業省とともに、デジタル分野における日英間の共同優先事項に取り組むための枠組みに基づく局長級会合として、英国との間で日英デジタルグループを立ち上げ、同年10月に第1回会合を実施した。さらに、ハイレベルで日英協力を加速していくため、同年12月には日英の関係省庁の大臣級による会合を実施し、前述の局長級会合の上位に大臣級会合を位置付け、日英デジタルパートナーシップとして改めて立ち上げた。引き続き、総務省が日本側の事務局を務めている。

＊11 https://www.soumu.go.jp/menu_news/s-news/01tsushin08_02000149.html

(イ) ドイツ

総務省は、日独両国間の情報通信分野における政策面での相互理解を深め、両国間の連携・協力を推進するため、ドイツ連邦共和国・連邦経済デジタル・交通省との間で「日独ICT政策対話」を開催している。2022年（令和4年）3月、Web会議にて開催された第6回会合では、Open RANに係る双方の取組やBeyond 5Gの実現に向けた研究開発の進捗、グローバルデジタルガバナンス、デジタルプラットフォーム政策、データ利活用/AIについて議論を行い、両国間の引き続きの連携を確認したほか、官民会合も設けられ、5G等に関する日独双方の産業界の取組について情報交換を行った。

また、連邦経済気候保護省との間では、2022年度（令和4年度）から共同で5G高度化の研究開発協力が進められている。

(ウ) フランス

総務省は、フランス共和国・経済財務復興省[*12]との間で、ICT分野での重要テーマに関する最新の取組について情報共有を図るため、日仏ICT政策協議を開催しており、直近は2021年（令和3年）6月に第21回会合を開催した。

3 アジア・太平洋諸国との協力

総務省では、アジア・太平洋諸国の情報通信担当省庁などとの間で、通信インフラ整備やICTの利活用などのICT分野に関する協力を行っている。

ア　インド

2022年（令和4年）5月、総務省とインド通信省との間で、オンラインにより、第7回日印合同作業部会を開催し、5G/Beyond 5G、Open RANなどのICT分野における取組状況を共有するとともに、今後の日印間協力について意見交換を行った。

イ　東南アジア諸国

ベトナムとは、2018年（平成30年）から日ベトナムICT共同作業部会を開催しており、2022年（令和4年）12月に開催した第6回作業部会では、デジタル・トランスフォーメーション、5G、郵便に関する情報共有・意見交換を実施し、今後の日越間協力の強化を確認した。

フィリピンとは、2023年（令和5年）2月にフィリピン情報通信技術省とICT分野の協力に関する覚書に署名し、両国間の情報通信分野（Open RANを含む5Gネットワークの構築支援など）における協力を一層強化していくことに合意した。

ウ　オーストラリア

2022年（令和4年）7月の共同声明を受け、「日豪テレコミュニケーション強靱化政策対話」が設置された。日本側は総務省、オーストラリア側は内務省及びインフラ・運輸・地域開発通信・芸術省が参加する枠組であり、Open RANを含む5G、光海底ケーブル、衛星通信と行った情報通信分野における情報共有や議論を定期的に行うとともに、必要に応じて共同プロジェクトの実施を検討し、「自由で開かれたインド太平洋」（FOIP）の実現に向け、インド太平洋地域のデジタル接

*12　2022年に省庁再編が実施され、現在の名称は経済・財務・産業・デジタル主権省となっている。

続性の確保・向上を目指すこととしている。

本政策対話の第1回会合は2023年（令和5年）2月に開催された。会合においては情報通信分野に関する幅広い議題が取り上げられるとともに、日豪両国の民間セクターを交えて官民で情報通信分野における活発な議論を行うべく、本政策対話の下に「トラック1.5会合」を設置することなどについて合意した。

4 中南米諸国との協力

中南米では、2006年（平成18年）にブラジルで日本方式の地上デジタル放送（地デジ）の採用がされた後、14か国で日本方式が採用されており、現在も、各国のアナログ放送の停波に向けた取組を支援するとともに、ペルー、エクアドル等の国々で日本方式の機能の一つである緊急警報放送システム（EWBS：Emergency Warning Broadcast System）の導入支援を行っている。

また、中南米各国に対して5Gのセミナーを行い、特にオープンでセキュアな5Gネットワーク構築の重要性を説明し、本分野で優れた技術を有する日本企業の中南米への展開支援も行っている。

さらに、各国で我が国の優れたICTを活用し社会課題の解決する取組を後押しするため、直近では、コロンビアではカルタヘナ市で、同市が持つ世界文化遺産の保護などを含むスマートシティの実証事業を実施したほか、エクアドルとブラジルでは、IoTデータやAIを活用し、農業生産者の作業を効率化する農業ICTソリューションの実証を実施している。また、チリでは、ローカル5Gを活用した医療ICTソリューションなどの実証を実施している。

5 その他地域との協力

ア　アフリカ地域との協力

アフリカ諸国とのICT協力は、ボツワナ（2013年（平成25年）採用、2022年10月完全デジタル化）、アンゴラ（2019年（令和元年））における地上デジタル放送日本方式の採用を端緒として進展してきた。2022年（令和4年）8月にはチュニジアで第8回アフリカ開発会議（TICAD8）が開催され、総務省では、公式サイドイベントとしてデジタル・トランスフォーメーション（DX）に関するオンラインセミナー及び日本企業のPRを目的としたオンライン展示会を開催したほか、会合成果として、日本とアフリカのICT分野における協力などを含む「TICAD8チュニス宣言」が採択された。

また、2019年度（令和元年度）以降、通信インフラ（ケニア、セネガル）、農業ICT（エチオピア、ボツワナ）、医療ICT（エジプト、ガーナ、ケニア、コンゴ民主共和国）、遠隔教育（セネガル）、スマートシティ（エジプト）に関する実証実験などを実施し、アフリカの社会課題解決へ貢献するとともに、日本企業による展開を支援している。

イ　中東地域との協力

総務省では、これまで、サウジアラビアとの協力関係を強化しており、「日・サウジ・ビジョン2030」（2017年（平成29年））及びサウジアラビア通信・情報技術省との間で署名したICT協力に関する協力覚書（2019年（令和元年））に基づき、2018年度（平成30年度）は官民ミッションのサウジアラビア派遣（2019年度（令和元年度）～2020年度（令和2年度）は、新型コロナウイルス感染症の感染拡大のため中止）、2022年（令和4年）1月にICT官民ワークショップをオンライン開催し、両国企業間の協力関係構築や、日本企業の技術展開支援を行っている。また、2021年度（令和3年度）にVR技術を活用したICT医療、2022年度（令和4年度）に周産期遠隔医療に関する実証実験を実施した。

また、イスラエルとの外交樹立70周年を契機として、2023年（令和5年）4月に、イスラエル通信省との間で電気通信技術及び郵便分野における協力覚書を締結した。

政策フォーカス　G7群馬高崎デジタル・技術大臣会合

1 G7群馬高崎デジタル・技術大臣会合の概要

2023年（令和5年）4月29日及び30日、総務省、デジタル庁、経済産業省が、群馬県高崎市において「G7群馬高崎デジタル・技術大臣会合」を開催した。同会合は、同年5月19日から21日にかけて開催されたG7広島サミットの関係閣僚会合の一つであり、G7メンバーのほか、招待国及び関係国際機関が参加した。

図表1　G7首脳及び関係閣僚会合一覧

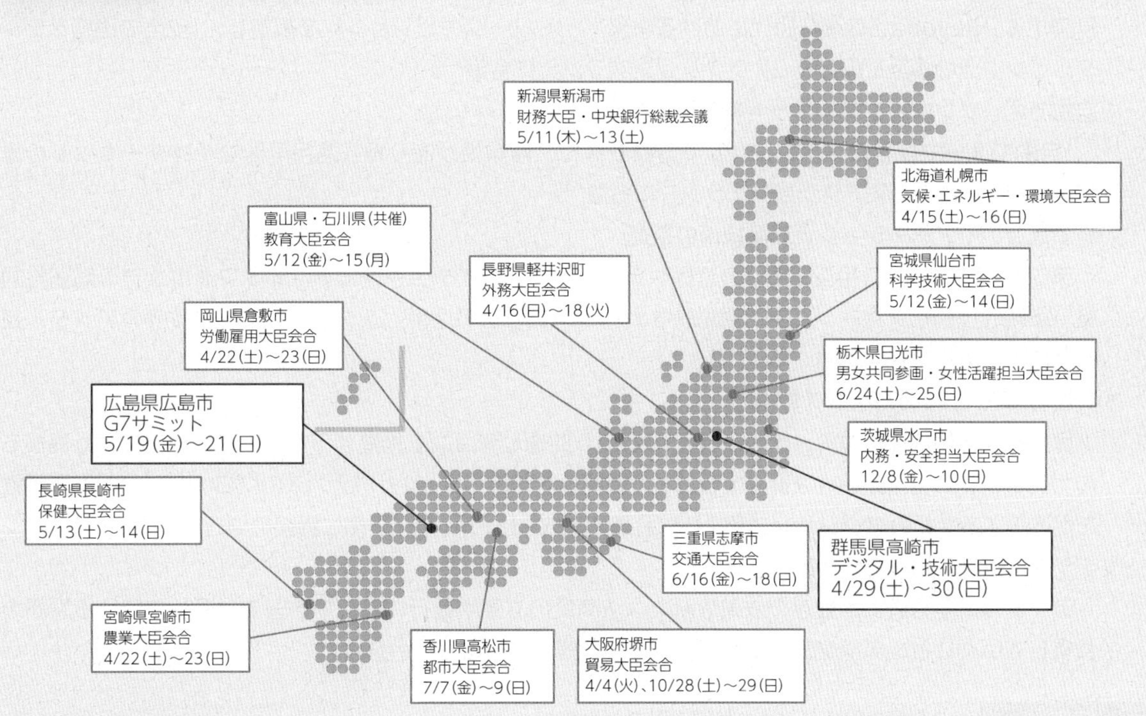

2 G7群馬高崎デジタル・技術大臣会合の結果

(1) これまでの議論の経緯

デジタル化の恩恵を世界全体が享受し、経済成長や雇用の創出につなげていくためには、国際的な政策連携が不可欠であり、我が国が議長国を務めた2016年（平成28年）4月のG7香川・高松情報通信大臣会合以降、G7及びG20の枠組みで、デジタル経済に関する議論が継続的に行われている。2019年（令和元年）6月にG20茨城つくば貿易・デジタル経済大臣会合が開催されて以降も、新型コロナウイルス感染症の影響により社会が大きく変化する中で、デジタル化の推進はより一層重要な論点として議論され続けており、2022年（令和4年）5月には、G7デジタル大臣会合（ドイツ）が開催されるなど、デジタル化を社会経済の更なる発展につなげていくためにG7が協力して取り組むべき事項が議論されてきた。

(2) G7群馬高崎デジタル・技術大臣会合の結果概要

本年の会合では、新型コロナウイルス感染症の拡大やロシアのウクライナ侵略により世界経済が受けた深刻な影響からの力強い回復を目指し、権威主義国の動向や世界経済の変調等直面する危機を踏まえ、DFFT（信頼性のある自由なデータ流通）、デジタルインフラ、インターネット・ガバナンス、AI等のデジタル分野におけるG7の結束した対応を示すことを目指すとともに、「グローバルサウス」との連携も視野に、デジタル分野での取組を加速させることを目指し、松本総務大臣、河野デジタル担当大臣、西村経済産業大臣の共同議長の下、①「越境データ流通及び信頼性あるデータの自由な流通の促進」、②「安全で強靭なデジタル

第5章　総務省におけるICT政策の取組状況

インフラ構築」、③「自由でオープンなインターネットの維持・推進」、④「経済社会のイノベーションと新興技術の推進」、⑤「責任あるAIとAIガバナンスの推進」、⑥「デジタル市場における競争政策」の6テーマに関して議論を行い、その成果として、5つの附属書を含む「G7群馬高崎デジタル・技術閣僚宣言」が採択された。これらの6つのテーマに関する閣僚宣言の主なポイントは以下のとおり。

①越境データ流通と信頼性のある自由なデータ流通（DFFT）の推進

DFFTの具体化のための国際枠組み（IAP）の設立及び「DFFTの具体化のためのG7ビジョン・プライオリティ」に合意。

②安全で強靭なデジタルインフラ構築

大容量・低遅延通信、エネルギー効率性、複層的ネットワーク、オープン性、相互運用性等の要素を具備する「Beyond 5G/6G時代における将来ネットワークのビジョン」を策定し、「安全で強靭なデジタルインフラの構築に向けたG7アクションプラン」に合意[*1]。

③自由でオープンなインターネットの維持・推進

「自由でオープンかつ、グローバルで分断がなく、信頼性があり相互運用可能なインターネットの維持・推進に向けたG7アクションプラン」に合意[*2]。

④経済社会のイノベーションと新興技術の推進

デジタルインフラの相互運用性の確保やデジタルサプライチェーンにおけるソフトウェアの脆弱性対策、革新的技術イノベーションに親和的なガバナンス手法の活用。メタバースに関する等のデジタル技術活用に係る将来的な議論。

⑤責任あるAIとAIガバナンスの推進

民主主義の価値に基づく、信頼できるAIという共通ビジョンを推進するため、国や地域により異なるAIガバナンスの相互運用性を促進することの重要性を認識し、「AIガバナンスのグローバルな相互運用性を促進等するためのアクションプラン」に合意。生成AIについて、早急に議論の場を持つことに合意[*3]。

⑥デジタル市場における競争政策

デジタル競争分野での既存の法律や新たな法制度の立案や執行において各国で共通して抱える課題を共有していくこと、デジタル競争サミットを今秋開催することに合意。

図表2　G7群馬高崎デジタル・技術大臣会合の模様

＊1　この他、ICTサプライチェーンにおけるサプライヤーの多様化に向けた取組を歓迎し、オープンで相互運用可能なアプローチに向けた市場動向について引き続き議論したほか、地上系/非地上系ネットワーク、海底ケーブル等で構成される複層的なネットワークの開発、展開、維持が重要であり、同志国との協力を深化すること等について合意。

＊2　この他、グローバルで分断のないインターネットを推進し、分断に向けたいかなる意図や行動に反すること、権威主義国によるインターネットシャットダウンやネットワーク制限等の活動に共同で対抗することについてG7として確認したほか、IGF2023京都会合の成功に向け、様々なステークホルダーと連携し、G7として協力して取り組む点について一致。また、既存の偽情報対策をプラクティス集として取りまとめ、IGF2023京都会合において公表することで一致。

＊3　生成AI技術による機会と課題を早急に把握し、技術の発展に際して、安全性と信頼性を促進する必要性を認識し、生成AIの急速な伸張の中で、OECDやGPAIなどの国際機関等も活用したAIガバナンス、知的財産権保護、透明性確保、偽情報への対策とともに、責任ある形での生成AIを活用する可能性についてのG7における議論の場を設置することについて一致。

（参考）G7広島サミットでの議論（首脳コミュニケの主なポイント）

2023年5月20日に発出された「G7広島首脳コミュニケ」においては、G7群馬高崎デジタル・技術大臣会合の結果も踏まえ、デジタル分野に関し、AIやメタバース等の新興技術に関するグローバルガバナンスの重要性、DFFT具体化の取組の支持、安全で強靱なデジタルインフラの構築及びデジタル格差への対処の必要性等に合意した。首脳コミュニケにおける主な内容は以下のとおり。

AI関連：生成AIのガバナンス、知的財産権保護、透明性促進、偽情報への対策及びこれらの技術の責任ある活用といったテーマを含む形で、関係閣僚に対して、生成AIに関する議論のために、包摂的な方法で、OECDやGPAIと協力しつつ、G7作業部会を通じた、「広島AIプロセス」を立ち上げるよう指示し、年内に作業部会で議論する。

メタバース関連：全ての産業及び社会部門において革新的な機会を提供し、持続可能性を促進しうるメタバースなどの没入型技術及び仮想空間の潜在性を認識し、OECDの支援を受けて、相互運用性、ポータビリティ及び標準を含め、この分野での共同のアプローチを検討するよう関係閣僚に指示。

DFFT具体化の取組：DFFT具体化に向けたパートナーシップのためのアレンジメント（IAP：Institutional Arrangement for Partnership）の設立を承認。

安全で強靱なデジタルインフラの構築及びデジタル格差への対処の必要性：海底ケーブルの安全なルートの延長などの手段により、ネットワークの強靱性を支援し強化するために、G7や同志国との協力を深化することにコミットすることを確認するとともに、G7日本議長国下で、Open RANの初期の導入が進んでいることに鑑み、オープンな構成及びセキュリティに関連する側面と機会について意見交換を実施。デジタル格差の解消の必要性を認識し、公平性、普遍性及び廉価性の原則の下、デジタル・アクセスを拡大するために他の国々を支援するというG7のコミットメントを再確認。

第9節　郵政行政の推進

1　概要

1　これまでの取組

1871年（明治4年）の郵便創業以来、日本全国で整備されてきた郵便局のネットワークは、2007年（平成19年）10月1日の民営化の直前、全国で2万4千局余りを擁していた。民営化後も、郵便局は、あまねく全国で利用されることを旨として設置されることとされている。

総務省では、郵便局が提供するユニバーサルサービスの確保、地域における郵便局の拠点性の住民サービスへの活用に取り組んでいる。

2　今後の課題と方向性

我が国においては、少子高齢化、都市への人口集中、自然災害の多発、行政手続のオンライン化を含む社会全体のデジタル化など、社会環境は大きく変化している。特に地方においては、生活に必要な役割を担う公的な企業の撤退や、行政サービスを提供する地方自治体の支所等の廃止が進み、地域に残る公的基盤としての郵便局の重要性は増大している。

このため、日本郵政グループが民間企業として必要な業績を確保しつつ、郵便局ネットワークとユニバーサルサービスが中長期的に維持されていくとともに、郵便局とその提供するサービスが国民・利用者の利便性向上や地域社会への貢献に資することが重要である。

総務省では、引き続き日本郵政グループの経営の健全性と公正かつ自由な競争を確保し、郵便局が提供するユニバーサルサービスの安定的な確保を図るとともに、約2万4千局の郵便局ネットワークを有効に活用し、デジタル化の進展にも対応しながら、新たな時代に対応した多様かつ柔軟なサービス展開、業務の効率化などを通じ、国民・利用者の利便性向上や地域社会への貢献を推進する必要がある。

2　郵政行政の推進

1　郵政事業のユニバーサルサービスの確保

ア　郵便局ネットワークの維持の支援のための交付金・拠出金制度

2018年（平成30年）6月に、郵政事業のユニバーサルサービスの提供を安定的に確保するため、郵便局ネットワークの維持の支援のための交付金・拠出金制度が創設され、2019年（平成31年）4月から制度運用が開始された。独立行政法人郵便貯金簡易生命保険管理・郵便局ネットワーク支援機構が、交付金の交付、拠出金の徴収等を実施しており、2023年度（令和5年度）の日本郵便への交付金の額は約3,000億円であり、拠出金の額はゆうちょ銀行が約2,436億円、かんぽ生命が約565億円となっている。

2　郵便局の地域貢献

ア　デジタル社会における郵便局の地域貢献の在り方

我が国では、少子高齢化と人口減少が進み、さらに、新型コロナウイルス感染症の流行に伴い、地域社会の疲弊が一層進行しており、全国津々浦々に存在する郵便局が果たす地域貢献への期待がますます高まっている。こうした中、郵便局が、地理的・時間的な制約の克服を可能とするデジタル化のメリットと、地域拠点としての有用性を活かして果たすべき地域貢献の在り方を見極めていくことが重要である。このことから、総務省では2022年（令和4年）10月、情報通信審議会に対して、デジタル社会における郵便局の地域貢献の在り方について諮問を行い、同審議会郵政政策部会において審議が開始された。同部会では、①地方自治体をはじめとする地域の公的基盤と郵便局の連携の在り方、②郵便局のDX・データ活用を通じた地域貢献の在り方などについて審議を行っており、「郵便局を通じたマイナンバーカードの普及・活用」に関しての中間報告を同年12月に取りまとめた。

また、総務省では、2022年（令和4年）10月に関係部局からなる郵便局を活用した地方活性化方策検討プロジェクトチームを設置し、郵便局を活用した地方活性化方策について検討を進め、前述の「郵便局を通じたマイナンバーカードの普及・活用」の推進に加え、郵便局での地方自治体窓口事務等の取扱いの推進をはじめ、消防、防災、行政相談等の様々な方策について取りまとめ、2023年（令和5年）3月に公表した。本取りまとめにおいて、全国津々浦々に窓口があるなどの強みを持つ郵便局と地方自治体の連携が進むよう、各地域の取組推進に向け、全国の地方自治体、郵便局に対し方策を広く周知していくこととしている。

イ　郵便局を通じたマイナンバーカードの普及・活用の推進

住民にとって、マイナンバーカードはデジタル社会を新しく作っていくためのいわばパスポートのような役割を果たすものであり、社会全体でデジタル化が進む中、必要不可欠なものとなりつつある。

全国津々浦々に存在する郵便局は、ユニバーサルサービスの維持が法律により義務付けられており、過疎地においても郵便局のネットワークが維持されつづけている。こうしたことから、郵便局は高齢者等の地域住民の生活インフラとなっており、特に過疎地においては、人口減少の中、最後の「常勤の社員がいる事業拠点」となりつつある。

住民のマイナンバーカード普及・活用に際しては、こうした郵便局の拠点性を活かすことが有用であるとの考えの下、情報通信審議会郵政政策部会において、2022年（令和4年）12月に「デジタル社会における郵便局の地域貢献の在り方」の中間報告として、郵便局におけるマイナンバーカードの普及・活用策が取りまとめられた。

中間報告には、①郵便局における申請サポートの拡大の要請、②市町村によるマイナンバーカード出張申請受付に対する郵便局スペースの積極的提供の要請、③マイナンバーカード申請勧奨ポスターの郵便局掲示等マイナンバーカードの申請勧奨、④郵便局におけるマイナンバーカード交付に必要な法律改正の検討、⑤電子証明書の発行・更新、暗証番号の変更・初期化に係る事務の委託推進、⑥コンビニがない市町村を中心とした郵便局への証明書自動交付サービス端末の導入支援、⑦郵便局などにおける証明書の自動交付サービスの導入に係る地方財政措置など、国において早急に実施すべき取組が盛り込まれた。これを受けて、848地方自治体、3,511局の郵便局（3月31日時点）においてマイナンバーカードの申請サポートが行われるなど、具体的な取組が実施された。総務省は引き続き、郵便局におけるマイナンバーカード交付に必要な法律改正の手続を進め、普及に向けて地方自治体と郵便局を伴走支援するほか、郵便局におけるマイナンバーカードの取得推進や郵便局におけるマイナンバーカード関連事務の受託に向けた地方自治体・郵便局への働きかけなどに取り組んでいる。

ウ　行政サービスの窓口としての活用推進

総務省では、令和3年度補正予算により、低コストで導入可能な「郵便局型マイナンバーカード利用端末」（郵便局型キオスク端末）を開発実証した。この端末により、住民票など証明書発行手続がデジタル化され、地方自治体を介さず、郵便局だけで完結して証明書を発行することが可能となる（**図表5-9-2-1**）。現在、令和4年度第2次補正予算により、コンビニがない市町村を中心として、郵便局等へ「郵便局型マイナンバーカード利用端末」の導入を支援するとともに、マイナンバーカードを利活用した住民サービス向上のための取組として、地方自治体が郵便局などにおける証明書の自動交付サービスを導入する経費について、令和5年度より特別交付税措置（措置率0.7）を講じている。

図表5-9-2-1　郵便局型キオスク端末

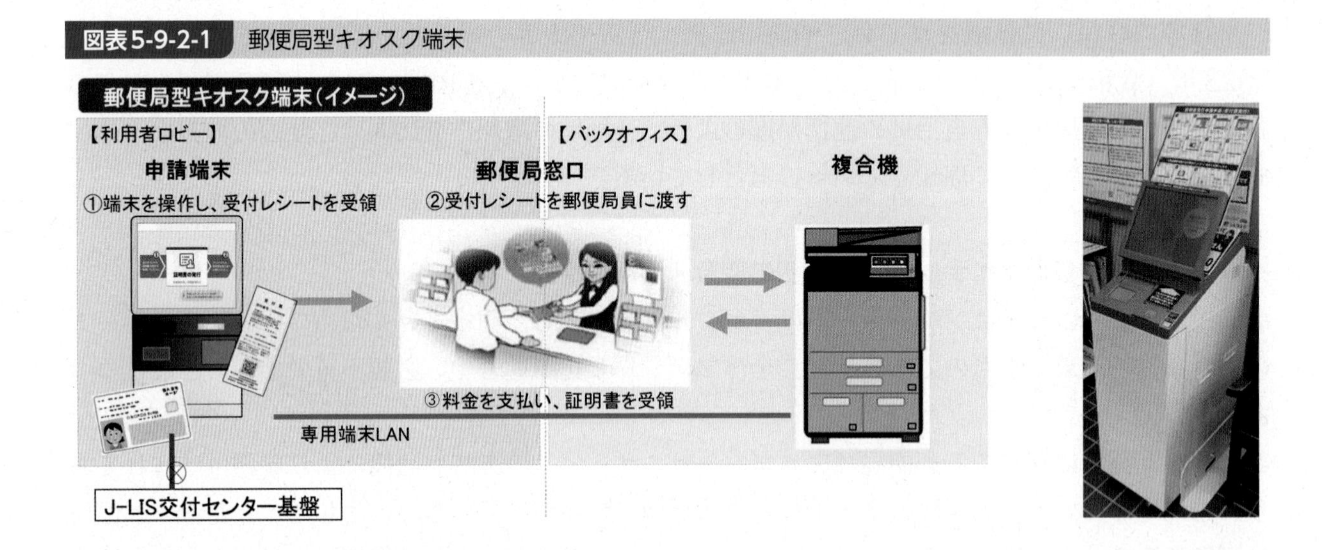

エ　郵便局と地域の公的基盤との連携

総務省では、2019年度（令和元年度）から2021年度（令和3年度）まで「郵便局活性化推進事業（郵便局×地方自治体等×ICT）」として、郵便局の強みを生かしつつ、地域の諸課題解決や利用者利便の向上を推進するための実証を行い、モデル事業として全国に普及展開してきた。2022年（令和4年）1月には、実証を通じて開発された「スマートスピーカーを活用した郵便局のみまもりサービス」が日本郵便による地方自治体向けのサービスとして開始された。日本郵便は、同年12月末までに29の地方自治体から郵便局のみまもりを受託している。

また、総務省は、2022年度（令和4年度）から、「郵便局等の公的地域基盤連携推進事業」（**図表5-9-2-2**）として、あまねく全国に拠点が存在する郵便局と地方自治体等の地域の公的基盤とが連携し、デジタルの力を活かし地域課題の解決を推進するための実証を行っている。2022年度（令和4年度）は、郵便局でのマイナンバーカードと交通系ICカードの紐付け支援による地域MaaSの支援（群馬県前橋市）、中山間地域における郵便局のドローンの公的活用（三重県熊野市）、郵便局で商品を注文できる買い物サービス支援（熊本県八代市）に関する実証事業を実施した（**図表5-9-2-3**）。2023年度（令和5年度）は、これらの事業の成果を全国へ普及展開するとともに、郵便局におけるオンライン診療等の実証事業を実施する予定であり、引き続き、郵便局と地域の公的基盤との連携による地域の課題解決のモデルケースを創出していく予定である。

図表5-9-2-2　郵便局等の公的地域基盤連携推進事業

図表5-9-2-3　地域実証の様子

郵便局でのマイナンバーカードと交通系ICカードの紐付け支援（群馬県前橋市）

中山間地域における郵便局のドローンの公的活用（災害時における緊急救援物資配送の試行）（三重県熊野市）

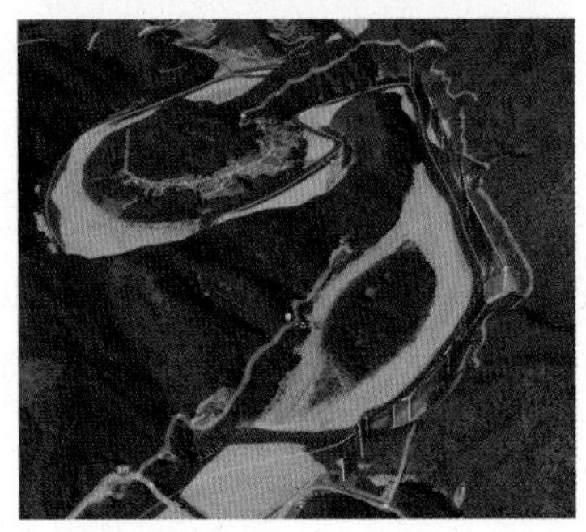

郵便局窓口での買い物サービス支援（熊本県八代市）

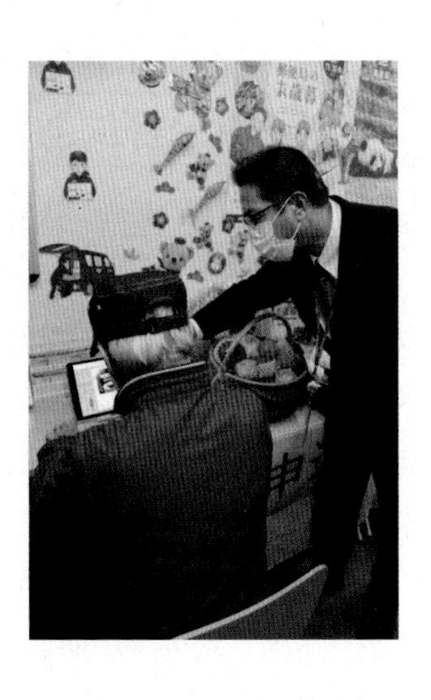

（出典）中央下画像：GoogleEarthにより株式会社ACSLにて作成（Map data © 2022 Google）

3　郵便局で取得・保有するデータの活用

ア　郵便局データ活用とプライバシー保護の在り方に関する検討会

総務省では、信書の秘密、郵便物に関して知り得た他人の秘密及び個人情報の適切な取扱いを確保しつつ、郵便局が保有・取得するデータの有効活用を促進するため、2021年（令和3年）10月から「郵便局データの活用とプライバシー保護の在り方に関する検討会」を開催し、郵便事業分野における個人情報保護に関するガイドライン（平成29年総務省告示第167号。以下「郵便分野ガイドライン」という。）の解説の改定を行うとともに、報告書を2022年（令和4年）7月に公表した。本報告書においては、郵便局データ活用に向けた基本的な考え方や日本郵政・日本郵便の取組、総務省等が実施すべき施策が「郵便局データ活用推進ロードマップ」として示されており、総務省の取り組むべき事項として、郵便局データ活用アドバイザリーボードの創設、郵政行政モニタリング会合等による監督の強化等が挙げられている。

イ　郵便局データ活用アドバイザリーボード

上記の報告書を受け、総務省では、2022年（令和4年）12月から「郵便局データ活用推進ロードマップ」における取組・施策の実施に際して有識者等から助言を得ることを目的として「郵便局データ活用アドバイザリーボード」を開催しており、郵便分野ガイドラインの解説に追記された公的機関等へのデータ提供（災害、税、弁護士会照会）の具体的運用や日本郵政・日本郵便のデータ活用に関する施策の定期的なフォローアップ等に取り組んでいる。

4　ゆうちょ銀行・かんぽ生命の新たな金融サービス

総務省及び金融庁は、ゆうちょ銀行に対し、2022年（令和4年）3月に「投資一任契約の締結の媒介業務」について郵政民営化法に基づく認可を行った。同年5月からゆうちょ銀行の全店舗において、投資一任サービスが取り扱われている。

また、かんぽ生命からは、2022年（令和4年）6月に「契約更新制度導入に伴う商品改定」、同年12月に「学資保険の商品改定」について、郵政民営化法に基づく届出[*1]があった。契約更新制度については同年10月から、学資保険については2023年（令和5年）4月から、かんぽ生命及び全国の郵便局において取り扱われている。

3　国際分野における郵政行政の推進

1　万国郵便連合（UPU）への対応

国連の専門機関の一つである万国郵便連合（UPU）では、世界の郵便ネットワーク・サービスの発展を実現し、国際郵便に係る利便性の一層の向上を図るため、様々な協力プロジェクトの実施や、国際郵便に関する公正で開かれたルールの策定が進められている。そして特に近年、UPUは、越境電子商取引の拡大に対応した適切な国際郵便の枠組の策定を担う機関として、国際物流の発展に大きな役割を果たすことが期待されている状況にある。

このような中、2022年（令和4年）1月から、我が国の目時政彦氏がUPUの事務局長（任期：1期4年間、最大で2期まで可能）を務めており、UPUにおける様々な取組を牽引していくことが期待されている。

総務省としても、目時事務局長のリーダーシップを積極的に支えており、例えば、目時事務局長の就任を踏まえ、UPUへの更なる貢献を図る観点から、UPUに対する任意拠出金を増額し、UPUにおける様々な協力プロジェクトへの支援を強化している。

具体的には、総務省においては、UPUとの間の協力覚書に基づき、①災害に強い郵便ネットワーク構築の取組、②環境への負荷の少ない郵便ネットワーク構築を通じた気候変動対応の取組、③郵便ネットワークを金融包摂や感染症対策などの社会的ニーズへの対応、新ビジネスの展開などの基盤として活用する取組、④ICTなどの最先端技術を活用した郵便ネットワーク・サービスの付加価値向上の取組を対象分野として、UPU加盟国における協力プロジェクトの実施を支援してきているが、目時事務局長の就任直後の2022年（令和4年）3月にこの協力覚書を更新し、UPU

＊1　2021年（令和3年）6月、日本郵政がかんぽ生命株式の2分の1以上を処分したことから、かんぽ生命の新規業務は認可制から届出制へ移行。

への任意拠出金の増額を踏まえた実施プロジェクトの拡充（気候変動対応への取組の強化等）を図っている。

また、協力プロジェクトの一つとして、2022年度（令和4年度）において、UPUが設置する緊急連帯基金（ESF：Emergency Solidarity Fund[*2]）への拠出を通じたウクライナの郵便分野への支援も行っている。このような支援を通じて、我が国として、世界の郵便ネットワーク・サービスの一層の発展に貢献するとともに、UPUにおける国際郵便に関する公正で開かれたルールの策定にも積極的に貢献している。

2 日本型郵便インフラの海外展開支援

総務省では、政府の「インフラシステム海外展開戦略2025[*3]」（令和4年6月追補版）及び「総務省海外展開行動計画2025」（令和4年7月策定[*4]）の一環として、日本型郵便インフラシステムの海外展開を推進している。この取組は、アジア、東欧などの主に新興国・途上国を対象に、我が国の郵便に関連する優れた技術や業務ノウハウを提供し、相手国の郵便事業の近代化・高度化を支援するものである。郵便インフラの核である区分機などの更新や拡張の機会を捉え、区分センターで利用される機材などの周辺ビジネスの獲得を図りつつ、相手国の郵便事業全般に係るニーズや課題の把握に努め、eコマースやDX（デジタル・トランスフォーメーション）、GX（グリーン・トランスフォーメーション）などの新たなビジネスの可能性も探ることで、関連の分野において技術・知見を有する我が国企業の参入を促している。

引き続き各国との協力事業を深掘りしていくとともに、新たな協力対象国の発掘に向けて、郵便関連の国際会議等への積極的な参加を通じた諸外国の郵便事業体との関係構築や、各地域の郵便事情に関する基礎調査等を実施していくことで、日本型郵便インフラシステムの海外展開を推進していく。

4 信書便事業の動向

民間事業者による信書の送達に関する法律（平成14年法律第99号）により、民間事業者も信書の送達事業を行うことが可能となった。郵便のユニバーサルサービスの提供確保に支障がない範囲の役務のみを提供する特定信書便事業については、583者（2022年度（令和4年度）末現在）が参入しており、顧客のニーズに応えて、一定のルートを巡回して各地点で信書便物を順次引き受け配達する巡回集配サービスや、比較的近い距離や限定された区域内を配達する急送サービス、お祝いやお悔やみなどのメッセージを装飾が施された台紙などと一緒に配達する電報類似サービスなどが提供されている。

総務省では、信書便事業の趣旨や制度内容に関する理解を促進し、信書を適切に送っていただくため、信書の定義や信書便制度などについての周知を行っている。

＊2　災害等により被害を受けた加盟国に対する緊急援助を行うためのUPUの基金。
＊3　インフラシステム海外展開戦略2025（令和4年6月追補版）：https://www.kantei.go.jp/jp/singi/keikyou/dai54/infra.pdf
＊4　総務省海外展開行動計画2025（令和4年7月策定）：https://www.soumu.go.jp/main_content/000842643.pdf

資料編

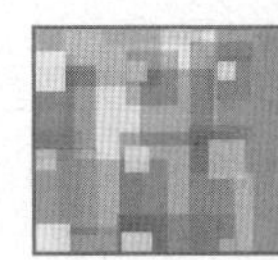

付注

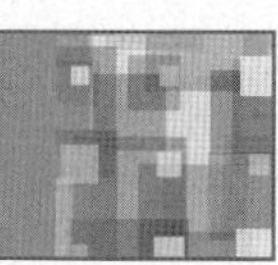

付注1　ICT基盤の高度化とデジタルデータ及び情報の流通に関する調査研究の請負
一般国民向けアンケート調査概要

一般国民を対象にプラットフォームサービスの利用状況及びプラットフォームサービスへのパーソナルデータの提供への考え、偽・誤情報等やターゲティング広告などのインターネット上の情報との接し方、Beyond5G/6G、Web3、生成AIなどの新しいサービス等についての認知度・利用意向等についての把握を行った。調査の概要を以下に示す。

<table>
<tr><th>項目</th><th>概要</th></tr>
<tr><td>調査方法</td><td>インターネットアンケート調査</td></tr>
<tr><td>調査時期</td><td>2023年2月上旬～2月下旬</td></tr>
<tr><td>対象地域</td><td>日本、米国、ドイツ及び中国</td></tr>
<tr><td>対象の選定方法</td><td>アンケート調査会社が保有するモニターから、年代別（20代、30代、40代、50代、60代以上）及び性別（男女）に抽出を行った。</td></tr>
<tr><td>有効回答数</td><td>年齢（20、30、40、50、60代以上）、性別（男女）で各100件ずつ、各国で合計1,000件のサンプル回収を行った。
各国における回収数は下記の通りである。
〈日本、米国、ドイツ、中国〉
<table>
<tr><th>年代</th><th>男性</th><th>女性</th></tr>
<tr><td>20-29</td><td>100</td><td>100</td></tr>
<tr><td>30-39</td><td>100</td><td>100</td></tr>
<tr><td>40-49</td><td>100</td><td>100</td></tr>
<tr><td>50-59</td><td>100</td><td>100</td></tr>
<tr><td>60-</td><td>100</td><td>100</td></tr>
<tr><td rowspan="2">合計</td><td>500</td><td>500</td></tr>
<tr><td colspan="2">1,000</td></tr>
</table>
</td></tr>
<tr><td>主な調査項目</td><td>①基本属性（性別、年代、職業、居住地域特性、世帯年収）
②プラットフォームサービスの利用状況（利用端末、活用レベル、PFサービス利用状況、ソーシャルログイン）
③プラットフォーマーによるデータの利用（パーソナルデータの提供・活用の認識、提供への不安、提供条件、ターゲティング広告とサービス利用、端末のトラッキング機能、対策状況等）
④インターネット上の情報との接し方（ニュース取得方法、情報収集方法の考え方、オンラインサービス特性やパーソナライズの理解状況、投稿する際の注意点、信頼できるオンラインサイト、自身のパーソナルデータが利活用されていることへの認知状況、ターゲティング広告への印象、データ提供を行うにあたりメリットを重視するか）
⑤5G/B5G等、新興サービスの認知度及び利用状況（5G/B5GやWeb3、生成AIなどの関連用語の認知状況、各種サービス等の利用意向）</td></tr>
<tr><td>留意事項</td><td>・アンケート調査会社の登録モニターを対象とした。国や性別・年代によっては、モニターの登録者数が少ないなどの要因によって、対象者の特性や回答に偏りが生じている可能性がある。</td></tr>
</table>

付注２　国内外におけるデジタル活用の動向等の調査

(1) アンケート調査概要

ア　国民生活

本アンケートでは、日本及び米国、ドイツ、中国の一般国民を対象に、働き方、民間サービス、公的サービスにおけるデジタル利活用の状況について調査した。

項目	概要
抽出方法	インターネットアンケート調査
調査期間	2022年12月-2023年1月
対象	アンケート調査会社が保有するモニターから、年齢が偏らないように抽出
本調査有効回答数	（下表参照）※本アンケートでは20歳代未満及び70歳代以上は対象外とした
主な調査項目	●基本的属性　(年代) ●テレワークなどの働く上でのデジタルサービスの利用状況 ●仮想空間上の体験型エンターテインメントサービスの利用状況 ●電子行政サービスの利用状況 ●各種サービスのデジタル化に対する期待／懸念 ●デジタル活用におけるリテラシー・考え方

	20歳代	30歳代	40歳代	50歳代	60歳代	合計
日本	206	206	206	206	206	1030
米国	104	104	104	104	104	520
ドイツ	104	104	104	104	104	520
中国	104	104	104	104	104	520
合計	518	518	518	518	518	2590

イ　企業活動

本アンケートでは、日本及び米国、ドイツ、中国の企業を対象に、技術・データ、組織、人材の観点でデジタル利活用の状況について調査した。

項目	概要
抽出方法	インターネットアンケート調査
調査期間	2022年12月-2023年1月
対象	アンケート調査会社が保有する各国の本籍を保有する従業員10名以上の企業に勤めるモニターの中から役職が課長職以上の方を抽出
本調査有効回答数	（下表参照）※企業規模は中小企業庁の「中小企業の定義」[*1]及び、昨年度の委託調査結果[*2]を踏まえ、「製造業」、「建設業」、「電気・ガス・熱供給・水道業」、「金融業・保険業」、「不動産業・物品賃貸業」、「運輸業・郵便業」、「情報通信業」は従業員数が300人以上の企業を「大企業」、同300人未満の企業を「中小企業」として分類した。「卸売業・小売業」、「サービス業・その他」は、従業員数が100人以上の企業を「大企業」、同100人未満の企業を「中小企業」として分類した。
主な調査項目	●基本的属性（業種、従業員数） ●デジタル化に取り組むうえで活用するデータ・技術 ●デジタル化に取り組んだ効果 ●デジタル化推進に向けた組織的な取組 ●デジタル人材の不足状況と確保に向けた取組 ●デジタル化を進めていくうえでの課題

	大企業	中小企業	合計
日本	379	136	515
米国	190	119	309
ドイツ	221	88	309
中国	279	30	309
合計	1069	373	1442

(2) 国内外におけるデジタル活用の動向分析

ア　国民生活

（1）アのアンケート結果から、各国における働き方、民間サービス、公的サービスにおけるデジタル利活用状況を把握し、各国比較を通じて日本におけるデジタル活用の特徴及び課題を抽出した。

イ　企業活動

（1）イのアンケート結果から、各国の企業のデジタル化の取組状況を技術・データ、組織、人材の観点で把握し、各国比較を通じて日本企業におけるデジタル活用の特徴及び課題を抽出した。

＊1　「中小企業・小規模企業者の定義」（中小企業庁）https://www.chusho.meti.go.jp/soshiki/teigi.html

＊2　「国内外における最新の情報通信技術の研究開発及びデジタル活用の動向に関する調査研究」（総務省、2022）
https://www.soumu.go.jp/johotsusintokei/linkdata/r04_03_houkoku.pdf

付注3　ICTの経済分析に関する調査（日本の情報通信産業の範囲）

日本の情報通信産業の範囲

	情報通信産業の範囲	情報通信産業連関表の部門
1. 通信業		
	固定電気通信	固定電気通信
	移動電気通信	移動電気通信
	電気通信に附帯するサービス	電気通信に附帯するサービス
2. 放送業		
	公共放送	公共放送
	民間放送	民間テレビジョン放送・多重放送 民間ラジオ放送 民間衛星放送
	有線放送	有線テレビジョン放送 有線ラジオ放送
3. 情報サービス業		
	ソフトウェア	ソフトウェア業
	情報処理・提供サービス	情報処理サービス 情報提供サービス
4. インターネット附随サービス		
	インターネット附随サービス	インターネット附随サービス
5. 映像・音声・文字情報制作業		
	映像・音声・文字情報制作業	映像・音声・文字情報制作業（除、ニュース供給業）
	新聞	新聞
	出版	出版
	ニュース供給	ニュース供給
6. 情報通信関連製造業		
	電子計算機・同付属装置製造	パーソナルコンピュータ
		電子計算機本体（除パソコン）
		電子計算機付属装置
	有線通信機械器具製造	有線電気通信機器
	無線通信機械器具製造	携帯電話機
		無線電気通信機器（除携帯電話機）
	その他の電気通信機器製造	その他の電気通信機器
	フラットパネル・電子管製造	フラットパネル・電子管
	半導体素子製造	半導体素子
	集積回路製造	集積回路
	液晶パネル製造	液晶パネル
	その他の電子部品製造	その他の電子部品
	ラジオ・テレビ受信機・ビデオ機器製造	ラジオ・テレビ受信機
		ビデオ機器・デジタルカメラ
	通信ケーブル製造	通信ケーブル・光ファイバケーブル
	事務用機械器具製造	事務用機械
	電気音響機械器具製造	電気音響機器
	情報記録物製造	情報記録物
7. 情報通信関連サービス業		
	情報通信機器賃貸業	電子計算機・同関連機器賃貸業 事務用機械器具（除電算機等）賃貸業 通信機械器具賃貸業
	広告業	広告
	印刷・製版・製本業	印刷・製版・製本
	映画館・劇場等	映画館、劇場・興行場
8. 情報通信関連建設業		
	電気通信施設建設	電気通信施設建設
9. 研究		
	研究	研究

付注4　内生77部門表

ICT財・サービス		一般財・サービス	
1	固定電気通信	44	農林水産業
2	移動電気通信	45	鉱業
3	電気通信に附帯するサービス	46	飲食料品
4	公共放送	47	繊維製品
5	民間テレビジョン放送・多重放送	48	パルプ・紙・木製品
6	民間ラジオ放送	49	化学製品
7	民間衛星放送	50	石油・石炭製品
8	有線テレビジョン放送	51	プラスチック・ゴム
9	有線ラジオ放送	52	窯業・土石製品
10	ソフトウェア業	53	鉄鋼
11	情報処理サービス	54	非鉄金属
12	情報提供サービス	55	金属製品
13	インターネット附随サービス	56	はん用機械
14	新聞	57	生産用機械
15	出版	58	業務用機械
16	ニュース供給	59	電気機械
17	映像・音声・文字情報制作業（除、ニュース供給業）	60	輸送機械
18	パーソナルコンピュータ	61	その他の製造工業製品
19	電子計算機本体（除パソコン）	62	建設
20	電子計算機附属装置	63	電力・ガス・熱供給
21	有線電気通信機器	64	水道
22	携帯電話機	65	廃棄物処理
23	無線電気通信機器（除携帯電話機）	66	商業
24	その他の電気通信機器	67	金融・保険
25	半導体素子	68	不動産
26	集積回路	69	運輸・郵便
27	液晶パネル	70	公務
28	フラットパネル・電子管	71	教育
29	その他の電子部品	72	医療・福祉
30	ラジオ・テレビ受信機	73	他に分類されない会員制団体
31	ビデオ機器・デジタルカメラ	74	対事業所サービス
32	通信ケーブル・光ファイバケーブル	75	対個人サービス
33	事務用機械	76	事務用品
34	電気音響機器	77	分類不明
35	情報記録物		
36	電子計算機・同関連機器賃貸業		
37	事務用機械器具（除電算機等）賃貸業		
38	通信機械器具賃貸業		
39	広告		
40	印刷・製版・製本		
41	映画館、劇場・興行場		
42	電気通信施設建設		
43	研究		

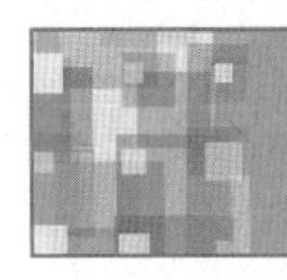

図表索引

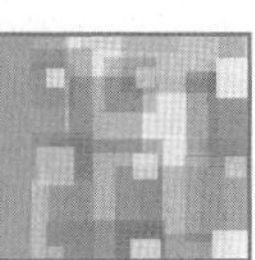

第1章　データ流通の進展

第2章　データの流通・活用の現状と課題

図表索引

図表番号 ページ	QRコード	図表タイトル
Webのみ –		地方自治体におけるRPA導入状況（RPAの分野別導入状況）
4-11-3-7 P.158		職員のテレワーク導入状況
4-12-1-1 P.159		日本郵政グループの組織図
4-12-1-2 P.159		日本郵政グループの経営状況
4-12-1-3 P.160		日本郵便（連結）の営業損益の推移
Webのみ –		郵便事業の収支
4-12-1-4 P.160		郵便事業の関連施設数の推移
Webのみ –		郵便局数の内訳（2022年度末）
4-12-1-5 P.161		総引受郵便物等物数の推移
4-12-1-6 P.162		ゆうちょ銀行の預貯金残高の推移
4-12-1-7 P.162		かんぽ生命の保有契約件数、保有契約年換算保険料の推移
4-12-2-1 P.163		信書便事業者の売上高の推移
Webのみ –		特定信書便事業者数の推移
Webのみ –		提供役務種類別・事業者数の推移
Webのみ –		引受信書便物数の推移

第5章　総務省におけるICT政策の取組状況

図表番号 ページ	QRコード	図表タイトル
Webのみ –		デジタル田園都市国家構想実現会議
Webのみ –		総務省デジタル田園都市国家構想推進本部
図表1 P.167		2030年頃の来たる未来に向け我が国が取り組むべき方向性
Webのみ –		2030年頃の来たる未来の姿
Webのみ –		「2030年頃を見据えた情報通信政策の在り方」最終答申の概要
Webのみ –		携帯電話ポータルサイト
5-2-5-1 P.180		「#NoHeartNoSNS（ハートがなけりゃSNSじゃない！）」関連コンテンツ
5-2-5-2 P.183		青少年フィルタリング及び海賊版対策に係る啓発動画
Webのみ –		電気通信紛争処理委員会の機能の概要
Webのみ –		あっせんの処理状況
5-3-3-1 P.189		5Gの特長
5-3-3-2 P.190		各国・地域の5G推進団体
5-3-3-3 P.191		5G整備のイメージ
5-3-3-4 P.191		デジタル田園都市国家インフラ整備（ロードマップ）
5-3-4-1 P.192		V2X通信のイメージ
5-3-4-2 P.193		公共安全LTEの実現イメージ
5-3-6-1 P.195		医療施設向け電波遮へい対策事業のスキーム図
5-4-2-1 P.198		「デジタル時代における放送制度の在り方に関する検討会」取りまとめ（令和4年8月5日公表）概要
5-4-4-1 P.200		衛星放送の未来像に関するワーキンググループ報告書概要
5-4-5-1 P.203		放送コンテンツの海外展開の推進
5-4-7-1 P.204		「新たな日常」の定着に向けたケーブルテレビ光化による耐災害性強化事業
5-4-7-2 P.204		放送ネットワーク整備支援事業
Webのみ –		NOTICE及びNICTERに関する注意喚起の概要
5-5-2-1 P.209		トラストサービスのイメージ
5-5-3-1 P.211		実践的サイバー防御演習（CYDER：CYber Defense Exercise with Recurrence）
5-5-3-2 P.211		2022年度CYDER実施状況
Webのみ –		サイバーセキュリティ統合知的・人材育成基盤（CYNEX）
Webのみ –		政府端末情報を活用したサイバーセキュリティ情報の収集・分析に係る実証事業（CYXROSS）
Webのみ –		各地域におけるセキュリティコミュニティ
Webのみ –		テレワークにおけるセキュリティ確保

図表索引

参考文献

第１章
総務省「Web3 時代に向けたメタバース等の利活用に関する研究会」資料

第２章
Ericsson "Ericsson Mobility Visualizer"
日本貿易振興機構（JETRO）（2022.8.2）「データ取り巻く環境は今（世界）越境データ・フロー、投資、通商ルールからの考察」
総務省（2020）「データ流通環境等に関する消費者の意識に関する調査研究」
総務省（2023）「国内外における最新の情報通信技術の研究開発及びデジタル活用の動向に関する調査研究」
メディカル・データ・ビジョン株式会社「国内最大規模の RWD を持つ MDV の AWS 活用事例」
SANDVNE「PHENOMENA（THE GLOBAL INTERNET PHENOMENA REPORT JANUARY 2023）」
Statista「Most popular multi-platform web properties in the United States in July 2022, based on number of unique visitors」
Security.org「The Data Big Tech Companies Have On You」
Statista 提供データ
公正取引委員会「デジタル・プラットフォーム事業者と個人情報等を提供する消費者との取引における優越的地位の濫用に関する独占禁止法上の考え方」
内閣官房デジタル市場競争本部事務局「デジタル市場競争会議」資料
総務省（2023）「ICT 基盤の高度化とデジタルデータ及び情報の流通に関する調査研究」
PwC Japan「中国サイバーセキュリティ法、データセキュリティ法、個人情報保護法 対応支援」
JETRO「個人情報保護法が成立、11 月 1 日から施行」
鳥海不二夫・山本龍彦（2022）「デジタル空間とどう向き合うか　情報的健康の実現を目指して」（日経プレミアムシリーズ）
鳥海不二夫・山本龍彦（2022）「健全な言論プラットフォームに向けてーデジタル・ダイエット宣言 ver.1.0」
Cass R. Sunstein（2001）『インターネットは民主主義の敵か』
総務省「プラットフォームサービスに関する研究会」資料
総務省「令和３年度国内外における偽情報に関する意識調査」
山口真一（2023）総務省「総務省総合政策委員会」資料
山口真一（2023）総務省「プラットフォームサービスに関する研究会」資料
国際大学 GLOCOM Innovation-Nippon 報告書（2022 年 4 月）「わが国における偽・誤情報の実態の把握と社会的対処の検討―政治・コロナワクチン等の偽・誤情報の実証分析」
総務省「メディア情報リテラシー向上施策の現状と課題等に関する調査結果報告」
NII（2023）「AI が生成したフェイク顔映像を自動判定するプログラム「SYNTHETIQ VISION」をタレントの Deepfake 映像検知に採用 ～フェイク顔映像の真偽自動判定では国内最初の実用例～」
マカフィー株式会社（2020）「マカフィー、選挙のフェイク動画排除に向け Deepfakes Lab（ディープフェイクラボ）を設立」
Microsoft「虚偽情報対策に向けた新たな取り組みについて」
Originator Profile 技術研究組合（2023）「Originator Profile 技術研究組合の新規組合員について」
英国政府（2022）「オンライン安全法案のガイド」
G7「デジタル大臣宣言」（2022）
G7「強靱な民主主義宣言」（2022）
G7「デジタル・技術閣僚宣言」（2023）
OECD「「信頼性のある、持続可能で、包摂的なデジタルの未来」に関する閣僚宣言」（2022）

第３章
総務省「Web3 時代に向けたメタバース等の利活用に関する研究会」資料
総務省「Beyond 5G に向けた情報通信技術戦略の在り方」中間答申概要
経済産業省「産業構造審議会 経済産業政策新機軸部会」資料
千葉工業大学（2022）「国内初！千葉工業大学で学修歴証明書を NFT で発行 web3 時代到来を見据え、グローバル人材輩出を支援」
デジタル庁「Web3.0 研究会報告書」
岩手県紫波町（2022）デジタル庁「Web3.0 研究会」資料
総務省（2023）「ICT 基盤の高度化とデジタルデータ及び情報の流通に関する調査研究」
総務省「Web3 時代に向けたメタバース等の利活用に関する研究会」中間とりまとめ
「経済財政運営と改革の基本方針 2022」（令和４年６月７日閣議決定）
知的財産戦略本部（2022）「知的財産推進計画 2022」
上海市（2022）"Shanghai harnessing 'digital twin' technology to improve city management"
Microsoft（2023）"Confirmed: the new Bing runs on OpenAI's GPT-4"
SEQUOIA（2022）"Generative AI: A Creative New World"
国家電気通信情報管理庁（2203）"AI Accountability Policy Request for Comment"
JETRO（2023）「バイデン米政権、AI に関する責任あるイノベーション推進へ新施策発表」
EU（2023）「EDPB resolves dispute on transfers by Meta and creates task force on Chat GPT」
G7「デジタル・技術閣僚宣言」（2023）
G7「広島首脳コミュニケ」（2023）
経済産業省（2022）「経済安全保障法制に関する有識者会合、基幹インフラに関する検討会合」資料
総務省（2022）「デジタル社会における経済安全保障に関する調査研究」
総務省（2022）「非常時における事業者間ローミング等に関する検討会」資料
総務省（2022）「非常時における事業者間ローミング等に関する検討会」第１次報告書
KDDI（2023）「ワンストップの簡易な手続きで利用できる「副回線サービス」を提供開始」
ソフトバンク（2023）「"ソフトバンク"、au 回線が利用可能な「副回線サービス」を４月 12 日に提供開始」
東京都（2023）「「つながる東京」の実現に向けて！"つながる東京推進課"の令和５年度の新たな取組をご紹介」
MIT テクノロジーレビュー「トンガ噴火で浮き彫りになったネットの脆弱さ、復旧に数週間か」
Japan IGF「IGF とは」
谷脇康彦（2022）「インターネットを巡る"国家主権"と"サイバー主権"」
"WEAPONS OF CONTROL, SHIELDS OF IMPUNIT"
「未来のインターネットに関する宣言」（2022）

第４章
Statista 提供データ
ガートナー，プレスリリース（2023 年２月 27 日）「Gartner、日本における 2023 年のエンタプライズ IT 支出の成長率を 4.7% と予測」
総務省（2023）「令和４年度　ICT の経済分析に関する調査」
総務省「情報通信産業連関表」（各年度版）
総務省「令和４年科学技術研究調査」
総務省「科学技術研究調査」各年度版
国立研究開発法人科学技術振興機構研究開発戦略センター「研究開発の俯瞰報告書（2022 年）」
文部科学省科学技術・学術政策研究所「科学技術指標 2022」
特許庁「ビジネス関連発明の最近の動向について」
特許庁（2022）「令和４年度 AI 関連発明の出願状況調査　調査結果概要」
リコー経済社会研究所（2022）「データセンターを省エネ化、「光電融合」とは？」

総務省「2022 年情報通信業基本調査」
総務省「情報通信統計データベース」
総務省「令和 3 年度末ブロードバンド基盤整備率調査」
OECD Broadband statistics
総務省（2023）「我が国のインターネットにおけるトラヒックの集計結果（2022 年 11 月分）」
総務省「電気通信サービスの契約数及びシェアに関する四半期データの公表（令和 4 年度第 3 四半期（12 月末））」
総務省「令和 4 年度電気通信サービスに係る内外価格差に関する調査」
総務省「通信量からみた我が国の音声通信利用状況（令和 3 年度）」
総務省「電気通信サービスの事故発生状況（令和 3 年度）」
総務省「ICT サービス安心・安全研究会　消費者保護ルール実施状況のモニタリング定期会合」資料
IDC「国内クライアント仮想化関連市場シェア」（2022 年 7 月 6 日）
GSMA（2023）“Industry moves to execute on open RAN potential”
Orange 社（2023）“Major European operators accelerate progress on Open Ran maturity, security and energy efficiency”
Vodafone “Vodafone's first Open RAN sites deliver better connectivity in busy seaside towns”
Japan OTIC（2022）「O-RAN ALLIANCE が定める国際規格に基づく基地局等の機器の試験・認証拠点「Japan OTIC」を横須賀市に開設」
NTT ドコモ（2023）「オープン RAN 実現に向けてドコモが支援する海外通信事業者が 5 社を突破」
楽天グループ（2022 年度）決算資料
日本電信電話株式会社「NTT とスカパー JSAT、株式会社 SpaceCompass の設立で合意」
総務省「民間放送事業者の収支状況」及び NHK「財務諸表」各年度版
電通「日本の広告費」
総務省「民間放送事業者の収支状況」各年度版
総務省「ケーブルテレビの現状」
一般社団法人電子情報技術産業協会資料、日本ケーブルラボ資料、NHK 資料及び総務省資料「衛星放送の現状」「ケーブルテレビの現状」
総務省「放送停止事故の発生状況」（令和 3 年度）
総務省情報通信政策研究所「メディア・ソフトの制作及び流通の実態に関する調査」
電通グループ「世界の広告費成長率予測（2022 ～ 2025）」
電通「Knowledge & Data 2022 年 日本の広告費」
総務省「放送コンテンツの海外展開に関する現状分析」（各年度）
Omdia 提供データ
経済産業省「生産動態統計調査機械統計編」
株式会社矢野経済研究所「世界の携帯電話サービス契約数・スマートフォン出荷台数調査（2022 年）」（2023 年 2 月 7 日発表）
CIAJ「通信機器中期需要予測 [2022 年度～ 2027 年度]」
富士キメラ総研「5G 時代の映像伝送技術／ 8K ビジネスの将来展望 2022」
JEITA「民生用電子機器国内出荷統計」
株式会社矢野経済研究所「XR（VR/AR/MR）360° 動画対応 HMD 市場に関する調査（2021 年）」（2022 年 5 月 11 日発表）
UNCTAD「UNCTAD STAT」
Wright Investors' Service, Inc “Corporate Information”
IPA「DX 白書 2023」
総務省「プラットフォームサービスに関する研究会　第二次とりまとめ」
GEM Partners「動画配信（VOD）市場 5 年間予測（2023-2027 年）レポート」
一般社団法人日本レコード協会「日本のレコード産業 2023」
全国出版協会・出版科学研究所（2023）「出版月報」
株式会社矢野経済研究所「位置・地図情報関連市場に関する調査（2020 年）」（2020 年 11 月 5 日発表）
株式会社矢野経済研究所「屋内位置情報ソリューション市場に関する調査（2021 年）」（2022 年 1 月 7 日発表）
株式会社矢野経済研究所「メタバースの国内市場動向調査（2022 年）」（2022 年 9 月 21 日発表）
IDC「国内データセンターサービス市場予測を発表」（2022 年 8 月 29 日）
Synergy “Virginia Still Has More Hyperscale Data Center Capacity Than Either Europe or China”
IDC「国内パブリッククラウドサービス市場予測を発表」（2022 年 9 月 15 日）
MM 総研「国内クラウドサービス需要動向調査」（2022 年 6 月時点）
総務省「通信利用動向調査」
IDC「国内エッジインフラ市場予測を発表」（2023 年 1 月 18 日）
デロイト トーマツ ミック経済研究所「エッジ AI コンピューティング市場の実態と将来展望」（2022 年 10 月 24 日）
IDC「2023 年 国内 AI システム市場予測を発表」（2023 年 4 月 27 日）
Stanford University「Artificial Intelligence Index Report 2023」
Thundermark Capital「AI Research Ranking 2022」
IDC「China's Artificial Intelligence Market Will Exceed US$26.7 Billion by 2026, according to IDC」（2022 年 10 月 4 日）
Canalys 推計
Canalys “Strong channel sales propel the cybersecurity market to US$20 billion in Q4 2022”
Canalys データ
IDC Japan, 2022 年 7 月「国内情報セキュリティ製品市場シェア、2021 年：デジタルファーストで変化する市場」（JPJ47880222）
国立研究開発法人情報通信研究機構「NICTER 観測レポート 2022」
警察庁・総務省・経済産業省「不正アクセス行為の発生状況及びアクセス制御機能に関する技術の研究開発の状況」
総務省「令和 4 年度 無線 LAN 利用者意識調査結果」
総務省（2023）「国内外における最新の情報通信技術の研究開発及びデジタル活用の動向に関する調査研究」
総務省「家計調査」（総世帯）
総務省情報通信政策研究所「令和 4 年度情報通信メディアの利用時間と情報行動に関する調査」
ファクトチェック・イニシアティブ「疑義言説データベース（ClaimMonitor）」
総務省「令和 4 年度 テレワークセキュリティに係る実態調査結果」
デジタル庁「行政手続等の棚卸結果等の概要」
UN e-Government Surveys
早稲田大学電子政府・自治体研究所「世界デジタル政府ランキング」
総務省「令和 4 年度地方公共団体における行政手続のオンライン利用の状況」
総務省「自治体 DX・情報化推進概要～令和 4 年度地方公共団体における行政情報化の推進状況調査の取りまとめ結果～」
総務省「マイナンバーカード交付状況について」
デジタル庁「政策データダッシュボード（ベータ版）」
総務省「自治体における AI・RPA 活用促進」
総務省「地方公共団体におけるテレワーク取組状況の調査」
日本郵政グループ「令和 5 年 3 月期決算資料」
日本郵政グループ「ディスクロージャー誌」
日本郵政（株）「決算の概要」
日本郵便㈱「郵便事業の収支の状況」
日本郵便「郵便局局数情報<オープンデータ>」
日本郵便「引受郵便物等物数」各年度版
ゆうちょ銀行有価証券報告書
かんぽ生命有価証券報告書

第 5 章
総務省「2030 年頃を見据えた情報通信政策の在り方」一次答申
総務省「2030 年頃を見据えた情報通信政策の在り方」最終答申
総務省（2023）「電気通信事故検証会議周知広報・連絡体制ワーキンググループ」取りまとめ

総務省（2022）「デジタル時代における放送の将来像と制度の在り方に関する取りまとめ」
「サイバーセキュリティ戦略」（2021）
サイバーセキュリティ戦略本部（2022）「重要インフラのサイバーセキュリティに係る行動計画」
デジタル庁（2022）「トラストを確保したDX推進サブワーキンググループ」報告書
東京商工リサーチ（2022）「第22回「新型コロナウイルスに関するアンケート」調査」
「日米豪印サイバーセキュリティ・パートナーシップ：共同原則」（2022）
IHS Markit資料
JST低炭素社会戦略センター（2021）「低炭素社会実現に向けた政策立案のための提案書　情報化社会の進展がエネルギー消費に与える影響（Vol.3）」
Map data © 2022 Google

令和５年版情報通信白書

令和５年７月14日　発行　　　　定価は表紙に表示してあります。

編集　総務省
〒100-8926
東京都千代田区霞が関2-1-2
電話（代表）03（5253）5111
（情報通信白書担当）
03（5253）5720
URL　https://www.soumu.go.jp/

発行　日経印刷株式会社
〒102-0072
東京都千代田区飯田橋2-15-5
TEL 03（6758）1011

発売　全国官報販売協同組合
〒100-0013
東京都千代田区霞が関1-4-1
TEL 03（5512）7400

落丁・乱丁本はお取り替えします。

ISBN978-4-86579-366-6

謝　　辞

本白書は、総務省情報流通行政局情報通信政策課情報通信経済室（小熊美紀、前田奏、奥山英行、西川英理佳）が原案作成に当たりました。そのための各調査及び情報収集等に当たっては、みずほリサーチ＆テクノロジーズ株式会社、株式会社NTTデータ経営研究所、株式会社情報通信総合研究所等、各企業の研究員の皆様にご尽力いただきました。

その際、工藤早苗合同会社msプランナーズ代表、ITジャーナリスト佐々木俊尚氏、篠﨑彰彦九州大学大学院経済学研究院教授、庄司昌彦武蔵大学教授、高橋利枝早稲田大学文学学術院教授、中村伊知哉iU（情報経営イノベーション専門職大学）学長から、白書の編集方針等について、多くの御指導・御助言をいただきました。このほか、本白書の執筆に際しては、多くの方々から貴重な御指導・御教示を賜りました。

また、出版に当たっては、日経印刷株式会社の編集者の皆様に、原稿を辛抱強く入念に校正していただきました。

ご協力いただいた皆様に、この場を借りて改めて御礼申し上げます。